13

岩土工程试验、检测和监测（下）

——岩土工程实录及疑难问题答疑笔记整理之四

Test, Inspection and Detection on Geotechnical Engineering

高大钊 李 韬 岳建勇 著

人民交通出版社股份有限公司

China Communications Press Co.,Ltd.

内 容 提 要

本书是作者为中国工程勘察信息网"高大钊教授专栏"的读者进行答疑的笔记整理之四,主要收集了岩土工程试验、检测和监测方面 236 个疑难问题的解答。本书共分 7 章,包括土工试验、原位测试、现场试验、原型观测、施工监测控制与处理、工程事故原因分析与治理、土的工程性质与工程利用;同时还收集了作者的 16 篇有关土工试验、工程检测和原型观测方面的咨询研究报告。这些内容具有代表性,集中反映了世纪之交工程建设中的一些岩土工程问题及其解决方案。本书可供岩土工程师和从事相关专业工作的土木工程师参考,也可作为岩土工程专业师生的参考读物。

图书在版编目(CIP)数据

岩土工程试验、检测和监测 : 岩土工程实录及疑难问题答疑笔记整理之四 / 高大钊,李韬,岳建勇著. — 北京 : 人民交通出版社股份有限公司, 2018.12

ISBN 978-7-114-14644-2

Ⅰ.①岩… Ⅱ.①高… ②李… ③岳… Ⅲ.①岩土工程-工程试验-高等学校-教材②岩土工程-检测-高等学校-教材③岩土工程-监测-高等学校-教材 Ⅳ.①TU4

中国版本图书馆 CIP 数据核字(2018)第 074192 号

岩土工程丛书
-13-

书　　　名:	岩土工程试验、检测和监测(下)
	——岩土工程实录及疑难问题答疑笔记整理之四
著 作 者:	高大钊　李　韬　岳建勇
责任编辑:	李　坤　李学会
责任校对:	刘　芹
责任印刷:	张　凯
出版发行:	人民交通出版社股份有限公司
地　　　址:	(100011)北京市朝阳区安定门外外馆斜街 3 号
网　　　址:	http://www.ccpress.com.cn
销售电话:	(010)59757973
总 经 销:	人民交通出版社股份有限公司发行部
经　　　销:	各地新华书店
印　　　刷:	北京鑫正大印刷有限公司
开　　　本:	720×960　1/16
印　　　张:	60.75
字　　　数:	1055 千
版　　　次:	2018 年 12 月　第 1 版
印　　　次:	2018 年 12 月　第 1 次印刷
书　　　号:	ISBN 978-7-114-14644-2
定　　　价:	155.00 元(上下两册)

谨以此书献给我的老师俞调梅教授

俞调梅教授诞生于 1911 年,早年留学英国,师从 K.Terzaghi,是我国岩土工程教育事业的开拓者和奠基人。他考虑到岩土工程人才的知识面要宽广的这种需求,在 20 世纪 70 年代末到 80 年代初,就主张从各个有关专业本科毕业生中选拔、培养岩土工程人才,包括培养硕士生和博士生、通过进修班和在职培养等多种方法造就岩土工程师。1958 年~1966 年,他试办了九届地基基础专业五年制本科班;在 20 世纪 70 年代,他试办了地基基础研究生班;在 20 世纪 80 年代,他又举办了十届岩土工程师脱产进修班和很多的短期培训班。在这几十年中,他培养了许多土力学专业的进修教师和研究生。在造就专业人才的同时,大量的教育实践也丰富了他以多种教学方式培养岩土工程人才的教育思想。

总　序

2002 年 3 月 23 日,对于《岩土工程丛书》(以下简称《丛书》)而言,是一个值得纪念的日子,因为在那一天,我们萌生了组织出版这套《丛书》的构想。

经过两岸三地部分专家学者数度聚首商讨,又以函电形式广泛征求各方意见,反响热烈,令人鼓舞。大家的观点几近一致,都认为面对我国岩土工程的空前大发展,认真总结半个多世纪,特别是近 20 余年以来弥足珍贵的工程经验、科研成果和事故教训,实属当务之急。这不仅对于指导当前持续高速发展的工程建设,以确保设计施工质量和工程安全大有裨益,而且对于培养专业人才、提升行业素质、促进学科进步,乃至加强对外交流,都极具重大意义。这也是出版此《丛书》的宗旨和指导思想。

根据各方推举,本《丛书》的编委会承蒙深孚众望的国内 20 余所高等院校、科研院所和 10 余家有关企事业单位(含出版社)的 41 位专家组成,其中含内地 36 位,香港 3 位,台湾 2 位,其名单列于卷首*。在各位编委和同行专家的热情关怀和出版社领导的大力支持下,《丛书》即将陆续问世,我们的内心怎能不激动?

由于岩土工程源远流长,而又与时俱进,日新月异,本《丛书》的素材将取之不尽,因此它将是开放性、系列性的,成熟一本,出版一本。其稿源将包括编委本人报送的,编委推荐的,以及编委会特约或组织撰写的各类作品。同时,我们热忱欢迎海内外各地同仁多赐佳作,共襄此举。

本《丛书》将分为**专题著述、工程案例和手册指南**三大类,其选题将围绕岩土工程发展中的热点难点技术问题、理论问题和重大工程的进展研究确定。著述内容力求精炼浓缩、深入浅出,实用性与学术性相结合,文字可读性强;工程案例将侧重于有影响和代表性的项目,可一例一书,也可同类工程数例并写于一书;要使之从实践中来,提到理论的高度进行分析与总结,以期能为日后的工程所用;手册指南将不重复已有的出版物而推陈出新。

本《丛书》稿件的审查,一般可由作者在征求编委会的意见后,自行约请专家审查并提出评语,必要时也可商请编委会指定专家负责。书稿经审定后,将由作者

＊现已增至 47 位。

1

与出版社直接签订合同,履行各自的权利与义务。文责由作者自负。

本《丛书》的读者对象主要是从事岩土工程勘察、设计、施工、检测、监理等方面的专业人士,也可供高等院校、科研院所相关专业的教师、研究人员、研究生和大学高年级学生等参考。

衷心希望本《丛书》能成为岩土工程界广大同仁的良师益友!

史佩栋　高大钊　朱合华
2003 年 7 月

序

　　本书主要内容为岩土工程试验、检测与监测,包括网络答疑和工程实录(研究报告)两种形式。高大钊教授主持工程勘察信息网答疑,从 2004 年 8 月开始,已经经历了十几年的时间,直接面对岩土工程第一线的科技工作者,解答他们遇到的种种疑惑,解决工程中各式各样的难题。答疑之后,高教授又将这些资料归纳整理,先后出版了三部著作:第一部是 2008 年出版的《土力学与岩土工程师》,第二部是 2010 年出版的《岩土工程勘察与设计》,第三部是 2014 年出版的《实用土力学》。即将出版的这本《岩土工程试验、检测和监测》,则是第四部。每一部都是具体细致,深入浅出,将深奥的理论用通俗的语言表述,且各有特色。本书必将继续对岩土工程师素质的提高产生深远的影响。

　　工程实录(研究报告)是本书的重要内容,也是本书的特点。这些报告都很精湛、生动,各有特色。这些都是样板工程,值得读者好好学习。以润扬长江公路大桥北锚碇工程为例,为了检验常规土工试验参数的可靠性,确保工程设计的安全,做了大量非常规试验,如静止侧压力系数测定、等向固结不排水试验、K_0固结不排水试验、侧向卸荷不排水试验等。用这些试验成果与常规试验成果比较分析,评估常规试验参数的可靠性。还用土样直径为 100mm 的薄壁取土器进行取样,与常规直径 75mm 的土样进行比较,分析土样扰动对试验成果的影响。不仅结论使人信服,而且有助于读者学习土工试验深层次的理论和方法。再比如京郊别墅堆山对基桩影响的足尺试验,堆土试验高度 4.5m,试验桩长 24m,共 50 根,观测分析了地面沉降、分层沉降、孔隙水压力、建筑物沉降特征、基桩负摩擦力特征、承台与桩分担特征、建筑物水平变形特征、对周边环境的影响,进行了堆山造景的风险评估,对堆山高度和桩基设计提出了明确的结论和建议。试验规模之巨大、测试项目之齐全、科学分析之透彻,结论判据之可靠,令人折服。高教授从事工程咨询几十年,将自己的学问贡献给社会,将学术研究与工程实践密切结合。土力学是一门应用科学,土体在野外,所以高教授不仅在试验室里做学问,还到工地去,把学问做到现场,集教学、科研、工程于一身。对岩土工程,只有以工程为依托的研究成果才能既高深,又实用;只有结合研究做的工程才能精准,才能创新。学校里的老师不要终身关在象牙塔里搞研究,工地上的工程师不要知其然而不知其所以然,要以高教授为榜样,努力做到既有高深的学问,又有处理工程中各种复杂问题的能力,横看成岭侧成峰。

岩土工程技术决策需要的信息,都来自试验、检测和监测。试验、检测和监测的重要性,人人都明白。如果将工程建设比作打仗,那么负责决策的岩土工程团队就是司令部,试验、检测和监测单位就是情报部门,负责实施的施工单位就是作战部门。现代化战争打的是信息战,信息的可靠性和及时性至关重要。岩土工程对信息也是高度依赖,没有准确的参数,哪来优秀的设计?没有可靠的信息,哪有准确的判断?信息对岩土工程的优劣和成败,具有举足轻重的影响。但现在,由于勘察市场无序,试验、检测和监测的总体状况实在令人忧虑。工作粗糙、数据不实现象屡见不鲜,成了岩土工程的软肋,必须严加整治。从科技发展角度看,当今世界发展最快的领域是信息技术,信息产业的崛起深刻影响着产业、社会和生活的方方面面,相比之下,岩土工程实在太落后了,必须奋起直追。传感器、计算机、互联网是信息技术的基础,支持岩土工程信息的快速获取、快速处理、快速传输、大容量存储、大规模集成、大范围共享,为岩土工程信息技术的大发展提供了条件。我们应当搭上这班快车,使岩土工程信息技术迅速跟上时代的步伐。岩土工程试验、检测和监测与现代信息技术结合,创新空间非常大。创新是立业之本,创新是强国之本,创新才能进步,创新才能发展,创新才能超越。希望新生代朋友们加倍努力,在岩土工程试验、检测、监测和信息技术方面取得突破,将岩土工程技术推上新台阶。

顾宝和
2018 年 5 月

前　　言

本书主要介绍岩土工程的试验、检测和监测技术,分为网络答疑和工程实录(研究报告)两类内容。其中一类内容是我从 69 岁到现在这十多年中,通过网络答疑积累的有关"岩土工程试验、检测和监测"的答疑笔记的梳理和总结,而另一类则是我在 68 岁退休以前的十多年时间里所从事的有关岩土工程试验、检测和监测的咨询工作的案例实录。按照这套书的出版次序,应该是网络答疑笔记整理之四了。虽然,专业活动的方式不同,但这些内容是相通的,写在同一本书里,有互相补充、互相验证的作用。对于读者来说,通过答疑和实例的阅读,便于对岩土工程的试验、检测和监测技术融会贯通,理论联系实际,学以致用。

岩土工程咨询是我参与工程建设的主要形式,在咨询工作中学习,在咨询工作中奉献,咨询工作伴随我走过了漫长的几十年。在年过八旬的时候,回顾我的咨询生涯,想起年轻时,随先师俞调梅教授到建设工地参加各种工程咨询活动,耳濡目染,深受教益。先生在工程界享有盛誉的原因就在于他总是从工程实际出发考虑问题,在广征博引、谈笑风生中四两拨千斤,指出问题症结的所在,提出解决问题的办法。先生重视原型观测和试验研究,重视实测数据的分析预测,在工程实践中不断地修正原来的估计,先生一贯倡导的技术路线就是"观察法"。先生对建设工程问题,倾注了大量的心血,带领教研室的同仁,参与许多重大工程建设项目的咨询工作。及至我能独立承担咨询任务时,每逢疑难问题,也总向先生请教,得到先生的悉心指点。早期的咨询工作,留下的文字资料很少,最近二十多年,由于信息技术的发展,留下了许多宝贵的电子文档,为整理历史资料提供了方便。为了将这些来自社会的技术资料回归社会,为大家所利用,遂萌生整理出版之念。也可以说是作为学生,实践我的老师终身倡导的重视原型观察和工程监测的学术思想的一种继承和发扬,并希望在更广泛的工程实践中发挥其作用。

收录在本书中的工程咨询项目,内容涉及岩土工程试验、检测和监测等方面。参与工作的大多是我退休前带的博士生或硕士生,有的项目是他们读学位时做的,有的项目则是他们毕业以后做的。另外还有两位是 20 世纪 60 年代初从同济大学毕业的校友。当我们因为一些工程项目合作的时候,他们都是以合作单位总工程师的身份参加了那些工作。他们很客气地说是我的学生,其实,他们的年纪也没有小我几岁,我仅是比他们早毕业了几年。还有几位是我的朋友,他们也都是协作单位的负责人。这些参与者都将在有关资料的出处中加以写明。因此,这本书实际上是我最近30年来的工作团队的集体创作。这些内容大多没有如此完整地发表过,这次发表这些资料有这么一些考虑:首先,我认为这些资料不仅对当年的工程建设有用,对今后类似的工程或类似的研究工作也有很好的参考价值,如果不发表,资料就会散失,就不可能发挥作用。其次,参加过这些项目的学生,毕业以后也都已经有了10~20年的工作经历,这些资料的公开发表,也有利于他们今后开展有关工作。还有,我在网络答疑中对有些问题的答复,很多来源于在这些工程实践中所得到的数据和认识。现在,我将这些第一手的资料公开发表,作为网络答疑的一种延伸,希望能更多地发挥这些资料的作用,为更多的同行所利用。

在这本书里,还编入了俞调梅教授的一篇没有发表过的文章。2014年,魏道垺教授在整理资料时发现了俞调梅教授的这一份手稿,内容是关于上海软土的变形性质指标的研究和工程应用,是一篇很完整的综述性文献。从所引用参考文献的年代来看,估计是先生80多岁高龄时完成的,无论是图还是文字,也都是先生的手迹,这是一份非常宝贵的历史文献。因此,在和魏道垺教授商量以后,决定将先生的这份手稿收录在本书中,以便让广大读者能够看到这篇文章,使其得到保存和流传。

这本书实际上是集体创作的成果,既有我的老师的遗作,也有我的许多学生参与了当年的咨询工作和近年的网络答疑工作,特别是李韬和岳建勇。李韬参与了我后期的许多咨询工作,执笔了不少的咨询报告;岳建勇参与了我网络答疑的答复工作。岩土工程界的许多同行非常关心网络答疑并积极参与,这里,特别要感谢Aiguosun版主,他出面回答的问题并不比我少。

在这套网络答疑笔记的出版工作即将结束的时候,再次感谢网络的读者和这套书的读者对中国工程勘察信息网的支持,对我的这个专栏十多年来的关心与支持,对我写的这四本书的关爱。也要感谢中国工程勘察信息网的领导和网站工作同志这么多年始终一贯地对我的答疑工作给以支持和帮助;特别要感谢顾宝和大师,他为写书过程中一些疑难问题的解决提供帮助,为每一本书都写了序,对丛书的编写和出版工作给以很多鼓励以及大力支持。在网络上,我们之间的交流与讨论是短暂的,但我们之间的友谊将是永恒的。

感谢人民交通出版社股份有限公司的支持,没有他们的帮助,这十多年的网络答疑成果也不可能依靠纸质媒介得以更加广泛地流传。

在本书即将出版之际，特别要感谢长江水利委员会综合勘测局、长江勘测技术研究所和大华(集团)有限公司对我们学校教学工作的支持，为我的许多博士生和硕士生的课题研究提供了工程研究的条件和经费方面的支持。大家可以从这些资料中看出学校和工程单位的合作，对于学生的培养是多么的重要。

在写完这套丛书最后一本书的时候，我特别深切地怀念史佩栋先生，他长我八岁，如果在一个学校里，他完全可以做我的老师。我与史总的关系应该是亦师亦友。回忆几十年的交往，特别是在我离开行政岗位以后的20多年里，我们两人的合作机会还是比较多的：曾经一起举办过一些学术会议；他曾经主编过一本杂志，编得非常精致，在这本杂志里为我开辟了一个关于规范问题讨论的专栏；我们还一起组织了岩土工程丛书的组稿和出版工作，虽然非常困难，但也已经出版了12本书，积少成多，聚沙成塔，只要坚持，总有成效；在他的指导下，我参与了《桩基工程手册》前后两个版本的编写，并协助他做一些工作，但他总是怕我太忙，什么事都亲力亲为。他对我的网络答疑及前后三本书的出版都给以极大的支持和帮助，对书名和写法都提过许多非常宝贵的建议。遗憾的是在我的第三本书《实用土力学》出版时，当我拿到了书，还来不及寄出，得知先生病倒了。关于这第三本书的名称，我也征求过史总的意见，他非常赞成采用这个当年俞调梅先生曾经希望组织编写的图书的书名。

史总是一位非常坚强的老人，在他病倒前不久，也就是2014年的下半年，他刚完成了体量为245万字的《桩基工程手册》(第二版)的主编工作，在那本书中，他亲自执笔的内容就占了七分之一。他还独具匠心，花了很大的精力收集了大量的资料，对我国桩基工程的发展进行了深入的历史和现实的研究，在第一章"桩在中国的起源、应用与发展"中补充了大量宝贵的历史资料，还增加了第二章"桩在我国成为世界第二大经济体中的担当"。这两章是史总对我国桩基发展历史的深刻总结，为后人留下了极为珍贵的文献。然而，当出版社即将完成编辑工作，但还没有来得及给他看样书的时候，先生就已经倒下了。

出版社给我寄来了样书，我看着那本厚厚的书，回忆起与这位值得敬仰的老人合作交往的历史，不禁感慨万分。

高大钊
2018 年 4 月于同济园

目　　录

上海地区黏性土的压缩性参数——学习笔记 ………………………………………… 1

第 1 章　土工试验 ………………………………………………………………… 36

　网络答疑 ……………………………………………………………………………… 37

　1.1　相对密度与比重是否为同一个概念? ……………………………………… 37

　1.2　《土工试验方法标准》的常水头渗透试验水力坡降计算公式
　　　　是否错了? …………………………………………………………………… 38

　1.3　100g 锥与 76g 锥测定的液限之间有换算经验公式吗? ………………… 39

　1.4　怎么看《土工试验方法标准》中小于某粒径的试样质量百分比的
　　　　计算公式? …………………………………………………………………… 42

　1.5　颗粒分析试验中,30g 的风干土试样取自哪里? ………………………… 43

　1.6　试验结果与《工程地质手册》的参数不符怎么办? ……………………… 44

　1.7　土试样的压缩模量会大于原位土的压缩模量吗? ………………………… 47

　1.8　深基坑开挖对土体的回弹模量有什么影响? ……………………………… 51

　1.9　为什么要用卸载再加载曲线求回弹指数? ………………………………… 53

　1.10　K_0 有什么用途? …………………………………………………………… 54

　1.11　怎样通过固结试验求渗透系数? ………………………………………… 55

　1.12　用 e-p 曲线和 e-$\lg p$ 曲线计算沉降有什么不同? ……………………… 59

　1.13　规范上所指的回弹试验是不是应该是二次回弹? ……………………… 60

　1.14　如何控制孔压恒定值来计算孔隙水压力? ……………………………… 61

　1.15　黏土的渗透系数能用固结试验测定吗? ………………………………… 61

　1.16　如何确定压缩试验最大荷载? …………………………………………… 62

　1.17　如何计算粉土的极限承载力? …………………………………………… 63

　1.18　砂土用什么指标计算沉降? ……………………………………………… 64

　1.19　对砂土应要求提供压缩模量还是变形模量? …………………………… 68

　1.20　高液限土具有什么样的特性? …………………………………………… 70

　1.21　关于压缩模量的讨论 ……………………………………………………… 70

1.22 临塑荷载 f_a 是否包含基底以上的超载项？ ………………………… 74

1.23 高压固结试验结果的直线段为什么会上翘？ …………………………… 75

1.24 求黄土的前期固结压力时荷载一般加到多少？ ………………………… 79

1.25 为什么有多种抗剪强度试验方法？ ……………………………………… 79

1.26 对近 6 万 m^2 的地下室，仅做了 6 组直剪固结快剪试验，数量
够不够？ …………………………………………………………………… 79

1.27 野外取样数、试验样个数和参加力学指标统计的样本数是否必须
一致？ ……………………………………………………………………… 80

1.28 剪切试验有欠固结土样吗？ ……………………………………………… 81

1.29 为什么堆载后淤泥土的强度没有变化？ ………………………………… 83

1.30 三轴 UU 试验的结果应该有内摩擦角吗？ ……………………………… 83

1.31 基坑支护结构土压力计算采用什么样的强度指标？ …………………… 84

1.32 在土压力、边坡稳定和地基承载力的计算中，各用什么样的抗剪
强度指标？ ………………………………………………………………… 85

1.33 对正常固结土应该用哪一种三轴压缩试验方法？ ……………………… 87

1.34 UU 试验结果的内摩角为什么应该是零？ ……………………………… 90

1.35 有哪些因素会导致孔压偏低？ …………………………………………… 91

1.36 采用何种剪切指标更为合适？ …………………………………………… 94

1.37 是否可以通过固快或者快剪数据来判断所做 CU、UU 数据是
正常可用的？ ……………………………………………………………… 95

1.38 对非软土做无侧限试验有意义吗？ ……………………………………… 97

1.39 三轴试验中的"固结"是什么意思？ …………………………………… 97

1.40 正常固结黏土的三轴 CU 试验，能得到黏聚力 c 吗？ ………………… 98

1.41 直剪试验中的快剪、固快和慢剪指标，分别适用于边坡的哪些
工况？ ……………………………………………………………………… 99

1.42 为什么直剪快剪、无侧限抗压强度和三轴 UU 三个试验的结果
不匹配？ …………………………………………………………………… 106

1.43 抗剪强度包线为什么通过坐标原点？ …………………………………… 107

1.44 取自深度 15m 以上的土样的固结压力用多少？ ……………………… 108

1.45 为什么 UU 试验结果的内摩擦角高达 23°~25°？ ……………………… 109

1.46 为什么不先判断一下，而是直接按照正常固结试验呢？ ……………… 109

1.47 究竟怎样计算压缩模量？ ………………………………………………… 111

1.48　直剪试验和三轴试验能不能相互对应？ ············ 113

1.49　室内测定的压缩模量小于实际土层的压缩模量吗？ ······ 114

1.50　关于《岩土工程勘察规范》（GB 50021—2001）第 4.1.20 条的
疑问 ······································· 116

1.51　关于取样孔数量、基坑参数的疑问 ·············· 116

1.52　国外勘察项目执行哪个标准好？ ················ 117

1.53　国外勘察报告参数统计问题 ·················· 118

1.54　高压缩性湖相沉积土的物理指标和力学指标不匹配问题 ···· 119

1.55　对土工试验一些问题的思考与讨论 ·············· 122

1.56　关于高老师主编的《土力学与基础工程》中的几个问题 ···· 128

1.57　什么是土的收缩界限？ ····················· 130

1.58　如何取用粉土的抗剪强度指标？ ················ 130

1.59　试验如何模拟实际工程的应力条件？ ············· 132

1.60　三轴试验的土样一定要饱和的吗？ ·············· 132

1.61　怎样确定直剪试验的加载条件和排水条件？ ········· 133

1.62　关于 CU 试验压力取值的问题 ················· 134

1.63　无侧限试验有何实际应用意义？ ················ 135

工程实录 ································· 136

案例一　南水北调中线工程土工参数的统计研究 ········· 136

案例二　土的工程性质的非常规试验研究
——润扬长江公路大桥北锚碇工程场地土的试验研究 ······ 151

案例三　确定前期固结压力的新方法
——试从次固结阶段的压缩速率来确定前期固结压力 ······· 179

第 2 章　原位测试 ························· 189

网络答疑 ································· 189

2.1　用载荷试验得到的变形模量与压缩模量有何不同？ ······ 189

2.2　由原位测试指标计算得到的地基承载力有没有包括深度的
影响？ ······························· 192

2.3　为什么采用这样的加载方法？ ·················· 193

2.4　怎样分析土压力和孔隙水压力的量测数据？ ········· 194

2.5　检测单桩承载力时如何考虑负摩阻力的影响？ ········ 197

2.6　怎样取舍试验成果与提供建议值？ ·············· 198

2.7　静力触探是不是原位测试？　………………………………………　199

2.8　灌注桩可否用原位测试估算单桩承载力？　…………………………　202

2.9　由原位测试通过经验公式得到的是地基承载标准值f_{ak}，还是
　　　修正后的f_a，或是其他？　………………………………………　202

2.10　对《工程地质手册》中的原位测试手段，该如何排名？　…………　204

2.11　用螺旋板试验确定地基承载力时如何作深度修正？　……………　211

2.12　对带负摩阻力的桩基如何检测其竖向承载力？　…………………　213

2.13　请问原状土和原位测试均要满足6个样吗？　……………………　214

2.14　关于《岩土工程勘察规范》第4.1.20条 的"原位测试孔"的
　　　问题　……………………………………………………………………　215

2.15　关于原位测试划分的问题　…………………………………………　216

2.16　工民建勘察用铁路规范原位测试算承载力可以吗？　……………　217

2.17　如何确定钻探取土孔和原位测试孔的数量？　……………………　217

2.18　是否需要做波速测试？　……………………………………………　218

2.19　关于悬挂式波速测试仪的问题　……………………………………　218

2.20　关于波速测试原理的问题　…………………………………………　219

2.21　关于波速测试孔的数量问题　………………………………………　219

2.22　铁路工程波速测试孔数量依据什么规范确定？　…………………　220

2.23　关于详勘阶段剪切波速测试的问题　………………………………　220

2.24　关于中、粗砂的波速测试值　………………………………………　220

2.25　在巨厚的第四纪地层中，地铁勘察可以不做压缩波测试吗？　……　221

2.26　取样测试钻孔数大于1/2的强条如何执行？　……………………　221

2.27　关于地脉动测试的问题　……………………………………………　222

2.28　用碎石换填0.5m 厚的地基是否可不用承载力检测？　…………　222

2.29　轻型动力触探 N10 能否检测水泥土搅拌桩均匀性？　……………　223

2.30　如何确定复合地基的检测数量？　…………………………………　223

2.31　试验的承压板应该放在什么位置？　………………………………　225

2.32　在粗砾砂混碎石土层中是否可做标准贯入测试？　………………　226

2.33　关于桩基静载方法的问题　…………………………………………　226

2.34　为什么试验结果的离散性那么大？　………………………………　227

2.35　为什么采用螺旋板试验确定的地基承载力不做深度修正？　……　227

2.36　如何根据岩石的载荷试验结果取用承载力？　……………………　228

2.37　检测时压板的沉降量应该减去回弹量后才能计算土体本身的
　　　沉降吗?　……………………………………………………… 230

2.38　如何考虑侧阻对端承桩的贡献?　………………………………… 231

工程实录　……………………………………………………………… 231

案例一　长江三峡库区秭归县城新址建设场地的评价与处理　……… 231

案例二　长兴岛凤凰镇新近沉积砂土的地基承载力试验与评价　…… 249

第3章　现场试验　……………………………………………………… 265

网络答疑　……………………………………………………………… 265

3.1　如何看待试桩的结果与勘察报告建议值的差别?　……………… 265

3.2　试桩最大荷载能否只压到桩顶的压力设计值,而不用两倍?　… 270

3.3　检测复合地基承载力与单桩承载力的目的有什么不同?　……… 272

3.4　载荷试验能不能验证深宽修正以后的地基承载力?　…………… 274

3.5　怎么处理勘察报告提供的单桩承载力和试桩结果的关系?　…… 275

3.6　如何评价在人工坡地上建造别墅及高层建筑?　………………… 278

3.7　存在负摩阻力的管桩检测时如何取值?　………………………… 280

3.8　下拉荷载是不是存在极限值和特征值之分?　…………………… 282

3.9　能在沉桩当天就做单桩静载荷试验吗?　………………………… 284

3.10　能不能根据超载状态下的试验结果建议进行修正?　…………… 285

3.11　有没有必要非得考虑30m深度内的负摩阻力?　……………… 286

3.12　怎样才能达到提高承载力的要求?　……………………………… 287

3.13　是否还有必要设置塑料排水板?　………………………………… 288

3.14　大面积堆载时,土中超孔隙水压力如何分布?　………………… 289

3.15　如何处理需整体回填6~8m的场地?　………………………… 290

3.16　为何要按照规范规定的加载步骤做载荷试验?　………………… 291

3.17　控制沉降量用的是不是增量?　…………………………………… 292

3.18　怎样分析载荷试验结果的差别?　………………………………… 292

3.19　怎样根据载荷试验的结果取值?　………………………………… 294

3.20　试桩结果比经验值大了60%左右怎么办?　…………………… 296

3.21　为何静载结果两根桩的承载力相差如此之大?　………………… 298

3.22　《建筑地基基础设计规范》中,岩基和土基的载荷原位测试
　　　在安全度方面有何差异?　………………………………………… 301

3.23　桩基检测中的"自平衡测试法"是否可行?　…………………… 301

3.24 地基土的变形刚度是如何测定的,其物理意义是什么? ············ 302

3.25 桩的轴向反力系数的概念及如何求得? ················· 302

3.26 这样布置压力盒能测定水平力在水平方向的传递及衰减变化规律吗? ································· 303

3.27 载荷试验确定的承载力与规范按抗剪强度指标计算的承载力怎么对比? ····························· 304

3.28 在基础沉降计算时,是否都要将变形模量转化成压缩模量进行计算? ······························· 305

3.29 在路基两侧设置反压护道,是否可以提高抗滑稳定性? ··· 307

3.30 高填方路堤的柔性土工结构是否有地基承载力的问题? ······· 307

工程实录 ··································· 309

案例一 软土地基上大面积堆载试验
——京郊别墅堆山造景的可行性研究 ············ 309

案例二 单桩承载力随时间增长的规律性研究 ··········· 415

第4章 原型观测 ································ 423

网络答疑 ································· 423

4.1 堆山造景工程的勘察需要考虑哪些问题? ········· 423

4.2 假山堆载工程的勘察执行什么规范? ··········· 425

4.3 关于一个堆山工程涉及的岩土工程问题 ·········· 425

4.4 堆山造景如何验算地基承载力? ·············· 428

4.5 为什么实测土压力的数据存在异常? ············· 429

4.6 对堆土高度为100m的填方,如何计算地基承载力? ········ 434

4.7 对高填方下的涵洞,如何计算地基承载力? ········· 436

4.8 存在负摩阻力的管桩检测时如何取值? ··········· 438

4.9 堆煤速度如何控制? ···················· 440

4.10 究竟是什么原因引起部分测点的上浮? ·········· 441

4.11 关于建筑物沉降的两个问题 ··············· 444

4.12 圆形基础怎样计算倾斜? ················· 447

4.13 如何使地基承载力相应地得到提高? ··········· 448

4.14 对40m的高路堤,如何考虑地基承载力问题? ········· 450

工程实录 ································· 451

案例一 沉降控制复合桩基在上海大华地区的适用性研究 ······· 451

案例二　堆山造景对别墅桩基影响的足尺试验
　　　　——京郊别墅堆山对桩基负摩阻力的试验研究 ················ 533
案例三　大华公园世家 D 地块软土地基多塔楼整体地下结构的实施
　　　　与沉降计算方法研究 ··· 609

第 5 章　施工监测控制与处理 ··· 654
　网络答疑 ··· 654
　5.1　地基基础设计等级为甲级的岩石地基是否需要沉降监测? ······ 654
　5.2　什么是变形? 什么是变形监测? 变形监测的目的是什么? ······ 655
　5.3　土体分层竖向位移怎么监测? ································· 656
　5.4　基坑周围建筑物的裂缝能控制吗? ·························· 656
　5.5　基坑监测用什么资质? ····································· 658
　5.6　土压力计测到的结果到底是什么? ·························· 658
　5.7　关于深基坑的回弹再压缩模量问题 ·························· 660
　5.8　负摩阻力该怎样计算? ····································· 662
　5.9　PHC 桩采用静压法沉桩最大深度能够达到多少? ············ 663
　5.10　搅拌速度缓慢,经常出现提钻困难与埋钻情况怎么办? ········ 666
　5.11　关于地铁的上浮与不均匀沉降的问题 ······················ 667
　5.12　竖向承载力和最大压桩力之间是怎么样的关系? ············ 669
　5.13　是先填土后开挖地下室和房屋施工,还是先施工房屋后
　　　　回填土方? ·· 670
　5.14　是否需要采取抗浮桩的工程措施? ·························· 670
　5.15　静压沉桩过程中因设备故障停了一个星期,对承载力有什么
　　　　影响? ··· 672
　5.16　会不会是旋喷桩施工造成的? ······························ 673
　5.17　压桩机配重怎么计算? ····································· 673
　5.18　关于消减水压力方法的讨论 ································· 675
　5.19　回填土采用强夯处理是否可行? ···························· 677
　5.20　为什么减压井降水时抽出的水是浑的? ···················· 678
　5.21　桩身倾斜大于 1% 时,该桩如何处理? ···················· 679
　5.22　如何对强夯后的地基土进行承载力检验? ·················· 679
　5.23　检测的结果如此离散怎么办? ······························ 680
　5.24　提高试验桩的配筋,试桩又如何能如实反映工程桩的承载力? ··· 681

5.25　断桩是否要进行处理？ ······················ 682

5.26　设计单位提供给监测单位项目时,以哪一本规范为依据？ ······ 684

5.27　这种情况一定要取岩芯样吗？ ···················· 685

工程实录 ······································· 685

案例一　建筑物纠倾的设计与施工控制 ················· 685

案例二　沉桩挤土效应的监测与防治

　　　　——应力释放孔隔断孔隙水压力有效性的现场试验研究 ······· 698

第6章　工程事故原因分析与治理 ······················· 752

网络答疑 ······································· 752

6.1　什么原因导致下部桩身混凝土无法胶结？ ··············· 752

6.2　检测单桩和复合地基只满足条件之一时,工程能否判为合格？ ····· 755

6.3　填土地基有哪些工程问题？ ····················· 758

6.4　为什么总结工程事故的书很少？ ··················· 760

6.5　如何计算厂房大面积填土所引起的沉降？ ··············· 761

6.6　能这样估算偏心的影响吗？ ····················· 762

6.7　高填方下涵洞地基承载力该不该修正？ ················ 763

6.8　关于贵州9层楼垮塌事故的讨论 ··················· 765

6.9　问题是不是出在地下水的流动性上？ ················· 768

6.10　怎么计算抗浮安全系数？ ······················ 770

6.11　关于离心机试验测试地基变形问题 ·················· 771

6.12　桩基检测的最大荷载是否应该扣除负摩阻力？ ············ 772

6.13　是不是因为桩端持力层的高灵敏度所致？ ·············· 773

6.14　如何量测滑坡的剩余推力？ ····················· 774

6.15　如何处理场地中的旧桩？ ······················ 774

6.16　为什么砌体承重结构的局部倾斜无法事先计算？ ··········· 775

6.17　关于广州市轨道交通6号线文化公园站地面发生地陷事故的

　　　分析 ································· 776

6.18　这个水究竟是从什么地方来的？ ·················· 778

6.19　怎样处理未经压实的厚层填土？ ·················· 782

6.20　你不觉得你用的置换率太低了吗？ ················· 784

6.21　抗浮水位如何取值？ ························ 786

6.22　钻孔灌注桩为什么会冒浆？ ····················· 789

6.23 这种工程的情况正常吗? ················· 790

6.24 关于杭州地铁湘湖车站事故的讨论 ················· 793

6.25 是什么原因导致地面的拱起? ················· 794

6.26 为什么桩侧摩阻力要除以2? ················· 794

6.27 基坑开挖造成了一部分斜桩,如何处理? ················· 795

6.28 钻孔灌注桩如何穿过炉渣、钢渣层? ················· 797

6.29 桩端阻力和地基承载力特征值是一回事吗? ················· 799

工程实录 ················· 801

案例一 建筑物大面积断桩的原因分析与治理
——上海宝山区工程桩基治理研究报告 ················· 801

案例二 综合型购物中心地下室结构裂缝原因分析及处理 ················· 825

第7章 土的工程性质与工程利用 ················· 840

网络答疑 ················· 840

7.1 勘察报告怎么提基床系数? ················· 840

7.2 中风化泥质砂岩的基床系数该取多少? ················· 841

7.3 怎样描述和评价"软弱夹层"对地基基础的影响? ················· 843

7.4 泥岩的承载力能不能作深度修正? ················· 846

7.5 人工堆土形成的坡地勘察如何评价? ················· 848

7.6 明德林应力系数能否这样应用? ················· 848

7.7 高填方下的负摩阻力如何计算? ················· 850

7.8 CFG桩检测承载力不够,换填桩间土是否可行? ················· 851

7.9 怎么在现场快速鉴别土? ················· 852

7.10 怎样考虑基础形式? ················· 853

7.11 外国同行不知道什么叫特征值该怎么办? ················· 854

7.12 在静载荷试验时如何考虑桩的负摩阻力? ················· 855

7.13 如何处理回填土地基? ················· 857

7.14 有地表水的条件下,不透水土层的附加应力怎么计算? ················· 859

7.15 按什么思路计算沉降? ················· 862

7.16 超固结土都成了欠固结土怎么办? ················· 862

7.17 如何测定土的回弹模量? ················· 863

7.18 如何处理覆盖有块石层的土层? ················· 864

7.19 正常固结土是不是没必要采用压缩指数? ················· 866

7.20 如何考虑地下水对车库的浮力影响？ …………………… 867

7.21 未压实的填土，在雨季时会发生较大沉降的机理是什么？ …… 869

7.22 对位于不透水层的结构，浮力的水头如何取值？ ………… 871

7.23 强夯处理以后，还需要作什么处理？ …………………… 873

7.24 采用天然地基是否可行？ ………………………………… 874

7.25 如何利用煤仓荷载的作用，使地基固结而提高其强度？ …… 875

7.26 大型储罐工程的地基如何处理？ ………………………… 876

7.27 大面积高填土的地基怎么验算地基承载力？ …………… 878

7.28 究竟是桩端阻力还是地基承载力？ ……………………… 879

7.29 在支护结构规范中，为什么对腰梁等辅助构件没有规定如何
计算？ …………………………………………………… 880

7.30 填土的高度受地基土的承载力控制吗？ ………………… 881

7.31 取样数量等于室内试验的样本数量吗？ ………………… 882

7.32 对粉土，抗剪强度该取什么指标？ ……………………… 882

7.33 粉土有黏聚力吗？强度指标的经验值是多少？ ………… 883

7.34 如何结合工程条件，选择抗剪强度试验方法？ ………… 884

7.35 三十多层的高层建筑地基不处理行不行？ ……………… 884

工程实录 ………………………………………………………… 888

案例一 填海造地建造电厂的工程问题
——某火电厂桩基试验咨询 …………………………… 888

案例二 填海造地软基处理试验区资料分析 ………………… 906

第4章 原型观测

原型观测是指对工程实体进行变形和接触压力的观测,包括对建筑物及其地基基础的观测,例如沉降观测、水平位移观测、深层沉降观测、土压力量测、基底压力量测等。

原型观测是一种手段,可用于多种目的,包括用于施工阶段的监测、建筑物使用期的观测和大型试验的实施。因此,这类问题不仅是考虑如何进行观测,还应该包括整个项目的勘察、设计和施工实施的问题。

网 络 答 疑

4.1 堆山造景工程的勘察需要考虑哪些问题?

A 网友:

高老师好,我现在正在做一个堆山造景工程的勘察。拟建的堆山高度60m,底边为300m×400m,其北侧约30m为一条铁路线。

地基土的层序为:

(1)0.80~1.50m耕土,呈稍密,稍湿状态;

(2)8~15m第四系砂土,稍密—中密状态,稍湿—饱和;

(3)侏罗系强风化砂岩。地下水为潜水,水位-7.00m。

请问在工程勘察时应注意哪些问题?

答　复:

堆山造景的工程勘察应包括堆山的地基问题和堆山的材料问题两个部分。

这个项目的地基土层厚度就只有15m左右,而且主要是砂土,深部的强风化砂岩对堆山造景工程也是很好的地基,因此地基条件并不复杂。

勘察工作主要做好砂土地基的密实度和抗剪强度的评价,并应考虑以堆山的加载速度验算地基的稳定性。砂土的压缩变形完成得比较快,在堆山的过程中,沉降会很快完成,因此变形不是一个主要的问题。

堆山的高度是比较高的,用什么材料填山?所需的方量非常多,大约有240万实方的土,土料从那里取？填筑材料的勘察也是一个重要的问题。

B 网友：

60m 高填土引起的地面附加沉降不小,且可能对铁路线有影响,宜测定土层压缩模量(做至1 600kPa)。

A 网友：

谢谢高老师和 B 网友的网友。

(1)拟建物就是 60m 的堆山。

(2)堆山材料为距离 3km 处露采煤矿的剥离土方,主要为砂土及强风化碎石。

请帮助考虑如何解决下面两个问题：

(1)是否需注意深层滑动？

(2)经初步工作,上部砂土承载力特征值为 180~220kPa,60m 填土产生附加应力为 1 200kPa。不可采用天然地基,需做地基处理。请问采用何种方式为好？是否可采用 CFG 桩处理？

(3)若有深层滑动,对附近铁路线影响较大,应采取何种措施？

答　复：

根据这个项目的工程地质条件,主要压缩层是砂层,由于勘察时一般比较难以取得不扰动的砂样,因此需要做荷载试验测定变形模量,以计算砂层的压缩沉降。但由于砂土的变形完成得比较快,变形的主要影响在施工期间,不会有长期的沉降效应。

由于是堆山的地基,对沉降的控制要求比对于建筑物的地基要宽松得多。因此,在荷载试验曲线上的变形模量试验结果的取值可能要远大于你所说的一般经验值。

由于堆山总是需要放坡的,再加上堆山工程对变形的控制要求比较宽松,因此堆山地基承载力的安全度控制不同于建筑物地基的承载力验算,再考虑到堆山过程中砂土的密实化,从而提高了地基的承载力,而不是用天然状态砂土的地基承载力。因此,堆山的地基承载力评价不同于一般的建筑物地基勘察。

根据场地的地质条件,可能发生的在是大面积荷载条件下的薄层砂土的水平向挤出变形的破坏形态,而发生深层滑动的可能性是不大的。

由于堆山的范围比较大,荷载又比较大,自然地面可能会形成一个比较大的沉降盆地,但砂土的压缩性不高,因此估计沉降量也不会太大,当然,需要在测定指标之后进行沉降的计算,不仅计算中点沉降,而且还需要将沉降盆地计算出来。

附近的铁路线离堆山比较近,堆山对铁路可能会产生比较大的不利影响。建议在计算并画出等沉降线以后,可以估算对铁路线的定量影响,从而判断是否需要采取工程措施。

4.2 假山堆载工程的勘察执行什么规范?

A 网友:

　　某地无山,想造山。拟建假山的最高山峰标高设为 52.0m,其余山峰标高均小于 35.0m(地面标高为 2.0m)。山体总占地面积为 608 036m²,总土方量为 6 873 200m³。请问高教授,此工程地质勘察(假山堆载)执行什么规范,土工试验做些什么项目(常规测试项目除外)?外业勘察施工及室内资料整理应该注意哪些方面的内容?要不要评价边坡稳定性及地质灾害评估?

答　复:

　　对于堆山工程的勘察,并没有针对性很强的规范可以作为依据,因为这是一项研究性的工程,只有通过调查、掌握已有的工程经验是主要的。南方有个城市也是堆 52m 高的山,但堆到 40m 以上就滑动了,这个事故的教训值得关注。

　　堆山工程勘察的主要技术问题是地基的稳定性分析和地基的压缩性评价,至于土山的边坡稳定性是堆山设计时需要验算的问题。勘察时需要对土源进行勘察,以提供所需要土料的压实性能和控制最佳含水率的指标。

　　勘察方案与场地的地质条件有关,你没有说到这个城市的地质条件。如果没有地质资料,应先进行初勘,在掌握地质条件的基础上,针对不同的土层条件,有针对性地进行取土试验和原位测试。

　　对于不同压密状态的土,堆山工程设计需要重点考虑的问题是不同的。重点需要通过高压固结试验以了解地层的压密状态,区分是正常压密、超压密还是欠压密土,提供前期固结压力、压缩指数等指标。需要分别做固结不排水试验(测孔隙水压力)和不固结不排水试验,以得到地基土的抗剪强度指标。

　　勘探孔的深度要到达沉降计算需要的计算深度的下限,计算深度显然与堆山的宽度和高度都有着密切的关系。

　　关于人造山体的边坡稳定性问题并不是地质灾害,而是需要通过设计进行控制的工程问题。

4.3 关于一个堆山工程涉及的岩土工程问题

A 网友:

　　堆山工程在海积平原地区,表层硬壳层的厚度为 2.5m,地基承载力 $f_{ak} = 90kPa$,压缩模量 $E_s = 3.5MPa$。以下为 8m 厚的淤泥层地基承载力 $f_{ak} = 50kPa$,压

缩模量 $E_s=1.8\text{MPa}$，天然含水率 $w=57\%$，孔隙比 $e=1.6$，直剪试验 $c=7\text{kPa}$、$\varphi=3°$，三轴 UU 试验：$c=8\text{kPa}$、$\varphi=2.5°$，往下就是可塑—硬塑黏性土。现在要建造一个人造坡地（10m 高）公园，占地面积直径达 160m，堆土来源是从远处开挖人工湖（5m 深度）挖出的土（表层黏土土加淤泥进行拌和晾晒），转运至拟建土坡处。

这样的工程涉及几个岩土工程问题，请高老师指导一下：

（1）挖出的土淤泥成分占一半还多，堆坡的分层厚度和晾晒程度如何控制？我认为分层堆填厚度控制在 50cm 以内，这样便于尽快晾晒晾透以减少含水率，便于碾压。

（2）随着土坡高度的逐渐增加，边坡的坡度也要控制，一方面便于运土机械往上堆土，另一方面，堆土机械行走路线的土坡稳定性，这个还要验算堆土机械的吨位与短期填土的承载力、土坡坡度稳定之间的匹配。

（3）堆土形成的大面积堆载，表层硬壳层及下伏淤泥层承载力满足堆载来确定堆土的高度，要达到 8~10m 高，按照 $=18\text{kN/m}^3$ 计算得出堆土附加荷载 180kN，难以满足！必须对堆土的持力层及受力层淤泥层进行地基处理。这样的造价太高，我认为只能堆 6m 左右，坡顶最大堆载处的四边放坡堆土作为底部持力层超载（当然不好人为断开考虑）。

（4）景观设计的土坡坡度是 1:8，挖出的土经过拌和、晾晒、碾压后形成的土坡稳定是没有问题的，还要考虑土坡形成后使用期间下伏淤泥层产生的沉降不会小。对坡上景观的不利影响应有相应的预控措施。

（5）坡面及坡脚的排水措施需要考虑吗？

（6）土坡稳定性监测内容有哪些？我认为主要是坡面土体的水平裂缝（干裂）、地基土压缩沉降带来的土坡竖向沉降、雨季坡面的排水和坡脚排水。

我只考虑到这些，不清楚以上几点考虑是否正确，是否还有其他需要考虑和注意的地方？

答 复：

你的这些考虑是比较合适的，我再补充几点：

堆山的高度要经过验算来确定，一方面用现有地基土层的抗剪强度指标，计算堆山的极限高度。这个极限高度除以安全系数就可以得到堆山的设计高度；或者也可以从需要的堆山的高度出发，根据地基土的强度指标验算安全系数是否满足要求。这个安全系数一般不需要用 2，可根据工程的重要性、施工方法与周围环境的要求，在 1.2~2.0 之间选用。

为了达到一定的堆山高度（例如 6m 或 10m），如果采用天然地基的安全系数过低，可能需要对地基进行处理，求得相应的抗剪强度的期望值，作为处理设计的控制指标。

最为经济的方法是利用堆土的自重进行地基的预压,即控制堆土的速度,利用地基土自身强度的增长。但如果这样的进度满足不了预定工期的要求,那就必须采取一些加快提高抗剪强度的工程措施,例如设置塑料排水板等,当然造价也就高了。

监测的内容主要用以控制边桩的位移,这种方法比较经济、可靠,反应也比较灵敏;孔隙水压力、深层沉降观测可以设置一些,但这些监测方法的成活率可能不高。最基本的检测方法是沉降观测,这种方法可以获得最基本的数据,而且这种方法也比较成熟,可以得到最重要的数据,可以用以控制施工的安全性。

山的坡面不能太陡,并需要加以保护,采取例如种植草皮等方法,以避免雨水的冲刷所引起的泥土流失。

从地层条件来看,这个工程的地基承载力问题主要在于8m厚的软土层的抗剪强度问题;由于堆土范围如此之大,影响深度会很深,勘察深度也必须要满足沉降计算的要求,以免过大的沉降盆地对环境所产生的不利影响。

如果没有把握的话,可以先做一个堆堤试验,检验极限高度究竟能够达到多少,观察沉降的大小、速率以及影响范围的大小。分层堆填厚度控制在50cm可能厚了一点,这会影响到压实的效果。

堆山以后,原地面的沉降会比较大,可能会形成一个沉降盆地,所以需要事先设置排水系统,以免形成积水。

如果堆土的土料比较差,例如含水率比较大,则需要晾晒后再碾压,这一点很重要,否则填山工程的质量就很难保证。

这个项目的工程量比较大,又有一定的难度,所以需要仔细勘察,做好设计和大型试验验证以后再进行大面积施工。

A 网友:

对高老师的指导,我的理解是:

(1)计算极限高度,是地基极限破坏,使用的承载力应该是承载力极限值,加上表层硬壳层的应力扩散,从承载力角度考虑,6m 高($6 \times 18 = 108$kPa)堆土应该没有问题,若控制堆土速度和分层碾压好的话,10m 可能也没多大问题。毕竟计算不清楚承载力随堆载加高有所提高的程度。

(2)从变形角度,该场地堆土后肯定有较大的沉降,可以通过坡上绿化植被给以掩盖,不影响景观为目的,堆土范围毕竟还有一个 1∶8 的放坡段。

(3)最关键的是堆土后沉降的加大及其影响范围的确定,以确定保护和监测范围,同时,那么高的堆土面地下水位难以通过毛细浸润抬高引起的坡面干裂程度对绿化景观的影响,我的看法是否存在不安全的地方?

答　复：

堆土的高度肯定要小于极限高度,小多少,那就是安全系数的取用了。对这种堆山的工程,安全系数可以取得小一些,但总不能堆到接近极限的高度。

当然,计算结果也不一定准确,但是不计算肯定也是不行的。

如果实际产生的沉降太大,就会改变原来设计的景观要求,当然景观视觉的要求并不那么严格。但如果沉 1m 左右可能就能感觉得出来了。

大面积填土堆山以后,地下水位会随之而提高的,已经不可能是天然地面时的地下水位了。为什么填土堆山以后地下水位会随之而提高? 这个问题也值得研究,我认为这主要是由于毛细管的作用。

4.4　堆山造景如何验算地基承载力?

A 网友：

高教授你好,有一个案例,即堆山造景的岩土工程问题,涉及很多方面:如承载力、稳定、地下水、环境等综合问题,在计算地基承载力的时候,因为没有基础这一结构体,相当于是上部的堆土荷载直接作用在地基上(即没有应力扩散至地基土上),其基础宽度和埋深如何套用计算公式? 下部地基土各分层的内摩擦角,黏聚力又是如何取值? 是加权平均值吗? 对这种工程上的地基安全系数又是以取多少为好呢?

答　复：

堆山造景的岩土工程问题与堆山的高度及地质条件有关。不同的情况,主要工程问题可能也不相同,很难泛泛而谈,否则就变成讲地基基础课了。

即使在很好的地质条件场地上,但由于填土堆山的高度堆得太高了,或者堆得太快了,也发生过失稳垮塌的事故,因此需要从地基的安全度出发对填土的高度和施工的速度进行必要的控制。

即使地质条件不是很好,但如果注意工程研究和设计得当,施工时能有效地控制加载速率和控制沉降的发展,那也不会严重影响到安全和环境。

堆山造景的稳定性问题主要根据堆载的极限高度除以安全系数来控制。这里,对堆载速率的控制是关键性的,抗剪强度指标的试验方法与取值方法也应与施工的速率有关。

在《岩土工程勘察与设计——岩土工程疑难问题答疑笔记整理之二》一书的第 10 章中讨论了有关堆山造景的一些工程问题,你可以找来参考。

A 网友：

高教授,谢谢你的回复。我看了你的书,极限承载力公式中,有基础形状、埋深等基础参数,而堆载是直接从地面开始加荷的,没有基础这一结构体,请问这些参数值如何取?

这一案例是需堆载40m的山,这也算是国内比较高的了。地面以下0~20m为粉质黏土夹粉砂,击数4~10击,压缩模量为4.0MPa左右,地下水位埋深较浅,20m以下为粉细砂层,密实,击数>30。请问勘察时,如何进行室内试验,该取哪些值,可用什么地基处理案例较优呢?

答　复:

堆载没有埋置深度就不计算地基承载力计算公式中的埋置深度项,形状系数按堆载面积的形状来估计,一般简化为矩形的面积就可以了。

你这个项目可要当心了,因为前几年就发生过50m高的堆山的失事案例。

这个项目的主要问题是地面以下20m范围内的土层,重点研究这个粉质黏土层的强度、固结系数、压缩模量,做一些三轴有效剪的试验、总应力法的不固结不排水剪试验、固结不排水剪试验,研究土的强度增长规律。

地基处理方法要经过比较,可以多比较一些方案;深层挤密加浅层强夯的方案可能比较经济。同时,堆土时要控制加载的速度,可不能填得太快了。

A 网友:

高教授,谢谢你的指导。目前,该项工程地基处理设计与施工已完成,采用的地基处理方案是强夯+挤密砂石桩,处理深度地面下20m,现在需要进行岩土工程监测工作,来指导施工,监测方案拟在地基土里设置深层沉降标及孔隙水压力装置,请问这个布测间距多少为合理呢?山体内部的沉降与位移在技术上实施起来会比较麻烦(考虑埋测斜仪、沉降标),特别是施工时,监测点的保护是一个很大的问题。填土面以上只监测坡面位移,是否合理或能满足现场实际要求吗?

答　复:

监测的项目不需要太多,以控制施工的安全为目的,地表的沉降和水平位移监测可以多设置一些,因为测量比较方便,也便于保护监测点。

地表以下的深层沉降和深层水平位移观测很重要,为判断深层是否滑动提供判据。

山体内部的监测比较困难,因为堆山的施工过程对这些观测点的干扰比较大,不容易保护好。

4.5　为什么实测土压力的数据存在异常?

A 网友:

高老师,最近在整理现场实测资料,遇到一个问题。有两个现场断面都埋设了压力盒(图 4.5-1、图 4.5-2)。

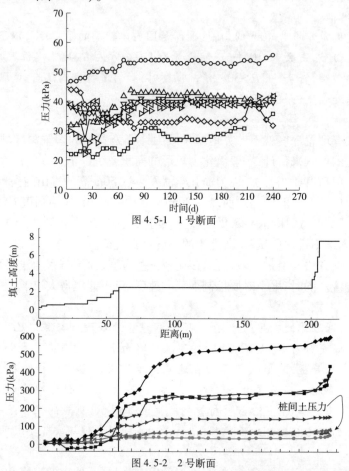

图 4.5-1　1 号断面

图 4.5-2　2 号断面

　　1 号断面的路基填高为 3.5m,因为施工原因,此断面是在路基填好了后,又挖开埋设的压力盒,然后一次性又把土填上,压实度不高,测出来的压力在 33~54kPa,断面地基没有处理。

　　2 号断面路基总高度 7.6m,CFG 桩处理,桩间距 1.8m,在填高 2.5m 时,桩间土的压力已经测得 67kPa。

　　两个断面间距为 350m。这就产生了一个问题,路基填得高的土压力却比路基填得低的土压力大。请问这可能是什么原因造成的呢?

B 网友:

　　可能是在桩的施工过程中对土体产生了扰动,影响了土压力盒数据,另外土压力盒精度等方面,也会有影响。1 号断面是钻孔后埋压力盒,结果应该会偏小。

C 网友:

1 号断面是开挖以后才埋设的,且压实度也不高,不知道开挖面有多大? 土体可能形成自然拱,起到卸荷作用,降低下方竖直土压力。但 2 号断面的填土高度只有 2.5m,而土压力倒有 67kPa,这样算来填土的重度为 26.8kN/m³ 了,有这么高吗?

A 网友:

说明:1 号断面地基没有桩处理,所以谈不上土拱效用。开挖长度 4m 左右,路基基底宽度 30m 左右。对于土压力的精度问题,我们在另外的断面数据却较准确,计算下来土重度为 20kN/m³ 左右,但是在这两个断面就不对,压力盒是一样的。1 号断面压实度确实不大,但是看测得数据来计算,土的重度只有 15kN/m³ 左右,如果土真的这么不密实的话,这个路基就不保险了吧? 2 号断面是 CFG 桩处理,按说有土拱效应的话桩间土的土压力应该更小一些,但为什么测试结果反而大呢?

答　复:

这个帖子是很有意义的,从中我们可以认识许多问题。

但是,你对这些曲线的说明是不够的,同一个断面上用不同符号表示的曲线是什么意思? 是不同压力盒的数据? 是不同位置的还是不同深度的? 为什么曲线的位置差别那么大?

两个断面的横坐标都是时间? 2 号断面的后续曲线怎么样? 压力是否成比例地升高?

用 CFG 桩处理的断面,在桩顶以上有没有什么垫层或其他的处理措施?

你希望大家来分析原因,请你先把情况介绍全面一些,这样有助于分析,只有两个数据就很难正确分析,只能猜各种可能性,于事无补。

A 网友:

感谢高老师的提醒,下面我对这个问题再进行一下补充。

两个断面布置的压力盒位置不同,但都在路基底面具体位置,见图 4.5-3、图 4.5-4。

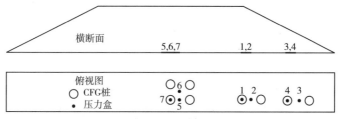

图 4.5-3　2 号断面

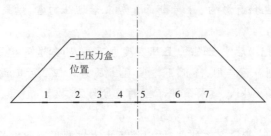

图 4.5-4　1 号断面压力盒分布

同一个断面上用不同符号表示不同压力盒数据,横坐标都是时间轴,CFG 桩处理加了 60cm 厚的碎石垫层及两层土工格栅。后续压力见图 4.5-5。

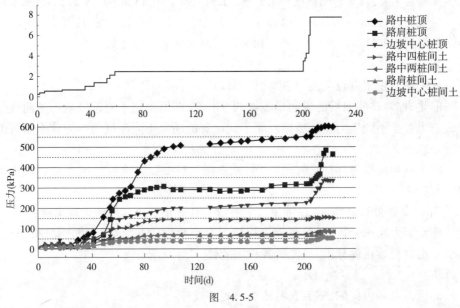

图　4.5-5

B 网友:

1 号断面异常可能与埋设方法有问题。

2 号断面看不出有什么问题,应力向桩顶集中是合理的,在合理的范围内,应力越集中越好。

C 网友:

(1)能不能具体说说埋设方法造成此结果的原因,此压力盒的埋设方法为上下铺 5~10cm 砂,中间放压力盒。静置了一周左右填土,但是静置过程中下过大雨。

(2)单纯看 2 号断面没什么问题,但是如果通过应力计算压力盒上土的密度的话,显然密度过大,而且荷载的传递存在滞后的现象。施工过程中压力盒的应力增加不大,但是施工后明显增大。而且后来填土高度比第一阶段填土高度大,但是桩顶应力的增加却不大。

D网友:

我的一切判断源于我的臆想,也就是高老师所说的猜测,因为我没有接触过检测。

(1)压力盒埋放,需要较大的开挖面,否则会失真。黏性土一般都有湿胀干缩的特征,尤其是高塑性土,路堤一般情况下都处于非饱和状态下。可能是路堤中含水率减少引起干缩,导致压力盒与周围土体的应力松弛。

(2)路堤一般宽度有限,即使不存在桩顶应力集中的问题,也不能以压力盒所受应力去反算路堤密度,因为存在自重压力扩散问题。桩顶压力盒所受应力超过自重应力,但桩间土所受应力明显少于自重应力。施工初期,由于自重应力不大,桩和桩间土没有明显的沉降变形,所以应力集中不明显。施工中期,桩间土压缩明显,荷载向桩体集中(树大招风,枪打出头鸟)。施工后期,桩体所受应力接近强度极限,发生明显变形,桩土应力比出现拐点。

答　复:

非常感谢你提供了那么详细的资料,做这样的现场监测是很不容易的,从中我们可以看出不少问题,但如何解释这些问题还有一定的困难。

从总体来看,1号断面实测的压力偏小,2号断面又偏大,而且偏大那么多,很难判断究竟是什么原因?

分析随时间的变化过程也是很有意思的,在路堤高度不变的情况下,路中桩顶的压力从300kPa增大到550kPa,是什么原因使压力增大的?

在路堤高度从2.5m填高到接近8m以后,路中的桩顶压力增大到600kPa就不再增大了,而路肩的桩顶压力从310kPa一直增大到500kPa,但桩间土压力基本上不再变化,这又是为什么?

从路中的一组实测数据,可以计算桩土应力比,是否可以计算桩土共同承担的平均压力,但可能还是偏大很多,这么大的压力是怎么形成的?

60cm厚的垫层,可能发挥一定的刚度来调节压力的分布,可以计算横向的平均压力,但可能仍不能解释偏大的原因。

E网友:

谢谢高老师对这个问题的关注,感谢A网友提供了第一手的素材供大家学习讨论。为准确弄清问题,我想最好请A网友补全以下资料:

(1)布桩平面图(完整的一个单元),是均匀布桩还是非均匀布桩(从现有图上看是非均匀布的)？

(2)工程地质情况、土层的参数及地基承载力。

(3)CFG桩的桩长及设计单桩承载力。

(4)你所认为正常的,另外断面的监测布置图及监测成果曲线。

答　复：

这是对一个原型观测的实测资料中一些异常数据的分析,正因为其异常,异于通常的数据,这位网友把数据提到了这里来,希望大家帮助他分析异常的原因。

几位网友都极尽所能地提出一些看法,正因为其异常,即不合乎常理,很难解释其原因。

在整理成书时又仔细看了这个问题的资料,感到出现矛盾的主要原因可能在于这两个项目的监测条件不同。将这位网友所提出的问题摘录如下:"1号断面的路基填高为3.5m,因为施工原因,此断面是在路基填好了后又挖开埋设的压力盒,然后一次性又把土填上,压实度不高,测出来的压力在33~54kPa,断面地基没有处理。2号断面路基总高度7.6m,CFG桩处理,桩间距1.8m,在填高2.5m时,桩间土的压力已经测得67kPa。"从这个介绍中我们可以看出这两个路段的埋设方法存在着原则的区别,1号断面是先将路堤全部填完了,然后再开挖埋设压力盒,虽然没有详细地介绍是怎么开挖的,但很可能是挖一个洞或者将压力盒埋下去,然后再回填。这个坑的回填部分不可能得到有效的压实,也就是说这个回填的土柱是得不到有效压实的,土质比较松,这个圆柱或者是盆状体的密度是不高的,再加上周围摩阻力的作用,因此传到土压力盒的荷载只是土体重力的一部分。而2号断面是按正常的方法埋设,能够正常地传递荷载,所以测得的土压力能够反映上覆土层的压力。因此,这两个断面的实测条件完全不同,所测得的数据也就没有什么可比性了。

从这个案例中,我们又可以看到,实际工程的量测条件很重要。如果不重视传感器的正确埋设,不仅大量的工作是白做了,花了很大的代价,而且得不到所需要的数据,多么可惜。这个案例给我们的教训是现场监测工作需要一个科学的计划,合理地埋设传感器,如果计划不周,填了再挖,这种埋设工作不科学,便得不到能反映实际工程条件的数据,实测工作也就失败了。

4.6　对堆土高度为100m的填方,如何计算地基承载力?

A 网友：

一个高填方堆土,排在倾斜的地面上,堆土高度100m,坡角18°,基底下有软弱层,计算基底下地基承载力。

现在的问题是计算地基极限承载力,需要基础的宽度,假定地基的滑动面,而堆土的实际宽度达几千米,怎么考虑宽度?《建筑地基基础设计规范》(GB 50007)中规定,基础宽度大于6m则按6m算,显然堆土不适用《建筑地基基础设计规范》。那堆土的宽度到底如何考虑?

《土力学》书上计算地基极限承载力时,都假定了在均布荷载作用下,地基的滑动面,可堆土不是均布荷载,荷载如何考虑? 这种大型堆土的地基滑动面如何假定?

学生愚钝,看了查了很多书和资料,一直弄不出个所以然来,所以来请教高老师指点。

B 网友:

对于填土来讲,不存在承载力问题,只考虑稳定性问题即可。

C 网友:

100m 高的堆土是如何堆上去的?

D 网友:

好像填土也有承载力问题吧。堆不上去就是承载力不足。

E 网友:

用公路的软土路基堆填极限高度来算试试,估计你填这么高的土,要求的承载力很高吧,非软土能承受,要分期回填都困难,估计要隆起来!

答 复:

你这个项目是一个超大型的工程,堆土高度100m,地面坡角18°,基底下还有软弱层,堆土的实际宽度达几千米。这样堆土有什么用途? 应该做详细的勘察、精致的设计与验算、信息化的施工,以安全、经济地实现工程的目标。

地质条件首先要弄清楚,勘探的深度就值得探讨,你们是怎么考虑的? 那么大宽度的荷载,影响深度是非常深的。

要做哪些试验? 这取决于设计时用什么指标计算。也就是怎么考虑和如何利用施工期间地基土的强度增长规律。

填土总是应该有极限高度的,到这个份上,地基的稳定性是无法回避的,你叫极限承载力也可以,叫极限高度也可以,在土力学里是同一类课题。这种工程问题希望找一个公式计算可能是不够的,特征值的公式是不能用了。如果用铁路上的极限高度公式,也就是内摩擦角为零的极限承载力公式,可能也太简单了些。分析方法可能需要用数值方法分析,多几种方法计算后综合分析确定。分析的思路建议你们看一下沈珠江院士的遗作《理论土力学》第五章极限平衡理论。计算方法可以看朱百里、沈珠江合著的《计算土力学》。那里有不是均匀分布荷载下的地基应力与变形的计算方法,可以解决你所提出的这些疑虑。

你说,堆土的实际宽度达几千米。因此,地基中的土层厚度,相对于荷载的宽度来说是非常薄的,也就是 H/B 是非常非常小的,也就是说填土的重量所产生的附加压力沿深度不会减小,成为一个真实的一维问题。

最关键的问题还是施工组织,100m 的填土不可能一下子填上去,填筑那么高的填方需要比较长的工期,在这个填筑的过程中,地基土强度的增长和地基承载力的提高应该充分地加以考虑和利用。

还要做监测的计划,这么大的工程应该充分利用监测资料指导施工。为信息化施工提供可靠的信息,作为检验设计、指导施工的依据。

编后注:

在成书时又看了几遍,总感到这个工程的规模相当的大,工程问题肯定是比较复杂的,不知道项目进展得怎么样了,你们是怎么解决这些问题的?

4.7 对高填方下的涵洞,如何计算地基承载力?

A 网友:

对高填方下的涵洞,是先修好了涵洞再进行填料填筑的,按照《建筑地基基础设计规范》(GB 50007)(因为是填土,而且是建筑物修筑完了再填上去的),涵底的承载力不应该进行修正。因为这个填土不光对地基承载力没有好处,而且增加了涵洞上的土柱重量,而且这个荷载是大面积的,不存在应力扩散,上面有多大,下面就有多大。如果涵洞上面填土高度有20m,涵洞的基础光承受的填土承载力就要求400kPa左右。

但是又觉得,除涵洞上面以外的填土对承载力是有好处的,因为它的存在对涵底基础土的挤出破坏是有好处的,就相当于地基承载力公式中的超载的这一项。这么想想,觉得这个承载力又应该修正!

到底该不该修正呢?这个问题我问了很多人,都不愿意回答,不知道是我问问题的水平太低还是什么?请高教授指点!

B 网友:

上面的填土,要看填土的方法及填土的范围,基底承载力与围压有直接关系的。如果只是在上面填土,对承载力没有好处,但如果周边大范围填土,还是有好处的。

C 网友:

你这个问题不仅仅是涵洞才有的地基问题,20m 的高填土的地基也存在着地基承载力的问题。

高填土的极限高度问题就是地基承载力问题,如果解决了,那涵洞的问题也解决了,如果没有解决,你问高填土的地基稳定性问题怎么处理?

高填土地基的变形对路堤的影响不是太大,但对你的这个涵洞可能是致命的问题,路堤的横向,也就是涵洞的纵向,如果不均匀变形太大,涵洞可能会开裂或折断。

A 网友:

请问高教授,高填土的极限高度在哪本书上有提到过?

D 网友:

你这个问题不仅是涵洞的地基问题,20m 高填土的地基也存在地基承载力的问题。

填土的地基也有承载力问题? 不对吧! 应该只存在边坡整体稳定性问题!

E 网友:

你的问题实际上就是土的固结问题。你如何判断回填土的固结率? 一般认为 30 年以上可以达到固结。

固结的话,当然可以算是围压。否则就只能算是荷载。

答　复:

对大面积的填土,当然有地基稳定性问题,过去也曾经发生过填土引起的地基失稳滑动的工程事故。你说在只有 180kPa 承载力的地基上,堆上荷载高达 360kPa 的填土,地基能不垮吗? 实际上是不可能的。

工程实际的情况可能不是简单的一句话能够说清楚的,你说20m 高的填土,100m 高的大坝是可以一下子放上去的吗? 当然没有这种理想的情况,因此也没有什么侧边发生滑动破坏,中部不会破坏的情况。实际情况是填到一定高度以后,就填不上去了,填了就塌,发生滑动,这种滑动就是失稳,因此高填土有一个极限高度的问题,极限高度就是极限荷载,也就是地基极限承载力问题,怎么能说高填土没有承载力问题呢?

造成歧义和误解的原因,主要是被临界荷载的承载力公式把概念搞糊涂了。我国对极限承载力历来很不重视,规范也好,教科书也好,都只讲 $p_{1/4}$,只讲什么特征值。对于高填土,变形的要求倒并没有像建筑物那样要求严格,主要是强度和稳定性的问题。如果填土速度足够慢,地基在一定荷载作用下发生固结,强度有了提高,承载力也相应提高了些,慢慢加荷是可以填得比较高一些的。同时,由于填土是柔性结构,即使变形大一些也没有关系,标高太低了那就再补填一些土也就可以了,所以填土一般没有严格的变形控制问题。

在强度和稳定性问题中,土压力、地基承载力和边坡稳定性分析的思路和方法其实是相通的,在地基极限承载力的分析中就有主动区和被动区。对软黏土,用极限承载力公式计算和用圆弧滑动分析计算的结果是一样的,填土达到极限高度以后,在填土和地基中都会形成滑动面,试验中就可以看到这样的现象。

在软土地基上的堆堤试验是一种原型的载荷试验,可以更全面地了解地基承载力的性状,更加如实地反映实际情况。

堆堤试验的底面尺寸一般比较大,影响的深度很深,所得到的结果并不是某一土层的承载力,而是与堆堤试验的平底尺寸相应的多层地基土的综合承载能力。

在上海宝山地区做过一个堆载试验的面积为 22m×30m 的大型堆载试验,地基土的三轴不固结不排水强度 $c_u = 31kPa$,原位十字板剪切试验强度 $c_u = 40kPa$,在不同试验荷载作用下的平均沉降及按 Skempton 公式计算的地基极限承载力求得的安全系数见表 4.7-1。

堆载试验的分析结果   表 4.7-1

试验荷载	平均沉降量	安 全 系 数	
(kPa)	(mm)	$c_u = 40kPa$	$c_u = 31kPa$
60	93	3.90	3.05
90	253	2.60	1.97
120	444	1.97	1.52
150	606	1.57	1.22

这个堆堤试验没有做到破坏,加到了第 4 级荷载,即试验荷载为 150kPa 后就终止了试验,此时的安全度已经比较低了。按三轴不固结不排水强度 $c_u = 31kPa$ 计算的安全系数为 1.22;按原位十字板剪切试验强度 $c_u = 40kPa$ 计算的安全系数为 1.57。此时,在离堆载边缘 0.7m 处,于地面以下 7m 的地方测得水平位移为 810mm,水平位移与平均沉降之比为 1.34,表明已有大量的侧向塑流挤出产生。在软土地区,侧向水平位移是一个十分敏感的指标,反映了土体中是否发生了塑性变形,常作为加荷时检验地基稳定性的控制标准。

F 网友:

做岩土工程勘察,真的要把土力学学好。基本原理啊。

G 网友:

我个人对地基承载力的理解是:上部产生荷载的物体相对下部地基为相对刚性体,下部地基才有承载力问题。比如,在强风化岩石地基上按坡度 5°~10° 堆填 100m 高的填土也是可能的,只是需要水平长度长些而已,而 100m 高填土产生的竖向荷载已将近 2 000kPa!

4.8 存在负摩阻力的管桩检测时如何取值?

A 网友:

请教高老师及各位,我在工作中遇到了"存在负摩阻力管桩检测时如何取值"

的问题,不知如何处理为好。

某工程项目的地质条件大致情况为:上部为十几米的松散填土,其下为几米的黏土,再下面就是花岗岩强风化。设计采用400mm直径的管桩,以强风化为持力层,正摩阻力加端承力取值为170t,考虑十几米的松散填土,负摩阻力取值为30t,考虑负摩阻力产生的下拉荷载后的桩承载力特征值取为170t-30t=140t。现在做桩基检测时,设计单位要求按170t的特征值做检测,这样试验时的极限值就要达到340t。他们的理由是:十几米的松散填土在后期会产生较大沉降,从而产生负摩阻力,而在桩基检测的时间点负摩阻力还未产生,所以在检测时的正摩阻力加端承力要达到170t才能满足后期产生的负摩阻力的不利影响。现在甲方和施工单位对400mm直径的桩,按170t的特征值去做检测很是担心,觉得有较大风险。

对于这种存在负摩阻力的管桩,检测时真的要按这种扣除负摩阻力之前的大值来检测吗?

B 网友:

由于在静载试验阶段,无法检测负摩阻力,故设计考虑是有道理的。

C 网友:

这个问题在工程中碰到的比较多,争论也比较大,也没有相关规范规定,应该怎么做?

D 网友:

规范不一定规定得这么细,自认为设计对桩基检测的分析还是有道理的。

E 网友:

我的理解是:

(1)依据《建筑桩基技术规范》(JGJ 94—2008)第5.4.3条,负摩阻力是作为外加荷载作用在桩上考虑的,这个工程的单柱荷载+桩基的负摩阻力=总荷载,总荷载除以单桩承载力等于桩数。

(2)单桩承载力是与地基土性质和桩身材料等有关的,在这些条件确定时桩基承载力是确定的,桩基检测也是确定的、明确的,A 网友所讲的这种情况是对概念的逻辑关系的误解。

以上仅是个人意见,不正确之处还请大家指正!

岳建勇答:

需要明确业主和施工方担心的事情:单桩承载力主要由两部分,即桩身结构强度和地基土极限支承力确定。

F 网友:

是担心桩身结构无法满足要求还是地基土极限支承力有问题?

建议可以在大规模工程桩施工以前,先进行一定数量的试桩,直接为桩基设计提供依据,同时也可以控制工程风险;根据试桩结果再进行桩基设计。

4.9　堆煤速度如何控制?

A 网友:

高老师好!

感谢您的回复!本工程情况是您说的第二种情况,即环形基础只支承煤仓的外壁,堆煤的荷载直接传给地基,由于本人是第一次接触煤仓,对堆煤速度不大了解,麻烦您详细叙述一下,如何利用砂层?(地下水位在-1m左右,可以判断砂层是饱和砂层吗?如果是饱和砂层还可以利用它来排水吗?)如何利用荷载作用,使其固结而提高强度?如何控制堆煤速度?堆煤速度大致是多少?

以下是您5月1号的回复:

(1)不清楚煤仓的结构情况,如果煤仓的底板是支持在环形基础上,荷载由环形基础传给地基,那么就按环形基础的宽度验算。

(2)但如果环形基础只支承煤仓的外壁,堆煤的荷载直接传给地基,那么是一个大面积的荷载,应力传得比较深。

(3)第一层是砂层,使软土具有比较好的排水条件,可以利用荷载作用,使其固结而提高强度,控制堆煤速度,不宜迅速加载,在有控制加载的条件下,估计这层软弱层不会造成很大的工程问题。

(4)但如果加载过快,那么表现出来的问题是不均匀沉降或土体的侧向位移比较大,可能导致环形基础开裂。

答　复:

你这个项目的地质条件还是不错的,浅层是砂层,软土层比较薄,软土的下面是强度比较高的黏土层。但如果加煤不控制速度,软土顶面的压力增长太快,就是所谓下卧层强度不满足要求了,但这种情况是不能用一般的方法验算的。

在大面积荷载作用下,传到软土顶面的压力不能考虑扩散,地面加多少荷载,软土顶面就是多少压力,因此如果软土的强度不提高,荷载全部快速加上是不行的,那怎么办?

利用分级加载,在前面一级荷载作用下,让软土固结,提高强度以后再加下一级荷载,如此分级加载,就比较安全了。

需要软土的不固结不排水指标,乘以 5.14 就是软土层的极限承载力 f_u,设堆煤的一级荷载为 p,则安全系数等于 f_u/p,控制安全系数等于 2,即可求得第一级荷载的控制值。

需要软土的固结系数 C_v,按 3m 渗径,单面排水条件计算加载后不同时刻的固结度。

需要软土的固结不排水剪强度指标,按《建筑地基处理技术规范》(JGJ 79) 的公式(5.2.11)计算抗剪强度的增长。

控制安全系数不低于某个控制值,以确定加载的时刻及每一级荷载的量。做出整个加载的控制计划,以保证在满足软土强度验算要求的安全前提下,有控制地完成堆煤的过程。

由于软土土层比较薄,估计所需要的时间不会太长,但没有参数就不可能有定量的预期。

4.10 究竟是什么原因引起部分测点的上浮?

A 网友:

最近遇到了一栋 18 层楼施工中发现部分测点上浮的问题,请大家帮忙分析一下究竟是什么原因。

工程概况:该项目是一个由 5 栋 18 层的高层建筑群合用整体的地下车库(图 4.10-1),地下车库为 1 层,沉降观测资料显示,其中的一栋楼,有部分测点存在上浮问题,但其他几栋楼却正常沉降,并无异常现象。

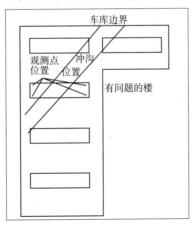

图 4.10-1 5 栋 18 层的高层建筑群

地层情况:基底地层为强风化云母片岩,其上地层为全风化云母片岩和粉质黏土,施工验槽时发现一条冲沟,冲沟宽度约 10m,深度约 2m,自东北向西南从场地西北侧穿过,穿过区域包括地下车库部分和该栋楼的中间偏东部分。

地下水情况:勘察期间未见地下水,基坑开挖后见少量基岩裂隙水,非均匀分布,仅可以在基坑中部分地段形成少量小于 5cm 的浅水面。

施工情况:对于冲沟考虑到以后可能汇水,会有抗浮问题(之前,我们这里曾经出过类似的案例),我们建议的是毛石混凝土回填,甲方不同意,想要采用级配砂石,为此还召集各个单位并邀请部分专家论证。论证后的意见是可以采用级配砂石回填。我们保留意见,并建议如果采用级配砂石回填,应对冲沟上游进行封堵,并做好基坑侧壁土的回填工作,保证水不能汇集到冲沟中去。后来据说施工方由于施工问题未能采用级配砂石,还是采用的毛石混凝土回填。

测量数据:基准点 5 栋楼共用,4 个监测点布置在 1 层剪力墙上。数据如表 4.10-1 所示(负值为上升,正值为沉降)。

测 量 数 据   表 4.10-1

监测点号	3层		5层		7层		8层	
	本次沉降	累计沉降	本次沉降	累计沉降	本次沉降	累计沉降	本次沉降	累计沉降
1	0.15	0.15	0.12	0.27	0.16	0.43	0.86	1.29
2	0.22	0.22	0.18	0.4	0.24	0.64	0.79	1.43
3	0.05	0.05	0.04	0.09	0.06	0.15	1.11	1.26
4	0.06	0.06	0.05	0.11	-0.14	-0.03	-0.46	-0.49

监测点号	9层		10层		12层		13层	
	本次沉降	累计沉降	本次沉降	累计沉降	本次沉降	累计沉降	本次沉降	累计沉降
1	-3.24	-1.95	-0.3	-2.25	0.77	-1.48	0.64	-0.84
2	-1.39	0.04	-0.27	-0.23	0.85	0.62	0.59	1.21
3	-1.22	0.04	-0.13	-0.09	1.26	1.17	1.14	2.31
4	-1.01	-1.5	-0.02	-1.52	0.95	-0.57	0.67	0.1

原因分析:从数据来看,到13层的时候还在上浮,由于此时楼自身的重力很大,且底板也未见异常,应该不是水的浮力问题。由于均匀布置在4个角的点出现了同时上升和下降的情况,应该不属于不均匀沉降的问题。由于上升量并不是太大,考虑有可能是混凝土受温度变化膨胀的问题。

以上的原因分析是否正确?还是有什么其他原因?请高老师及众位同行指点迷津。

Aiguosun:

是不是存在有测量误差、基准点保护不好或观测标志保护不好的问题?

答　复:

情况不很清楚,先问几个问题:

(1)这五栋楼的平面位置如何?周围地形、地物有什么差异?

(2)这栋楼的测量水准点附近有什么异常情况吗?

(3)与其他楼相比,这栋楼的沉降有什么异常情况吗?

(4)能给出观测点的平面位置吗?

A 网友:

周围地形地物没有什么差异,该场地为剥蚀残丘,坡度较缓。水准点及监测点附近均未见异常。与其他楼相比,沉降无异常,只是有些时段测量数据显示这栋楼在上浮。观测点布置在负一层的剪力墙上,为四个角点布置。对其他情况,我画了个示意图,应该能表述清楚了。

由于上浮量并不太大,对工程也没有什么影响,分析原因时考虑可能是由于混凝土自身的膨胀引起的变形。不知道是不是这个原因。

答　复:

这个案例的数据确实比较异常,有哪些异常呢?

测点的上浮只发生在中间的一个单体建筑上(并不是端部),而这几栋建筑物是合用一个整体的地下车库,处在同一个基础上的,不可能边上的建筑物在下沉、而中间的建筑物却在上浮,而且上浮量还不小。这就排除了地基变形的原因。

对上浮的建筑物,上浮的变形量与建筑物的层数没有相关性。只发生在某几层建筑物施工时,建筑物低的时候没有上浮,高了又没有上浮了。这就排除了由于是建筑物荷载作用的因素。

A 网友从材料的角度进行分析,认为"可能是由于混凝土自身的膨胀引起的变形"。但是,混凝土的膨胀力没有那么大,能把几层楼的建筑物抬高到厘米级的上抬量,混凝土的膨胀量也没有那么大。

总之,这个悬案只能是"无解"了。

4.11 关于建筑物沉降的两个问题

A 网友:

问题一,地基变形与建筑物沉降的关系。

高老师好! 我想问一个比较初级的问题,关于《建筑地基基础设计规范》(GB 50007—2011) 中 5.3 节变形计算的疑问。

①从规范 5.3.5 条中知道,一般情况下地基变形 S 可以采用公式(5.3.5)分层总和法进行计算。此时地基变形就是建筑结构的沉降 H。

②规范 5.3.10 条说明了在地下室基础埋置较深时,采用公式(5.3.10)计算回弹变形 S_c,此时回弹模量 E_{ci} 是否是根据计算土层内平均压力查表而得(从 5.3.10 条条文说明计算例子而得)?

③规范 5.3.11 条说明了回弹再压缩变形 S_c' 计算 可采用再加荷压力小于卸载土的自重压力段内再压缩变形线性分布的假定计算。个人认为是只有再加荷的压力小于原先荷载的情况才能用公式(5.3.11)进行计算,因为再加荷不大于先前荷载时再压缩变形均在回弹变形范围内,即 $S_c' \leqslant S_c$。即此时的建筑结构沉降由回弹变形决定(第 227 页),计算所得的回弹再压缩变形 S_c' 即建筑结构沉降 H。

当建筑结构的荷载大于先前的土自重时,即再加荷大于卸荷土重,此时先前回弹变形 S_c 将完全消失,建筑沉降会在原来的地基土标高继续沉降(地基变形) S。

综上所述:

①不考虑地基回弹变形时,建筑结构沉降量 H 即地基变形量 S: $H=S$ [公式 (5.3.5)]。

②考虑地基回弹变形时,建筑结构沉降量计算应该考虑建筑结构荷载与所挖土自重的大小。

建筑结构荷载不大于所挖土自重的大小时,建筑结构沉降量 H 即为回弹再压缩变形量 S_c',即 $H=S_c'$ [公式(5.3.11)]。

建筑结构荷载大于所挖土自重的大小时,建筑结构沉降量 H 即回弹变形量 S_c 与地基变形量之和: $H=S_c+S$(再者,此处回弹模量 E_{ci} 是否是根据此土层上下表面的压力的平均值查表而得?)

请问这么理解对吗?

答 复:

从《建筑地基基础设计规范》(GB 50007—2011)的5.3.5节的规定知道,一般情况下地基变形 S 可以采用公式(5.3.5)分层总和法进行计算。此时地基变形就是建筑结构的沉降 H。你的理解是对的。

规范5.3.10条说明了在地下室基础埋置较深时,采用公式(5.3.10)计算回弹变形 S_c,此时回弹模量 E_{ci} 是否是根据计算土层内平均压力查表而得(从5.3.10条条文说明计算例子而得)。具体使用时会发现一些问题,例如计算到什么深度的问题就没有明确的规定;对条文说明中的这个例子,我也看不懂,包括对回弹模量计算的表,也看不明白,也写信问过规范的编制组,但没有得到答复,也只能如此。

规范5.3.11条说明了回弹再压缩变形 S_c' 可采用再加荷压力小于卸载土的自重压力段内再压缩变形线性分布的假定计算。个人认为是只有再加荷的压力小于原先荷载的情况才能用公式(5.3.11)进行计算,因为再加荷不大于先前荷载时再压缩变形均在回弹变形范围内,即 $S_c' \leqslant S_c$。即此时的建筑结构沉降由回弹变形决定(第227页),计算所得的回弹再压缩变形 S_c' 即建筑结构沉降 H。

实际上,一般的工程肯定都会超过卸荷的压力,如果挖得多,压得少,那建筑物会浮起来,还得加压。

当建筑结构的荷载大于先前的土自重时,即再加荷大于卸荷的土重,此时先前回弹变形 S_c 将完全消失,建筑沉降会在原来的地基土标高继续沉降(地基变形)S。

综上所述:

①不考虑地基回弹变形时,建筑结构沉降量 H 即地基变形量 S:$H = S$[公式(5.3.5)]。

②考虑地基回弹变形时,建筑结构沉降量计算应该考虑建筑结构荷载与所挖土自重的大小。

建筑结构荷载不大于所挖土自重的大小时,建筑结构沉降量 H 即回弹再压缩变形量 S_c':$H = S_c'$[公式(5.3.11)]。

建筑结构荷载大于所挖土自重的大小时,建筑结构沉降量 H 即回弹变形量 S_c 与地基变形量之和:$H = S_c + S$(再者,此处回弹模量 E_{ci} 是否是根据此土层上下表面的压力的平均值查表而得?)

至于如何计算，我认为目前还没有成熟到标准化的程度，有比较完整观测数据的工程资料还太少。规范条文说明中的有些例子还是 40 年前的工程资料。近年来，原型观测的工程太少，对一些方法的验证不够。

希望你们在这方面能够多做一些贡献！

问题二，关于建筑中心点及建筑角点位置沉降谁大谁小？

在荷载及土层均匀性一样的前提下，根据附加应力传递及应力叠加的基本规律，我个人认为建筑中心点位置基础沉降比角点位置要大，但最近几个工地搞主体验收时候发觉实测沉降观测记录中一般规律却是：角点的更大一些。

请问这个从理论方面如何解释呢？（角点应力集中？）很是费解。望高老师或相关专家能指点迷津。

陈轮答：

基础的沉降，一般可按分层总和法计算。计算中作了若干假定，其中一条假定是"侧限条件"，也就是说没有侧向变形，因此计算中可采用侧限条件下固结试验测得的侧限压缩模量 E_s。更重要的是，这一假设使沉降计算变得非常简单——基底下的土体变成了一个没有侧向变形，只有竖向压缩的一维变形问题，也就是地基土变成了一个大环刀中的一个土柱。

在计算基础沉降的时候，对于刚性基础，在均布荷载、均匀地基条件下，各点的沉降相同（此时地基中的附加应力取基础中心点下的值）。

我们先来看两个基础沉降的比较，然后就容易理解一个基础角点沉降有时比基础中心点更大的问题了。

参见图 4.11-1。图 4.11-1 中的两个基础，都是刚性基础，并假设基底附加应力相等，都为 p_0，土层条件亦相同，那么哪一个基础的沉降大呢？

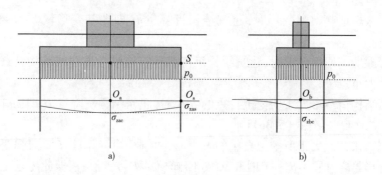

图　4.11-1

因为应力叠加,a)基础下同一深度处的地基附加应力比 b)基础的更大,按分层总和法,附加应力大的,沉降当然就大,所以 a)基础的沉降大于 b)基础。

但是,有没有可能 b)基础的沉降大于 a)基础呢?

对于侧限条件,基础下的地基土只能发生竖向的压缩,而没有侧向的变形。通常,我们认为这种竖向压缩是土孔隙减小引起的,如果土体饱和,将会有一定量的水排出,这就是我们常说的固结沉降。分层总和法计算的就是这种沉降。但实际上,工程中的土体是可以发生侧向变形的,即使不计入土体的固结,土体也会发生变形,不是固结引起的压缩变形,而是剪切变形,又叫歪变,比如一个小正方形单元变成了菱形。宏观来看,就是土体发生了侧向鼓出(土体饱和情况下,来不及固结的,叫作"瞬时沉降")。对于较软的土,如果 b)基础下的土体鼓出比较厉害,而基础中部所占比例较小,基础的沉降就可能较大;a)基础也发生鼓出,但 a)基础的底面积比较大,中部相当大范围的土体受到边缘土体的约束,基本上只发生竖向固结压缩,边缘向外鼓出的比例相对较小,所以沉降可能较小。

对于砂土地基,基础边缘外侧的砂土地基所受到的约束力比基础中部下方土体所受的更小,也可能会发生侧向鼓出现象。由于分层总和法没有考虑土体的侧向鼓出,依此进行的沉降计算值可能会偏小。

对于柔性基础,各点沉降可不相等。如果图 4.11-1a)为柔性基础,那么按分层总和法,因为基础中心点下的地基土的附加应力大于角点,所以中心点的沉降应该大于角点。但根据以上的分析,因为基础边缘、角点下地基土的侧向鼓出效应,角点的沉降可能更大。

沉降计算中的应力面积法本质上还是分层总和法。地基规范中有一个沉降计算经验系数,对于当量模量较小的软土(严格地说,应该称为压缩性较大的土),该系数可以达到 1.4(当 $E_s = 2.5\text{MPa}$),这可能也是考虑了地基土侧向鼓出的影响。

顺便说一下,分层总和法还有一些假定,例如对于均布荷载作用下的刚性基础沉降问题,地基中的附加应力按基础中心点下的值进行计算。中心点下的值为最大值,除中心点外的其他各点,附加应力都小于该值。依此进行的沉降计算结果将会偏大。

4. 12　圆形基础怎样计算倾斜?

A 网友:

　　化肥厂的造粒塔高 88m,为筒体结构,采用圆形筏基础,圆的直径 16m,建筑物总重(包括设备、生产原料等)52 000kN,埋深在自然地面下5.5m,持力层为粉土,承载力特征值为120kPa,经修正后该层粉土满足设计要求,请问圆形基础怎样计算倾斜,是沿直径上两端点的沉降差除以直径长吗?请指教,但在理正软件中没有给出用于圆形基础的计算程序,可以等面积代换成正方形吗?

答　复:

你的这个工程是筒仓结构,活荷载占的比例比较高,要弄清楚52 000kN中恒载和活载的比例,需要考虑用准永久组合的荷载计算变形。

既然需要估算倾斜,就需要知道压缩层范围内,各土层的压缩模量,以及在基础直径范围内,土层分布的厚度变化,即需要地质剖面。

就这种类型的构筑物,引起倾斜的主要原因有:荷载偏心;水平荷载;地基的不均匀性,包括土层厚度的不均匀和压缩性的不均匀。

就荷载的性质而言,如果水平荷载是风荷载,不是恒定的水平荷载,那么,计算用的指标就不能用压缩模量了,要用土的弹性模量。用压缩模量计算的倾斜太大了,夸大了不均匀变形。

如果上述原因都不存在,那就不会产生过大的倾斜,也不需要计算了。

首先是资料要充分,概念的判断要正确,计算并不是很复杂的。

现在的工程师,时不时都要用软件,手算的能力就退化了,这是非常可怕的,也不会查应力系数的表了。

4.13　如何使地基承载力相应地得到提高?

A网友:

一工程地段欲进行高边坡填方施工,坡高50m,采用普通素土混碎石为填料,分层碾压,有几个问题不明:

(1)此坡的高度为50m,是否要求所填场地土的持力层承载力大于1 000kPa?

(2)现状地基持力层达不到1 000kPa,仅为200kPa,是否需要对场地进行地基处理?

(3)何种地基处理方法能达到1 000kPa?

(4)填高10m以后,是否要求所填的土方承载力大于800kPa?填高20m后的土是否要求承载力大于600kPa?如何能达到?

(5)高边坡的变形如何计算?变形由哪几部分组成?用何种方法进行计算?

答　复:

这个帖子当时没有看到,非常抱歉没有及时回答,但这一类的问题其实已经讨论过不少了,对这个帖子的回答也许可以作为一个小结吧!

对这一类问题,业内存在不同的观点。一种观点认为高边坡填方没有地基承载力的问题,只有边坡稳定性的问题;还有一种观点认为同样存在地基承载力的问题。

需要说明的是,应该存在地基承载力问题,但这里所说的地基承载力是不能采用建筑物地基基础设计的承载力特征值的控制标准,即不能采用容许承载力的安全度控制方法。因为柔性的填土路堤的允许变形值远大于具有一定刚度的建筑物的允许变形值,所以用边坡稳定性控制土工结构物的安全度的允许标准必然低于建筑物的控制标准。例如,一般建筑物的安全系数采用2~3,那么填方路堤的安全系数可以小于2。

由于填土是柔性的结构,能够适应比较大的地基变形对于变形控制的要求,因此填土的变形控制要求也远低于建筑物的变形控制标准,可以适应比较大的沉降;同时,地基在填土荷载作用下发生固结变形,密实度得以提高,土的强度随之而增长,因此地基承载力也会随之而提高。而在建筑物地基基础设计时是不能考虑这部分地基承载力的提高量的。

只要控制加载的速率,如果对填土的工期没有限制的话,可以充分利用施工期间地基土承载力的提高,填筑比天然状态的地基所能承受的荷载要大得多的填土荷载。当然,地基的强度增长不是无限制的,同时又受制于工期的制约。如果填土的高度超过了地基承载力的提高量,或者工期不允许那么长,那么就不得不采取地基加固的措施以满足承载力的要求。

作为高边坡堆堤高度的控制条件,按边坡保持稳定的坡率和承载力的超载压重实际上是可以相容的。也就是说,填土的荷载与建筑物荷载的边界条件是不同的,建筑物的基础是刚性的,在基础底部的压力边缘是突变的。而填土材料是松散,为了保持填方的稳定性,必然采取按一定的坡率放坡,这样就形成了一个逐级存在压重的平衡体系。填方高,所形成的压力大,必然有一个相当大的放坡宽度来实现逐级压重平衡,只要保持边坡不失稳,填方的施工速度能够使地基的强度有相应的提高,则地基也能保持稳定。

高填方的变形如何计算? 一方面是在高填方作用下地基的压缩变形,可以按照梯形荷载的逐级加载计算地基的压缩变形;至于高填方本身的压缩变形则不需要计算,也无法计算施工过程中的土方压实量和受上部填方压力作用下的填方材料的压缩变形,这些都是由施工的标高测量来控制的。

4.14 对 40m 的高路堤,如何考虑地基承载力问题?

A 网友:

我在工作中碰到一个高路堤的地基承载力问题,想请大家指导。

具体的工程是我在贵州碰到一个填高约 40m 的高路堤(路基顶宽 24.5m),由于要消隧道废方,必须采用高路堤通过,地基是上层为 8~10m 可塑—硬塑粉质黏土,地勘提供的地基承载力为 200kPa,其下为中风化灰岩,如果按照《公路路基施工技术规范》(JTG F10)中第 4.2.3 条、第 4.2.5 条及条文说明,"路基高度大于 20m 时,路基宜填筑在岩石路基上""同时基底承载力应满足设计要求"。

但要挖除厚度为 8~10m 的这一层可塑—硬塑粉质黏土也不太现实。《公路路基设计规范》(JTG D30)中没有提供承载力的计算,主要是稳定性计算,虽然稳定性肯定和承载力有关,但在这里套用什么公式呢?

我还想问,这种情况地基设计承载力应提多少? 这么计算满不满足要求?

答 复:

这位网友遇到的问题既特殊又具有普遍的意义。

特殊在于是 40m 高路堤,是不太多见的;但说是具有普遍意义,是因为确实有不少同行在概念上具有同样的疑惑。在《岩土工程勘察与设计——岩土工程疑难问题答疑笔记整理之二》一书第 10 章中就讨论过"高填土有没有地基承载力"的问题。

建议这位网友看看这本书,如果还有问题,欢迎继续提出来讨论。

过去,这类高路堤比较少,所以《公路路基设计规范》(JTG D30)中规定了 20m。20m 的高填土的自重压力有 360kPa,你这个地基土的抗剪强度指标是多少啊? 勘察报告怎么不提供呢? 有了指标就可以计算极限堆载高度,极限堆载高度除以安全系数就是设计的路堤高度。

如果高度不满足要求,就需要采取加固地基的措施。

你这里所说的 200kPa 的地基承载力,是地基的容许承载力,与路堤设计的要求并不完全一样。我们不妨做一个简单的分析,如这位网友所说的地基承载力是 200kPa,如果假设所用安全系数为 2,就可以推断这个土层的极限承载力为 400kPa,20m 的高路堤的基底压力是 360kPa,安全系数是 1.11。当然这个安全系数是偏低了一些,但如果将堆土期间地基的排水固结所提高的地基承载力考虑在内,就不会有太大的问题了。当然,对具体工程问题是不能拍脑袋的,需要做技术的分析,但有了这个大致的匡算,就有信心做可行性研究了。

工 程 实 录

案例一　沉降控制复合桩基在上海大华地区的适用性研究

一、项目概况

1.项目背景

大华地区位于上海市的西北部,宝山区与闸北、普陀两区的交界处,由于古地理的原因,地层中缺失第⑤层土,故第⑥层 Q_3 的暗绿色黏性土埋藏深度非常浅,这样的地质条件为房产开发节省基础工程的投资提供了很好的客观条件。但如何充分利用客观的有利条件,正确地发挥第⑥层土的作用,是一个值得进一步研究的课题。

在上海地区,对于多层住宅的设计,已经推广使用了沉降控制复合桩基的方案,实践证明是技术和经济都比较合理的基础方案。但对于大华地区特殊的地质条件,将复合桩基的桩端支承于暗绿色黏性土上,而不是相对比较软弱的灰色黏性土层,压缩模量比较高的暗绿色黏性土层能否提供比较充分的桩端变形条件,是否能满足上海地基设计规范对桩端持力层的技术要求,采用沉降控制复合桩基在技术经济上是否合理,都需要进一步加以探讨;同时,为了合理地发挥地质条件好的优势,充分地利用地基的潜力,选择最优的基础方案,进一步提高房产开发的经济效益,也需进行一定的科学研究和技术开发工作,获得必要的科学数据,作为地基基础设计的依据。

根据2002年3月20日"大华世家西C1地块确定单桩承载力"的专家会商会议的纪要精神和大华(集团)有限公司领导的决定,在大华世家西C1块选择上部结构条件相同的两幢建筑物,按不同桩基方案进行设计,进行桩顶反力和承台底面反力的原型实测研究,并辅以理论分析,比较不同方案的桩基中桩和地基土分担荷载的规律及荷载传递的机理,研究沉降控制复合桩基在这个地区的技术经济特性,分析是否适用于这种特殊的地质条件。

承担本项目研究的主要人员有:大华集团钟海中、蒋梅修、康易年和周鹏,同济大学高大钊、朱茳和李韬。

2.研究目标与内容

本项目的研究内容包括桩土共同作用原型观测及分析研究、桩土共同作用规律的数值模拟研究与基础方案经济分析等几个方面的内容。

对2幢上部结构相同的多层住宅楼进行了原型观测,其中8号楼是按纯桩基设计的,16号楼是按沉降控制复合桩基设计的。

本项目的研究工作大体分为三个阶段:第一阶段为准备工作,包括研究方案的制定、仪器设备的购置和现场埋设;第二阶段为原型观测实施,实测桩顶反力和基底反力随施工过程的变化,同时对建筑物沉降进行观测;第三阶段为实测数据的分析整理以及进行理论研究的工作。第二阶段的时间最长,并受制于施工进度和现场观测的条件,第二阶段后期和第三阶段的工作有一定的交叉和互动,是研究工作的主要过程。项目的整个研究工作经历了一年半的时间,特别是后期的观测持续比较长的时间以获得相对稳定的数据。

在原型观测的基础上进行了沉降控制复合桩基的理论研究,包括沉降控制复合桩基的安全度分析和简化力学模型分析。

二、拟观测建筑物勘察设计概况

由上海大华(集团)有限公司投资兴建的"大华公园世家C块一至五期"住宅工程,位于上海市华灵西路以南,真金路以东,大华公园西侧,龙珠港以北,占地面积94 700m²,建筑总面积125 000m²,由10幢(11+1)层小高层、23幢(5+2)层多层、5座独立地下车库(1层)和其他附属设施组成。

1. 工程地质与水文地质条件

根据工程勘察报告,拟建场地45.0m深度范围内揭露的地基土,按其地质年代、成因类型、土性不同及工程地质特性上的差异可划分为8层和分属不同层次的亚层。场地内除局部暗浜及厚填土部分地段外,均有②₁层褐黄色粉质黏土分布,场地缺失⑤层土,第④层饱和淤泥质黏土直接和第⑥层暗绿~草黄色粉质黏土层面接触。

建筑场地浅部土层中的地下水属潜水类型,勘察期间实测钻孔中显示的地下稳定水位埋深在0.2~0.8m,相应标高为3.79~2.87m,设计时可按上海地区年平均水位离地表0.50m使用。

第②₁层褐黄色粉质黏土除暗浜和部分厚填土较厚地段外均有分布,可作为一般轻型建(构)筑物底天然地基持力层。在地下水位埋深0.50m和采用条形基础(基础宽度1.50m)的假定条件下,按照上海市工程建设规范《地基基础设计规范》(DGJ 08-11—1999)公式(4.2.3-1)计算,②₁层地基土的地基承载力设计值 f_d 为110kPa(已经考虑②₁层地基土强度,未考虑变形)。

第⑥层暗绿～草黄色粉质黏土的土质良好、分布稳定、埋藏深度适中,可作为拟建多层住宅的桩基持力层;第⑦₁、⑦₂层草黄、灰色砂质粉土,可作为拟建小高层建筑物桩基持力层。

根据勘察报告建议,若按沉降控制复合桩基进行设计,则可在充分发挥桩基承载力的基础上,进一步利用②₁层土的承载能力。计算沉降控制复合桩基单桩竖向承载力标准值计算时,桩侧极限摩阻力标准值 f_s 与桩端极限端阻力标准值 f_p 按例表4.1-1中8折取值。

场地地层构成及工程性质参数 例表4.1-1

层序	土层名称	层厚 (m)	层底标高 (m)	P_s 平均值 (MPa)	f_s/f_p 推荐值 (kPa)	E_s 推荐值 (MPa)
①₁	填土	0.60 ~1.24 3.20	3.35 ~2.76 1.36			
①₂	浜底淤泥	1.30 ~2.73 4.20	2.33 ~1.50 0.61			
②₁	褐黄色粉质黏土	0.20 ~0.89 1.50	2.46 ~1.89 1.36	0.89	15	
②₂	灰黄色粉质黏土夹黏质粉土	0.40 ~1.18 1.80	1.49 ~0.70 0.00	0.77	15	
②₃	灰色砂质粉土夹黏质粉土	0.90 ~1.55 2.50	-0.42 ~-0.87 -1.64	2.08	15	
③	灰色淤泥质粉质黏土	0.90 ~1.87 2.60	-2.21 ~-2.74 -3.29	0.46	22	
④	灰色淤泥质黏土	7.00 ~7.75 8.50	-9.98 ~-10.49 -11.10	0.56	26	

续上表

层序	土层名称	层厚 （m）	层底标高 （m）	P_s 平均值 （MPa）	f_s/f_p 推荐值 （kPa）	E_s 推荐值 （MPa）
⑥	暗绿~草黄色粉质黏土	3.90 ~4.77 5.50	-14.59 ~-15.25 -15.84	2.23	65/1 700	11
⑦₁	草黄色砂质粉土夹黏质粉土	5.20 ~6.41 7.50	-20.46 ~-21.67 -22.76	4.76	70/4 000	20
⑦₂	灰色砂质粉土夹粉砂	3.00 ~4.72 6.70	-25.12 ~-26.60 -27.32			25
⑧₁	灰色黏土	7.60 ~8.46 9.30	-34.79 ~-35.29 -36.14			6
⑧₂	灰色粉质黏土	未钻穿	未钻穿			9

　　2.拟观测建筑物基础设计概况

　　项目组经综合比较各拟建建筑物场地的地质条件、荷载条件和设计资料，最终选定拟建的 8 号楼和 16 号楼实施原型观测。其中 8 号楼采用传统桩基础，16 号楼则采取了沉降控制复合桩基的设计思路。以下对两幢建筑物的基础设计方案做简要介绍。

　　(1)8 号楼桩基设计资料

　　拟建 8 号楼为六跃七层住宅楼，高 20.05m，采用砖混结构，基础承台外包面积为 698.06m²，按传统桩基础+梁式承台设计。±0.000 的绝对标高为 5.450m，室外地坪设计绝对标高为 5.000m。梁式承台高 0.7m，宽 0.6m。基础墙身高度 1.90m，埋深 1.45m。承台底面总附加荷载标准值 82 963.27kN。

　　设计采用桩型为钢筋混凝土预制方桩，桩顶设计绝对标高为 3.550m，承台底面标高 3.500m，截面 300mm×300mm，桩长 20m，桩端持力层选用第⑦₁层（草黄色砂质粉土），单桩极限承载力 1 600kN，设计值取 1 000kN，总桩数 112 根。据上海市工程建设规范《地基基础设计规范》(DGJ 08-11—1999)计算得到建筑物最大沉降量 72.0mm。

本建筑物基础设计计算书见本案例附录 I。

(2)16 号楼沉降控制复合桩基设计资料

拟建 16 号楼为六跃七层多层居民住宅楼,高 20.05m,采用砖混结构,基础外包范围宽 11m,长为 63.5m,面积为 698.06m²,按照沉降控制复合桩基+承台设计。±0.000 的绝对标高为 5.450m,室外地坪设计绝对标高为 5.000m。基础墙身高度 2.75m,埋深 2.3m。承台底面以上总附加荷载标准值为 102 749.70kN。

设计采用桩型为钢筋混凝土预制方桩,桩顶设计绝对标高为 2.75m,承台底面标高 2.700m,截面为 200mm×200mm,长 16m,桩端持力层为第⑥层(暗绿草黄色粉质黏土),单桩极限承载力标准值为 384kN,设计值取 240kN,总桩数 287 根。复合桩基的承台置于第②₁ 层土(褐黄色粉质黏土)上,承台总面积 623m²。据上海市工程建设规范《地基基础设计规范》(DGJ 08-11—1999)计算得到建筑物最大沉降量 83.7mm。

本建筑物基础设计计算书见本案例附录 II。

三、原型观测试验方案

1.监测点位布置

(1)桩土反力监测点位布置

桩顶反力和承台下土压力监测点位布置主要考虑以下因素:

①考虑不同的特征点位置,如基础角点、边缘和中间等;②沿轴线形成横、纵断面;③考虑不同承台宽度和相邻桩间距变化;④监测点应覆盖考虑反力最大值和最小值点等特征点,使观测结果能反映基底压力分布特征;⑤同一断面上桩土反力监测点交错布置,使观测结果能够清晰地反映桩土荷载分担与变化情况;⑥考虑建筑物对称性,取建筑物半幅承台范围;⑦在测点布置有效满足技术需要的基础上,适当考虑经济性。

根据上述要求,对采用传统桩基础设计方法的 8 号楼共选取 14 根桩、16 个承台下土压力观测点,具体位置如例图 4.1-1 所示。对采用沉降控制复合桩基设计方法的 16 号楼共选取桩顶反力观测点 23 个,土压力观测点 19 个,具体位置见例图 4.1-2。图中,8(16)-S-×表示土压力盒编号,8(16)-P-×表示桩顶反力传感器编号。

(2)沉降监测点位布置(例图 4.1-1 和例图 4.1-2)

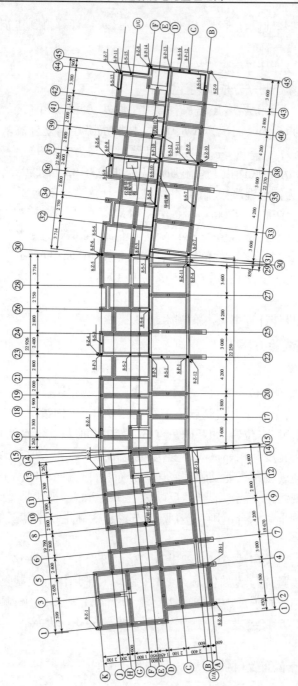

例图4.1-1　8号楼基础及观测点布局平面图(尺寸单位：mm)

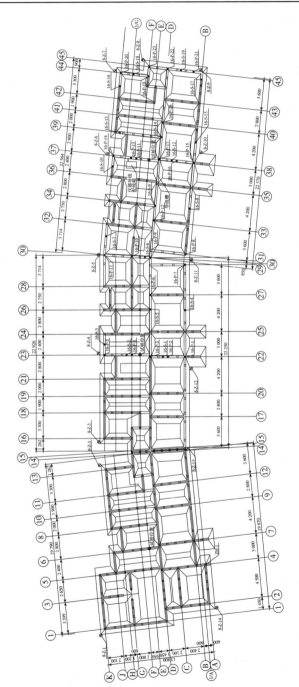

例图4.1-2 16号楼基础及观测点布局平面图(尺寸单位：mm)

在建筑物施工过程中,进行桩土反力监测的同时进行建筑物沉降监测,目的是观测建筑物的整体沉降变化及发展趋势。监测点位置选择主要考虑以下因素:

　　①考虑建筑物的几何特征点,如建筑物角点,纵断面中点、1/4 点、1/8 点,横断面中点等;②形成断面;③匹配相邻的桩土反力观测点;④两幢建筑物的沉降观测点位置一致,以便对比分析。

　　据上述要求,每幢建筑物分布设 14 个沉降观测点。由于两幢住宅楼的建筑外观设计一致,故观测点也取同样位置,如例图 4.1-1、例图 4.1-2 所示,用编号 8 (16)-Z-×表示。

　　2.监测仪器选型及安装要求

　　试验采用钢弦式压力传感器、土压力盒及频率仪。桩顶反力计量测范围为 0~1 000kN。土压力盒量测范围为 0~0.2MPa。

　　桩顶反力传感器置于桩顶,顶部焊接螺纹钢筋接入承台;安装桩顶反力计后的标高与其他工程桩一致。传感器安装如例图 4.1-3 所示。

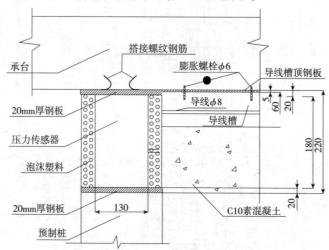

例图 4.1-3　桩顶反力计埋设示意图(尺寸单位:mm)

　　土压力盒的布置如例图 4.1-4 所示。垫层施工过程中,在需要埋设压力盒的地点预留孔洞,洞底土平整后放入压力盒,周围用细砂填充,上面用垫层材料 C10 素混凝土封顶。

　　为避免导线在施工过程中受到损害,垫层施工时预留导线槽,槽上用钢板覆盖,如例图 4.1-5 所示。钢板沿导线槽方向每隔 2m 用膨胀螺丝固定在垫层上。所有导线埋设完成后集中到预定的观测室位置,在观测室施工完成后在室内墙上设置集线箱,将各导线按序号排列固定。本次试验导线箱置于每幢建筑底层墙体上。

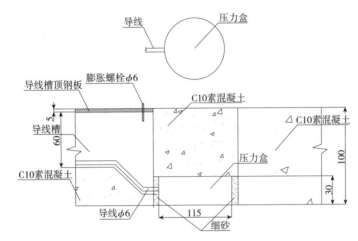

例图 4.1-4 土压力盒埋设示意图(尺寸单位:mm)

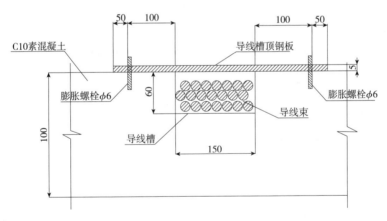

例图 4.1-5 导线保护槽(尺寸单位:mm)

3.原型观测计划

根据试验要求,原型观测主要过程如例图4.1-6所示。其中,桩土压力观测于基础和上部结构每层完工后进行,上部结构竣工后持续观测,频率为每月一次,直至桩土反力观测结果稳定。沉降观测则在第一层施工开始并在墙体上设置沉降观测点后进行,每层结构完工后进行桩土反力观测的同时观测一次,以便于观察随着荷载增加桩土反力和沉降同步变化的情况。

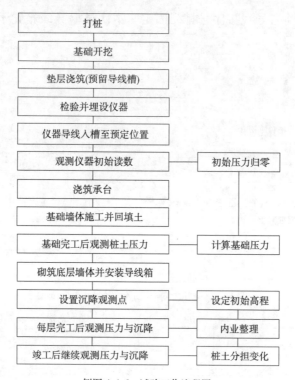

例图 4.1-6　试验工作流程图

四、原型观测结果

1.原型观测实施概况

本次试验结合实际工程进行,从 2002 年 10 月起至 2003 年 12 月进行仪器安装和观测,两幢建筑物的观测工作内容如例表 4.1-2、例表 4.1-3 所示。

8 号楼原型观测记录　　　　　　　　　例表 4.1-2

时　　间	观测内容	工　　况
2002 年 10 月 25 日		仪器埋设,完成布线,检测仪器
2002 年 10 月 26 日		安装导线槽盖板及保护设施,读初始读数
2002 年 10 月 27 日		安装导线通道钢管
2002 年 11 月 20 日	桩土反力	施工至±0,读取数据,导线箱安放就位
2002 年 12 月 4 日	桩土反力	第一层顶板施工完毕

续上表

时　间	观测内容	工　况
2002 年 12 月 17 日	桩土反力	
2003 年 3 月 18 日	桩土反力、沉降	施工单位设置沉降观测点,第二层施工完毕
2003 年 3 月 28 日	桩土反力、沉降	第三层顶板施工完毕
2003 月 4 日 08 日	桩土反力、沉降	第四层顶板施工完毕
2003 年 4 月 21 日	桩土反力、沉降	第五层顶板施工完毕
2003 年 5 月 13 日	桩土反力、沉降	结构封顶
2003 年 6 月 14 日	桩土反力、沉降	结构封顶后 1 个月,进行装修
2003 年 7 月 28 日	桩土反力、沉降	结构封顶后 2 个半月,进行装修
2003 年 9 月 03 日	桩土反力、沉降	结构封顶后 3 个半月,装修完成
2003 年 9 月 22 日	桩土反力、沉降	结构封顶后 4 个半月
2003 年 10 月 28 日	桩土反力、沉降	结构封顶后 5 个半月
2003 年 12 月 15 日	桩土反力、沉降	结构封顶后 7 个月

16 号楼原型观测记录　　　　　　　　　　例表 4.1-3

时　间	观测内容	工　况
2002 年 10 月 11 日		仪器运抵现场,到现场验收仪器
2002 年 10 月 12		仪器埋设,完成布线,检测仪器
2002 年 10 月 14 日		安装导线槽盖板及保护设施,读初始读数
2002 年 10 月 15 日		安装导线通道钢管
2002 年 10 月 16 日		补测 16-P-3 的初始读数
2002 年 10 月 27 日		进行收尾工作
2002 年 11 月 13 日	桩土反力	施工至±0,读取数据,导线箱安放就位
2002 年 11 月 23 日		导线箱位置变更
2002 年 11 月 29 日		埋设水准点
2002 年 12 月 4 日	桩土反力	埋设水准点、观测沉降观测点初始标高
2002 年 12 月 17 日	桩土反力、沉降	第一层顶板施工完毕

续上表

时 间	观测内容	工 况
2003 年 1 月 01 日	桩土反力、沉降	第二层施工完毕
2003 年 1 月 06 日	桩土反力、沉降	第三层顶板施工完毕
2003 年 1 月 19 日	桩土反力	第四层顶板施工完毕
2003 年 2 月 19 日	桩土反力、沉降	第四层顶板施工完毕
2003 年 3 月 13 日	桩土反力、沉降	第五层顶板施工完毕
2003 月 3 月 26 日	桩土反力、沉降	第六层顶板施工完毕
2003 月 4 日 08 日	桩土反力、沉降	结构封顶
2003 年 4 月 21 日	桩土反力	结构封顶后半个月
2003 年 5 月 13 日	桩土反力、沉降	结构封顶后 1 个月,进行装修
2003 年 6 月 14 日	桩土反力、沉降	结构封顶后 2 个月,进行装修
2003 年 7 月 28 日	桩土反力、沉降	结构封顶后 3 个半月,装修完成
2003 年 9 月 03 日	桩土反力、沉降	结构封顶后 5 个月
2003 年 9 月 22 日	桩土反力	结构封顶后 5 个半月
2003 年 10 月 28 日	桩土反力、沉降	结构封顶后 6 个半月
2003 年 12 月 15 日	桩土反力、沉降	结构封顶后 8 个月

从观测情况来看,两幢建筑物的桩土反力观测比较理想,所埋设仪器基本成活,除个别仪器观测结果有明显出入外,绝大部分仪器观测得到的结果具有明显规律性。

本次试验得到的沉降量并非全部沉降,如 8 号楼沉降量为 2003 年 3 月 18 日至 2003 年 12 月 15 日之间的沉降量,16 号楼沉降量为 2002 年 12 月 4 日至 2003 年 12 月 15 日之间的沉降量。由于施工原因,沉降观测则存在一些问题,如 8 号楼在施工过程中沉降观测点经常为掉落的杂物打弯打坏,整体沉降观测结果并不理想,16 号楼也曾有个别点出现类似问题,但总体情况尚好。

2.桩土荷载分担实测结果

(1)8 号楼桩土荷载分担比

经过对实测数据分析,得到 8 号楼桩土荷载分担比随荷载和时间的变化,如例表 4.1-4 所示。

8号楼桩土反力观测结果　　　　　　　　　　　例表 4.1-4

施工进展	完工日期	观测日期	土荷载分担比	桩荷载分担比	实测荷载与最终荷载比
基础	11 月 20 日	2012 年 11 月 20 日	0.00	1.00	0.10
一层	12 月 04 日	2012 年 12 月 04 日	0.06	0.94	0.17
二层	2003 年 03 月 18 日	2003 年 03 月 18 日	0.24	0.76	0.24
三层	2003 年 03 月 28 日	2003 年 03 月 28 日	0.17	0.83	0.32
四层	2003 年 04 月 08 日	2003 年 04 月 08 日	0.14	0.86	0.43
五层	2003 年 04 月 21 日	2003 年 04 月 21 日	0.11	0.89	0.56
六层	—	—	0.09	0.91	0.69
七层	2003 年 05 月 13 日	2003 年 05 月 13 日	0.09	0.91	0.78
结构封顶后	—	2003 年 07 月 28 日	0.08	0.92	0.86
	—	2003 年 09 月 03 日	0.06	0.94	1.00
	—	2003 年 09 月 22 日	0.03	0.97	1.00
	—	2003 年 10 月 28 日	0.03	0.97	
	—	2003 年 12 月 15 日	0.01	0.99	

如例图 4.1-7 所示为 8 号楼实测桩土反力随时间的变化, 如例图 4.1-8 所示为 8 号楼实测桩土荷载随总荷载水平变化, 如例图 4.1-9、例图 4.1-10 所示为 8 号楼实测桩土分担比随荷载和时间的变化。

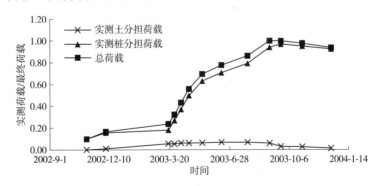

例图 4.1-7　8 号楼按照最终实测总荷载归一化

463

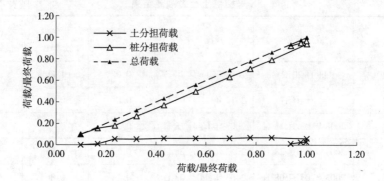

例图 4.1-8　8 号楼实测桩土分担荷载占总荷载比例

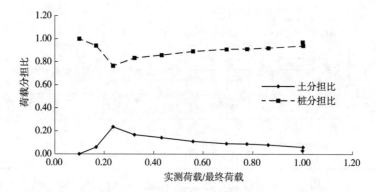

例图 4.1-9　8 号楼实测桩土荷载分担比随总荷载变化

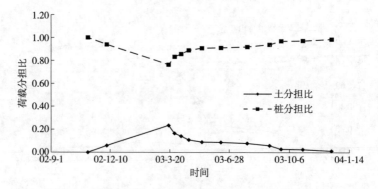

例图 4.1-10　8 号楼实测桩土荷载分担比随时间变化

由于8号楼在2002年12月中旬第一层完工后因其他原因至2003年3月中旬之间停工,故例图4.1-7中出现一段总荷载和桩土分担荷载的停止增加。从例图4.1-7和例图4.1-8可以看出,采用不考虑土体分担荷载的8号楼绝大部分荷载由桩承担,但是实际上土体有少量荷载分担。例图4.1-9和例图4.1-10反映出土体荷载分担比开始增大最高可达24%,然后减少,到2003年9月22日止,土体荷载分担比仅为3%。相应的桩荷载分担比开始减少,而后随荷载增大,最终接近承担全部荷载。这表明传统桩基础的实测结果与设计理念上出入不大。

(2)16号楼桩土荷载分担比

16号楼桩土荷载分担比随荷载和时间的变化,如例表4.1-5所示。

16号楼桩土反力观测结果 例表4.1-5

施工进展	完工日期	观测日期	土荷载分担比	桩荷载分担比	实测荷载与最终荷载比
基础	2002年11月12日	2002年11月13日	0.37	0.63	0.21
一层	2002年11月29日	2002年12月04日	0.52	0.48	0.37
二层	2002年12月19日	2003年01月01日	0.51	0.49	0.43
三层	2003年1月2日	2003年01月06日	0.47	0.53	0.47
四层	2003年1月16日	2003年01月19日/02月19日	0.45	0.55	0.52
五层	2003年3月10日	2003年03月13日	0.52	0.48	0.62
六层	2003年3月24日	2003年03月26日	0.48	0.52	0.69
七层	2003年4月8日	2003年04月08日	0.44	0.56	0.76
结构封顶后	—	2003年04月21日	0.43	0.57	0.78
	—	2003年05月13日	0.42	0.58	0.83
	—	2003年07月28日	0.40	0.60	0.87
	—	2003年09月03日	0.39	0.61	1.00
	—	2003年09月22日	0.33	0.67	1.00
	—	2003年10月28日	0.26	0.74	1.00
	—	2003年12月15日	0.23	0.77	1.00

　　如例图 4.1-11、例图 4.1-12 所示分别为 16 号楼实测桩土反力随时间和总荷载水平的变化;如例图 4.1-13、例图 4.1-14 所示分别为 16 号楼实测桩土分担比随荷载水平和时间的变化。

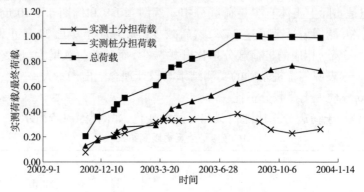

例图 4.1-11　16 号楼按照最终实测总荷载归一化

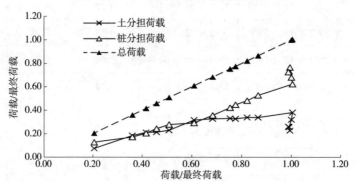

例图 4.1-12　16 号楼实测桩土分担荷载占总荷载比例

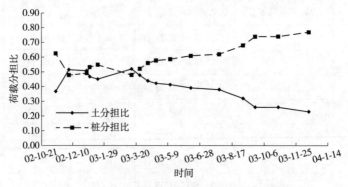

例图 4.1-13　16 号楼实测桩土荷载分担比随时间变化

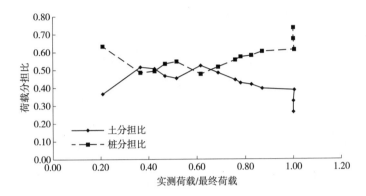

例图 4.1-14　16 号楼实测桩土荷载分担比随总荷载变化

　　例图 4.1-11 和例图 4.1-12 中显示,16 号楼桩分担荷载基本随时间、荷载呈现线性增长,而土体分担荷载则先线性增加,然后基本持平并有少量增加,而后减小。

　　从例图 4.1-13 和例图 4.1-14 可以看到,桩土荷载分担比变化过程可以分为三个阶段:第一阶段中,桩荷载分担比明显大于土体荷载分担比;第二阶段中,桩土荷载分担比基本持平并保持这个持平一段时间;第三阶段中,桩的荷载分担比明显大于土体荷载分担比并呈现上升趋势,而土体荷载分担比则明显下降。

　　沉降控制复合桩基设计概念认为,在荷载水平较低的初期,桩荷载分担比接近于 1.0,荷载水平超过群桩极限承载力后开始减小;而土体开始并不分担荷载或者分担少量荷载,荷载水平超过群桩极限承载力后,土体荷载分担比开始增大。而本次实测表明,采用第⑥层土作为群桩持力层的 16 号楼的复合桩基并未反映这一设计概念,反而在实测荷载水平增大后呈现传统桩基的一些特征。设计理念假定桩先承担荷载到塑性极限状态,而后土体开始发挥作用,分担荷载。实测结果表明,桩土承载力同步发挥。

　　考察 16 号楼的承台分担荷载,虽然实测土体荷载分担比变化趋势与设计理念不符,但是从土体荷载分担比的量来看,最高可达 52%,最低也达到 33%,这在一定程度上反映了沉降控制复合桩基考虑土体分担部分荷载的设计理念。

　　(3)两幢建筑桩土荷载分担比的对比分析

　　如例图 4.1-15、例图 4.1-16 所示为两幢建筑物桩土荷载分担比随荷载水平的变化曲线。

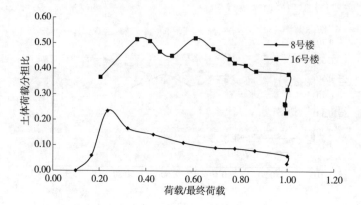

例图 4.1-15　两幢建筑物土荷载分担比变化对比

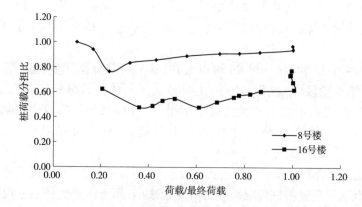

例图 4.1-16　两幢建筑物桩荷载分担比变化对比

例图 4.1-15 中显示,采用沉降控制复合桩基的 16 号楼土体荷载分担比明显大于采用传统桩基础的 8 号楼土体荷载分担比。此外,8 号楼土体荷载分担比的减小明显早于 16 号楼,并且随后一直呈减小趋势,16 号楼在土体荷载分担比达到峰值后出现小幅度波动,随着荷载增加持续一段之后开始下降。在最终实测总荷载稳定时,两楼的土体荷载分担比均大于施工初期的土体荷载分担比,但最终实测总荷载稳定一段时间后 16 号楼土体荷载分担比下降明显大于 8 号楼的土体荷载分担比下降。例图 4.1-15 显示的两楼桩荷载分担比表明了与土体荷载分担比相反的趋势。16 号楼的桩荷载分担比最小值的出现晚于 8 号楼的桩荷载分担比,8 号楼桩荷载分担比明显高于 16 号楼的桩荷载分担比,最终实测总荷载稳定后 16 号楼桩荷载分担比增加幅度明显高于 8 号楼桩荷载分担比的增加。

如例图 4.1-17、例图 4.1-18 所示为两幢建筑物桩土分担荷载量随荷载水平的变化曲线。

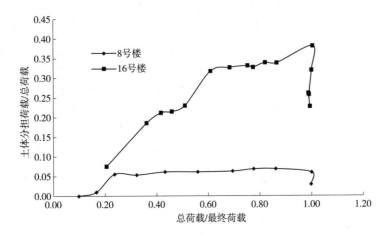

例图 4.1-17　两幢建筑物土分担荷载随总荷载变化

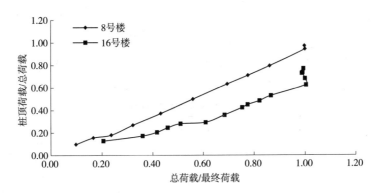

例图 4.1-18　桩分担荷载随总荷载变化

例图 4.1-17 显示,16 号楼土体分担的荷载随着实测总荷载的增加而增加,当总荷载稳定后开始减小;而 8 号楼土体分担总荷载随着实测总荷载随着实测总荷载的增加先有少量增加,而后基本不变,当实测总荷载稳定后减小。当实测总荷载稳定后 16 号楼土体分担总荷载的减少量明显大于 8 号楼的土体分担总荷载的减小量。例图 4.1-18 显示,8 号楼桩分担的总荷载随着实测总荷载增加而线性增加,16 号楼的桩分担总荷载也随着实测总荷载增大而增大,但具有一些非线性增加的性状。当实测总荷载稳定后,两楼的桩分担总荷载都有增大,16 号楼的要大于 8 号楼的。

从两幢楼楼房桩基承载力发挥来看,随着荷载的增加,两幢楼房的桩荷载分担比都呈现增大趋势。16 号楼土体荷载分担比高于 8 号楼土体荷载分担比,一方面是由于两楼采用的桩型尺寸不同,另外一方面原因是 16 号楼的承台面积比 8 号楼承台面积多了接近 2 倍,承台面积的增大相应增大了土体可分担荷载的能力和土体荷载分担比。从群桩整体来看,16 号楼的群桩工作状态很接近传统桩基础中的群桩。分析造成这一结果的原因有二:一是 16 号楼进行沉降控制复合桩基设计参数的选择比较保守,造成实际的群桩承载力安全度较高,接近传统桩基;二是由于采用第⑥层土作为群桩持力层并不十分合适。一般来说,沉降控制复合桩基的采用对桩端持力层有一定要求。持力层太硬,则桩土之间不能产生满足桩侧摩阻力发挥的差异沉降,基础的性状类似于传统桩基础;持力层太软,桩端容易刺入桩端下的软弱土体,地基基础就可能产生过大沉降。本工程场地的勘查资料和设计资料表明,该建筑物的桩端持力层采用了第⑥层(暗绿草黄色粉质黏土),其物理力学指标显示该层土较硬,从严格意义上说不适合作为沉降控制复合桩基的持力层。

3.实测桩土反力断面分布

(1)8 号楼桩土反力断面分布

8 号楼的观测断面如例表 4.1-6 所示。如例图 4.1-19~例图 4.1-31 所示为 8 号楼实测土压力和桩顶反力断面分布。图中坐标零点取 8-P-1 点。

8 号楼桩土反力观测断面列表   例表 4.1-6

断面类型	断面编号	桩顶反力传感器编号	土压力盒编号
纵断面	1	P3-P6-P8-P11	S3-S6-S9-S13
	2	P2-P10-P13	S4-S5-S8-S12
	3	P1-P4-P7-P9	S7-S14
横断面	1	P1-P2-P3	S1-S2
	2	P4(或 P7)-P5-P6	S5
	3	P9-P10-P8	S11-S10
	4	P12-P13-P14-P11	S16-S15

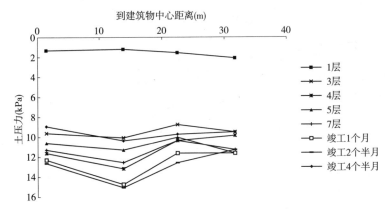

例图 4.1-19　8 号楼北侧纵断面土压力分布

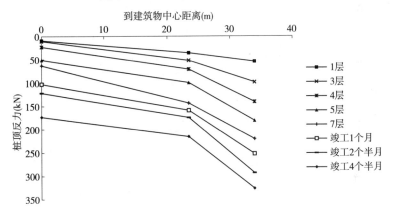

例图 4.1-20　8 号楼北侧纵断面桩顶反力分布

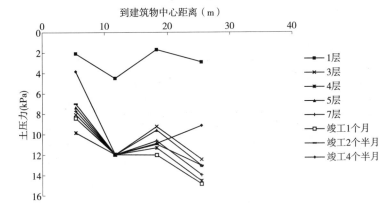

例图 4.1-21　8 号楼中间侧纵断面土压力分布

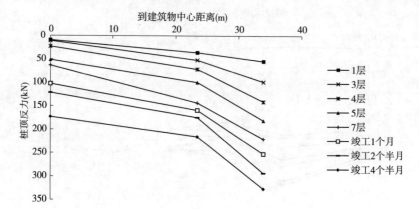

例图 4.1-22 8 号楼中间侧纵断面桩顶反力分布

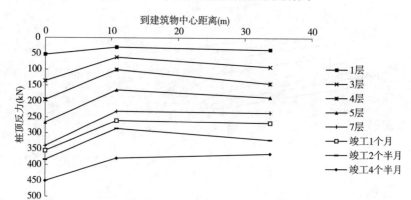

例图 4.1-23 8 号楼南侧纵断面土压力分布

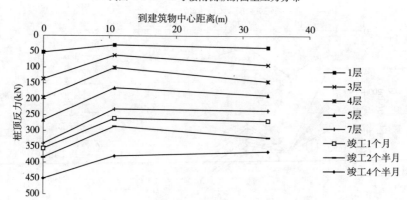

例图 4.1-24 8 号楼南侧纵断面桩顶反力分布

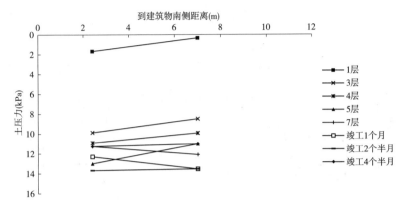

例图 4.1-25 8 号楼横断面 1 土压力分布

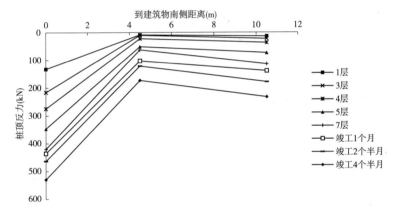

例图 4.1-26 8 号楼横断面 1 桩顶反力分布

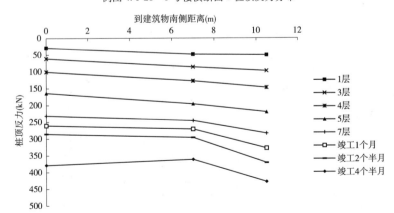

例图 4.1-27 8 号楼横断面 2 桩顶反力分布

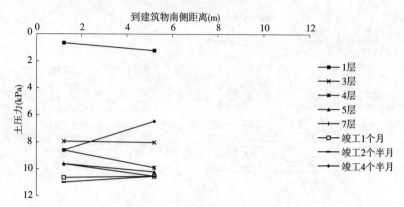

例图 4.1-28　8 号楼横断面 3 土压力分布

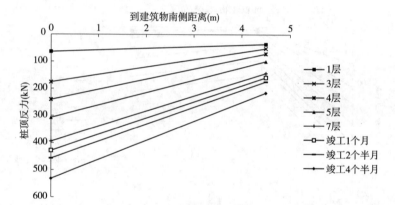

例图 4.1-29　8 号楼横断面 3 桩顶反力分布

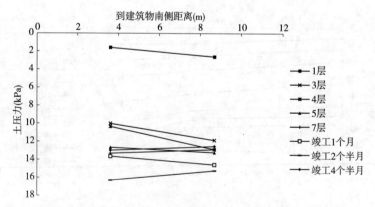

例图 4.1-30　8 号楼横断面 4 土压力分布

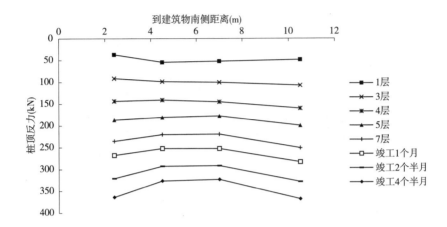

例图 4.1-31　8 号楼横断面 4 桩顶反力分布

实测结果表明,基础边桩普遍大于边中桩和中间桩的桩顶反力,代表性分布如例图 4.1-20、例图 4.1-22 和例图 4.1-31 所示;而土压力断面分布则比较平均,其分布趋势不如桩顶反力分布趋势明显。

(2)16 号楼桩土反力断面分布

例表 4.1-7 列出了 16 号楼不同断面分布情况。如例图 4.1-32～例图 4.1-44 所示为 16 号楼实测桩顶反力和土压力断面分布。图中坐标零点取 16-P-1 点。

16 号楼桩土反力观测断面列表　　　　　　　例表 4.1-7

断面类型	断面编号	桩顶反力传感器编号	土压力盒编号
纵断面	1	P5-P11-P14-P20	S3-S7-S10-S15-S16
	2	P3-P6-P9-P12-P17-P18-P22	S5-(S6)-S9-S14-
	3	P1-P7-P8-P15	S4-S8-S13-S17
横断面	1	P1-P2-P3-P4-P5	S1-S2
	2	P7(或 P8)-P9-S6-P10-P11	
	3	P15-P16-P17-P13-P14	S12-S11
	4	P21-P22-P23(P19)-P20	S17-S19-S18

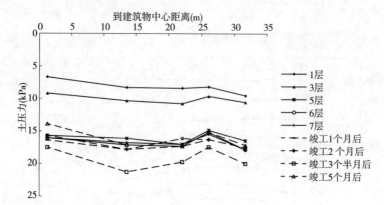

例图 4.1-32　16 号楼北侧纵断面土压力分布

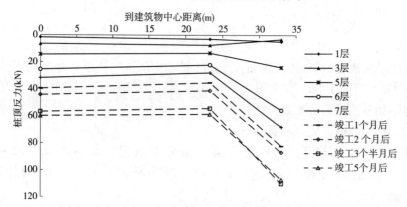

例图 4.1-33　16 号楼北侧纵断面桩顶反力分布

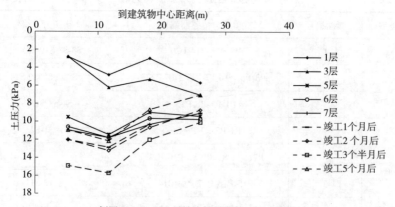

例图 4.1-34　16 号楼中间纵断面土压力分布

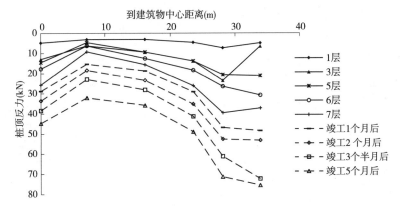

例图 4.1-35　16 号楼中间纵断面桩顶反力分布

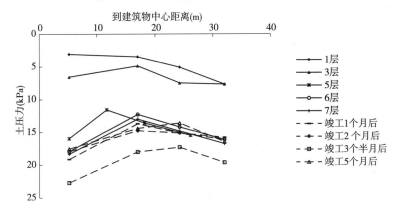

例图 4.1-36　16 号楼南侧纵断面土压力分布

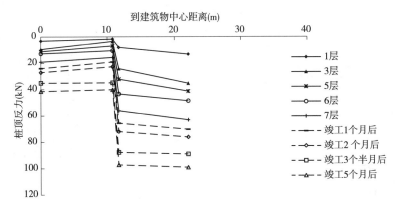

例图 4.1-37　16 号楼南侧纵断面桩顶反力分布

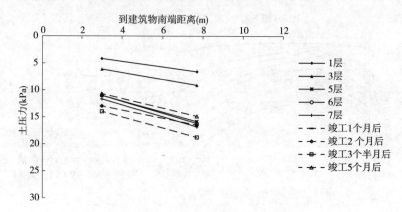

例图 4.1-38　16 号楼横断面 1 土压力分布

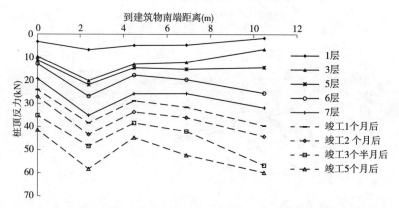

例图 4.1-39　16 号楼横断面 1 桩顶反力分布

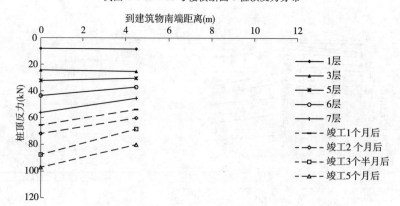

例图 4.1-40　16 号楼横断面 2 桩顶反力分布

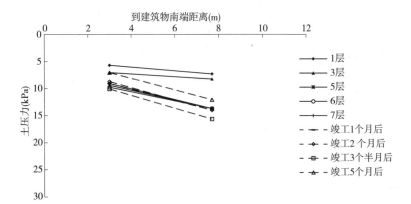

例图 4.1-41　16 号楼横断面 3 土压力分布

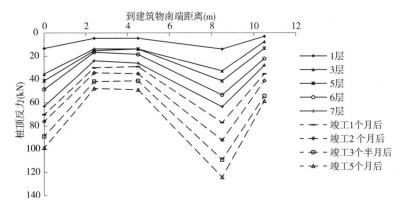

例图 4.1-42　16 号楼横断面 3 桩顶反力分布

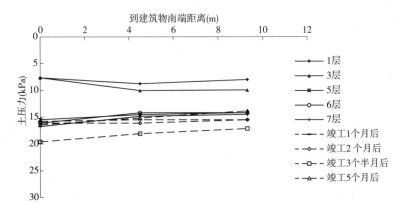

例图 4.1-43　16 号楼横断面 4 土压力分布

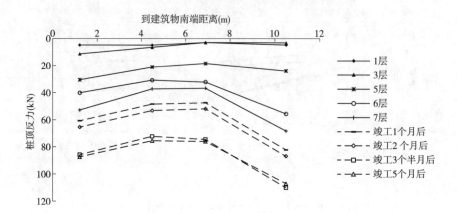

例图 4.1-44　16 号楼横断面 4 桩顶反力分布

实测成果显示,与 8 号楼不同的是,16 号楼承台下土压力绝对量值要大于 8 号楼承台下土压力,且断面分布上没有 8 号楼那样平均。

桩土反力实测结果的断面分布反映出基础刚度的作用。理论上,上部结构与基础整体刚度大,则基底桩土反力就会呈现边缘反力大于中间反力的马鞍形分布,实测结果与理论分析基本吻合。此外,理论上随着荷载水平增加,这种马鞍形分布越明显。如 8 号楼和 16 号楼的基底土压力分布比较,16 号楼基底土压力绝对量较 8 号楼的大,断面分布也没有 8 号楼基底压力那样平均,这表明 16 号楼基底土体分担的荷载大于 8 号楼的。这从一个侧面反映出采用沉降控制复合桩基和传统桩基础的差异。由于基础内填土不均匀,导致马鞍分布的鞍部偏离横断面中心。

4.实测桩土反力随时间和施工进程的变化

为了说明各反力观测点的反力随时间、施工荷载变化的过程,给出了两幢建筑物的桩土反力随时间和荷载的变化。

(1)8 号楼桩土反力随时间和施工进程变化

如例图 4.1-45～例图 4.1-48 所示为 8 号楼各点反力随时间和荷载变化。从各图中看到 8 号楼各点土压力在施工初期迅速上升,随着施工进展基本持平直到结构封顶,而后不同程度地减少,边缘土压力减少幅度最大。而桩顶反力则随着施工进程各阶段基本呈现线性增加,从例图 4.1-48 可以看到,8 号楼各桩桩顶反力的增加可以分为三个阶段:第一阶段在 2003 年 3 月中旬重新开工之前,桩顶反力有少量增加;第二阶段为结构封顶之前的 3 月到 5 月之间,桩顶反力增加速度最快,呈线性增加;第三阶段为5月到9月底,这一阶段的桩顶反力增加较前一阶段慢,也是线性变化。当最终总荷载稳定之后,各桩桩顶反力在原有基础上增加,中间的桩桩顶反力增加幅度最大。

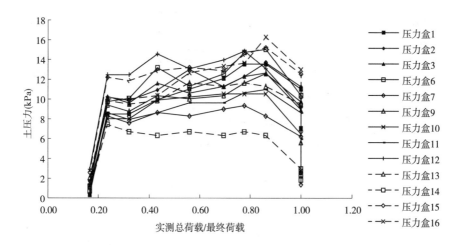

例图4.1-45　8号楼土压力随总荷载水平变化

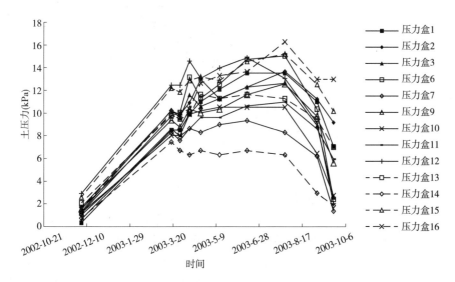

例图4.1-46　8号楼土压力随时间变化

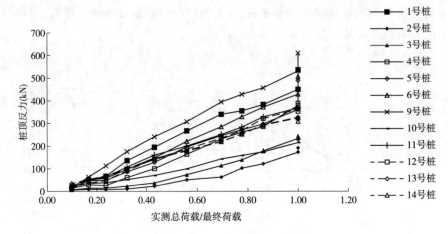

例图 4.1-47　8 号楼桩顶反力随总荷载水平变化

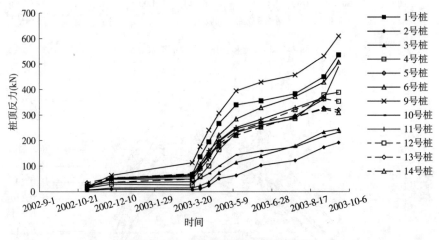

例图 4.1-48　8 号楼桩顶反力随时间变化

（2）16 号楼桩土反力随时间和施工进程变化

如例图 4.1-49～例图 4.1-56 所示为 16 号楼各点反力随时间和荷载的变化。例图 4.1-49、例图 4.1-50 表明，随着实测总荷载的增大，土压力先线性增大，而后基本持平，最终在实测总荷载稳定后下降。与 8 号楼相同的是，边缘土压力减少幅度最大。例图 4.1-51、例图 4.1-52 表明，16 号楼土压力随着时间也呈现先增加后基本稳定而后减小的趋势，这种趋势与如例图 4.1-49、例图 4.1-50 所示一致。

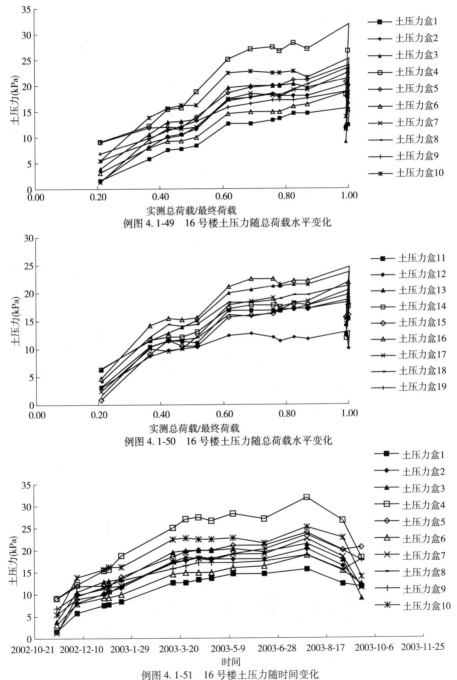

例图 4.1-49　16 号楼土压力随总荷载水平变化

例图 4.1-50　16 号楼土压力随总荷载水平变化

例图 4.1-51　16 号楼土压力随时间变化

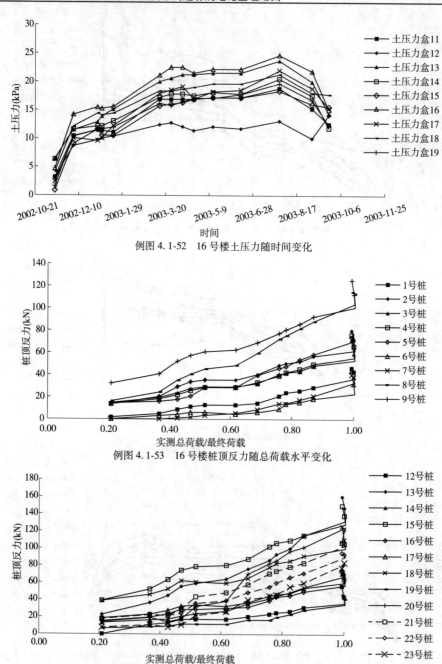

例图 4.1-52　16 号楼土压力随时间变化

例图 4.1-53　16 号楼桩顶反力随总荷载水平变化

例图 4.1-54　16 号楼桩顶反力随总荷载水平变化

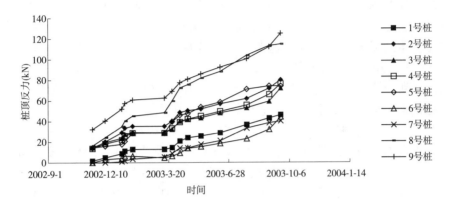

例图 4.1-55 16 号楼桩顶反力随时间变化

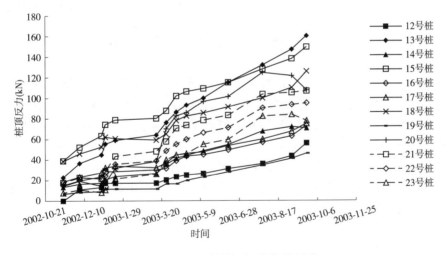

例图 4.1-56 16 号楼桩顶反力随时间变化

如例图 4.1-53～例图 4.1-56 所示为 16 号楼各桩桩顶反力随时间和荷载的变化。从图中可以看出,各桩桩顶反力随着荷载和时间变化基本呈现线性增长,且变化速率基本不变,当最终实测总荷载稳定后,桩顶反力的增加以中间桩幅度最大,这也与 8 号楼的变化相同。

比较例图 4.1-45、例图 4.1-46 和例图 4.1-49～例图 4.1-52 可知,16 号楼的土压力无论总绝对量和变化幅度上都要大于 8 号楼的实测结果。这说明采用沉降控制复合桩基后基底土体受力有显著变化。

从荷载水平变化对桩土反力大小的影响看,施工初期,所施加荷载水平不高,两幢楼各点土压力变化速率都基本相同,随着荷载水平增加,各点的变化速率才出现明显差异:边缘桩顶反力变化速率大于中间桩顶反力的变化速率。边缘土压力变化与中间土压力变化差异不大。

注意到两幢楼房桩土反力在结构封顶后仍然持续增加,最终实测反力总值达到稳定是结构封顶3个月后。这是因为结构到顶以后还有装修荷载在继续增加,但即使考虑了装修荷载,还显示了实测荷载与实际加载过程相比具有一定的滞后。当实测反力总值达到稳定后,实测土体分担荷载减小,土体荷载分担比减小,实测桩分担荷载和桩的荷载分担比持续增加,以16号楼为例,这种状况持续接近2个月后桩土反力观测结果才基本稳定。竣工近5个月后,两幢楼房基础下桩土反力变化不同,土体反力减小,向桩转移,各断面上桩反力均增加,土反力均减小,边缘土反力减小最多,中间断面桩反力增加最多,说明荷载向建筑物基础中心转移。

对两幢楼房总荷载稳定后土体分担荷载向桩转移的现象,分析由以下因素造成:

①实测表明基础仍以群桩承载为主体,群桩仍处于线性工作阶段,即使土体开始分担部分荷载,但土体在荷载作用下会产生固结变形,而桩在较硬持力层支承下不易产生大的沉降,导致土体变形卸荷,使得荷载转移到桩身。换言之,土体分担的荷载有一部分转化为桩土摩阻力。

②在下文例图4.1-72、例图4.1-73相邻点沉降与桩顶反力的关系曲线的分析中可以看到,上部荷载作用在基础上,地基土体变形的产生是滞后于桩土反力的产生的。而建筑物沉降的进一步变化必然导致基底压力重新分布,出现不同位置桩土反力变化幅度的不同。

5.沉降观测结果

(1)16号楼沉降观测结果

如例图4.1-57~例图4.1-60所示为16号楼实测沉降量在不同断面上的分布,各断面包括建筑物南北两侧纵断面和东西两侧横断面。图中坐标的零点为建筑物东南角点。如例图4.1-61~例图4.1-64所示为16号楼各沉降观测点沉降量随时间变化情况。如例图4.1-65~例图4.1-68所示为16号楼各沉降观测点随实测荷载水平变化情况。

例图4.1-57、例图4.1-58给出16号楼沉降量沿纵向的分布显示在施工初期,各点沉降量均匀发展,随着施工的进展,开始出现显著差异,中间点的沉降量明显

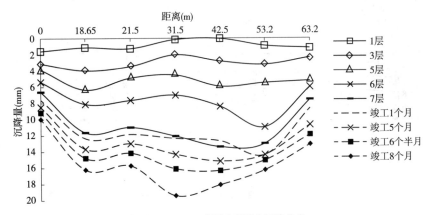

例图 4.1-57 16 号楼北侧纵向沉降分布

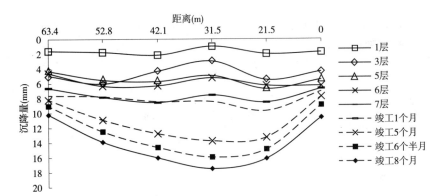

例图 4.1-58 16 号楼南侧纵向沉降分布

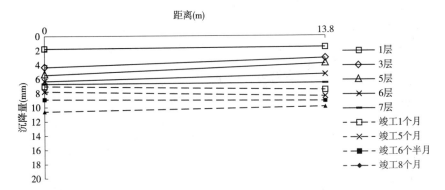

例图 4.1-59 16 号楼西侧沉降分布

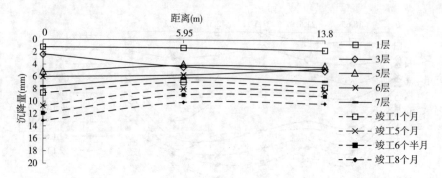

例图 4.1-60　16号楼东侧沉降分布

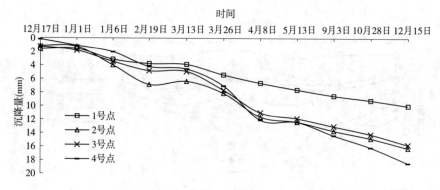

例图 4.1-61　16号楼 1~4 号点沉降量随时间变化

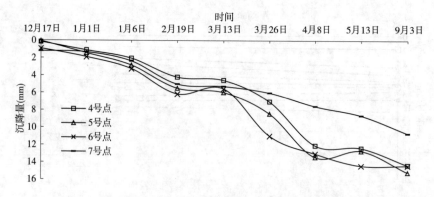

例图 4.1-62　16号楼 4~7 号点沉降量随时间变化

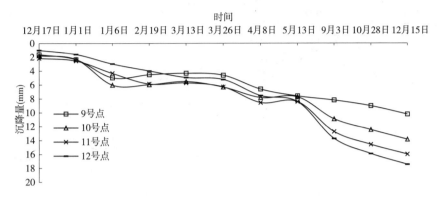

例图 4.1-63　16 号楼 9~12 号点沉降量随时间变化

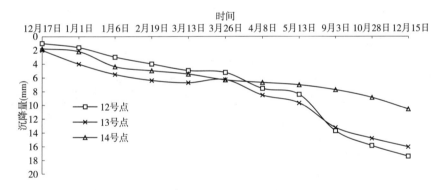

例图 4.1-64　16 号楼 12~14 号点沉降量随时间变化

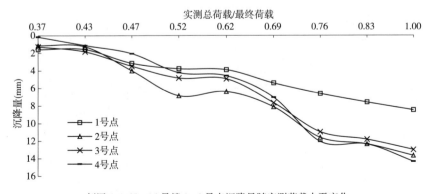

例图 4.1-65　16 号楼 1~4 号点沉降量随实测荷载水平变化

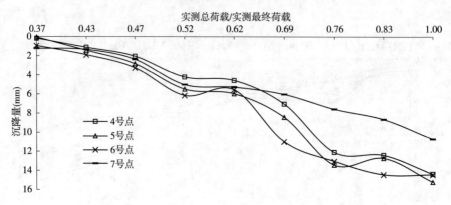

例图 4.1-66　16 号楼 4~7 号点沉降量随实测荷载水平变化

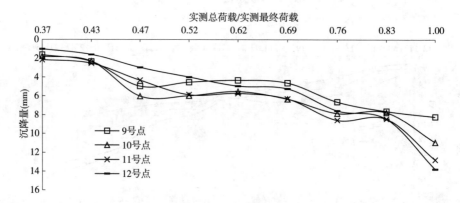

例图 4.1-67　16 号楼 9~12 号点沉降量随实测荷载水平变化

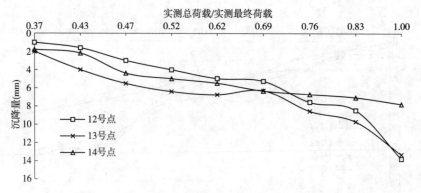

例图 4.1-68　16 号楼 12~14 号点沉降量随实测荷载水平变化

大于靠近边缘点的沉降量,角点的沉降量最小;结构封顶后的 5 个月内沉降量又有显著增加。16 号楼东西两侧沉降量的变化和分布基本能反映出基础内填土造成的影响:南侧沉降量大于北侧沉降量。

从例图 4.1-61~例图 4.1-68 看,沉降观测点的沉降随着实测总荷载的增大而增大,并在该楼结构封顶后呈现一定程度非线性,沉降速率似略有增大。

(2)8 号楼沉降观测结果

如例图 4.1-69 所示为 8 号楼东半幅南侧纵断面沉降分布。例图 4.1-69 表明采用传统桩基的 8 号楼边缘和中间沉降差异较小。比较例图 4.1-57、例图 4.1-58 和例图 4.1-69,在一定程度上反映了采用不同形式桩基础对建筑物沉降分布和差异沉降的影响:采用传统桩基础的建筑物沉降分布比采用复合桩基的建筑物沉降分布均匀。

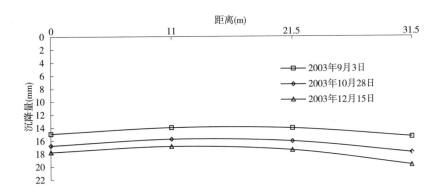

例图 4.1-69　8 号楼东半幅南侧纵向沉降分布

如例图 4.1-70、例图 4.1-71 所示为 8 号楼各沉降观测点沉降量随荷载和时间变化情况。从图中可以看到,在施工期内沉降量随着实测荷载的增大而线性增大,结构封顶后沉降速率增大,使得整体呈现一些非线性性状。

(3)两幢建筑物沉降变化对比

从两幢楼沉降发展过程来看,均随着荷载增加有轻微非线性的增加,最显著的阶段就是结构封顶之后;并且从观测结果看,结构封顶之后的工后沉降量比较显著。这表明,建筑物的工后沉降在桩基础沉降中占据了比较重要的位置,在进行施工期加载分析时,可以采用线性分析方法,但是分析工后沉降时就要考虑这种非线性的影响。本书分析认为产生工后沉降非线性性状的因素主要有以下几

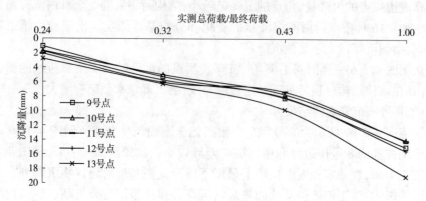

例图 4.1-70　8 号楼各沉降观测点沉降量随荷载水平变化

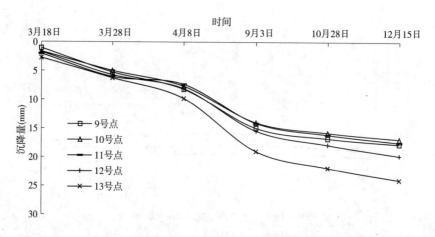

例图 4.1-71　8 号楼各沉降观测点沉降量随时间变化

点：一是随着荷载水平增大并且在较高荷载水平下保持一段时间后，土体应力变形性态呈现时间效应，而时间效应在上海地区土体中是比较显著的，比如土体固结、流变的影响，导致沉降量有显著增加；二是施工过程中附加荷载产生的超静孔隙水压力并没有完全消散，在施工结束后仍有超静孔压存在，随着时间发展，土体固结，孔压消散，同时产生一定程度的固结沉降，造成群桩与土体整体下沉。

从桩土共同作用的机理来看，在荷载作用下，桩顶和土体顶面会由于筏板或者承台的限制而同时发生沉降，随着荷载的增加，桩土整体沉降也增大，这样就使得桩和土的承载力在加载过程中都有一定发挥。如果上部结构实际荷载比设计采用的荷载标准值小许多,就会导致最终荷载施加后地基基础中反力仍然处于弹性区,正如实测结果显示两幢楼在施工期内荷载沉降关系呈现线性。

6.不同位置沉降与桩土反力对比分析

(1)沉降观测点沉降量变化与相邻桩土反力变化对比

例表4.1-8给出了8号楼进行桩土反力观测的半幅内,与各沉降观测点相邻的观测桩与土压力盒编号。例表4.1-9给出了16号楼进行桩土反力观测的半幅内,与各沉降观测点相邻的观测桩与土压力盒编号。

8号楼与沉降观测点毗邻桩土反力观测点编号   例表4.1-8

沉降观测点	观测桩	土压力盒	沉降观测点	观测桩	土压力盒
8-Z-9	8-P-12		8-Z-11	8-P-4、7	
8-Z-10	8-P-9	8-S-11	8-Z-12	8-P-1	

16号楼与沉降观测点毗邻桩土反力观测点编号   例表4.1-9

沉降观测点	观测桩	土压力盒	沉降观测点	观测桩	土压力盒
16-Z-4	16-P-5	16-S-3	16-Z-9	16-P-21	16-S-17
16-Z-5	16-P-11		16-Z-10	16-P-15	
16-Z-6	16-P-14	16-S-10	16-Z-11	16-P-7、8	
16-Z-7	16-P-20	16-S-16	16-Z-12	16-P-1	
16-Z-8	16-P-23				

例图4.1-72为例表4.1-8列出的相邻点沉降与桩顶反力的关系曲线。例图4.1-73为例表4.1-9列出16号楼相邻沉降观测点沉降量与桩顶反力间关系曲线。

上述各图基本呈现同样趋势,桩顶反力的增加要快于建筑物沉降量的产生,也可以说沉降量的增加滞后于桩顶反力的增加。结合例图4.1-65~例图4.1-68及例图4.1-70,表明对于建筑物整体来说,即使局部的桩反力增加较快,但承台—群桩—土体整体的共同作用仍使建筑物呈现线弹性性状。

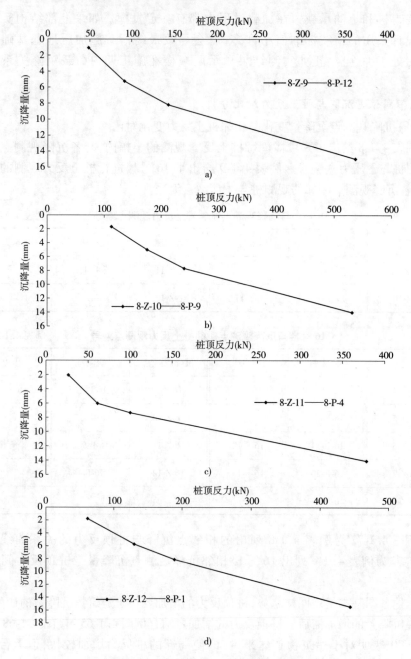

例图 4.1-72　8 号楼桩顶反力与邻近沉降观测点变化关系

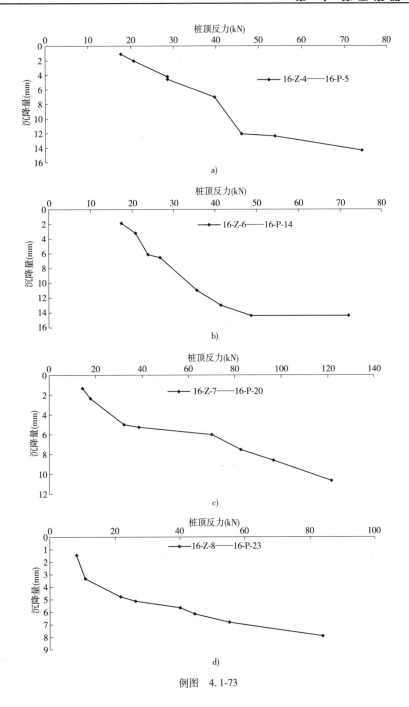

例图 4.1-73

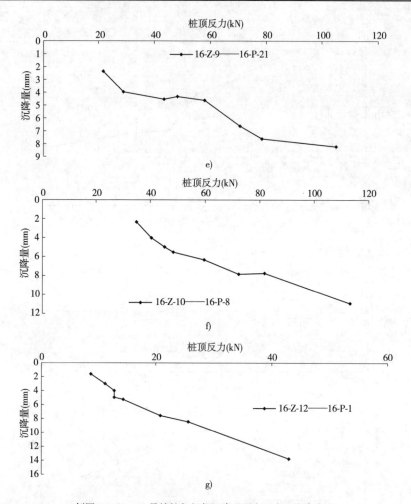

例图 4.1-73　16 号楼桩与相邻沉降观测点反力—沉降曲线

（2）不同位置桩土反力变化对比

两幢楼房不同位置的桩土反力对比见例表 4.1-10、例表 4.1-11 和例图 4.1-74~例图 4.1-77。

8 号楼不同桩土反力观测点编号　　　　　　　　　　　　例表 4.1-10

桩 顶 反 力	桩	位　　置	临近土压力盒
8-P-11	角桩	东北角	8-S-15
8-P-3	边中桩	北侧中点	8-S-3

续上表

桩顶反力	桩	位 置	临近土压力盒
8-P-14	边中桩	东侧中点	—
8-P-2	中心桩	建筑物中心	8-S-1
8-P-10	中心桩	中线 1/6	8-S-10

16 号楼不同桩土反力观测点编号　　　　　　　　例表 4.1-11

角　桩	桩	位 置	临近土压力盒
16-P-20	角桩	东北角	16-S-16
16-P-5	边中桩	北侧中点	16-S-3
16-P-23	边中桩	东侧中点	—
16-P-3	中心桩	建筑物中心	16-S-1
16-P-9	中心桩	中线 1/3	16-S-6

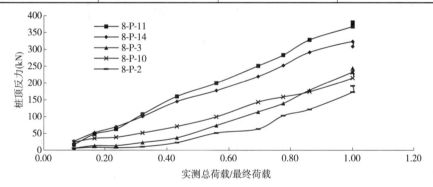

例图 4.1-74　8 号楼不同位置桩顶反力对比

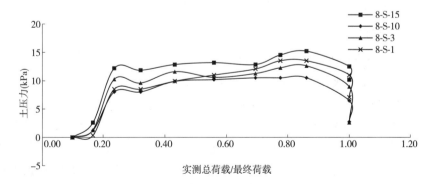

例图 4.1-75　8 号楼不同位置土压力对比

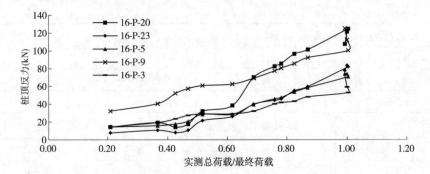

例图 4.1-76　16 号楼不同位置桩顶反力对比

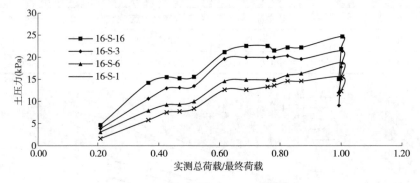

例图 4.1-77　16 号楼不同位置土压力对比

从例图 4.1-74 ~ 例图 4.1-77 可以看到,承台下不同位置的桩土反力基本呈现角桩反力大于边中桩反力,边中桩反力大于中心桩,承台角点下土压力大于边中点下土压力,边中点下土压力大于中心位置土压力。这反映出承台下马鞍形反力分布,符合具有一定刚性承台下的理论反力分布规律。

五、理论分析

1.沉降控制复合桩基理论

1)复合桩基的承载力发挥与桩土分担

复合桩基是以桩与桩间土共同作用为前提,以沉降控制为标准作为其设计指导思想。复合桩基中的单桩,桩长较短,桩径较小(一般小于 250mm),桩距较大($S_a/d = 5 \sim 6$),这就使得它的单桩荷载传递规律有别于一般的中长桩,再加上承台作用的影响,导致了复合桩基的工作过程变得复杂。已经有不少文献从理论计算、模型试验、现场实测等诸多方面对复合桩基的工作特性加以研究,取得了一些成

果,这些成果都强调单桩非线性工作性状在复合桩基工作过程中的主导作用。文献[1]认为承载力的发挥主要有以下几个阶段:

(1)第一阶段(线性段)——平均单桩荷载$\bar{P}$小于单桩极限承载力P_u

在此阶段中主要是桩承担荷载。桩承担的荷载Q_p上升快于承台底土承担的荷载Q_s。在$\bar{P}$趋于P_u时,单桩Q-S曲线已开始呈非线性,故Q_p上升开始减缓,Q_s呈现加速上升的趋势。此阶段中,复合桩基基本上还是以桩基工作为主的承载状态。

(2)第二阶段(临界段)——$\bar{P}$趋近P_u或达到P_u

当各桩P接近P_u,桩端已经开始贯入土中或萌发贯入的趋势,桩再不能多承受荷载,进一步增加的荷载主要靠承台底土承担,土承载比开始明显增大。

(3)第三阶段(非线性段)——$\bar{P}$保持为P_u不变

各桩P达到P_u,桩能承担的荷载Q_p保持不变,桩端产生一定的贯入沉降,约等于桩间土的压缩量,同时桩端下土体更多地受到压缩而变形,复合桩基转入进一步加载以天然地基为主的承载状态。基底土反力增加很快,反力分布形式与刚性板底反力相近。这一阶段中土分担的荷载比是明确的:

$$\eta = \frac{Q - nP_u}{Q} \qquad (例4.1\text{-}1)$$

这一阶段也正是复合桩基的正常工作阶段,其控制点选择在$Q \leqslant Q_U/2$,同时$S \leqslant [S]$,或$S \leqslant [S]$,同时$Q \leqslant Q_u/2$。这时可视为按变形控制的正常使用极限状态。

上述的复合桩基承载力发挥过程与有关研究是有出入的,文献[1]引用的实测结果表明:承台极限荷载Q_u与群桩中单桩的极限荷载P_u几乎同时达到;桩间土也仅当单桩进入非线性阶段后才更明显地发挥承载作用,反力P从均匀分布过渡到马鞍形分布。有关研究还表明,对于大间距桩基,承台极限荷载Q_u与群桩中各单桩达到极限荷载P_u几乎是同步的,且仅当此时承台分担比才显著增加。文献[2]数值模拟的结果也表明,在荷载接近复合桩基的极限荷载时桩侧阻力仍然有少量增加。

本次试验的结果表明采用沉降控制复合桩基的16号楼所观测桩基本处于线性段,基底土体反力分布也比较均匀,桩土承载力同步发挥,此观测结果与文献[1]引用的实测结果一致。实测结果表明,在结构封顶一段时间后,土体分担的荷载向桩转移,而建筑物整体的荷载沉降关系呈现近似线性特征,这说明群桩仍处于线性工作阶段。

许多文献[1-3]研究表明复合桩基中单桩荷载传递特性：复合桩基中桩侧阻力首先在桩端附近充分发挥，而后逐渐向上扩展，这与一般的单桩或者高承台群桩中的单桩有所不同。造成这种现象的原因是由于复合桩基中桩长较短，承台对于桩侧阻力的削弱作用明显，而其中对桩顶部分侧阻力削弱较强，对桩端部分削弱较弱所致。桩长和桩径变化对桩侧阻力的影响，随着桩长和桩径的增加，桩侧阻力发挥程度逐渐降低，这一现象在桩端尤其明显，因此从充分发挥桩侧阻力的角度出发，桩径和桩长都不宜过大。桩间距增大，桩数少，承台分担荷载增大。一般的桩间距对桩侧阻力的影响不大，文献[3]计算表明，随着桩间距增大，桩侧阻力的发挥程度都有不同程度的增加，而以桩顶段增加幅度为大。从充分发挥桩间土潜力的角度出发，适当增大桩间距是必要的。复合桩基的沉降和受力特性分析表明，随着桩间距的增大，桩顶反力和沉降都有不断均匀化的趋势，这也是复合桩基能以沉降为控制标准进行设计的重要原因。

2）沉降控制复合桩基设计方法

总结目前国内外复合桩基设计方法的研究，目前来看国内更加具体化，其中以黄绍铭等[4,5]、宰金珉[6]、《建筑桩基技术规范》（JGJ 94—1994）[7]设计方法最具有代表性，从应用来看后三者又比较广泛。上海市《地基基础设计规范》[8]方法为黄绍铭等[4,5]方法引入规范的结果。

（1）宰金珉复合桩基设计方法

宰金珉[6]假定桩间土始终处于弹性工作状态，采用三折线形式的单桩 $P\text{-}S$ 曲线来反映群桩中单桩的非线性性状，并且不计桩与桩和桩与土之间的相互作用。由此建立了刚性承台与大间距摩擦群桩非线性共同作用数值分析的简化方法。

①设计的基本方法和步骤如下：

a.桩数的确定。

b.单桩荷载与强度验算。

c.按 P_u 对桩身材料进行强度和抗裂度验算。

d.对复合桩基进行整体安全度和沉降量的双重复核。整体承载力安全度 K 应不小于 2，沉降量 S 不大于容许沉降量。

②沉降量计算的简化方法可描述如下：

a.特大桩距的小群桩。独立柱下复合桩基可能属于这种情况。桩间土压缩量主要发生在承台下 $L/3$ 的范围内。由于桩周摩擦力在此范围内引起的应力很小，而桩端阻力引起的则是很小的拉应力。因此，该范围内发生的沉降可以认为主要是由承台底附加压力引起的，可以按分层总和法计算。

b.较大桩距中的中小群桩和大桩距的大中群桩。大部分复合桩基属于这种情况。

总沉降＝桩间土压缩量＋桩端下土压缩量

　　a)分别计算桩身摩阻力和桩端阻力产生的附加应力场,并与基底产生的附加应力场叠加,再用分层总和法直接计算总沉降。

　　b)刚性承台摩擦桩基沉降的简单估算。对刚性桩,总沉降可以看作分别由 Q_s 和 Q_p 引起的沉降 S_r 和 S_p 之和。S_r 可按弹性半空间上刚性板沉降公式估算,S_p 可以按刚性高承台群桩沉降的弹性理论解估算。

　　c)常规桩距的中小群桩和较大桩距以下的大群桩,沉降以桩端下土层压缩为主,故可视为实体深基础,按桩基沉降的常规方法来计算。

　　(2)黄绍铭沉降控制复合桩基设计方法

　　黄绍铭等[9]提出了由容许沉降量确定桩数和外荷载由桩和承台共同承担,即按照沉降量控制复合桩基的完整设计方法,提出以沉降量为控制指标的设计原则和步骤。设计基本原则如下:

　　①设计步骤及要点

　　a.选择桩型、桩长和桩身断面。

　　b.初步确定承台埋深及其底面尺寸。

　　c.计算不同的用桩数量时桩基的沉降量,并根据容许沉降量确定实际用桩数量。

　　②复合桩基极限承载力的计算原则

$$P_u = \eta_{sp} \cdot n \cdot Q_u + \eta_c \cdot R \cdot F \qquad (例 4.1-2)$$

式中:n——桩数;

　Q_u——单桩极限承载力,kN;

　R——承台极限承载力,kN;

　F——承台底面积,m^2;

η_{sp}、η_c——群桩效应系数和承台效应系数,当平均桩距大于 6 倍桩径时,平均近似取 1。

　　③复合桩基沉降的简化计算原则

　　a.当外荷载小于各桩极限承载力之和时,就沉降计算而言,合理实用的简化假定是假定桩基上的外荷载全部由桩承担,忽略承台的作用,这时桩基沉降就是桩端以下压缩层厚度内的压缩变形,可以用弹性力学的 Mindlin 解求解。

　　b.当外荷载超过桩基中各桩极限承载力之和 P_a 时,桩与桩间土之间产生相对滑移,这时桩基沉降包括 P_a 和 $P-P_a$ 两部分共同作用下从承台底至压缩层下限之间土体产生的沉降量,其中由桩承担的 P_a 所产生的沉降可按文献[5]提出的方法进行。承台承担荷载产生的压缩量可以按天然浅基础沉降计算分层总和法进行。

(3)复合桩基安全度验算

工程中常以桩与承台按某一固定比例分担外荷载或者在确定单桩设计承载力时认为降低安全系数等经验方法来考虑桩与承台共同作用。

根据《建筑桩基技术规范》(JGJ 94—1994)[7],按极限概率状态设计时,桩基中任一复合桩基(此处复合桩基指在群桩基础中考虑桩与土的共同作用)的承载力设计值与极限承载力分别为:

承载力设计值:

$$Q = n\left[\eta_s P_{sk}/\gamma_s + \eta_p P_{pk}/\gamma_p + \eta_c A f_{ck}/(n\gamma_c)\right]$$
$$= n\left[\eta_{sp} n P_{uk}/\gamma_{sp} + \eta_c A f_{ck}/(n\gamma_c)\right]$$
(例 4.1-3)

其中,括号内的部分为桩基中各单桩的竖向承载力设计值统一计算表达式。

群桩极限承载力:

$$Q_u = \eta_s n P_{su} + \eta_p P_{pu} + \eta_c A f_{ck} = \eta_{sp} n P_u + \eta_c A f_{ck}$$
(例 4.1-4)

文献[7]所采用的复合桩基是以承载力计算为主要控制,并验算沉降的设计方法。假定桩的承载力全部发挥的同时地基土的承载力也同步得到发挥,所取用的安全系数与完全由桩承担荷载的设计方法一样。公式中的分项系数表达式是建立在桩的侧阻、端阻和土的承载力同步发挥的假定基础上的。

2.沉降控制复合桩基安全度讨论

1)安全度研究的进展

采用上述各种设计方法时必然考虑一定的安全度。采用不同方法沉降控制复合桩基安全度的大小及控制标准是需要深入讨论的。高大钊[10]对不同设计方法的安全度做了相关的分析。下面对相关表达式做简要介绍。

(1)单桩极限承载力:P_u。

(2)桩数:n。

(3)天然地基极限承载力:f_u。

(4)天然地基修正后的承载力设计值:f。

(5)天然地基安全系数$[k_s] \geq 2.5$,$f_u = [k_s]f$,取 $2.5f$。

(6)承台作用面积:A。

(7)复合桩基极限承载力:

$$Q_u = nP_u + f_u A = nP_u + 2.5fA \qquad (例~4.1-5)$$

(8)土的承载力满足率：

$$\psi = fA/Q \geqslant 0.5 \qquad (例~4.1-6)$$

(9)单桩极限承载力利用系数 ζ，设计中取 $0.8 \sim 0.9$。

(10)天然地基承载力利用系数 ξ，设计中取小于 0.5。

(11)设计荷载：

$$Q = \zeta nP_u + \xi fA = \zeta nP_u + \xi Q\psi \qquad (例~4.1-7)$$

从而：

$$Q = \frac{\zeta nP_u}{1 - \xi\psi} \qquad (例~4.1-8)$$

(12)复合桩基中桩分担荷载：Q_p；承台分担荷载：Q_s。

(13)承台分担比：

$$\eta = \frac{Q_s}{Q} \qquad (例~4.1-9)$$

(14)复合桩基整体安全度：

$$K = \frac{Q_u}{Q} = \frac{1}{\xi} + \psi\left(2.5 - \frac{\xi}{\zeta}\right) \qquad (例~4.1-10)$$

设计中取 $K \geqslant 2$。

(15)复合桩基中桩的局部安全系数：

$$K'_p = \frac{nP_u}{Q_p} \qquad (例~4.1-11)$$

(16)复合桩基中土的局部安全系数：

$$K'_s = \frac{f_u A}{Q_s} = \frac{[K_s]fA}{Q_s} \qquad (例~4.1-12)$$

文献[10]归纳总结了按照复合桩基极限承载力公式计算的整体安全度表达式：

$$K = \frac{Q_u}{Q} = \frac{1}{\xi} + \psi\left(2.5 - \frac{\xi}{\zeta}\right) \qquad (例~4.1-13)$$

文献[6]的研究表明，ζ、ξ 的显著降低并不明显提高 K，ψ 对 K 的影响最显著。$\psi > 0.5$ 时可以取得良好效果，$\psi = 0.6 \sim 0.7$ 时 ζ 可取 $0.9 \sim 1.0$，从而获得显著经济效益。$\psi < 0.5$ 时，一般按常规方法设计桩基础。文献[10]指出，在共同作用分析中，ζ 和 ξ 取决于桩顶和承台传力的分配，而在简化计算中这两个系数都是人为设定的。在求得整体安全度以后如何评价其安全程度，即应该取多大安全系数才合

适,需要进一步的讨论;同时,复合桩基中,桩和天然地基的局部安全度分别处于何种水准,也需要给出分析判别的方法。

文献[10]给出了复合桩基中桩与土的局部安全度计算公式,分别为:

复合桩基中桩的局部安全系数

$$K'_p = \frac{nP_u}{Q_p} = \frac{nP_u}{(1-\eta)Q}$$ (例4.1-14)

土的局部安全系数

$$K'_s = \frac{f_u A}{Q_s} = \frac{[K_s]fA}{Q_s} = \frac{[K_s]fA}{\eta Q}$$ (例4.1-15)

如果荷载全部由桩承担,则桩基的安全系数为:

$$K_p = \frac{nP_u}{Q} = \frac{nP_u}{Q_p + Q_s}$$ (例4.1-16)

如果荷载全部由承台底土承担,则天然地基的安全系数为:

$$K_s = \frac{f_u A}{Q} = \frac{[K_s]fA}{Q_s + Q_p} = [K_s]\psi$$ (例4.1-17)

则桩基安全系数与复合桩基局部安全系数之间存在如下关系:

$$K_p = K'_p(1-\eta)$$ (例4.1-18)

而天然地基安全系数与复合桩基地基土局部安全系数之间存在如下关系:

$$[K_s] = K'_s \frac{\eta}{\psi}$$ (例4.1-19)

承载力利用系数 ζ 和 ξ 与局部安全系数之间存在如下关系:

$$\zeta = \frac{1}{K'_p}, \xi = \frac{[K_s]}{K'_s}$$

引进上述局部安全系数后,复合桩基整体安全系数可以表示为不同的形式:

$$K = K_p + K_s$$ (例4.1-20)

$$K = K'_p(1-\eta) + K'_s \eta$$ (例4.1-21)

$$K = K'_p + K'_s \eta \left(1 - \frac{K'_p}{K'_s}\right)$$ (例4.1-22)

根据《建筑桩基技术规范》(JGJ 94—1994),当按极限概率状态设计时,桩基中任一复合桩基(此处复合桩基指在群桩基础中考虑桩与土的共同作用)的承载力设计值与极限承载力分别为:

①承载力设计值

$$Q = n\left[\eta_s P_{sk}/\gamma_s + \eta_p P_{pk}/\gamma_p + \eta_c A f_{ck}/(n\gamma_c)\right] = n\left[\eta_{sp} n P_{uk}/\gamma_{sp} + \eta_c A f_{ck}/(n\gamma_c)\right]$$
（例 4.1-23）

其中,括号内的部分为桩基中各单桩的竖向承载力设计值统一计算表达式。

②群桩极限承载力

$$Q_u = \eta_s n P_{su} + \eta_p P_{pu} + \eta_c A f_{ck} = \eta_{sp} n P_u + \eta_c A f_{ck}$$
（例 4.1-24）

上面公式中,γ_s、γ_p、γ_{sp} 和 γ_c 为抗力分项系数。对于上海地区常用的预制桩复合桩基有：

①对静载试验法

$$\gamma_s = \gamma_p = \gamma_{sp} = 1.60, \gamma_c = 1.70$$

②对经验参数法

$$\gamma_s = \gamma_p = \gamma_{sp} = 1.65, \gamma_c = 1.70$$

而对于桩距为 $6d$ 的复合桩基,η_s、η_p、η_{sp} 按例表 4.1-12 取值。

η_s、η_p 和 η_{sp} 取值   例表 4.1-12

B_c/l	≤ 0.20	0.40	0.60	0.80	≥ 1.00
η_s	1.00	1.00	1.00	1.00	0.93
η_p	1.06	1.11	1.16	1.20	1.24
η_{sp}	1.01	1.02	1.02	1.03	0.97

对于 η_c,按下式计算：

$$\eta_c = \eta_c^{in}\frac{A_c^{in}}{A_c} + \eta_c^{ex}\frac{A_c^{ex}}{A_c}$$
（例 4.1-25）

$$\eta_c^{in} = 0.08\frac{S_a}{d}\left(\frac{B_c}{L}\right)^{\frac{1}{2}}$$
（例 4.1-26）

$$\eta_c^{ex} = \frac{1}{8}\left(\frac{S_a}{d} + 2\right)$$
（例 4.1-27）

式中：η_c^{in}、η_c^{ex}——承台内外区土反力群桩效应系数；

A_c^{in}、A_c^{ex}、A_c——承台内、外、全区有效底面积。

整体安全系数为：

$$K = \frac{Q_u}{Q} = \frac{\eta_s n P_{su} + \eta_p P_{pu} + \eta_c A f_{ck}}{N_k} = \frac{\eta_{sp} n P_u + \eta_c A f_{ck}}{N_k}$$
（例 4.1-28）

$$K = K_p + K_s$$
（例 4.1-29）

其中,$K_p = \dfrac{\eta_{sp} n P_u}{N_k}$,$K_s = \dfrac{\eta_c A f_{ck}}{N_k}$。

复合桩基中桩的局部安全系数：

$$K'_p = \frac{\eta_{sp} n P_u}{N_p} = \frac{K_p}{1-\eta}$$

（例 4.1-30）

土的局部安全系数：

$$K'_s = \frac{\eta_c A f_{ck}}{N_s} = \frac{K_s}{\eta}$$

（例 4.1-31）

其中，$\eta = \dfrac{\eta_c A f_{ck}}{\eta_{sp} n P_{uk} + \eta_c A f_{ck}} = \dfrac{1}{1+\lambda}$，为承台底土的荷载分担比。

文献[10]指出，《建筑桩基技术规范》（JGJ 94—1994）假定桩的承载力全部发挥的同时地基土的承载力也同步得到发挥，所取用的安全系数与完全由桩承担荷载的设计方法一样。公式中的分项系数表达式是建立在桩的侧阻、端阻和土的承载力同步发挥的假定基础上的。与传统桩基设计方法的计算结果相比，当荷载不变时，可以提高安全度。与前述沉降控制复合桩基的主要差别在于桩和地基土的承载能力假定都是完全且同步发挥的，因此其承台分担比 η 与共同作用机理无关，只取决于单桩极限承载力之和与地基土极限承载力的总抗力的比值 λ。

根据上述分析可以得到：$K'_p = K'_s$，故桩与土具有相同的局部安全系数。

文献[10]给出了按照沉降控制复合桩基和建筑桩基设计规范给出的方法计算的整体安全系数和局部安全系数，得到了以下结论：

①两种方法计算得到的整体安全系数基本一致。

②两种方法得到的桩与土的局部安全系数差异较大，原因在于对地基土的承载力发挥程度的假设有所区别。

③承台底土的承载力是否能充分发挥值得讨论，如果确实能充分发挥，那么传统桩基设计方法的实际安全度比复合桩基控制的整体表观安全系数要大。故而如果复合桩基采用 2.0 的整体安全系数实际上安全度要小于传统桩基。是否要控制复合桩基的整体安全系数不降低过多需要进一步讨论。

④如果土的承载能力不能完全发挥，那么实际安全度将低于表观安全系数，降低的程度与承台底土承载力发挥程度有关，因此需要研究影响承台底土阻力发挥的条件及承台底土承载力发挥程度与实际安全度变化的关系。

2）本项目研究中沉降控制复合桩基设计方法与安全度讨论

采用沉降控制复合桩基的 16 号楼基础设计按照文献[8]的常规桩基的 Mindlin 法计算群桩沉降。从实测结果来看，复合桩基中桩土承载力的发挥更接近《建筑桩基技术规范》（JGJ 94—1994）假定桩的承载力全部发挥的同时地基土的承载力也同步得到发挥。从实测沉降量来看,到 2003 年 9 月所产生的沉降量也远小于设计计算的 79.3mm 沉降量,且分布比较均匀。从这些实测结果来看,该楼的基础设计是偏于保守的,安全度较高。

为考察基础中桩、土体局部安全系数和基础总安全系数的变化,选取不同荷载水平分析桩土荷载分担比变化对局部安全系数的影响。基础总荷载为基础承台面积上填土重量、承台自重和承台上结构及墙体自重之和并扣除基础所受浮力,地下水位按天然地面以下 0.5m 计。

根据上海市工程建设规范《地基基础设计规范》(DGJ 08-11—1999)第 4.2.2 条,两幢楼房浅基础持力层土体极限承载力标准值为 110kPa×1.6=176kPa。

8 号楼单桩极限承载力标准值为 1 600kN,承台面积 235m^2,桩数 112 根。总荷载包括上部结构总荷载、基础结构、墙体荷载,并扣除浮力作用,其中浮力按照下式计算:

$$基础浮力=地下水位以下基础所占体积×地下水重度$$

经计算,基础所受浮力为 470kN。则基础部分产生的荷载为:

$$基础荷载=基础总重量-地下水浮力$$

根据施工荷载记录,8 号楼结构荷载变化如例表 4.1-13 所示;8 号楼桩基总极限承载力为 179 200kN,若将土体分担荷载作用考虑在内则总极限承载力还应将承台下土体极限承载力累加上,根据本建筑物承台面积和天然地基持力层极限承载力计算得到土体极限承载力为 41 360kN,基础总极限承载力为:

$$Q_u = nP_u + f_u A \qquad (例 4.1-32)$$

计算得到基础总极限承载力为 220 560kN,按此计算建筑物安全度变化也见例表 4.1-13。

8 号楼施工荷载与安全度计算结果变化　　　　　　　　　　　例表 4.1-13

进度	完成时间 (年.月.日)	施工荷载 增加量 (kN)	累计施工 总荷载 (kN)	扣除浮力 后施工荷 载增加量 (kN)	扣除浮力 后施工荷 载累计 (kN)	建筑物总 安全系数 (不计土体 分担)	建筑物总 安全系数 (计入土体 分担)
基础	2002.11.20	8 860	8 860	8 390	8 390	21.36	26.29
1 层	2002.12.04	5 410	14 270	5 410	13 800	12.99	15.98
2 层	2003.03.18	5 520	19 790	5 520	19 320	9.28	11.42
3 层	2003.03.28	5 520	25 310	5 520	24 840	7.21	8.88

续上表

进度	完成时间 （年．月．日）	施工荷载 增加量 （kN）	累计施工 总荷载 （kN）	扣除浮力 后施工荷 载增加量 （kN）	扣除浮力 后施工荷 载累计 （kN）	建筑物总 安全系数 （不计土体 分担）	建筑物总 安全系数 （计入土体 分担）
4 层	2003.04.08	5 520	30 830	5 520	30 360	5.90	7.26
5 层	2003.04.21	5 520	36 350	5 520	35 880	4.99	6.15
6 层	2003.05.02	5 350	41 700	5 350	41 230	4.35	5.35
7 层	2003.05.13	5 210	46 910	5 210	46 440	3.86	4.75
装饰工程	2003.05.10 ~08.10	10 530	57 440	10 530	56 970	3.15	3.87

16 号楼单桩极限承载力标准值为 384kN，承台面积 623m²，桩数 287 根。总荷载包括上部结构总荷载、基础结构、墙体、承台面积上填土荷载，并扣除浮力作用。其中承台面积上填土荷载包括两部分：第一部分为基础墙体包围的承台面积上填土，第二部分为基础墙体外承台面积上填土重，此两部分填土分两次回填。根据设计资料，基础墙体外承台面积为 90m²，基础墙体下承台面积为 235m²，基础墙体内包围承台面积 298m²。根据承台面积及回填土施工记录，基础墙体内承台面积上填土 10 465kN，地下水位以下填土与对应面积的承台所受浮力为 1 790kN，基础外承台面积上填土分两次进行，第一次为基础完工后回填至天然地面标高，计算得到回填量为 2 430kN，所受浮力为 540kN，第二次回填在 2003 年 9 月 15 日左右，即结构封顶 5 个月后，回填量为 1 510kN，因回填土初始标高已经高于天然地面，故浮力为 0；基础自重为 10 600 kN，所受浮力为 1 410 kN。故基础部分所受浮力总计 3 740kN。根据施工荷载记录，16 号楼结构荷载变化如例表 4.1-14 所示。16 号楼复合桩基总极限承载力为：土体极限承载力 109 648 kN，桩基极限承载力 110 208kN，总极限承载力 219 856kN。

16 号楼施工荷载变化　　　　　　　　　　　例表 4.1-14

进度	完成时间 （年．月．日）	施工荷载 增加量（kN）	累计施工 总荷载（kN）	扣除浮力后施工 荷载增加量（kN）	扣除浮力后施工 荷载累计（kN）
基础	2002.11.12	23 495	23 495	19 755	19 755
1 层	2002.11.29	5 410	28 905	5 410	25 165

续上表

进度	完成时间 （年.月.日）	施工荷载 增加量（kN）	累计施工 总荷载（kN）	扣除浮力后施工 荷载增加量（kN）	扣除浮力后施工 荷载累计（kN）
2层	2002.12.19	5 520	34 425	5 520	30 685
3层	2003.1.2	5 520	39 945	5 520	36 205
4层	2003.1.16	5 520	45 465	5 520	41 725
5层	2003.3.10	5 520	50 985	5 520	47 245
6层	2003.3.24	5 350	56 335	5 350	52 595
7层	2003.4.8	5 210	61 545	5 210	57 805
装饰工程	2003.4.8~08.10	10 530	72 075	10 530	68 335
基础二次填土	2003.09.15	1 510	73 585	1 510	69 845

根据实测得到的桩土荷载分担比,考察不同施工荷载水平下建筑物总体安全系数、桩土局部安全系数、分项安全系数见例表4.1-15。

16号楼安全度变化 例表4.1-15

进度	总荷载 （kN）	土分 担比	桩分 担比	土分担 荷载 （kN）	桩分担 荷载 （kN）	总安全 系数 K	土局部 安全系 数 K'_s	桩局部 安全系 数 K'_p	土分项 安全系 数 K_s	桩分项 安全系 数 K_p
基础	19 755	0.37	0.63	7 309.4	12 445.7	11.13	15.00	8.86	5.55	5.58
1层	25 165	0.52	0.48	13 085.8	12 079.2	8.74	8.38	9.12	4.36	4.38
2层	30 685	0.51	0.49	15 649.4	15 035.7	7.16	7.01	7.33	3.57	3.59
3层	36 205	0.47	0.53	17 016.4	19 188.7	6.07	6.44	5.74	3.03	3.04
4层	41 725	0.45	0.55	18 776.3	22 948.8	5.27	5.84	4.80	2.63	2.64
5层	47 245	0.52	0.48	24 567.4	22 677.6	4.65	4.46	4.86	2.32	2.33
6层	52 595	0.48	0.52	25 245.6	27 349.4	4.18	4.34	4.03	2.08	2.10
7层	57 805	0.44	0.56	25 434.2	32 370.8	3.80	4.31	3.40	1.90	1.91
装饰 工程	68 335	0.32	0.68	21 867.2	46 467.8	3.22	5.01	2.37	1.60	1.61
基础二 次填土	69 845	0.26	0.74	18 159.7	51 685.3	3.15	6.04	2.13	1.57	1.58

对比两幢楼房最终总安全系数,可以发现,若不计入土体承载力,则按照传统桩基设计的 8 号楼总安全系数与按照沉降控制复合桩基设计的 16 号楼总安全系数大体相当。而计入土体极限承载力后,8 号楼的总安全系数则要明显大于 16 号楼总安全系数,这证明文献[10]所给出的"如果确实能充分发挥,那么传统桩基设计方法的实际安全度比复合桩基控制的整体表观安全系数要大"一结论是正确的。若计入承台下土体全部极限承载力,则按照总安全系数计算公式:

$$K = K'_\mathrm{p} + K'_\mathrm{s} \eta \left(1 - \frac{K'_\mathrm{p}}{K'_\mathrm{s}}\right)$$

可以通过桩土局部安全系数计算得到两幢楼房总体安全系数。

若计入土体全部极限承载力,则两幢楼房实测总安全系数 3.87 和 3.15 表明两幢楼房采用的设计是偏于保守的,仍可减少一定桩数优化设计,提高经济效益。

3.沉降控制复合桩基简化力学模型研究

实测资料和数值计算均表明,沉降控制复合桩基在加载过程以及荷载稳定之后,沉降和桩土分担比随时间变化,具有三个显著特征:加载过程中,随着荷载和时间的变化,桩土分担比呈现波动;荷载稳定后,随着时间增加,土体荷载分担比减小,桩荷载分担比逐渐增加;在整个时间过程中,沉降一直随时间增加,荷载稳定后,沉降速率不断减小。

(1)沉降控制复合桩基简化力学模型

沉降控制复合桩基沉降和桩土荷载分担比随时间的变化主要是由于地基土体的时间效应引起。地基土体时间效应包括固结、流变等因素。若将基础变形看作纯粹的弹性变形,基础变形伴随时间的变化看作弹性变形随时间的变化,则沉降控制复合桩基的地基土体和桩基均可用 Kelvin 模型进行简化分析。

不妨将地基土体的时间效应用统一的时效元件表示,比如牛顿黏壶,其反映时间效应的系数 η_s 在此定义为地基土体综合时间效应系数;而土体的弹性变形部分仍用弹性元件表示,如弹簧。则承台底面地基土体可用简化力学模型 Kelvin 模型表示,如例图 4.1-78 所示。其关系可以表示为:

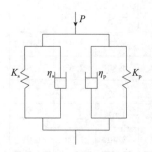

例图 4.1-78 沉降控制复合桩基简化力学模型

$$p_\mathrm{s} = \eta_\mathrm{s} \cdot \dot{w}_\mathrm{s} + K_\mathrm{s} \cdot w_\mathrm{s} \qquad (例4.1\text{-}33)$$

式中:p_s——承台底面地基土体反力分布力,kPa;

w_s——承台底面地基土体沉降,mm;

K_s——承台底面地基刚度,kPa/mm;

$\dot{w}_s$——承台底面地基土体沉降速率,mm/d;

η_s——承台底面地基土体综合时间效应系数,kPa·d/mm。

复合桩基中的桩置于土体内部,其沉降和荷载分担比也受到时间效应影响,同样可以用例图4.1-78所示 Kelvin 模型表示,其中,牛顿黏壶的系数 η_p 为桩基综合时间效应系数;K_p 为群桩桩顶刚度。其本构关系可以表示为:

$$P_p = \eta_p \cdot \dot{w}_p + K_p \cdot w_p \qquad (例\,4.1\text{-}34)$$

式中:P_p——群桩桩顶总反力,kN;

w_p——桩顶沉降量,mm;

K_p——群桩桩顶刚度,kN/mm;

$\dot{w}_p$——群桩桩顶沉降速率,mm/d;

η_p——桩基综合时间效应系数,kN·d/mm。

若承台面积为 A_c,则承台底面处有:

$$P = p_s \cdot A_c + P_p \qquad (例\,4.1\text{-}35)$$

另外,根据变形协调条件,承台底面处群桩平均沉降与地基土体平均沉降、平均沉降速率相等:

$$w_p = w_s \qquad (例\,4.1\text{-}36)$$

$$\dot{w}_p = \dot{w}_s \qquad (例\,4.1\text{-}37)$$

式中:H——地基土体压缩层厚度,包括承台底面到桩端下压缩层的厚度。

由式(例4.1-33)~式(例4.1-35)可得:

$$P = \eta_p \cdot \dot{w}_p + K_p \cdot w_p + (\eta_s \cdot \dot{w}_s + K_s \cdot w_s) \cdot A_c \qquad (例\,4.1\text{-}38)$$

若施加的外荷载 P 稳定,则式(例4.1-33)、式(例4.1-34)的解是:

$$w_s = \frac{p_s}{K_s}(1 - e^{-\frac{t}{\eta_s / K_s}}) \qquad (例\,4.1\text{-}39)$$

$$w_p = \frac{P_p}{K_p}(1 - e^{-\frac{t}{\eta_p / K_p}}) \qquad (例\,4.1\text{-}40)$$

将式(例4.1-39)、式(例4.1-40)带入式(例4.1-36),有:

$$\frac{p_s}{K_s}(1-e^{-\frac{t}{\eta_s/K_s}}) = \frac{P_p}{K_p}(1-e^{-\frac{t}{\eta_p/K_p}})$$ （例 4. 1-41）

两边同除以 $P = (P_p + p_s \cdot A_c)$，并令土荷载分担比：

$$\eta = \frac{p_s \cdot A_c}{P}$$ （例 4. 1-42）

则有：

$$p_s = \frac{\eta P}{A_c}$$ （例 4. 1-43）

将式（例 4. 1-43）带入式（例 4. 1-41），得到：

$$\frac{\eta}{K_s A_c}(1-e^{-\frac{t}{\eta_s/K_s}}) = \frac{(1-\eta)}{K_p}(1-e^{-\frac{t}{\eta_p/K_p}})$$ （例 4. 1-44）

求解上式，得到土荷载分担比随时间变化的计算公式：

$$\eta = \frac{\dfrac{1}{K_p}(1-e^{-\frac{t}{\eta_p/K_p}})}{\dfrac{1}{K_s A_c}(1-e^{-\frac{t}{\eta_s/K_s}}) + \dfrac{1}{K_p}(1-e^{-\frac{t}{\eta_p/K_p}})}$$ （例 4. 1-45）

应当注意到，式（例 4. 1-45）中的参数 K_s、K_p、η_s、η_p 是与群桩桩数、桩型、地基条件、承台面积相关的综合物理量。对于给定的地基条件和桩型，若承台面积和桩数变化，这几个参数的值也是变化的。

（2）采用简化模型分析荷载连续变化过程

设荷载分 n 次施加，每次增量分别为：$\Delta P_1, \Delta P_2, \cdots, \Delta P_{n-1}, \Delta P_n$；所对应时间分别为 $t_1, t_2, \cdots, t_{n-1}, t_n$；每次施加荷载后当前荷载总值为 $P_1, P_2, \cdots, P_{n-1}, P_n$。取某时刻 $t, t_i \leq t \leq t_{i+1}$，当前总荷载为 P，考察该时刻的桩土分担比。

为了分析这个问题，我们给出假定：某时刻土分担的荷载等于该时刻之前的每增量荷载在该时刻的土荷载分担比值乘以该增量荷载值，并在该时刻求和。该时刻土荷载分担比可用下述公式表示：

$$\eta_t = \frac{\sum_{k=1}^{i} \Delta P_k \eta_{kt}}{P_i}$$ （例 4. 1-46）

其中：η_{kt}——第 k 级荷载在时刻 t 对应的土荷载分担比；

η_t——时刻 t 土体荷载分担比；

ΔP_k——每级荷载增量,$1 \leq k \leq i$。

每级增量 $\Delta P_k(1 \leq k \leq i)$,所对应的作用时间、荷载分担比见例表 4.1-16。

每级增量对应的荷载分担比 例表 4.1-16

荷载增量	总荷载	作用时间	对应荷载分担比
ΔP_1	$P_1 = \Delta P_1$	$t_1 \sim t$	η_{1t}
ΔP_2	$P_2 = \Delta P_1 + \Delta P_2$	$t_2 \sim t$	η_{2t}
…	…	…	…
ΔP_{i-1}	$P_{i-1} = \sum\limits_{k=1}^{i-1} \Delta P_k$	$t_{i-1} \sim t$	$\eta_{(i-1)t}$
ΔP_i	$P_i = \sum\limits_{k=1}^{i} \Delta P_k$	$t_i \sim t$	η_{it}

(3)大华 C 块 16 号楼土荷载分担比随时间变化模拟计算

大华 C 块 16 号楼施工荷载记录可见例表 4.1-17。

16 号楼施工荷载记录 例表 4.1-17

进度	完成时间 (年.月.日)	至 2003 年 12 月 15 日增量 荷载作用时间		实测土荷载 分担比	扣除浮力后 施工荷载 增加量(kN)	扣除浮力后 施工荷载 累计(kN)
		时间段	总时间			
开始施工	2002. 10. 14					
基础	2002. 11. 13	30	30.0	0.37	19 755	19 755
1 层	2002. 11. 29	17	47.0	0.52	5 410	25 165
2 层	2002. 12. 19	18	65.0	0.51	5 520	30 685
3 层	2003. 1. 2	14	79.0	0.47	5 520	36 205
4 层	2003. 1. 16	14	93.0	0.45	5 520	41 725
5 层	2003. 3. 10	54	147.0	0.52	5 520	47 245
6 层	2003. 3. 24	14	161.0	0.48	5 350	52 595
7 层	2003. 4. 8	15	176.0	0.44	5 210	57 805
装饰工程 2003. 4. 8 ~ 8. 10	2003. 4. 21	13	189.0	0.42	1 104	58 909
	2003. 5. 13	22	211.0	0.41	1 868	60 777.
	2003. 6. 14	32	243.0	0.39	2 717	63 495
	2003. 7. 28	44	287.0	0.38	3 736	67 231
	2003. 8. 10	13	300.0	0.35	1 104	68 335
	2003. 9. 3	24	324.0	0.32		68 335

续上表

进度	完成时间（年.月.日）	至2003年12月15日增量荷载作用时间		实测土荷载分担比	扣除浮力后施工荷载增加量(kN)	扣除浮力后施工荷载累计(kN)
		时间段	总时间			
第二次回填土	2003.9.22	19	343.0	0.26	1 510	69 845
	2003.10.28	36	379.0	0.23		69 845
	2003.12.15	48	427.0	0.26		69 845

　　对大华 C 块 16 号楼施工加载过程按照如例表 4.1-18 所示过程进行时间过程离散，并引入公式（例 4.1-45）的相关计算。

施工加载时间过程离散　　　　　　　　　　　　　　例表 4.1-18

进度	完成时间（年.月.日）	至2003年12月15日增量荷载作用时间		实测土荷载分担比	扣除浮力后施工荷载增加量(kN)	扣除浮力后施工荷载累计(kN)
		时间段	总时间			
基础	2002.10.14		0		3 293	3 293
	2002.10.19	5	5		3 293	6 585
	2002.10.24	5	10		3 293	9 878
	2002.10.29	5	15		3 293	13 170
	2002.11.3	5	20		3 293	16 463
	2002.11.8	5	25		3 293	19 755
1层	2002.11.13	5	30	0.37	1 691	21 446
	2002.11.18	5	35		1 691	23 137
	2002.11.23	5	40		2 029	25 166
2层	2002.11.29	6	46	0.52	1 380	26 546
	2002.12.4	5	51		1 380	27 926
	2002.12.9	5	56		1 380	29 306
	2002.12.14	5	61		1 380	30 686
3层	2002.12.19	5	66	0.51	1 971	32 657
	2002.12.24	5	71		1 971	34 628
	2002.12.29	5	76		1 577	36 205

续上表

进度	完成时间（年.月.日）	至2003年12月15日增量荷载作用时间		实测土荷载分担比	扣除浮力后施工荷载增加量(kN)	扣除浮力后施工荷载累计(kN)
		时间段	总时间			
4层	2003.1.2	4	80	0.47	1 971	38 176
	2003.1.7	5	85		1 971	40 147
	2003.1.12	5	90		1 577	41 724
5层	2003.1.16	4	94	0.45	1 971	43 695
	2003.1.21	5	99		0	43 695
	2003.1.26	5	104		0	43 695
	2003.1.31	5	109		0	43 695
	2003.2.5	5	114		0	43 695
	2003.2.10	5	119		0	43 695
	2003.2.15	5	124		0	43 695
	2003.2.20	5	129		0	43 695
	2003.2.25	5	134		0	43 695
	2003.3.1	5	139		1 971	45 666
	2003.3.6	5	144		1 577	47 243
6层	2003.3.10	4	148	0.52	1 911	49 154
	2003.3.15	5	153		1 911	51 065
	2003.3.20	5	158		1 529	52 594
7层	2003.3.24	4	162	0.48	1 737	54 331
	2003.3.29	5	167		1 737	56 068
	2003.4.3	5	172		1 737	57 805
装饰工程 2003.4.8~8.10	2003.4.8	5	177	0.44	425	58 230
	2003.4.13	5	182		679	58 909
	2003.4.21	8	190	0.42	425	59 334
	2003.4.26	5	195		425	59 758
	2003.5.1	5	200		425	60 183

续上表

进度	完成时间 （年．月．日）	至 2003 年 12 月 15 日增量 荷载作用时间		实测土荷 载分担比	扣除浮力后 施工荷载 增加量（kN）	扣除浮力后 施工荷载 累计（kN）
		时间段	总时间			
装饰工程 2003. 4. 8～ 8. 10	2003. 5. 6	5	205		594	60 777
	2003. 5. 13	7	212	0. 41	425	61 202
	2003. 5. 18	5	217		425	61 626
	2003. 5. 23	5	222		425	62 051
	2003. 5. 28	5	227		425	62 476
	2003. 6. 2	5	232		510	62 985
	2003. 6. 8	6	238		510	63 495
	2003. 6. 14	6	244	0. 39	425	63 919
	2003. 6. 19	5	249		425	64 344
	2003. 6. 24	5	254		425	64 768
	2003. 6. 29	5	259		425	65 193
	2003. 7. 4	5	264		425	65 618
	2003. 7. 9	5	269		425	66 042
	2003. 7. 14	5	274		425	66 467
	2003. 7. 19	5	279		425	66 891
	2003. 7. 24	5	284		340	67 231
	2003. 7. 28	4	288	0. 38	594	67 825
	2003. 8. 4	7	295		510	68 335
	2003. 8. 10	6	301	0. 35	0	68 335
	2003. 9. 3	24	325	0. 32	0	68 335
第二次回填土	2003. 9. 8	5	330		398	68 733
	2003. 9. 15	7	337		556	69 289
	2003. 9. 22	7	344	0. 26	556	69 845
	2003. 10. 28	36	380	0. 23	0	69 845
	2003. 12. 15	48	428	0. 26	0	69 845

根据式(例 4.1-45)并经过试算,对本工程取 $K_p/(A_c \cdot K_s)$ 为 $2 \sim 4$,$\eta_p/(A_c \eta_s)$ 为 0.1 左右。采用简化模型计算的承台下土荷载分担比与实测分担比随时间变化的比较见例图 4.1-79。如例图 4.1-80 所示为实测建筑物平均沉降与简化模型计算结果对比。

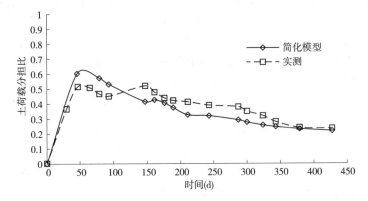

例图 4.1-79 简化模型计算与实测土荷载分担比比较

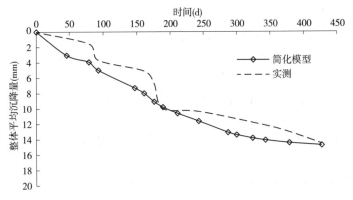

例图 4.1-80 简化模型计算与实测建筑物平均沉降量比较

通过简化模型计算模拟分析得到的土体荷载分担比随时间变化基本与实测土体荷载分担比一致,且综合发展规律、趋势均较好地反映了实测结果。这一方面表明,沉降控制复合桩基桩土共同作用过程中,桩土荷载分担变化受时间效应的影响是客观存在且可以通过简化方法进行分析的。另一方面也表明本研究提出的简化模型分析简便可行。

如例图 4.1-80 所示为实测建筑物平均沉降与简化模型计算结果对比,该图显示建筑物实测平均沉降量随时间变化而呈现明显波动,简化模型计算结果除中间小段范围内出现类似趋势外,均呈现平滑状态,同时简化模型计算结果也显示沉降速率随时间增加而减小。

六、经济分析模型

沉降控制复合桩基被认为是比较经济的一种基础方案,但这种经济性是有条件的。当浅层的褐黄色黏性土层的埋藏深度比较深时,为了发挥承台的作用,必须及承台底面落深,将很厚的填土层挖除,势必增加了工程造价。这就提出了沉降控制复合桩基的经济适用条件的问题,当褐黄色黏性土层的埋藏深度超过某一临界深度时,从经济性分析,采用沉降控制复合桩基是不合适的。

在讨论这个问题时,先提供一种分析沉降控制复合桩基的造价随褐黄色黏性土层的埋藏深度变化而变化的模型,求得造价随承台埋深的变化规律,然后比较沉降控制复合桩基与纯桩基在同一深度的造价差值,当褐黄色黏性土层的埋藏深度比较浅的时候,沉降控制复合桩基的造价低于纯桩基,随着褐黄色黏性土层的埋藏深度的加深,此差值逐渐趋向于零,此深度即理论上的临界深度。

1.影响经济性的因素分析

(1)因素分析的前提

①桩端持力层的埋藏深度不变,即桩端的绝对标高不变化。

②承台底面积的尺寸不随埋深的变化而变化。

③承台底面的埋置深度从自然地面标高算起。

④忽略褐黄色黏性土层的埋藏深度变化对单桩承载力的影响。

(2)经济性的影响因素

当承台底面的埋置深度增大时,沉降控制复合桩基造价的变化量与下列因素有关:

①砖砌体和构造柱的工程量增大,使造价提高。

②桩的有效长度减少,使造价降低。

③放坡开挖的土方量增大,使造价提高。

④当开挖超过一定深度时,或者环境条件不容许放坡时,需要采用一定的支护措施,则造价必然增大。

⑤上述因素作用的结果,总的效果使沉降控制复合桩基的经济效性降低,承台底面的埋置深度增大到一个临界深度时,沉降控制复合桩基的造价与纯桩基的造价相等,表明当褐黄色黏性土层的埋藏深度大于临界深度时,沉降控制复合桩基已不具有经济上的优势。

2.影响因素的定量分析

(1)砌体的造价计算

当承台底面标高降低 1m 时,砌体的工程量的增量 ΔV_m:

$$\Delta V_m = b_m \cdot L_m \cdot 1 \qquad (\text{例}4.1\text{-}47)$$

式中:ΔV_m——砌体工程量的增量,m^3;

$\quad b_m$——砌体的宽度,m;

$\quad L_m$——砌体的延长米,m。

砌体中包含了构造柱,设构造柱的体积与总体积之比为 α:

$$\alpha = \frac{V_{gc}}{V} \qquad (\text{例}4.1\text{-}48)$$

式中:α——构造柱的体积与总体积之比;

$\quad V_{gc}$——构造柱的体积,m^3;

$\quad V$——砌体的总体积,m^3。

设钢筋混凝土的单价为 $c_c(\text{元}/m^3)$,砌体的单价为 $c_m(\text{元}/m^3)$,包含构造柱在内的砌体混合单价为 $c_{cm}(\text{元}/m^3)$:

$$c_{cm} = c_m + \alpha(c_c - c_m) \qquad (\text{例}4.1\text{-}49)$$

当承台底面标高降低 1m 时,砌体的造价的增量 ΔC_m:

$$\Delta C_m = c_{cm} \cdot \Delta V_m \qquad (\text{例}4.1\text{-}50)$$

(2)复合桩基中桩的造价计算

当承台底面标高降低 1m 时,桩的工程量的减量 ΔV_{cp}:

$$\Delta V_{cp} = n \cdot A \cdot 1 \qquad (\text{例}4.1\text{-}51)$$

式中:ΔV_{cp}——桩的工程量的减量,m^3;

$\quad n$——桩的数量;

$\quad A$——桩的截面积,m^2。

设桩的综合造价(包括材料和沉桩施工)为 $c_{cp}(\text{元}/m^3)$。

当承台底面标高降低 1m 时,桩的造价的减量 ΔC_{cp}^p:

$$\Delta C_{cp}^p = c_{cp} \cdot \Delta V_{cp} \qquad (\text{例}4.1\text{-}52)$$

(3)土方费用计算

设承台周围的外界尺寸加施工的空间为 BL,边坡的坡率为 $1:k$,从自然地面算起的埋置深度为 d,则挖方的土方量由下式计算:

$$V_s = \frac{d}{2}[(B+2kd)(L+2kd)+BL] = BLd + (B+L)kd^2 + 2k^2d^3 \qquad (\text{例}4.1\text{-}53)$$

当埋置深度从 d 增加到 $(d+1)$ 时,土方量的增量 ΔV_s 由下式计算:

$$\Delta V_s = BL + (B+L)k(2d+1) + 2k^2(3d^2+3d+1) \qquad (例 4.1-54)$$

挖土方的费用为:

$$\Delta C_s = c_s \cdot \Delta V_s \qquad (例 4.1-55)$$

(4)承台底面标高降低的工程造价的增量为:

$$\Delta C = \Delta C_m - \Delta C_{cp}^p + \Delta C_s \qquad (例 4.1-56)$$

在不考虑支护的条件下,将公式(例 4.1-50)、式(例 4.1-52)和式(例 4.1-55)代入式(例 4.1-56),就得到承台底面每降低 1m 时,工程造价的增量随埋深 d 变化的表达式。

(5)沉降控制复合桩基与纯桩基造价的比较

在承台埋置深度相等的条件下,设竖向总荷载为 $N(\mathrm{kN})$;地基土的分担比为 λ;复合桩基单方混凝土的承载力为 $R_{cp}(\mathrm{kN/m^3})$,复合桩基中的桩数 n_{cp},桩的截面积 A_{cp},桩长 l_{cp};纯桩基单方混凝土的承载力为 $R_p(\mathrm{kN/m^3})$;纯桩基中的桩数 n_p,桩的截面积 A_p,桩长 l_p。

纯桩基的混凝土方量 V_p 由下式计算:

$$V_p = \frac{N}{R_p} \qquad (例 4.1-57)$$

如已知纯桩基的单方造价为 c_p,则纯桩基的造价为:

$$C_p^p = V_p c_p \qquad (例 4.1-58)$$

纯桩基承台的截面积为:

$$F_p = 2\left[h_1 b_1 + \frac{h_1+h_2}{2}(b_p - b_1) \right] \qquad (例 4.1-59)$$

式中:h_1——纯桩基承台的中轴线处高度,m;

h_2——纯桩基承台的边缘处高度,m;

b_1——纯桩基承台顶部半宽,m;

b_p——纯桩基承台底部的半宽,由承台的构造要求确定,m。

长度为 L_m 的纯桩基承台混凝土造价为:

$$C_p^c = 2L_m\left[h_1 b_1 + \frac{h_1+h_2}{2}(b_p - b_1) \right] \cdot c_c \qquad (例 4.1-60)$$

纯桩基的造价(不计承台顶面以上的砌体)由桩的造价与承台的造价构成,其值由下式计算:

$$C_\mathrm{p} = C_\mathrm{p}^\mathrm{p} + C_\mathrm{p}^\mathrm{c} \qquad (\text{例 } 4.1\text{-}61)$$

复合桩基的桩的混凝土方量：

$$V_\mathrm{cp} = \frac{N(1-\lambda)}{R_\mathrm{cp}} \qquad (\text{例 } 4.1\text{-}62)$$

如已知复合桩基的桩单方造价为 c_cp，则复合桩基的桩的造价为：

$$C_\mathrm{cp}^\mathrm{p} = V_\mathrm{cp} c_\mathrm{cp} \qquad (\text{例 } 4.1\text{-}63)$$

复合桩基承台的底面积：

$$A_\mathrm{cs} = \frac{N\lambda}{p_\mathrm{s}} \qquad (\text{例 } 4.1\text{-}64)$$

已知承台的延长米为 L，设承台的半宽为 b，则 1m 长的承台的底面积为：

$$a_\mathrm{cs} = \frac{A_\mathrm{cs}}{L} = 2b \qquad (\text{例 } 4.1\text{-}65)$$

承台的截面积为：

$$F_\mathrm{c} = 2\left[h_1 b_1 + \frac{h_1 + h_2}{2}(b - b_1)\right] \qquad (\text{例 } 4.1\text{-}66)$$

式中：h_1——承台的中轴线处高度，m；

　　h_2——承台的边缘处高度，m；

　　b_1——承台顶部半宽，m；

　　b——承台底部的半宽，由下式确定：

$$b = \frac{N\lambda}{2Lp_\mathrm{s}} \qquad (\text{例 } 4.1\text{-}67)$$

长度为 L_m 的承台混凝土造价为：

$$C_\mathrm{cp}^\mathrm{c} = 2L_\mathrm{m}\left[h_1 b_1 + \frac{h_1 + h_2}{2}(b - b_1)\right] \cdot c_\mathrm{c} \qquad (\text{例 } 4.1\text{-}68)$$

复合桩基的造价(不计承台顶面以上砌体的造价)由桩的造价和承台的造价构成，其值由下式计算：

$$C_\mathrm{cp} = C_\mathrm{cp}^\mathrm{p} + C_\mathrm{cp}^\mathrm{c} \qquad (\text{例 } 4.1\text{-}69)$$

3.综合分析

比较同一基底标高的复合桩基和纯桩基基础的造价，当这两种基础造价的差为负值时，复合桩基优于纯桩基；差值为正值时，不宜采用复合桩基。

$$\Delta C = C_\mathrm{cp} - C_\mathrm{p} = C_\mathrm{cp}^\mathrm{p} + C_\mathrm{cp}^\mathrm{c} - C_\mathrm{p}^\mathrm{p} - C_\mathrm{p}^\mathrm{c} \qquad (\text{例 } 4.1\text{-}70)$$

如果由于褐黄色黏性土层的埋藏深度比较深，采用沉降控制复合桩基时，必须

落深承台的埋深,如埋深增加了 Δh,则两种基础造价的差值 ΔC 由下式计算:

$$\Delta C = C_{cp}^p + C_{cp}^c - C_p^p - C_p^c + (\Delta C_m + \Delta C_s - \Delta C_{cp}^p) \cdot \Delta h \qquad (\text{例 } 4.1\text{-}71)$$

式中:C_{cp}^p——复合桩基中桩的造价,由公式(例4.1-63)计算;

$\quad C_{cp}^c$——复合桩基中混凝土承台造价,由公式(例4.1-68)计算;

$\quad C_p^p$——纯桩基中桩的造价,由公式(例4.1-58)计算;

$\quad C_p^c$——纯桩基中混凝土承台造价,由公式(例4.1-60)计算;

ΔC_{cp}^p——复合桩基中因承台底面落深 1m 而减少的桩的造价,由公式(例4.1-52)计算;

ΔC_m——复合桩基中因承台落深 1m 而增加的砌体(包括构造柱)的造价,由公式(例4.1-50)计算;

ΔC_s——复合桩基中因承台落深 1m 而增加的土方量的造价,由公式(例4.1-55)计算;

Δh——复合桩基的承台降低的深度,m。

在不考虑基坑支护的条件下,令公式(例4.1-71)的差值 ΔC 等于零,即可求得临界深度。当褐黄色黏性土层的埋藏深度非常深,必须考虑基坑支护时,则考虑采取支护结构的深度一般即临界深度。

当开挖深度达到必须采取支护措施时,造价必然突然增加,此深度即临界深度,故上述计算的适用条件是不采取支护措施。

4.算例

1)基本数据

设建筑物外包尺寸为 67m×16m,埋置深度 $d=1$m,砌体的延长米 $L_m=492$m,开挖放坡坡率取 1∶1.25,荷载 $N=112\,000$kN,地基土分担比 $\lambda=0.385$。

地基土的承载力设计值 $p_s=110$kPa;复合桩基的桩的尺寸为 0.2m×0.2m×16m,单桩承载力设计值取 240kN;纯桩基的桩的尺寸为 0.30m×0.30m×20m,单桩承载力设计值取 1 000kN。复合桩基的单方混凝土的承载力为 $R_{cp}=375$kN/m³,纯桩基的单方混凝土的承载力为 $R_p=556$kN/m³。

承台顶面宽度 $2b_1=0.34$m,承台中轴高度 0.70m,承台边缘高度 0.25m,纯桩基承台底面的宽度 0.6m。

桩的单价 1 200元/m³,混凝土的单价 976 元/m³,砌体单价 312 元/m³,土方的单价 10 元/m³,构造柱与砌体的总体积比 $\alpha=0.05$。

2)分项造价计算

（1）复合桩基桩的造价：

$$C_{cp}^{p} = V_{cp}c_{cp} = \frac{112\ 000 \times (1-0.\ 385)}{375} \times 1\ 200 = 220\ 416元$$

（2）复合桩基承台混凝土的造价：

$$b = \frac{N\lambda}{2L_{m}p_{s}} = \frac{112\ 000 \times 0.\ 385}{2 \times 492 \times 110} = 0.\ 40m$$

$$C_{cp}^{c} = 2L_{m}\left[h_{1}b_{1} + \frac{h_{1}+h_{2}}{2}(b-b_{1})\right] \cdot c_{c}$$

$$= 2 \times 492 \times \left[0.\ 70 \times 0.\ 17 + \frac{0.\ 70+0.\ 25}{2} \times (0.\ 40-0.\ 17)\right] \times 976 = 219\ 208元$$

（3）纯桩基桩的造价：

$$V_{p} = \frac{N}{R_{p}} = \frac{112\ 000}{555} = 202m^{3}$$

$$C_{p}^{p} = V_{p}c_{p} = 202 \times 1\ 200 = 242\ 400元$$

（4）纯桩基承台的造价：

$$C_{p}^{c} = 2L_{m}\left[h_{1}b_{1} + \frac{h_{1}+h_{2}}{2}(b_{p}-b_{1})\right] \cdot c_{c}$$

$$= 2 \times 492 \times \left[0.\ 70 \times 0.\ 17 + \frac{0.\ 70+0.\ 25}{2}(0.\ 30-0.\ 17)\right] \times 976 = 173\ 589$$

（5）承台底面标高降低 1 m 时，复合桩基桩的造价的减量：

$$\Delta C_{cp}^{p} = c_{cp} \cdot \Delta V_{cp} = 1\ 200 \times 287 \times 0.\ 04 = 13\ 776元$$

（6）承台底面标高降低 1 m 时，复合桩基承台造价的增量：

$$c_{cm} = c_{m} + \alpha(c_{c}-c_{m}) = 312 + 0.\ 05 \times (976-312) = 345$$

$$\Delta V_{m} = b_{m} \cdot L_{m} \cdot 1 = 0.\ 30 \times 492 = 147.\ 6m^{3}$$

$$\Delta C_{m} = c_{cm} \cdot \Delta V_{m} = 345 \times 147.\ 6 = 50\ 922元$$

（7）承台底面标高降低 1 m 时，土方量的增量：

$$\Delta V_{s} = BL + (B+L)k(2d+1) + 2k^{2}(3d^{2}+3d+1) = 1\ 481m^{3}$$

土方费用的增量：

$$\Delta C_{s} = c_{s} \cdot \Delta V_{s} = 10 \times 1\ 481 = 14\ 810元$$

3）综合计算

（1）当埋深等于 1m 时，两种基础造价的差值：

$$\Delta C = C_{cp}^{p} + C_{cp}^{c} - C_{p}^{p} - C_{p}^{c} = 220\ 416 + 219\ 208 - 242\ 400 - 173\ 589 = 23\ 635元$$

差值为正值,说明复合桩基的造价低于纯桩基的造价。

(2)为了说明方法,假设差值为-100 000,则当埋深增加 Δh 时,令两种基础造价的差值为零,解得临界深度值:

$$\Delta C = C_{cp}^{p} + C_{cp}^{c} - C_{p}^{p} - C_{p}^{c} + (\Delta C_{m} + \Delta C_{s} - \Delta C_{cp}^{p}) \cdot \Delta h$$

$$= -100\ 000 + (50\ 922 + 14\ 810 - 13\ 776)\Delta h = -100\ 000 + 51\ 956\Delta h = 0$$

得临界深度 $\Delta h = 1.92m$,即当填土的厚度大于 1.92m 时,采用复合桩基是不经济的。

七、结论与建议

本项目通过上述一年多的研究工作,得到下面几点主要结论:

(1)实测结果显示,在大华地区采用沉降控制复合桩基时,地基土的荷载分担作用没有得到充分的发挥。

(2)两幢试验建筑物的对比分析表明,虽然沉降控制复合桩基的地基土承担了约 1/4 的建筑物荷载,但沉降控制复合桩基的单方造价反而比纯桩基贵。

(3)按构建的经济模型分析结果说明,采用沉降控制复合桩基方案时,桩的用量固然可以减少,但因为需要足够大的承台面积而增加的造价足以抵消减少用桩量节省的造价;特别当填土层比较厚的情况下,采用沉降控制复合桩基更是不经济的。

(4)在大华地区不能较好地体现出沉降控制复合桩基的技术经济效益。

得出上述四个结论的理由分别阐述如下:

(1)在大华地区采用沉降控制复合桩基,地基土的荷载分担作用并没有得到充分的发挥。

沉降控制复合桩基的技术合理性在于能充分利用地基土的承载作用,这就要求具备使地基土能承担较大荷载比例的变形条件,要求桩端土相对比较软弱,使桩顶可以产生比较大的沉降(例表 4.1-19)。

对比建筑物沉降观测点平均沉降速率   例表 4.1-19

8 号楼各点沉降速率(mm/d)	9 号点	10 号点	11 号点	12 号点	13 号点
	0.06	0.06	0.06	0.07	0.09
16 号楼各点沉降速率(mm/d)	9 号点	10 号点	11 号点	12 号点	
	0.03	0.03	0.04	0.04	

但是,由于在大华地区的地层中没有第⑤层土,桩端直接置于比较坚硬的第⑥层土中,这不符合上海地基基础设计规范对桩端土层的要求,需要验证第⑥层土能

否提供足够的变形条件使承台下的地基土分担足够比例的荷载。如果承台下的地基土不能分担足够比例的荷载,则采用沉降控制复合桩基的理由在技术上是不充分的,在经济上也是不合理的。

在本项目研究中,对采用沉降控制复合桩基方案的 16 号楼的桩、土所分担分担比数据可以看出:

①在建筑物逐层加高的施工过程中,桩和土所分担的荷载比例在不断地变化调整,呈现出比较复杂的变化规律。

②在加荷的开始阶段,桩所承担的荷载比例高于地基土;但随后桩、土的荷载分担比就趋于接近,基本上各占 50%左右;可是,在总荷载水平达到 65%以后,桩分担的荷载比例就逐渐增大,而地基土所分担的荷载比例一直下降到 25%以下。

③土的荷载分担比随时间而减小的机理,可以从桩和土的变形时间效应不同而使地基土所承受的应力发生松弛来说明。在例图 4.1-79 基于简化力学模型计算的分担比与实测的分担比随时间的变化曲线中,显示两者的变化趋势是相仿的。在这个模型中,通过试算分别设定桩和土的模量及时间效应系数,可以模拟反力松弛的过程。

④从工程的长期稳定性分析,稳定的桩、土分担比中,土所占的分担比例比较低,说明在这种条件下,地基土的承载作用并没有得到充分的发挥。

(2)对比原型观测的结果表明,虽然沉降控制复合桩基的地基土承担了约 1/4 的建筑物荷载,但沉降控制复合桩基的单方造价反而比纯桩基贵。

本项目同时对两幢上部结构相同的建筑物,分别采用纯桩基和沉降控制复合桩基两种方案,以便进行承载性能和经济性的比较。从这两幢建筑物的基本数据(例表 4.1-20)和沉降实测数据的分析,可以得到下面几点分析意见:

①在建筑物荷载增加的过程中,无论是沉降控制复合桩基或纯桩基的土反力都有相似的变化规律,在结构荷载大部施加以后,地基土所分担的荷载都趋于减小。所不同的是纯桩基的地基土反力最终趋向于零,而沉降控制复合桩基的地基土反力仍保持一定的数值。由于这两幢建筑物所用的桩支持在不同的土层上,上述地基土分担荷载的差别主要反映了桩端变形条件的差异。如果这两幢建筑物都支持在相同的持力层上,纯桩基的地基土所分担的荷载不可能那么小,则更能说明承台面积大小的影响。

②从 2003 年 12 月所测量到的沉降来比较,纯桩基建筑物各测点的沉降量都比沉降控制复合桩基的建筑物大,这个现象似乎有悖于常理。但从沉降速率数据比较中可以看出,这两幢建筑物的沉降随时间变化的速率是不同的,8 号楼纯桩基

的沉降主要来源于桩端的草黄色砂质粉土层,此层的渗透系数比较大,排水固结快,因此在施工结束时完成的沉降量大于 16 号楼,而最终沉降量必然小于沉降控制复合桩基的建筑物,长期观测的结果将会证实这个判断。

③从实际的经济指标分析,虽然沉降控制复合桩基的用桩量少于纯桩基,但±0.00 以下承台、砖基及构造柱的单方造价却高于纯桩基,因此对于这一对比组而言,采用沉降控制复合桩基并不经济。当然,这两幢建筑物基础的埋置深度不相同,这种对比也是不全面的。

④为了弥补上述经济分析的不足,需要进一步研究经济分析模型。

对比建筑物的基本数据

例表 4.1-20

建筑物编号	8 号楼	16 号楼
建筑面积(m²)	4 592.64	4 592.64
基础类型	纯桩基	复合桩基
地基土承载力(kPa)		110
桩型(m)	0.3×0.3×20	0.2×0.2×16
单桩承载力设计值(kN)	1 000	240
桩端持力层	⑦$_1$	⑥
桩数	112	287
用桩量(m³/m²)	0.045	0.040
室内地坪标高(m)	5.45	5.45
承台底标高(m)	3.5	2.71
承台底面积(m²)	234.73	622.99
埋置深度(m)	1.45	2.30
承台底面以上总荷载标准值(kN)	84 273.08	102 749.70
桩分担的荷载比例(%)	99	77
土分担的荷载比例(%)	1	23
桩基的造价(元/m²)	53.86	47.99
±0.00 以下承台、砖基及构造柱的造价(元/m²)	58.38	80.96
基础综合单方造价(元/m²)	112.44	128.96
承台埋深相同时推算的复合桩基基础综合单方造价(元/m²)		119.36

（3）按构建的经济模型分析结果说明，采用沉降控制复合桩基方案时，桩的用量固然可以减少，但因为需要足够大的承台面积而增加的造价足以抵消减少用桩量节省的造价；特别是当填土层比较厚的情况下，采用沉降控制复合桩基更是不经济的。

当浅层的褐黄色黏性土层的埋藏深度比较深时，为了发挥承台的作用，必须将填土层挖除，使承台底面落深，这势必增加工程造价。因此就提出了沉降控制复合桩基的经济适用条件的问题，当褐黄色黏性土层的埋藏深度超过某一临界深度时，从经济性上分析，采用沉降控制复合桩基是不合适的。

如果纯桩基的埋置深度不变，沉降控制复合桩基的承台埋深增加了 Δh，则两种基础造价的差值 ΔC 可由式（例 4.1-71）计算。

根据这个分析模型，将原型观测的沉降控制复合桩基的埋置深度假设与纯桩基的埋置深度一样，即取埋置深度的减少量 $\Delta h = 0.85$。沉降控制复合桩基的基础埋置深度减少 0.85m 时，基础单方造价的减少量由下式计算：

$$\frac{(\Delta C_{\mathrm{m}} + \Delta C_{\mathrm{s}} - \Delta C_{\mathrm{cp}}^{\mathrm{p}}) \times 0.85}{4\ 592.6} = \frac{(50\ 922 + 14\ 810 - 13\ 776) \times 0.85}{4\ 592.6} = 9.6\ 元/m^2$$

例表 4.1-20 中给出了当两种基础方案取相同的埋置深度时推算的沉降控制复合桩基的单方造价，虽然两种基础方案的基础单方造价之差减小了，但沉降控制复合桩基的基础单方造价仍然高于纯桩基的基础单方造价。

（4）在大华地区不能较好地体现出沉降控制复合桩基的技术经济效益。

复合桩基的设计方法是在解决工程实践问题的过程中提出和成熟起来的。主要针对两种情况：第一种是在天然地基承载力不满足设计要求时，采用一部分桩来分担荷载；第二种是虽然天然地基承载力满足设计要求，但因沉降过大而不满足设计要求，需要设置一部分桩来减少沉降，称为沉降控制复合桩基。

在上海地区建造 6 层左右的多层建筑，当地层中不缺失褐黄色黏性土层时，褐黄色黏性土层的地基承载力是足够的，但由于深层软土产生很大的沉降，使建筑物的变形超过规范的允许变形值。如果采用桩基，上海地区的桩端持力层一般选用第⑥层土，而该土层顶面的埋藏深度一般在 25m 左右，有的地区则更深。对于 6 层左右的多层建筑来说，采用超过 25m 的桩显然是不合理的，也是不经济的。为了解决这个矛盾，提出了将桩打入⑤₂层，利用这层土的压缩性相对比较大，使桩顶发生一定的沉降，为发挥褐黄色黏性土层的承载作用提供充分的变形条件。在上海规范中规定的沉降控制复合桩基在上述地质条件下才能发挥技术上的合理性和节省造价的优势。

在大华地区，地层中缺失第⑤层土，第⑥层土的埋藏深度又非常浅，为采用纯桩基提供了非常好的地质条件。将桩支承在第⑥层土中，既解决了天然地基的沉降过大的问题,桩的长度也在合理的范围内,充分发挥了硬土层的作用。

在大华地区的一些工程中,将桩端支承在第⑥层,按沉降控制复合桩基的方法进行设计的做法,在岩土工程界存在不同的见解,最担心的就是这种桩能否为桩土共同作用提供充分的变形条件,能否形成复合桩基,是否经济合理。

本项目的研究结果说明这种担心不是多余的,在大华地区的这种地质条件下,采用沉降控制复合桩基不是必要的,因为纯桩基可以提供比较经济的方案使沉降符合规范的要求;同时,在技术上采用沉降控制复合桩基的理由是不充分的,因为桩端持力层的压缩性比较低,不能充分发挥地基土的承载作用;在经济上也是不充分的,减少用桩量的效益被增大了的基础造价抵消了,至少并没节省多少造价,在有些情况下可能比纯桩基还要贵。

综上所述,可以得出"大华地区不能较好体现出沉降控制复合桩基技术经济效益"的综合结论。

本案例参考文献

[1] 宰金珉.高层建筑与群桩基础非线性共同作用——复合桩基理论与应用研究[D].上海:同济大学,2000.

[2] 岳建勇.沉降控制复合桩基机理分析和可靠性方法研究[D].上海:同济大学,2002.

[3] 刘利民,姜静,陈竹昌.复合桩基工作性状的非线性分析[J].土木工程学报,2001,34(1).

[4] 黄绍铭,等.按沉降量控制的复合桩基设计方法(上篇)[J].工业建筑,1992(7):35-36.

[5] 黄绍铭,等.按沉降量控制的复合桩基设计方法(下篇)[J].工业建筑,1992(8):41-44.

[6] 宰金珉.复合桩基设计的新方法:第七届全国土力学及基础工程学术会议论文集[C].北京:中国建筑工业出版社,1994:611-615.

[7] 中华人民共和国行业标准.JGJ 94—1994 建筑桩基技术规范[S].北京:中国建筑工业出版社,1994.

[8] 上海市工程建设规范.DBJ 08-11—1999 地基基础设计规范[S].上海,1999.

[9] 黄绍铭,等.减少沉降量桩基的设计与初步实践:第六届全国土力学及基础工程学术会议论文集[C].北京:中国建筑工业出版社,1991:405-414.

[10] 高大钊.高层建筑桩基础的安全度与可靠性评价:21世纪高层建筑基础工程 [S].北京:中国建筑工业出版社,2001:86-95.

附录 I

工程名称:8号楼

说明:桩基计算

计算日期:2002年12月17日

断面数据

室外地坪设计标高	5.00m
室外地坪天然标高	3.81m
地下水位标高	3.31m

土层数据

层名	厚度(m)	标高范围	天然重度 (kN/m³)	压缩模量 (MPa)	备注
1	1.10	3.81~2.71	18.00	0.00	
2-1	0.70	2.71~2.01	18.70	4.80	
2-2	1.60	2.01~0.41	18.30	5.42	
2-3	1.40	0.41~-0.99	18.60	10.91	
3	2.20	-0.99~-3.19	17.60	3.16	土层平均泊
4	7.30	-3.19~-10.49	16.70	2.17	松比为0.40
6	5.00	-10.49~-15.49	19.50	10.00	
7-1	6.90	-15.49~-22.39	18.90	18.00	
7-2	5.10	-22.39~-27.49	18.90	22.00	
8-1	9.10	-27.49~-36.59	17.90	6.00	

桩型参数

桩数	桩长 (m)	截面	边长/直径 (mm)	单桩设计 承载力(kN)	单桩极限承 载力(kN)	端阻比 α
110	20	方形	300	1 000	1 600	0.15

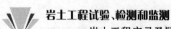
几何数据

室内地坪设计标高	5.45m
室内地坪回填标高	5.00m
承台底面标高	3.50m
基础平均重度	20.00kN/m³
基底土层承载力设计值	110.00kPa
承台净面积	234.73m²
承台外包面积	694.66m²
承台面积系数	0.34

荷载数据

输入柱墙荷载标准值总和	84 273.08kN
底层附加荷载标准值	0.00kN
基础和基础上覆土自重标准值	0.00kN
浮力标准值	0.00kN
承台底面以上总荷载标准值	84 273.08kN

基底压力

输入的柱墙荷载产生的基底压力	359.02kPa
底层附加荷载产生的基底压力	0.00kPa
基础和基础上覆土自重产生的基底压力	0.00kPa
浮力产生的基底压力	0.00kPa
比考虑桩基时,承台底面基底总压力	359.02kPa

附加压力

承台底面自重应力	5.58kPa
承台底面附加压力	350.44kN
承台底面总附加荷载	82 963.27kN

强度校核

桩基总承载力设计值	112.00.00kN
基底总荷载设计值	105 341.361kN

沉降计算结果

按照常规桩基的 Mindlin 法计算

群桩沉降	72.0mm
压缩层厚度	13.34m

附录 II

工程名称：16 号楼

说明：桩基计算

计算日期：2002 年 4 月 19 日

断面数据

室外地坪设计标高	5.00m
室外地坪天然标高	3.81m
地下水位标高	3.31m

土层数据

层名	厚度(m)	标高范围	天然重度（kN/m³）	压缩模量（MPa）	备注
1	1.10	2.71~3.81	18.00	0.00	
2-1	0.70	2.01~2.71	18.70	4.80	
2-2	1.60	0.41~2.01	18.30	5.42	
2-3	1.40	−0.99~0.41	18.60	10.91	
3	2.20	−3.19~−0.99	17.60	3.16	土层平均泊
4	7.30	−10.49~−3.19	16.70	2.17	松比为0.40
6	5.00	−15.49~−10.49	19.50	10.00	
7-1	6.90	−22.39~−15.49	18.90	18.00	
7-2	5.10	−27.49~−22.39	18.90	22.00	
8-1	9.10	−36.59~−27.49	17.90	6.00	

桩型参数

桩数	桩长（m）	截面	边长/直径（mm）	单桩设计承载力(kN)	单桩极限承载力（kN）	端阻比 α
287	16.0	方形	200.0	240.0	384.0	0.15

几何数据

室内地坪设计标高	5.450m
室内地坪回填标高	5.000m

承台底面标高	2.71m
基础平均重度	20.00kN/m³
基底土层承载力设计值	110.00kPa
承台净面积	622.99m²
承台外包面积	787.19m²
承台面积系数	0.79

荷载数据

输入的柱墙荷载标准值总和	74 839.83kN
底层附加荷载标准值	0.00kN
基础和基础上覆土自重标准值	31 647.80kN
浮力标准值	−3 737.93kN
承台底面以上总荷载标准值	102 749.70kN

基底压力

输入的柱墙荷载产生的基底压力	120.13kPa
底层附加荷载产生的基底压力	0.00kPa
基础和基础上覆土自重产生的基底压力	50.80kPa
浮力产生的基底压力	−6.00kPa
不考虑桩基时,承台底面基底总压力	164.93kPa

附加压力

承台底面自重应力	13.80kPa
承台底面附加应力	151.13kPa
承台底面中附加荷载	94 152.47kPa

强度校核

桩基承载力标准值	110 208.00kN
桩基承载力调整系数	0.55
基底土承载力设计值	110.00kPa
基础面积	622.99m²
复合桩基总承载力设计值	129 143.11kN
基底总荷载设计值	127 789.22kN

沉降计算结果

按沉降控制复合桩基计算

群桩承担总荷载	94 152.47kN

桩基沉降计算经验系数	1.00
群桩沉降	83.7mm
压缩层厚度	17.72m
承台承担总荷载	0.00kN
承台沉降计算经验系数	0.70
承台沉降	0.00mm
建筑物在该点总沉降	83.7mm

案例二 堆山造景对别墅桩基影响的足尺试验
——京郊别墅堆山对桩基负摩阻力的试验研究

一、研究背景

上海地区大面积堆载类工程较为常见,如F1赛车场、辰山植物园、临港新城围海吹填及大堤填筑、浦东国际机场跑道、世博公园、迪斯尼乐园以及大量住宅小区堆山造景等。在建筑物周边堆土往往给建筑物带来不利影响,给岩土工程技术人员带来极大挑战。在上海地区这类工程虽然成功案例居多,但也不乏失败的教训。比如上海某大型公园堆山造景工程(例图4.2-1),因施工未按照设计严格控制堆载速率,导致在堆载4m高度后边坡土体整体滑移失稳、地表开裂。著名的莲花河畔倒楼事件(例图4.2-2)的元凶也是因在邻近建筑物一侧堆载、另一侧开挖的野蛮施工导致。

例图4.2-1 某大型公园堆载边坡失稳　　例图4.2-2 莲花河畔倒楼现场

无论是设计不当还是施工不符合科学规律,均可能导致大面积堆载工程产生巨大的损失和不良社会影响。

软土地区堆山造景工程通常需要解决地基土的强度、变形和渗流等经典的土力学核心问题。上海地区浅层软黏性土具有的高含水率、高压缩性、结构性、流变性和触变性等特点，所面对的上述问题尤为突出，主要包括：

（1）土体强度低、结构性强，虽然有效强度会随着土体固结排水而有所提高，但过快加载将引起土体出现过大剪应力引起整体失稳、滑移等地质灾害，进而影响地面对载体、建筑物或构筑物安全。

（2）大面积堆载作用下地基土产生过大沉降变形和工后残余变形，给建（构）筑物安全带来隐患。

（3）大面积堆载环境影响范围广、深度大、变形显著，给周边建筑、设施安全带来隐患。

（4）由于土体变形的空间特点鲜明、变形量大，按照传统的小变形理论方法和一维固结理论分析得到的结果不能客观反映软土地基的实际情况；按照分层总和法等常规最终沉降量估算方法，往往低估了最终沉降量。

（5）在上海地区存在正常沉积区和古河道切割区两种不同地质沉积区域，其差异主要在于软黏土层的厚度，古河道切割区较正常沉积区往往厚许多。由于软黏土层厚度存在差异，导致堆载引起的地基变形和环境影响、压缩层厚度存在显著差异，给技术人员合理预估变形、选择风险控制措施带来困扰。

因此，针对软土地区的堆山造景工程中的岩土工程问题开展系统研究，选择合理的分析方法、工具，准确估算最终变形量，客观评价地基土排水固结过程和规律，对风险控制提出措施建议，将具有非常重要的实践意义。

大华（集团）有限公司与同济大学、上海市建工设计研究院有限公司合作开展了本项目的研究，参加人员有：应祚志、高大钊、钟海中、王波、康易年、龚一兰、韦小犁、夏晓峰、李韬、乐万强、陆敏、张理。

二、研究内容

大华（集团）有限公司投资开发的京郊别墅小区，规划占地面积141 573m^2，其中景观堆土占地面积达到70%，设计最大堆土高度达到4.5m，最低处则没有堆土。可能出现的最为极端的情况是，建筑物一侧堆土4.5m，另外，1～3侧完全无堆土。在这种情况下，无论是桩基变形、负摩阻力发展、建筑物不均匀沉降、倾斜，还是结构本体的抗倾覆、滑移安全性，都是最不利的状态。

为确保建筑物安全，尽最大可能降低堆山造景对建筑的不利影响，建设方大华（集团）有限公司委托同济大学、上海岩土工程勘察设计研究院有限公司等单位在完成大面积堆载现场试验研究的基础上，又进一步共同合作开展足尺试验研究。

本次足尺试验选择了前述极端情况开展试验:在拟建建筑物一侧按照90°扇形堆土4.5m,土方分层堆载、逐层压实(要求压实度达到85%以上)。试验采用桩长24m,总桩数50根,桩顶与自然地面齐平,绝对标高4.25m,桩端在地表下24m,桩端持力层进入⑤$_{1-2}$层底部。试验主要考察建筑物变形、桩基沉降、负摩阻力发展、承台与土体接触状态、环境影响等问题,系统观测堆载区域内和建筑物周围土体的沉降和水平位移、建筑物地基土体沉降、孔隙水压力、水平位移、基底土压力、桩顶反力和桩身轴力等物理量。

结合大面积堆载现场试验和桩基足尺试验成果,系统分析堆载对地基土和建筑物的影响,并对拟建工程提出指导意见和建议。进一步在采纳上述研究成果的基础上,对各拟建建筑物实施长期沉降监测,一方面验证前期研究成果的有效性,另一方面针对建筑物变形特征进行统计分析,为今后类似工程提供有益支持。

本课题的研究自2005年年初开始,至2012年年底结束,共计8年。桩基足尺试验于2005年实施,2007年开始建筑物施工,至2012年各建筑物沉降量均基本稳定。

三、桩基足尺试验方案

1.拟建场地地质条件

根据试验场地的岩土工程勘察报告,选择拟建G125号建筑邻近场地作为桩基足尺试验区域。为了对试验场地的地质条件有具体清晰的把握,并便于今后进行理论分析,在试验场地进行补充勘察,主要工作内容为在试验场地钻孔取土并进行室内土工试验,试验场地周边做静力触探,并用小螺钻摸清浅层土体分布情况,各勘探孔在试验场地的分布示意图如例图4.2-3所示。

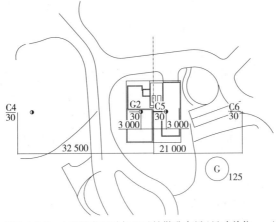

例图4.2-3 大型堆载试验场地及补勘孔布局(尺寸单位:mm)

勘察成果表明,桩基足尺试验区地面标高在 4.25~4.51m,地质条件概况资料如例表 4.2-1 所示。

桩基足尺试验区地质条件概况 例表 4.2-1

层序	土　名	层底标高(m)	层厚(m)
①$_{1-1}$	素填土	3.05~3.41	1.2
②$_1$	褐黄—灰黄色粉质黏土	0.75~1.31	2.3
②$_j$	粉砂	0.15	0.6
③$_j$	粉土与粉质黏土互层	−3.25	3.4
③	淤泥质粉质黏土	−8.85	5.6
④	淤泥质黏土	−14.45	5.6
⑤$_{1-1}$	灰色黏土	−18.55	4.1
⑤$_{1-2}$	粉质黏土	−21.80	3.25
⑥	暗绿色粉质黏土	24.00	2.2
⑦	灰绿色粉砂	C6 孔层位变深	

2.建筑物施工过程模拟

完全按照工程的要求打桩、制作箱形承台,上部结构采用等代量加重物的方法模拟实际荷载的分布。具体过程如下:

(1)按照实际工程设计要求施工拟建建筑的桩基和箱型基础/地下室,至 ±0.000,开展结构混凝土养护。桩顶标高与天然地面标高基本一致,基础底板上采用一层架空板+一层地下室构成的箱体。

(2)混凝土养护期满后,采用在一层地板上堆载的方法模拟上部结构荷载。按照单层荷载 1.3t/m² 计,堆载量约 400t。

(3)为了真实模拟上部结构施工过程,在 125 号别墅上部结构荷载施加完成后,在别墅四周堆土至 4.5m 高度。箱形基础上的堆载量分两级增加至最终上部结构荷载量。根据施工经验确定该过程长度为 12d,每 6d 堆载一半。考虑到后期观测的需要,箱形基础顶面将预留一个出口,因此在堆载时在出口附近留出通道,在其余面积上均匀分层堆砌沙袋。

堆载范围为以建筑物中心为圆心,建筑物东侧至半径为 33.35m 的 1/4 圆形区域内,边坡坡度 1:1,则堆载范围占地面积约 830m²,可分为 4 个堆载区域,如例图 4.2-4 所示。

由于堆载面积大,分区较多,本方案要求在实施过程中对称堆载,先堆Ⅰ区、Ⅱ区,再堆Ⅲ区和Ⅳ区。本次试验要求分四级加载,第 1 级和第 2 级厚度各 1.25m,第 3 级和第 4 级厚度各 1m。采用推土机压实 3 遍。若条件许可,采用推土机压实 2 遍,再用 12t 振动压路机压实一遍。要求压实后土体重度达到 18kN/m³。加载顺序如例表 4.2-2 所示。

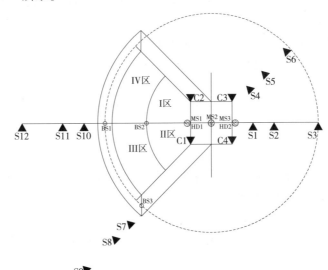

例图 4.2-4　堆载试验地面沉降标布局示意图

加 载 顺 序　　　　　　　　　　　　　　　　　例表 4.2-2

级　　数	高度变化(m)	加载顺序	时间(d)	2006年
第一级	0~1.25		2	
第二级	1.25~2.5	Ⅰ-Ⅱ-Ⅲ-Ⅳ	2	
第三级	2.5~3.5		2	
第四级	3.5~4.5		2	

　　堆载时必须保证建筑物基础和仪器的安全,在邻近建筑物基础的区域及邻近仪器埋设位置周围直径 1m 范围区域内不能采用推土机和压路机等大型机械施工,可采用羊角碾或蛤蟆夯等小型振实机械施工。

　　每一级加载的保持时间为 5d,最后一级荷载保持时间至所监测到的地面变形和孔压变化趋于稳定。

3.主要监测内容

桩基足尺试验需监测以下基础信息：

（1）建筑物的沉降、不均匀沉降和水平位移监测。

（2）选择不同位置监测桩身轴力监测，同时在桩的附近进行深层孔隙水压力和深层沉降观测。

（3）在桩基承台底面埋设压力盒量测基础底面反力的变化规律。

（4）在堆载与建筑物之间埋设测斜管两处，分别位于堆载中点和边坡中点，监测堆载引起的原地面侧向位移。

（5）在别墅四周堆载范围内外，设地面沉降观测标监测堆载引起的沉降量。

4.观测点布置

各监测点布置的具体要求如下：

（1）在三根桩身上布置桩身轴力的观测，同时在桩的附近布置孔隙水压力计和分层沉降观测孔，三根桩分别为中心位置、角点各一根，边的中点一根。各仪器布设如例图 4.2-5~例图 4.2-9 所示。

（2）在别墅的四个角点布置测点，观测建筑物的沉降、不均匀沉降和水平位移，如例图 4.2-4 所示。

（3）在堆载与建筑物之间埋设测斜管，如例图 4.2-5 所示。另外，在足尺试验堆载区域边坡中心处补充深度 30m 的测斜孔一处。

（4）在桩基承台底面埋设压力盒量测基础底面反力，如例图 4.2-7 所示。

（5）在上述三根桩上量测桩身轴力，钢筋应力计在深度方向布置在主要土层的层面变化处，在一根桩中布置 2 根钢筋的量测，根据桩基设计方案，桩顶标高基本与天然地面平齐，如例图 4.2-7 所示。

（6）在别墅四周堆载范围内，于堆载中点和边坡中点处共设置地面沉降观测标 4 处，在堆载范围以外，设置 12 个地面沉降观测标，位置见例图 4.2-4。

（7）深层沉降环设置在原地面、第③$_j$ 层、第③层、第④层、第⑤$_{1-1}$ 层、第⑤$_{1-2}$ 层、第⑥层和第⑦层顶面处，对应埋深为 0m、4.1m、7.5m、13.1m、18.7m、22.8m、26.1m 和 35m，共计 3×8＝24 个。如例图 4.2-6 所示。

（8）孔隙水压力传感器布置在各主要土层第②$_1$ 层、第③$_j$ 层、第③层、第④层、第⑤$_{1-1}$ 层、第⑤$_{1-2}$ 层和第⑥层中间，即深度分别为 2.7m、5.8m、10.3m 和 15.9m 和 20.7m、24.5m、27.0m 处，共计 21 个。如例图 4.2-7 所示。

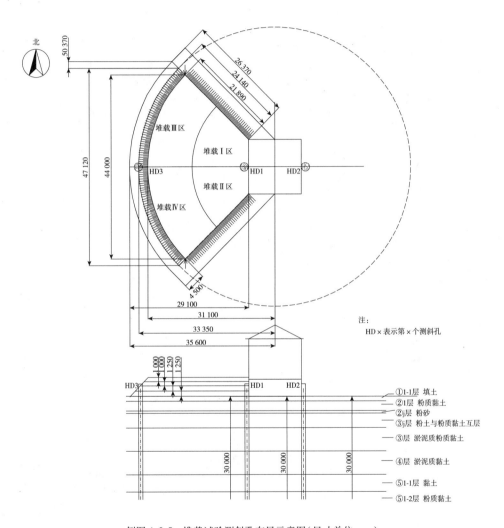

例图 4.2-5 堆载试验测斜孔布局示意图(尺寸单位:mm)

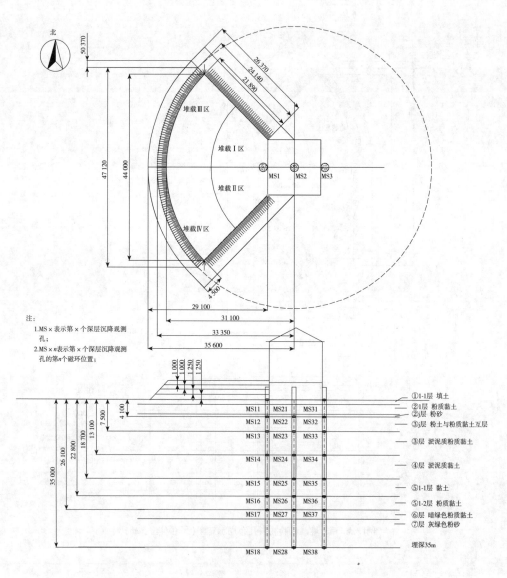

例图 4.2-6　堆载试验深层沉降观测孔布设示意图(尺寸单位:mm)

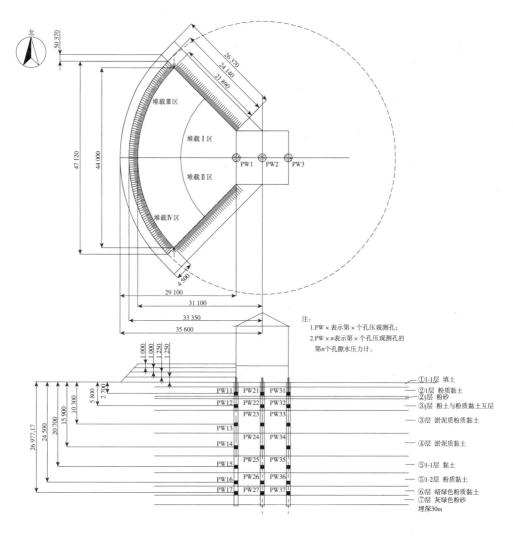

例图 4.2-7 堆载试验土体孔压观测孔布设示意图(尺寸单位:mm)

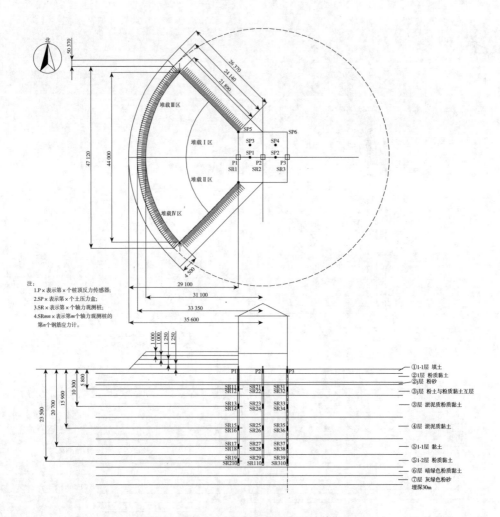

注：
1.P × 表示第 × 个桩顶反力传感器；
2.SP × 表示第 × 个土压力盒；
3.SR × 表示第 × 个轴力观测桩；
4.SRmn × 表示第m个轴力观测桩的第n个钢筋应力计。

例图 4.2-8　桩土反力监测点布置图(尺寸单位：mm)

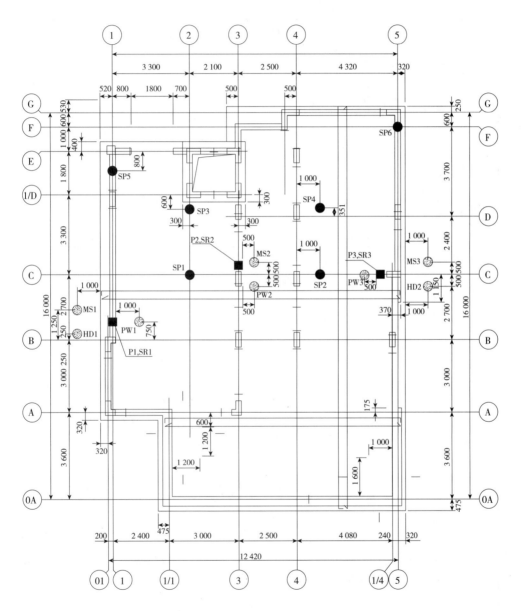

例图 4.2-9 桩位平面布置图(尺寸单位:mm)

根据本试验的相关研究内容,布设观测点统计如例表 4.2-3 所示。

桩基足尺试验项目及设备统计 例表 4.2-3

序号	试验项目	数 量
1	桩身及桩顶钢筋应力监测(根)	3
2	钢筋应力计(个)	3×10
3	孔隙水压力监测组(孔)	3
4	孔隙水压力计(个)	3×7
5	分层沉降监测孔(孔)	3,孔深 36m
6	分层沉降监测用磁环(个)	3×8
7	沉降管(m)	3×(35+5×1)+4×(5×1)
8	测斜孔(孔)	2,孔深 30m
9	测斜管(m)	3×(30+5×1)
10	建筑物角点位移监测点(点)	4
11	堆载区域内部及边缘中点沉降监测点(点)	3
12	天然地面沉降监测点(点)	12
13	桩顶反力传感器	3
14	导线	1 047

5.试验概况

截至2006年 6 月 22 日,桩基足尺试验已经完成全部堆载施工。该项目前后经过了以下几个阶段,如例表 4.2-4 所示。其中,建筑物上部结构荷载完成为 1 月 10 日;第一级荷载对应时间为 3 月 3 日;第二级荷载对应时间为 4 月 20 日;第三级荷载对应时间为 4 月 27 日;第四级荷载对应时间为 6 月 19 日。

试验实施工作内容小结 例表 4.2-4

时 间	完成的工作内容
2005 年 4 月 12 日	确定试验场地
2005 年 4 月 16 日	补充勘察
2005 年 9 月 12 日~13 日	制作试桩
2005 年 10 月 29 日~11 月 4 日	桩基施工,试桩到位
2005 年 12 月上旬	完成桩基载荷试验和小应变检测

续上表

时　　间	完成的工作内容
2005 年 12 月 21 日	完成基础箱体混凝土浇筑
2006 年 1 月 10 日	完成上部结构堆载
至 3 月 3 日	完成第一级堆载施工,主要由于阴雨延误
至 4 月 19 日	完成第二级堆载施工,主要由于动拆迁延误
4 月 24 日~26 日	完成第三级堆载施工
4 月 27 日~6 月 16 日	进行堆高 3.5m 的试验观测
6 月 16 日~6 月 18 日	完成第四级堆载施工
6 月 19 日~9 月 30 日	进行堆高 4.5m 的试验观测

四、试验成果整理

1. 地面沉降监测成果

本次试验在场地内主要布设堆载区域外沉降标 12 处、堆载区域边缘坡面中点处边桩 3 处、堆载中心原始地面沉降标 1 处,在建筑物两侧及中心设土体分层沉降观测孔 3 处,每个分层沉降观测孔设测点 8 个。各监测点布设情况参考试验实施方案,编号如例表 4.2-5 所示。

沉降监测点位置列表　　　　　　　　　　　　　例表 4.2-5

点号	位　　置	点号	位　　置
S1	距建筑物边缘 6.5m	S4	距建筑物边缘 6.5m
S2	距建筑物边缘 13m	S5	距建筑物边缘 13m
S3	距建筑物边缘 26m	S6	距建筑物边缘 26m
S7	距堆载边坡中心 6.5m	S10	距堆载边坡中心 6.5m
S8	距堆载边坡中心 13m	S11	距堆载边坡中心 13m
S9	距堆载边坡中心 26m	S12	距堆载边坡中心 26m
BS1	堆载南侧边坡中点	BS3	堆载北侧边坡中点
BS2	堆载中间边坡中点	BS4	堆载区域中心
MS10	建筑物东侧边线中点地面	MS30	建筑物西侧边线中点地面
MS20	建筑物中心地面		

由于在施工过程中堆载边坡中点和堆载区域中心处设的 4 处地面沉降标屡屡

受到扰动,使得本次试验得到的这几点的沉降监测结果不够理想。S5、S6、S9 和 S12 四点的累计沉降里及沉降变化都很小,本节不再列出其变化曲线。根据对现场地面沉降监测成果的整理分析,主要得到以下各图所示的成果。

(1)地面沉降水平分布

如例图 4.2-10 所示为各时间节点上实测沉降沿水平面内的分布。

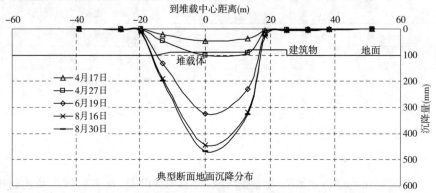

例图 4.2-10　实测地面沉降的变化

(2)主要地面沉降监测点的位移随时间变化

如例图 4.2-11 所示为各沉降监测点沉降发展时间曲线。

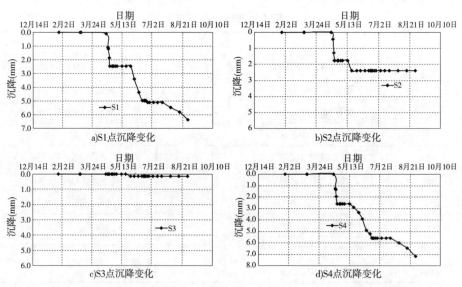

例图　4.2-11

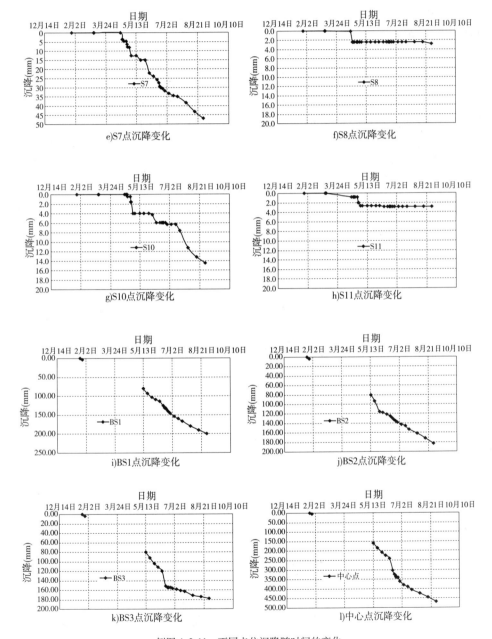

例图 4.2-11 不同点位沉降随时间的变化

2.分层沉降监测成果

如例图4.2-12所示为不同时间节点各深层沉降孔监测到的各土层层顶沉降沿深度的分布曲线。

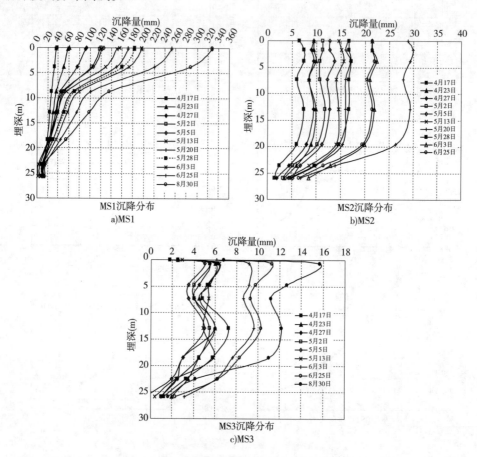

例图4.2-12　各深层沉降孔分层沉降随时间的变化

3.堆载引起的超静孔隙水压力监测结果

(1)超静孔压沿深度的分布

如例图4.2-13所示为各级荷载完成初期的实测各点超静孔隙水压力深度分布。其中，PW1为邻近堆载边界观测组，PW2为建筑物中心观测组，PW3为建筑物东侧观测组。图中第x级荷载初是指该级堆载施工完成后的第一次监测结果。

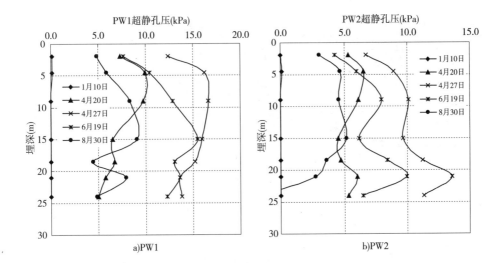

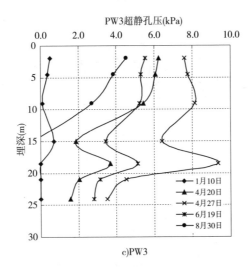

例图 4.2-13　各级荷载完成初期超静孔隙水压力分布

（2）不同位置各监测点超静孔隙水压力的变化

如例图 4.2-14 所示为各土层超静孔隙水压力变化的时间曲线。

如例图 4.2-15～例图 4.2-21 所示为不同深度处的超静孔隙水压力随时间的变化。

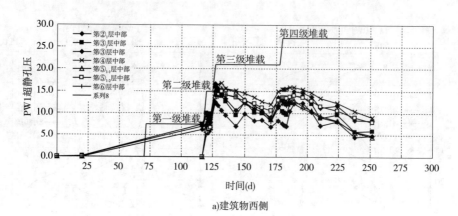

a)建筑物西侧

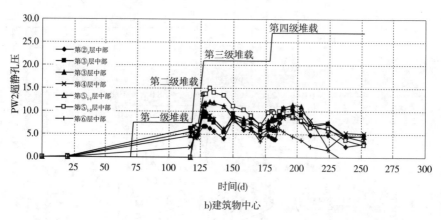

b)建筑物中心

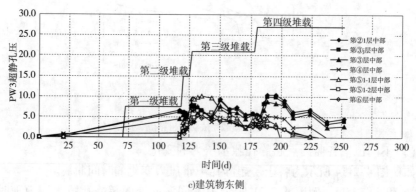

c)建筑物东侧

例图 4.2-14　建筑物不同位置深层超静孔隙水压力变化

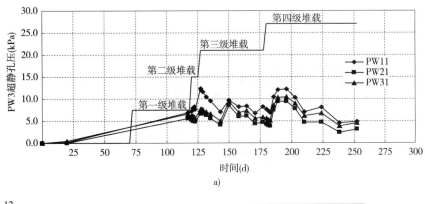

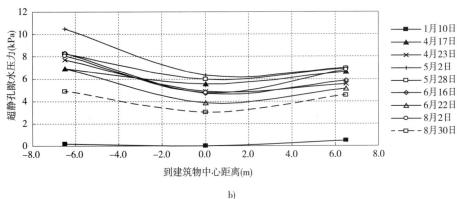

例图 4.2-15　2.7m 深度超静孔隙水压力变化

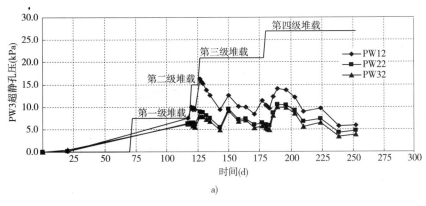

例图　4.2-16

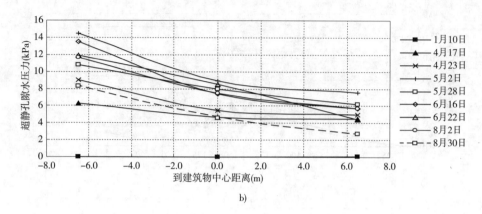

b)

例图 4.2-16　5.8m 深度超静孔隙水压力变化

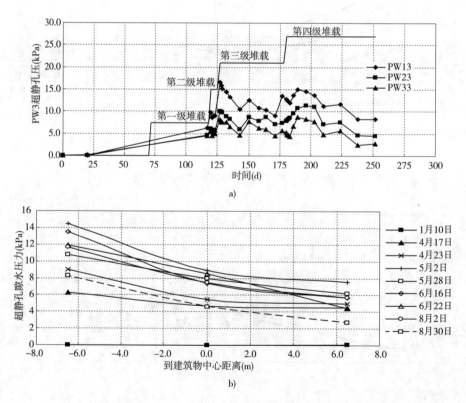

a)

b)

例图 4.2-17　10.3m 深度超静孔隙水压力变化

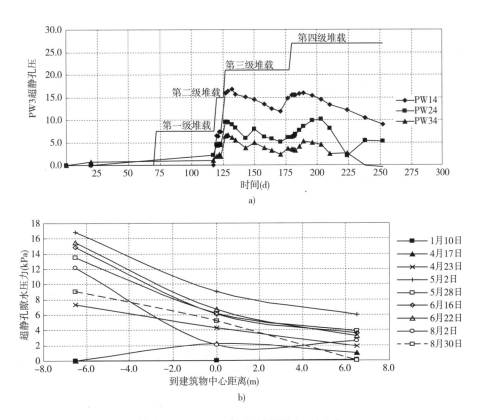

例图 4.2-18　15.9m 深度超静孔隙水压力变化

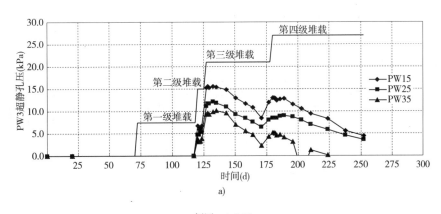

例图 4.2-19

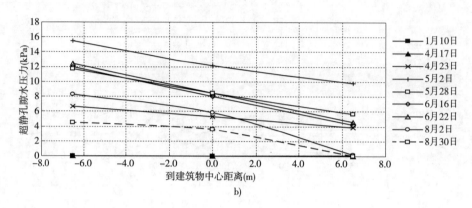

b)

例图 4.2-19   20.7m 深度超静孔隙水压力变化

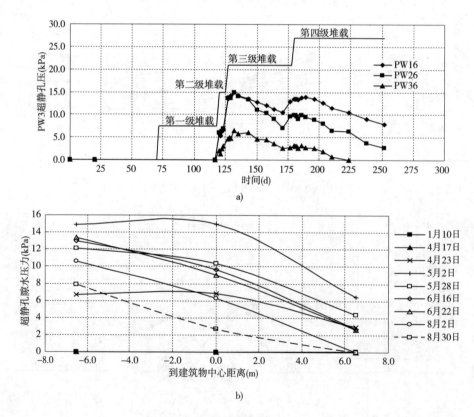

例图 4.2-20   24.5m 深度超静孔隙水压力变化

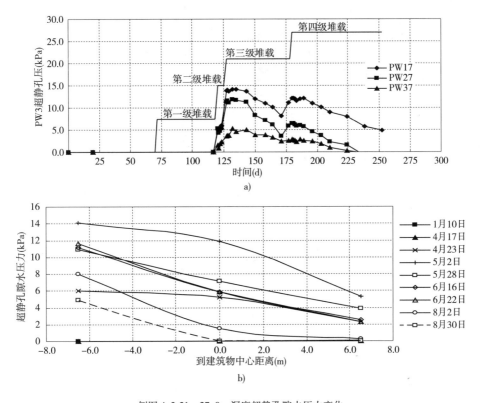

例图 4.2-21 27.0m 深度超静孔隙水压力变化

4.建筑物沉降分布

如例图 4.2-22 所示为建筑物四个角点的沉降时间关系曲线。如例图 4.2-23、例图 4.2-24 所示分布为建筑东西侧差异沉降和倾斜量随时间变化的曲线。其中，各监测点的位置及编号如例表 4.2-6 所示。

沉降监测点位置列表

例表 4.2-6

点号	位 置	点号	位 置
C1	建筑物西南角	C3	建筑物东北角
C2	建筑物西北角	C4	建筑物东南角

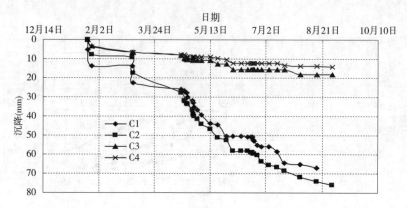

例图 4.2-22　建筑物角点沉降变化

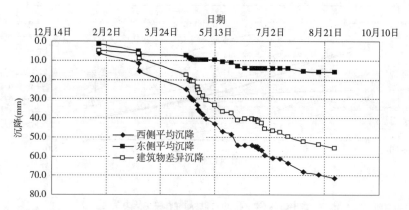

例图 4.2-23　建筑物东西侧差异沉降

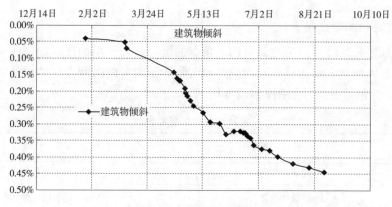

例图 4.2-24　建筑物东西侧倾斜

5.水平位移监测成果

本次试验共埋设 3 处水平位移测斜管,其中 HD-1 位于建筑物西侧;HD-2 位于建筑物东侧;HD-3 位于堆载区域边坡中点。如例图 4.2-25 所示为各位置水平位移的变化。

6.桩土反力

(1)桩身轴力及桩侧摩阻力

试验中沿建筑物东西向中轴线选取邻堆载体的边桩 P1、中心桩 P2、背离堆载体边桩 P3 共 3 根桩进行了桩顶反力、桩身轴力的观测。桩顶反力变化过程如例图 4.2-26 所示,稳定后桩身轴力如例图 4.2-27 所示,桩侧摩阻力如例图 4.2-28 所示。

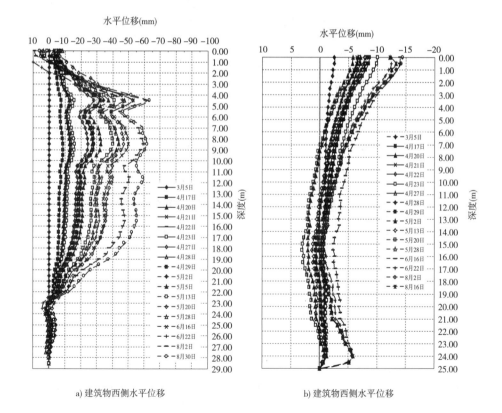

a) 建筑物西侧水平位移   b) 建筑物西侧水平位移

例图 4.2-25

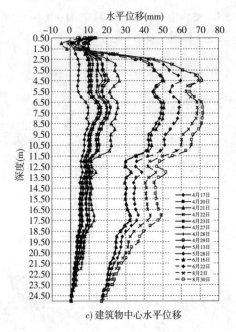

c) 建筑物中心水平位移

例图 4.2-25　不同位置水平位移变化

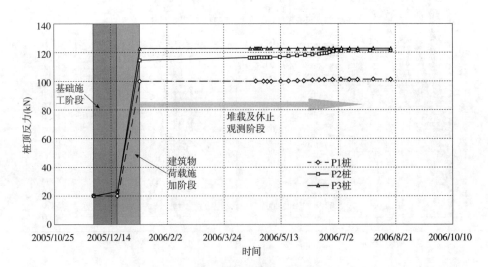

例图 4.2-26　桩顶反力随施工过程的变化

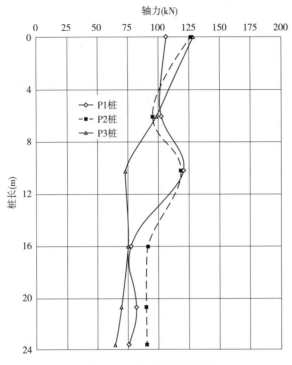

例图 4.2-27 实测桩身轴力分布

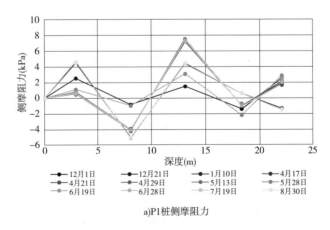

a)P1桩侧摩阻力

例图 4.2-28

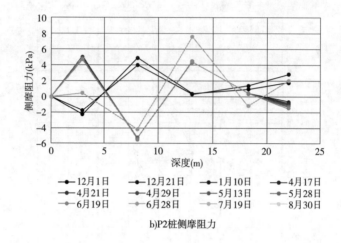

b)P2桩侧摩阻力

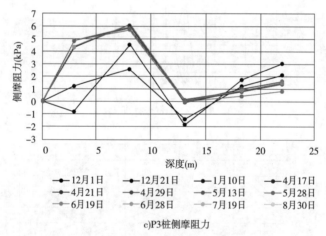

c)P3桩侧摩阻力

例图 4.2-28　桩侧摩阻力变化

（2）承台下土压力

根据实测数据分析，承台与土体接触面处分布有最小 7kPa、最大 17kPa 的土压力，按照各土压力实测结果计算平均值为 13.3kPa，土压力合力为 2 071kN。根据实测土压力数据，按照垂直堆载区域的中心轴做对称处理，得到基础底面的土压力等值线，如例图 4.2-29 所示。

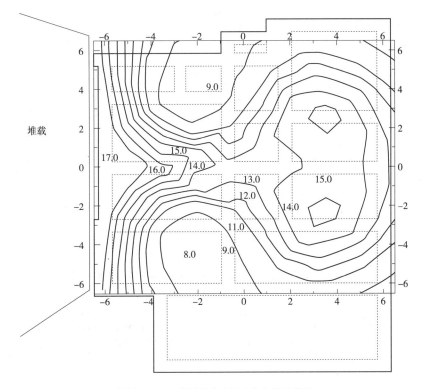

例图 4.2-29 实测基底土压力分布等值线图

五、堆载对地基土的影响分析

1.堆载引起的地面沉降分析

对比大面积堆载试验和桩基足尺试验测得的对载体中心和边坡处原地表沉降,发现当堆土高度达4.5m以后,沉降历时曲线逐渐趋于一致。这一结果与常规工程经验有所不同。常规经验认为,由于古河道切割区(子课题一大面积堆载试验场地)压缩层较正常沉积区(子课题二桩基足尺试验场地)厚,因此沉降量也应显著偏大。

通过对实测沉降曲线进行趋势性的外推,预测堆载4.5m休止2个月引起的堆载中心点原地表沉降量40.9cm,预估最终沉降量可以达到约70cm,估算平均固结度约60%,与子课题一的结果基本一致。按此方法,在堆土高3.5m后休止1.5个月的实测原地表沉降量32.4cm,预估最终沉降量约50cm,估算平均固结度为60%~65%。如例图4.2-30和例图4.2-31所示。

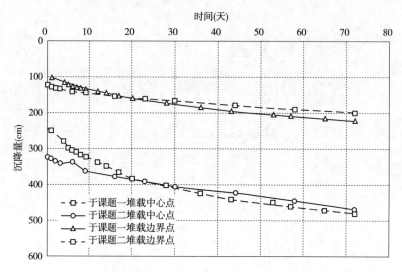

例图 4.2-30 大型堆载试验与桩基足尺试验堆载中心和边界处原地表沉降量对比

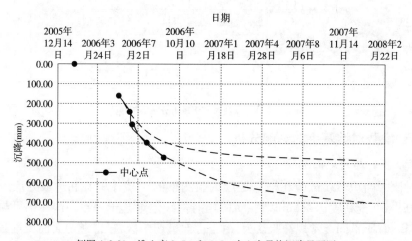

例图 4.2-31 堆土高 3.5m 和 4.5m 中心点最终沉降量预测

对邻近建筑物侧的沉降观测点,根据实测沉降曲线拟合和外推后,预计该点原地表最终沉降量可达到约 45cm,较自由堆载边界的沉降量(约为中心点的 1/2,约 35cm)大一些。

从本次试验获取的沉降观测结果可见,沉降变化和分布的宏观规律基本与前期堆载试验成果一致:

(1)堆载中心沉降量约为堆载边缘中心沉降的 2 倍。

（2）随着荷载的增加,沉降盆范围逐渐扩大至堆载边缘坡面中点外 0.5D(D 为加载区的直径)左右,而后的休止期内,尽管土体发生进一步的沉降,但沉降盆半径不再增大;在堆载边缘坡面中点外 0.5D 以外的点,堆载引起的地面沉降已经不显著。

2.土体分层沉降分析

从如例图 4.2-12 所示的土体内部各点沉降沿深度分布曲线可见:

（1）堆载区域靠近建筑物西侧的土体,在埋深 24m 以下压缩变形量不超过 2cm。这表明在桩端埋置深度以下的土体中,压缩量是比较少的,可能的情况是主要受到上部结构荷载影响。但是在桩长范围内的浅层土体中压缩变形量较大,这将引起桩侧产生负摩阻力。关于桩侧负摩阻力的变化,在本报告后面及关于桩侧负摩阻力的专题研究报告中将进一步讨论。

（2）建筑物中心点处,土体压缩量至观测结束也不超过 3cm;而桩端以下土体(埋深 24m 以下)的压缩变形量仅为 1.5cm 左右。可以发现浅层土体的压缩变形主要受到堆载的影响。桩端以下土体压缩变形主要受到上部结构荷载的影响。

（3）在背离堆载区域的建筑物东侧,土体压缩量至观测结束仅 1.5cm 左右,桩端以下土层的压缩量不超过 1cm。

3.孔隙水压力监测成果分析

本次试验获得的土体超静孔隙水压力仍旧反映出量值偏低的特点。对此特点在前期试验报告中曾做了一定分析,此处不再赘述。

从如例图 4.2-13 所示超静孔隙水压力深度分布曲线变化可见:

（1）浅层土体中超静孔隙水压力的上升和消散均较快。

（2）建筑物中心处,桩端以下土体的超静孔隙水压力值要高于桩长范围的超静孔隙水压力值。

（3）临近堆载体的超静孔隙水压力高于其余位置土体,反映出了堆载的影响。

从如例图 4.2-14～例图 4.2-21 所示超静孔隙水压力变化对比可见:

（1）各点超静孔隙水压力的发展变化受到堆载高度变化的显著影响。

（2）休止期内,在浅层土中各点的超静孔隙水压力差异较小,而深层土体中则差异较大。

（3）建筑物西侧临近堆载区域的土体超静孔隙水压力水平高于其余点,这主要是由于受到堆载的影响。

（4）建筑物中心以东的点超静孔隙水压力差异较小,在浅层土体内基本一致,而在深层土体内由于受到建筑物荷载影响,孔压水平有所上升,且建筑物中心超静孔隙水压力明显高于建筑物东侧。

4.堆载对地基土体水平位移的影响分析

从如例图 4.2-24 所示水平位移观测结果可见:

(1)堆载边坡中点处水平位移最大可达 7cm 左右,邻近建筑物西侧的水平位移可以达到 6cm 左右,建筑东侧的水平位移可以达到 1.5cm 左右。

(2)对比各处的水平位移观测成果,可以发现在建筑物桩基遮挡作用下,土体水平位移有了很大的衰减;而反过来看,堆载引起建筑物发生了一定程度的水平推移,这将对建筑物的附属设施和管线等产生不利影响。

(3)从发生显著水平位移的深度看,在邻近建筑物的观测孔处,堆载引起的水平位移主要发生在桩端以上,而堆载边坡中点处,水平位移显著影响深度可以达到建筑物桩端埋置深度(埋深 24m)以下。

六、不均匀堆载作用下建筑物沉降特征分析

1.建筑物沉降特征分析

试验表明,桩端以下土体中压缩量较少,主要是传递到桩端的上部结构附加荷载引起的压缩变形,试验建筑物所选用桩型能很好地控制堆载可能引起的附加沉降。实测的建筑物沉降量均小于相应位置的土体沉降,这意味着不均匀堆土荷载将在一定桩长范围内引起负摩阻力,随着到堆载边界距离的增加,建筑物沉降与土体沉降差异减小,负摩阻力也会相应减小。负摩阻力引起的附加沉降又会加剧建筑物的不均匀沉降。如例表 4.2-7 所示。

不同位置地基沉降(堆土高度 3.5m 休止 1.5 个月/堆土 4.5m 休止 2 个月)

例表 4.2-7

项　　目	建筑物西侧 MS1 点	中心 MS2 点	建筑物东侧 MS3 点
地表沉降（cm）	23.1/32.8	2.1/3.0	0.7/1.3
桩端下土体压缩量（cm）	1.1/1.3	0.7/0.8	0.2/0.3
桩身范围内土体压缩量（cm）	22.0/31.5	1.4/2.2	0.5/1.0
建筑物沉降（cm） （代表相应位置的桩顶沉降）	5.5/7.1	—	1.4/1.6

建筑物沉降量小于相应位置基础底面土体沉降量,表明基底可能存在不同程度的与土体脱空现象。

根据本次试验获得的实测成果,可以对沉降、差异沉降变化曲线进行拟合,预测最终沉降和最终差异沉降,如例图 4.2-32 和例表 4.2-8 所示。

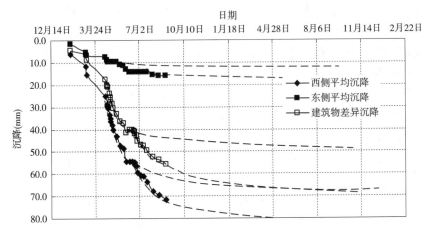

例图 4.2-32 建筑物最终沉降和差异沉降

建筑物最终沉降和最终差异沉降预测对比 例表 4.2-8

堆土高度(m)	临近堆土建筑物西侧平均沉降(cm)	背向堆土的建筑物东侧平均沉降(cm)	东西侧差异沉降(cm)	倾斜率(‰)
3.5	7.0	1.7	5.3	4.2
4.5	8.0	2.0	6	4.8

按照上海市工程建设规范《地基基础设计规范》(DGJ 08-11—2010)第 5.3.6 条,对京郊别墅项目拟建建筑物,倾斜容许值为 4‰。因此按照表 3.3-2 计算结果,在堆载高度 3.5m 和 4.5m 情况下,建筑物倾斜均将超过规范容许值。根据预测的最终差异沉降,预测在堆载 3.5m 近 1.5 月后残余的差异沉降量可达到 2.5cm 左右,堆载 4.5m 两个月后残余差异沉降量可达到 2cm。

值得注意的是,建筑物西侧桩端以下土体沉降量不超过 2cm,而建筑物西侧角点实测沉降量已经达到 7cm 左右。这反映出在上部结构荷载和负摩阻力作用下,存在一定的桩端刺入持力层的现象。

2.不均匀堆载作用下桩基负摩阻力特征分析

从例图 4.2-26~例图 4.2-28 中可以得出几点有意义的结论:

(1)负摩阻力出现的范围。P1 桩和 P2 桩中性点(即负摩阻力不再出现的桩身位置)出现在桩身约 10m 处,P3 桩内则基本无负摩阻力产生。表明在水平面上,

565

出现负摩阻力的桩分布区域已超过南北向中轴线。因此若采取相对保守的原则,可按照埋深10m以内所有桩均存在负摩阻力考虑设计方案。

(2)桩顶荷载变化。桩顶分担的上部荷载基本维持不变,P1桩顶分担的上部荷载小于P2桩和P3桩。由于堆载在P1桩和P2桩引起负摩阻力,导致轴力沿桩身分布发生变化,也导致传递到桩端的荷载较P3桩大一些,将引起各桩不同程度的附加沉降,导致建筑物倾斜。

按照"六.1"分析,由于建筑物西侧的桩基沉降小于邻近堆载边界的MS1分层沉降孔的原地表沉降,基础底板下可能出现脱空现象,那么桩顶承台与地基土接触面之间应没有接触压力,即承台底面下土体不分担建筑物荷载。从建筑物桩基设计的基本理念上,承台下土体也是不分担上部结构荷载的。而且即使存在土体分担,在邻近堆载的区域也应接近于0,最大值应出现在背离堆载的建筑物东侧。按照三根桩桩顶荷载平均值乘以总桩数,理论上也应该是与上部结构荷载相当。为此,结合土压力测试成果,进一步分析桩土荷载分担情况。

3.不均匀堆载作用下建筑物承台与桩基荷载分担特征分析

(1)建筑物总荷载分析

试验中完全按照工程的要求打桩、制作箱形承台和地下室,并根据别墅上部结构施工的时间过程,采用在地下室顶板上堆砌等量加重物的方法,模拟上部结构施工加载过程。根据施工图文件,相关几何信息和荷载信息如下:

①承台与上部结构面积:地下室单层面积145m²,上部结构单层面积约140m²,承台外包面积约156m²。

②上部结构荷载:堆载量约480t。

③地下室结构自重:按照单层荷载1.5t/m²计,1.5×145=218t。

④承台结构自重:156×0.3×2.5=117t。

⑤有效附加荷载总值:480+218+117=815t,即815×10=8 150kN。

(2)桩土荷载分担特征分析

根据"六.2",计算得到三根试桩桩顶分担荷载平均值为119.5kN,总桩数50根,计算桩基分担的总荷载为5 977kN,比总荷载少了26%!显然剩余部分的荷载只能是被承台底土体分担了。

由例图4.2-29可见,在承台底与土体接触面处分布有最小7kPa、最大17kPa的土压力,按照各土压力实测结果计算平均值为13.3kPa,土压力合力为2 071kN。桩土分担荷载总值为5 977+2 071=8 048kN,这个数字与上部结构有效附加荷载总值8 150kN大体相当。按照实测结果计算,在试验中建筑物承台底土体分担了近

26%的荷载,这一分担比自建筑物结构荷载施加完毕即维持在 25%～26%。如图4.2-33 所示。

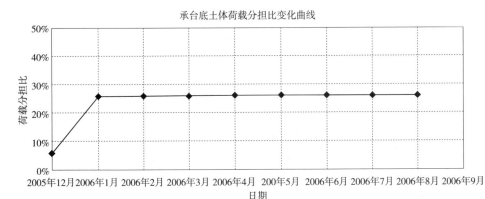

例图 4.2-33　实测承台底土体荷载分担比变化曲线

从例图 4.2-33 所示土压力分布情况看,最大值出现在邻近堆载体的建筑物西侧,这恰恰是前述分析中认为不可能出现土压力的地方。

(3)桩土荷载分担机理分析

如例图 4.2-34、例图 4.2-35 所示,在试验中为了获得堆载区域邻建筑物侧土体沉降,为避开承台,课题组在承台外侧埋设了分层沉降孔 MS1。仪器埋设现场照片如例图 4.2-35 所示,实施中为了满足钻孔施工需要,埋设点至少离开承台边界1.5m 以上,到建筑物地下室外墙边缘已经接近 2m,进入堆土区域内部,其观测结果不能全面反映紧靠建筑物边桩位置土体的变形特征,必然偏大许多。

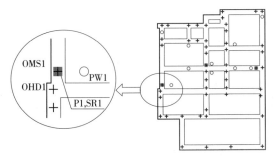

例图 4.2-34　土体沉降观测孔位置

例图 4.2-35　土体分层沉降观测孔埋设现场

如例图 4.2-36 所示,假设临近堆载侧承台下存在土压力,即该处土体沉降量与桩顶沉降是相等的,则可推论在承台外边线内外两侧土体沉降不连续,土体中必然存在一个沉降隔断面。根据实测数据,P1 桩在深度 6m 左右开始出现负摩阻力(轴力开始增大),由此可判断这沉降隔断面的深度也约为 6m。

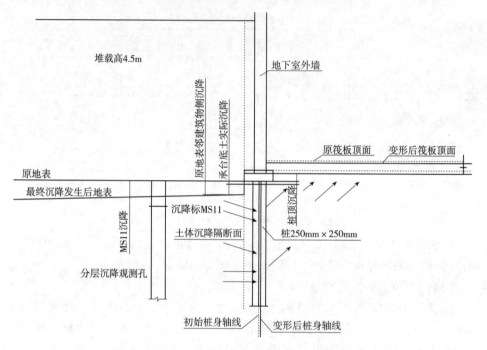

例图 4.2-36　堆载区与建筑物相邻区域土体变形分析示意图

在堆载作用下,堆载区域外侧土受侧向力作用挤出,但受到建筑物桩基遮拦,表层土将存在向上隆起的趋势。

综合上述几个因素,在不均匀堆载作用下,建筑物承台与基底土体之间脱空的可能性被大大降低,最终呈现承台与土体存在一定量的接触压力并分担 26% 的上部结构荷载。

4.不均匀堆载作用下建筑物水平变形特征分析

通常情况下土体水平位移发展与堆载在土体中引起的剪应力水平相关,也与土体本身的剪切模量、抗剪强度相关。在子课题二的研究中发现,在水平面上临近堆载区域的位置水平位移最为明显;在深度方向上,在浅层土体和埋深在 20m 以浅的淤泥质黏性土层中最为明显。埋深 10m 以内的浅层土的显著水平位移主要受到剪应力水平影响,而埋深在 10~20m 之间的淤泥质黏性土则由于其剪切模量、抗剪强度较低而出现显著水平位移。实测水平位移分布如例图 4.2-37 所示。

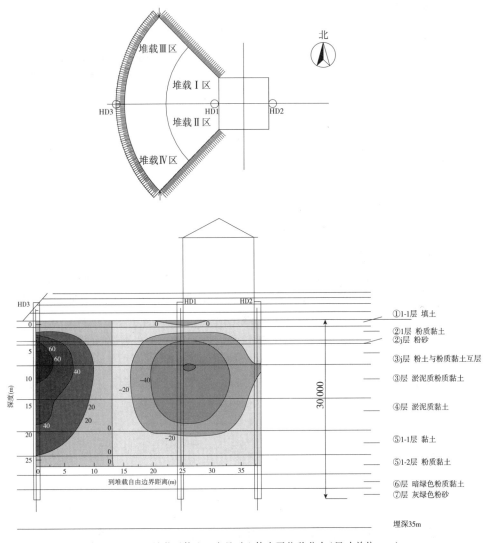

例图4.2-37 堆载后休止2个月时土体水平位移分布(尺寸单位:mm)

在堆载区域西侧的自由边界位置,桩端以下超过25m深度的位置也会发生近1.7cm的水平位移,邻近堆土的建筑物西侧桩端土体水平位移仅有0.3cm,远离堆载区域的建筑物东侧桩端土体基本没有水平位移发生。这表明:一方面,建筑物桩基依靠自身刚度起到良好的遮拦作用,隔断了不均匀堆载引起的水平位移;另一方面,在4.5m不均匀堆载作用下,桩基呈现悬臂梁承受水平推力荷载的工况,桩将承受比较大的水平弯矩作用。如例表 4.2-9 所示。

堆土完成 2 个月后的水平位移实测结果 例表 4.2-9

项　　目	堆载土体自由边界 HD3	堆载土体邻建筑物侧 HD1	背向堆载的建筑物东侧 HD2
最大水平位移(cm)	7.0	6.0	1.5
最大值点埋深(m)	7.5	8.5	0.5
桩端位置土体水平位移 （cm）	1.7	0.3	0.0

注:表中水平位移代表背离堆载体方向的数值。

不均匀堆载引起建筑物的水平推移,对建筑物的附属设施和管线等将产生不利影响。

5.不均匀堆载对建筑物周边环境影响分析

结合"六.3"分析,由于承台底土体分担荷载,承台与土的接触面上二者变形是协调的,亦即建筑物沉降等同于承台底土体的沉降。因此,可以将实测土体沉降和建筑物沉降联系起来绘制沉降分布曲线,如例图 4.2-5 所示。

实测表明,由于桩基的遮拦作用,建筑物周围地表产生少量的沉降。试验结束时距建筑物 6.5m(接近 $H/4$,H 为压缩层厚度,对本试验可取 24m)的点沉降量 0.6cm,距离 13m($H/2$)处的点沉降量 0.2cm,估算最终沉降量分别为 1.1cm 和 0.4cm。可预测在距离建筑物 $0.5H=12m$ 的位置已可不考虑堆载影响。

6.堆载预压措施的可行性分析

理论上附加荷载作用时间的瞬时土体内将产生相应数量的超静孔隙水压力(即孔隙水压力总值减掉初始条件下的孔隙水压力)。土体压缩变形的过程是一个固结过程,即在附加荷载作用引起土体内水的渗流排除、土体孔隙比降低、超静孔隙水压力逐步消散、土体被压缩的过程。因此,对土体内超静孔隙水压力的测试可以很好地反映土体的固结状态,预测可能发生的变形量。某时刻土体平均固结度计算公式为:

$$U = 1 - \frac{\text{该时刻土体内超静孔隙水应力面积}}{\text{超静孔隙水应力峰值面积}}$$ （例 4.2-1)

根据实测的超静孔隙水压力可以计算土体平均固结度。由于无法获取荷载施加后瞬时的超静孔隙水压力峰值,通常只能用其后某一时刻已经部分消散后的超静孔隙水压力实测值代替。若按照实测的超静孔隙水压力峰值面积计算将高估土体平均固结度,但该数值也可作为参考。

分别取第三级荷载施后、第四级荷载施加后以及休止 2 个月三个时间节点的实测超静孔隙水压力成果绘制等值线图,如例图 4.2-38、例图 4.2-39 所示。

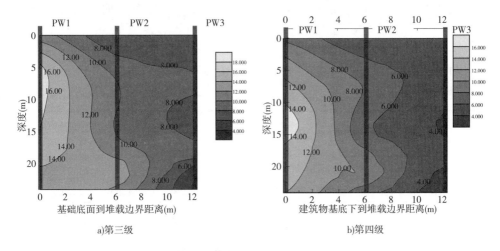

a)第三级   b)第四级

例图 4.2-38 各级荷载施工完毕超静孔隙水压力分布

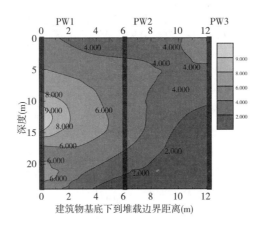

例图 4.2-39 堆载工后休止 2 个月静孔隙水压力分布

从图中可以发现几点规律:

(1)临近堆载区域的建筑物西侧超静孔隙水压力水平高于建筑物基底下其他区域;随着堆载水平的增加,最大值出现深度向下移动,最终出现在渗透性较差的淤泥质黏土层内。

（2）由于堆载分级施工周期较长，同时桩基遮拦作用很大程度上隔断了不均匀堆载引起的土体变形，故在建筑物下土体中并未反映出较高的超静孔隙水压力水平。

根据式（例 4.2-1）可计算堆载 3.5m 和 4.5m 后土体某一时刻土体平均固结度。

综合例表 4.2-10 所示的固结度估算结果，可估计试验中堆载 3.5m 休止 1.5 个月和堆载 4.5m 休止 2 个月后，土体固结度大体在 60%。

堆载 3.5m 和 4.5m 休止一定时间后土体的固结度计算成果　　例表 4.2-10

按照超静孔隙水压力估算平均固结度	PW1 点	PW2 点	PW3 点	固结度平均值	按照最终沉降量估算平均固结度
堆载 3.5m 休止 1.5 月	39.1%	44.7%	47.0%	43.6%	65%
堆载 4.5m 休止 2 个月	52.8%	62.6%	74.6%	63.3%	60%

因此可以保守的预计，若预堆载预压后休止 3 个月再建造建筑物，则建筑物两侧的差异沉降可至少降低约 50%，即建筑物倾斜量也可减少约 50%，从堆载 3.5m 和 4.5m 的 0.42% 和 0.48% 减少到 0.2%～0.3%。若预堆载预压休止 6 个月后再建造建筑物，则可减少绝大部分的建筑物倾斜，保障建筑物的正常使用功能。这为控制堆山造景对建筑物的不利影响提供了一个有效的技术思路。

七、建筑物沉降长期监测工作概况

建筑物沉降监测的主要方法是在建筑物重点位置设置沉降观测标，通过水准观测获得沉降观测点的标高变化，并可获得建筑物各监测点的沉降量变化。通过深入分析观测数据可获取堆载对建筑物的影响程度，并验证前期研究成果的科学性和合理性。此外，还应当从工程实施过程中的信息总结潜在的岩土工程风险因素，对其影响程度加以评价，为今后工作起到借鉴作用。

1.监测工作思路与方案

根据设计单位提供的总体平面图，按照前述研究成果，估计压缩层厚度 H 为 25～34m，考虑对距离堆载区域一倍 H 范围内受影响的建筑物进行沉降观测，共计选取 43 幢拟建建筑，包括项目的二期工程建筑 28 幢和三期工程建筑 15 幢，如例图 4.2-40 所示。根据沉降监测的需要，在这 43 栋建筑物角点或长边中点布置沉降观测点，对单体体量较大的 126 号、128 号和 129 号建筑各设 10 个观测点。在建筑

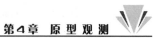

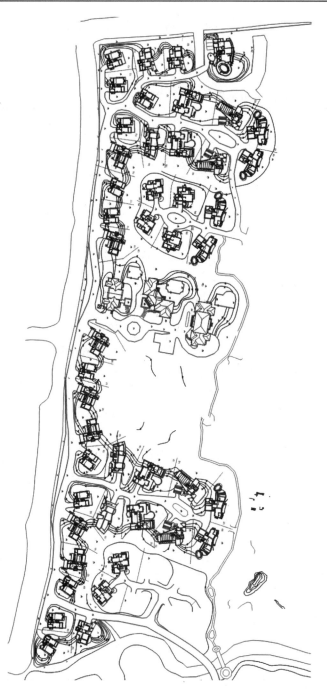

例图4.2-40 实测建筑物及沉降观测点平面分布图

573

物施工过程中和施工后监测各观测点的沉降变化数据,并作深入分析。沉降观测点的编号规则是:在总平面图上从建筑物左上角角点开始,顺时针编号增加。沉降观测频率如例表4.2-11所示。

建筑物长期沉降监测频率 例表4.2-11

编号	观测时间及频率	编号	观测时间及频率
1	初始沉降观测点布设	4	建筑物结构封顶
2	建筑物一层地板施工完成	5	封顶后3个月内每月观测一次
3	建筑物二层地板施工完成	6	封顶后3~12个月内每3个月观测一次

由于拟建建筑的施工是分期分批进行的,施工过程中也有部分进度的调整,观测人员实际到现场监测频率高于方案中计划的频率。

2.工程进展情况及实测工作量汇总

通过采纳前期研究给出的建议,建设方在2007年先行施工的三期工程中,自2007年上半年完成了桩基和建筑物地坪以下部分的施工,结合周围土方回填,随后完成了平均约1.5m(最大2m)的预堆载,在预压6个月后的2007年年底开始上部结构的施工;2010年5月~9月则实施了剩余部分堆土造景工程,堆土最高部分达到3.5m(局部)。二期工程所在场地自2007年年底至2009年年底两年间通过堆载预压土方约2m以降低后期堆山造景的不良影响;2009年年底二期工程桩基施工前完成场地成形,除139号房和150号房在场地成形前的2009年4月~11月间进行施工外(工况与三期工程类似),其他各建筑于2009年12月陆续开始上部结构施工。建筑物沉降的实测工作跟随工程建设进展,至2011年年底,各建筑物沉降量均基本稳定。

根据课题研究计划,结合现场施工的进展,课题组完成的工作量详见例表4.2-12。

监测点布置及工作量统计 例表4.2-12

阶段	建筑物编号	监测点数量	监测点位置	基础类型	观测次数
二期工程	117	4	角点	桩基	12
	118	4	角点	桩基	12
	119	4	角点	桩基	12

续上表

阶段	建筑物编号	监测点数量	监测点位置	基础类型	观测次数
二期工程	126	10	长边各4点及短边中点	桩基	10
	128	10	—	桩基	8
	129	10	—	桩基	10
	130	4	角点	桩基	12
	131	4	角点	桩基	12
	132	4	角点	桩基	11
	133	4	角点	桩基	10
	135	4	角点	桩基	9
	136	6	角点及长边中点	桩基	11
	137	4	角点	桩基	10
	138	6	角点及长边中点	桩基	9
	139	4	角点	天然地基	14
	150	4	角点	天然地基	14
	151	6	角点及长边中点	桩基	9
	152	4	角点	桩基	9
	153	6	角点及长边中点	桩基	11
	155	4	角点	桩基	11
	156	4	角点	桩基	11
	157	4	角点	桩基	11
	159	4	角点	桩基	11

续上表

阶段	建筑物编号	监测点数量	监测点位置	基础类型	观测次数
二期工程	160	4	角点	桩基	11
	161	4	角点	桩基	11
	162	4	角点	桩基	9
	165	4	角点	天然地基	8
	166	4	角点	天然地基	8
三期工程	88	6	角点及长边中点	桩基	17
	100	4	角点	天然地基	18
	101	4	角点	天然地基	17
	102	6	角点及长边中点	桩基	19
	103	6	角点及长边中点	桩基	19
	105	4	角点	桩基	19
	106	6	角点及长边中点	桩基	19
	107	4	角点	桩基	16
	108	4	角点	桩基	19
	109	4	角点	桩基	20
	111	4	角点	桩基	19
	112	4	角点	桩基	20
	113	4	角点	桩基	20
	115	4	角点	桩基	19
	116	4	角点	桩基	19
监测点合计		206	累计观测2 700点次		

　　根据上述信息可大概将各建筑物施工过程主要时间节点汇总如例表 4.2-13、例表 4.2-14 所示。

例表 4.2-13

二期工程各建筑物宏观施工信息及监测进度汇总

阶段	建筑物编号	堆载预压起始时间	堆载预压结束时间	场地成形开始时间	场地成形结束时间	桩基施工时间	主体结构观测起始时间	结构封顶时间	观测截止时间
二期工程	117	2007年11月	2009年10月	2009年10月	2009年10月	2009年11月	2009年12月2日	2010年1月15日	2011年11月
	118	2007年11月	2009年10月	2009年10月	2009年10月	2009年11月	2009年12月2日	2010年1月15日	2011年11月
	119	2007年11月	2009年10月	2009年10月	2009年10月	2009年11月	2009年12月2日	2010年1月15日	2011年11月
	126	2007年11月	2009年10月	2009年10月	2009年10月	2009年11月	2010年1月7日	2010年9月16日	2011年11月
	128	2007年11月	2009年10月	2009年10月	2009年10月	2009年11月	2010年9月16日		2011年11月
	129	2007年11月	2009年10月	2009年10月	2009年10月	2009年11月	2010年1月7日	2010年9月16日	2011年11月
	130	2007年11月	2009年10月	2009年10月	2009年10月	2009年11月	2009年12月2日	2010年1月15日	2011年11月
	131	2007年11月	2009年10月	2009年10月	2009年10月	2009年11月	2009年12月2日	2010年1月15日	2011年11月
	132	2007年11月	2009年10月	2009年10月	2009年10月	2009年11月	2009年12月23日	2010年5月13日	2011年11月
	133	2007年11月	2009年10月	2009年10月	2009年10月	2009年11月	2010年1月7日	2010年9月16日	2011年11月
	135	2007年11月	2009年10月	2009年10月	2009年10月	2009年11月	2010年1月15日	2010年11月11日	2011年11月
	136	2007年11月	2009年10月	2009年10月	2009年10月	2009年11月	2010年1月30日	2010年5月20日	2011年11月
	137	2007年11月	2009年10月	2009年10月	2009年10月	2009年11月	2010年6月18日	2010年9月3日	2011年11月
	138	2007年11月	2009年10月	2009年10月	2009年10月	2009年11月	2010年1月7日	2010年9月16日	2011年11月
	139*	2007年11月	2009年4月	2009年10月	2009年10月		2009年4月8日	2009年11月8日	2011年11月

续上表

阶段	建筑物编号	堆载预压起始时间	堆载预压结束时间	场地成形开始时间	场地成形结束时间	桩基施工时间	主体结构观测起始时间	结构封顶时间	观测截止时间
二期工程	150*	2007年11月	2009年4月	2009年10月	2009年10月			2009年11月8日	2011年11月
	151	2007年11月	2009年10月	2009年10月	2009年10月	2009年11月	2010年4月25日	2010年11月29日	2011年11月
	152	2007年11月	2009年10月	2009年10月	2009年10月	2009年11月	2010年6月18日	2010年11月29日	2011年11月
	153	2007年11月	2009年10月	2009年10月	2009年10月	2009年11月	2010年3月30日	2010年5月20日	2011年11月
	155	2007年11月	2009年10月	2009年10月	2009年10月	2009年11月	2010年1月30日	2010年5月20日	2011年11月
	156	2007年11月	2009年10月	2009年10月	2009年10月	2009年11月	2010年1月30日	2010年5月20日	2011年11月
	157	2007年11月	2009年10月	2009年10月	2009年10月	2009年11月	2010年3月30日	2010年5月20日	2011年11月
	159	2007年11月	2009年10月	2009年10月	2009年10月	2009年11月	2010年3月30日	2010年5月20日	2011年11月
	160	2007年11月	2009年10月	2009年10月	2009年10月	2009年11月	2010年4月11日	2010年5月20日	2011年11月
	161	2007年11月	2009年10月	2009年10月	2009年10月	2009年11月	2010年4月11日	2010年5月20日	2011年11月
	162	2007年11月	2009年10月	2009年10月	2009年10月	2009年11月	2010年4月11日	2010年11月29日	2011年11月
	165	2007年11月	2009年10月	2009年10月	2009年10月	2009年11月	2010年5月20日	2011年1月10日	2011年11月
	166	2007年11月	2009年10月	2009年10月	2009年10月	2009年11月	2010年5月20日	2011年1月10日	2011年11月

注：带*的139号和150号的建筑在二期工程堆载预压后，场地成形前竣工，其他建筑均为堆载预压及场地成形后展上部结构施工。

三期工程各建筑物宏观施工信息及监测进度汇总

例表 4.2-14

阶段	建筑物编号	桩基及基础施工完成时间	堆载预压起始时间	堆载预压结束时间	观测起始时间	竣工时间	场地成形开始时间	场地成形结束时间	观测截止时间
三期工程	88	2007 年 5 月	2007 年 6 月	2007 年 12 月	2008 年 3 月 12 日	2008 年 10 月 5 日	2010 年 5 月	2010 年 9 月	2011 年 11 月
	100	2007 年 5 月	2007 年 6 月	2007 年 12 月	2007 年 12 月 18 日	2008 年 6 月 2 日	2010 年 5 月	2010 年 9 月	2011 年 11 月
	101	2007 年 5 月	2007 年 6 月	2007 年 12 月	2008 年 3 月 12 日	2008 年 8 月 6 日	2010 年 5 月	2010 年 9 月	2011 年 11 月
	102	2007 年 5 月	2007 年 6 月	2007 年 12 月	2008 年 1 月 17 日	2008 年 5 月 20 日	2010 年 5 月	2010 年 9 月	2011 年 11 月
	103	2007 年 5 月	2007 年 6 月	2007 年 12 月	2007 年 12 月 18 日	2008 年 4 月 11 日	2010 年 5 月	2010 年 9 月	2011 年 11 月
	105	2007 年 5 月	2007 年 6 月	2007 年 12 月	2007 年 12 月 18 日	2008 年 5 月 5 日	2010 年 5 月	2010 年 9 月	2011 年 11 月
	106	2007 年 5 月	2007 年 6 月	2007 年 12 月	2007 年 12 月 18 日	2008 年 5 月 5 日	2010 年 5 月	2010 年 9 月	2011 年 11 月
	107	2007 年 5 月	2007 年 6 月	2007 年 12 月	2008 年 7 月 1 日	2008 年 12 月 7 日	2010 年 5 月	2010 年 9 月	2011 年 11 月
	108	2007 年 5 月	2007 年 6 月	2007 年 12 月	2008 年 1 月 11 日	2008 年 6 月 25 日	2010 年 5 月	2010 年 9 月	2011 年 11 月
	109	2007 年 5 月	2007 年 6 月	2007 年 12 月	2008 年 1 月 11 日	2008 年 5 月 20 日	2010 年 5 月	2010 年 9 月	2011 年 11 月
	111	2007 年 5 月	2007 年 6 月	2007 年 12 月	2008 年 1 月 3 日	2008 年 7 月 11 日	2010 年 5 月	2010 年 9 月	2011 年 11 月
	112	2007 年 5 月	2007 年 6 月	2007 年 12 月	2007 年 12 月 25 日	2008 年 5 月 20 日	2010 年 5 月	2010 年 9 月	2011 年 11 月
	113	2007 年 5 月	2007 年 6 月	2007 年 12 月	2007 年 12 月 25 日	2008 年 5 月 20 日	2010 年 5 月	2010 年 9 月	2011 年 11 月
	115	2007 年 5 月	2007 年 6 月	2007 年 12 月	2007 年 12 月 25 日	2008 年 5 月 4 日	2010 年 5 月	2010 年 9 月	2011 年 11 月
	116	2007 年 5 月	2007 年 6 月	2007 年 12 月	2008 年 1 月 3 日	2008 年 5 月 4 日	2010 年 5 月	2010 年 9 月	2011 年 11 月

八、建筑物沉降宏观特征分析

1.建筑物沉降发展特征

通过对观测得到的 43 幢建筑物沉降量进行整理,绘制了沉降历时曲线,详见附件一和附件二。沉降历时曲线反映出各建筑物沉降量均已出现不同程度的收敛趋势,较早竣工的三期工程建筑物沉降量已经接近稳定,二期工程由于竣工时间相对较短,还有少部分建筑物的沉降量处在发展阶段,但绝对量值并不大。从三期工程各建筑物沉降曲线来看,2010 年中期开始沉降发展较快,主要是由于建筑物内外装饰荷载增加和场地成形二次堆载引起的附加沉降,而之前的 2009 年则出现阶段性的沉降稳定状态。

截至 2011 年年底,各建筑实测沉降平均值和差异沉降汇总如例表 4.2-15 所示。

建筑物实测沉降平均值和差异沉降   例表 4.2-15

序号	建筑物编号	基 础 类 型	实测沉降平均值(cm)	差异沉降(cm)
1	88	桩基	2.3	1.3
2	100	天然地基	3.4	1.9
3	101	天然地基	3.5	1.2
4	102	桩基	3.3	0.6
5	103	桩基	3.4	0.8
6	105	桩基	3.0	0.2
7	106	桩基	3.1	0.7
8	107	桩基	1.1	0.8
9	108	桩基	3.1	0.2
10	109	桩基	3.5	1.6
11	111	桩基	3.7	1.7
12	112	桩基	3.2	0.2
13	113	桩基	3.2	0.3
14	115	桩基	3.4	0.4
15	116	桩基	3.4	0.1
16	117	桩基	2.3	0.4

序号	建筑物编号	基 础 类 型	实测沉降平均值（cm）	差异沉降（cm）
17	118	桩基	2.3	0.4
18	119	桩基	2.1	0.1
19	126	桩基	1.2	0.1
20	128	桩基	0.7	0.0
21	129	桩基	1.6	0.1
22	130	桩基	2.9	0.3
23	131	桩基	2.4	0.3
24	132	桩基	2.4	0.3
25	133	桩基	2.0	0.1
26	135	桩基	2.2	0.2
27	136	桩基	1.0	0.1
28	137	桩基	1.3	0.1
29	138	桩基	1.1	0.1
30	139	天然地基	1.9	0.3
31	150	天然地基	1.9	0.2
32	151	桩基	1.2	0.3
33	152	桩基	1.4	0.1
34	153	桩基	1.1	0.1
35	155	桩基	1.7	0.1
36	156	桩基	1.7	0.1
37	157	桩基	1.7	0.1
38	159	桩基	1.5	0.1
39	160	桩基	1.5	0.1
40	161	桩基	1.7	0.1
41	162	桩基	1.3	0.1
42	165	天然地基	1.1	0.7
43	166	天然地基	0.9	0.3

二期工程和三期工程建筑物沉降与工况对比如例表4.2-16所示。

二期与三期工程对比分析　　　　　　　　　例表4.2-16

项　　目	二 期 工 程	三 期 工 程
建筑施工时间	2009年12月~2011年01月(139号、150号于2009年4月施工)	2007年12月~2008年12月
沉降发展趋势	出现收敛趋势,仍需稳定时间	基本接近最终沉降
堆载预压高度(m)	2.0	1.5
堆载预压时间段	24个月	6个月
预压后地基固结度预测(%)	约100	约75
场地成形时间	建筑物施工前完成	建筑物竣工后实施
场地总体平均堆载高度(m)	2.0	1.5
2011年年底桩基础平均沉降量(cm)	1.6	3.2
预测桩基最终沉降量平均值(cm)	约2	约3.5
2011年年底采用天然地基建筑物平均沉降量(cm)	1.5	3.4
预测天然地基最终沉降量平均值(cm)	约2	约3.5

2.前期成果有效性验证

结合有关施工记录、监测记录及例表4.2-15,可以得到以下几点认识:

(1)总沉降量:堆山范围及邻近区域内的建筑均采用桩基础,其他建筑物则采用了天然地基。实测表明桩基础较好的控制了建筑沉降量,沉降量至2011年年底均在4cm以内。最大沉降发生在采用桩基础的111号房,沉降量为3.7cm,按照实测沉降历时曲线估算最终沉降量平均值不超过4.0cm;所有建筑物的最终沉降量与上海市地基基础设计的控制标准15cm相比是非常小的。

(2)差异沉降:最大差异沉降发生在采用天然地基的100号房,差异沉降量为1.9cm,引起的建筑物倾斜率为0.9‰,按照沉降历时曲线趋势估算差异沉降最终不超过 2.5cm,引起的倾斜率也不超过 1.3‰。

若按照大于 1.0cm、0.5～1.0cm 和小于 0.5cm 对各建筑物实测差异沉降的数值进行等级划分,则三种等级的占比如例图 4.2-41 所示。图中可见,超过 70%的建筑物差异沉降量小于 0.5cm。

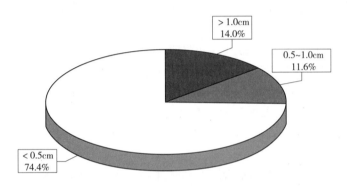

> 1.0cm
14.0%

0.5~1.0cm
11.6%

< 0.5cm
74.4%

例图 4.2-41　建筑物差异沉降分布比例

(3)不同荷载因素的贡献:从监测成果来看,影响建筑物总体沉降和差异沉降变化的荷载因素主要有三个:建筑物自身荷载变化,包括主体结构荷载、内外装饰荷载;施工区域堆载预压工况;堆山造景后续场地成形施工所引起的大面积覆土荷载变化。实测表明:各建筑物在结构封顶后出现阶段性稳定且平均沉降量基本在 2.5cm 以内,而景观覆土和内外装饰附加沉降至今则基本不超过 1.0cm。

上述分析表明,在采取了科学的控制措施后,堆山造景工程引起的潜在岩土工程风险已经得到很好的控制。

九、堆山造景工程的岩土工程风险分析

本节主要分析不利堆载工况对建筑物变形的影响。当然京郊别墅项目中所有建筑均发生较小的沉降和差异沉降,建筑物是安全的。但这并不意味着就不存在导致不良后果的岩土工程风险及其发生概率。通过对可能引起风险的重点因素加以分析,以期为今后类似工程的施工管理积累经验。这些因素包括:堆载荷载水平、不均匀堆载、堆载工序工况等。

1.岩土工程风险因素分析

据前述研究成果,在堆山造景工程中,对建筑物的沉降量、差异沉降量发展产生不利影响的岩土工程风险因素主要有:

(1)堆载量过大——超过土体宏观结构强度将引起土体变形快速增加。

（2）不利堆载工况——预压时间过短或预压后二次堆载引起建筑物附件沉降或倾斜。

（3）建筑物紧邻堆载区域——距离越近受大面积堆载影响越大。

（4）建筑物采用天然地基——天然地基变形量大，差异沉降也更为显著。

（5）建筑物四周堆载显著不均匀——不均匀荷载引起建筑物倾斜、水平位移。

后三个因素的影响显而易见。针对前两个因素，虽然在设计和施工组织中已经应用了课题研究成果建议，但这些因素仍可能引起潜在风险，具体为：

（1）堆载高度：堆载高度达到 3.5m 后荷载水平将超过地基的宏观结构强度，土体将产生过大变形。因此在项目建设中控制堆土高度最大不超过 3.5m；但这并不意味着建筑物就完全安全，事实上在堆土高度 3.5m 时，地基土仍然会发生较大变形。

（2）不利堆载工况：正如子课题二和子课题三所分析的，堆载预压将有效减小大面积堆载的不利影响，当预压时间超过 6 个月后可消除绝大部分的工后沉降。因此在本项目实施中对二期和三期工程分别进行了为期 2 年和 6 个月的堆载预压。但也并非就没有风险，比如在三期工程施工时，先期预压 6 个月后完成建筑物的施工，但在 2010 年 5~9 月间又实施了最终的场地成形工程，局部场地堆载量有所增加。根据子课题二的研究成果，在建筑物建成后进行堆载，将对建筑物产生显著的不利影响，比如过大的差异沉降和倾斜。

为此，本次对每幢建筑物的周围堆载设计、施工信息和实测沉降、差异沉降做了比对，为分析上述不利因素对工程实施的影响进行必要的准备。信息汇总如例表 4.2-17 所示，表中给出了几个方面的信息：

（1）建筑物基础形式——用于分析建筑物对堆载作用产生的反应。

（2）建筑物四周堆载高度——用于分析堆载荷载的不均匀性对建筑物差异沉降的影响。

（3）建筑物四周平均堆载高度——用于分析堆载荷载水平对平均沉降量的影响。

（4）场地成形后的增载或卸载量，用于分析增载建筑物工后变形增加程度。

（5）岩土工程风险因素——根据上述信息，列举不利于建筑物安全的主要风险因素。

注意到二期工程和三期工程存在例表 4.2-16 列出的差异，显然在进行建筑物周围平均堆载量与沉降量关系分析时，应区分对比。

例表 4.2-17

建筑物周围堆载量与实测沉降对比汇总表

序号	建筑物编号	基础类型	东侧堆载(m)	南侧堆载(m)	西侧堆载(m)	北侧堆载(m)	平均堆载高度(m)	堆载预压高度(m)	预压时长(月)	后续增载量(m)	后续卸载量(m)	加载侧	卸载侧	沉降平均值(cm)	差异沉降(cm)	风险因素
1	88	桩基	0.2	0.2	2.4	2.0	1.2	1.5	6		-0.3	2	2	2.9	0.3	二次堆载/不均匀堆载
2	100	天然地基	0.6	0.6	0.6	0.6	0.6	1.5	6		-0.9		4	2.4	0.3	二次堆载/天然地基
3	101	天然地基	0.6	0.6	1.0	1.0	0.8	1.5	6		-0.7		4	2.4	0.3	二次堆载/天然地基
4	102	桩基	0.2	2.2	2.0	2.2	1.7	1.5	6	0.2		2	2	2.0	0.1	二次堆载/不均匀堆载
5	103	桩基	2.2	2.2	0.2	0.5	1.3	1.5	6		-2.0	2	2	2.2	0.2	二次堆载/不均匀堆载
6	105	桩基	0.8	2.2	0.2	2.2	1.4	1.5	6		-0.1	2	2	1.0	0.1	二次堆载
7	106	桩基	1.2	2.2	0.6	2.5	1.6	1.5	6	0.1		2	2	1.3	0.1	二次堆载
8	107	桩基	2.2	2.2	2.0	1.5	2.0	1.5	6	0.5		3	2	1.1	0.1	二次堆载
9	108	桩基	0.2	2.2	1.5	2.2	1.5	1.5	6			3	1	1.9	0.3	二次堆载/不均匀堆载
10	109	桩基	0.4	2.4	1.5	2.4	1.7	1.5	6	0.2		2	2	1.9	0.2	二次堆载/不均匀堆载
11	111	桩基	0.4	2.4	1.5	2.6	1.7	1.5	6	0.8		2	1	1.2	0.3	二次堆载/不均匀堆载
12	112	桩基	2.6	2.6	3.0	0.8	2.3	1.5	6	0.8		3	1	1.4	0.1	二次堆载/不均匀堆载
13	113	桩基	3.0	3.0	3.0	1.0	2.5	1.5	6	1.0		3	1	1.1	0.1	大量堆载/二次堆载/不均匀堆载
14	115	桩基	3.0	3.0	3.0	1.0	2.5	1.5	6	1.0		3	1	1.7	0.1	大量堆载/二次堆载/不均匀堆载
15	116	桩基	3.0	0.6	2.6	2.5	2.2	1.5	6	0.7		3	1	1.7	0.1	二次堆载/不均匀堆载

续上表

序号	建筑物编号	基础类型	东侧堆载(m)	南侧堆载(m)	西侧堆载(m)	北侧堆载(m)	平均堆载高度(m)	堆载预压高度(m)	预压时长(月)	后续增载量(m)	后续卸载量(m)	加载侧	卸载侧	沉降平均值(cm)	差异沉降(cm)	风险因素
16	117	桩基	2.6	0.6	2.6	0.5	1.6	2.0	24	0.1		2	2	1.7	0.1	
17	118	桩基	2.6	0.6	2.5	0.8	1.6	2.0	24	0.1		2	2	1.5	0.1	
18	119	桩基	2.5	0.6	2.5	0.8	1.6	2.0	24	0.1		2	2	1.5	0.1	
19	126	桩基	0.6	2.9	0.6	2.7	1.7	2.0	24	0.2		2	2	1.7	0.1	
20	128	桩基	0.6	3.5	1.0	2.8	2.0	2.0	24	0		2	2	1.3	0.1	
21	129	桩基	1.3	3.5	1.2	2.5	2.1	2.0	24	0.1		2	2	1.1	0.7	
22	130	桩基	3.2	1.2	3.5	1.4	2.3	2.0	24	0.3		2	2	0.9	0.3	
23	131	桩基	3.5	1.5	3.5	1.7	2.6	2.0	24	0.6		3		2.9	0.3	
24	132	桩基	3.5	1.5	3.5	1.7	2.6	2.0	24	0.6		3		2.4	0.3	
25	133	桩基	3.5	1.5	3.5	2.0	2.6	2.0	24	0.6		3		2.4	0.3	
26	135	桩基	3.5	3.5	3.5	2.0	3.1	2.0	24	1.1		4		2.0	0.1	大量堆载
27	136	桩基	1.5	3.2	2.0	3.5	2.6	2.0	24	0.6		3	1	2.2	0.2	
28	137	桩基	0.8	2.8	2.0	2.8	2.1	2.0	24	0.1		3	2	1.0	0.1	不均匀堆载
29	138	桩基	0.6	2.6	1.2	2.6	1.8	2.0	24		-0.3	2	2	1.3	0.1	
30	139	天然地基	0.6	0.6	0.6	1.0	0.7	2.0	24		-1.3	2	4	1.1	0.1	不均匀堆载天然地基

续上表

序号	建筑物编号	基础类型	东侧堆载(m)	南侧堆载(m)	西侧堆载(m)	北侧堆载(m)	平均堆载高度(m)	堆载预压高度(m)	预压时长(月)	后续增载量(m)	后续卸载量(m)	加载侧	卸载侧	沉降平均值(cm)	差异沉降(cm)	风险因素
31	150	天然地基	0.6	0.6	0.6	2.6	1.1	2.0	24		-0.9	1	3	1.9	0.3	不均匀堆载/天然地基
32	151	桩基	1.2	2.6	0.6	2.6	1.8	2.0	24		-0.2	2	2	1.9	0.2	
33	152	桩基	1.3	2.8	1.0	2.8	2.0	2.0	24			2	2	1.2	0.3	
34	153	桩基	1.7	3.2	1.2	3.2	2.3	2.0	24	0.3		3	1	1.4	0.1	
35	155	桩基	3.5	3.5	3.5	2.0	3.1	2.0	24	1.1		4		1.1	0.1	大量堆载
36	156	桩基	3.0	1.2	3.2	1.4	2.2	2.0	24	0.2		2	2	1.7	0.1	不均匀堆载
37	157	桩基	3.2	1.2	3.2	1.4	2.3	2.0	24	0.3		2	2	1.7	0.1	
38	159	桩基	3.2	1.2	3.0	1.4	2.2	2.0	24	0.2		2	2	1.7	0.1	
39	160	桩基	3.0	3.0	3.0	1.2	2.6	2.0	24	0.6		3	2	1.5	0.1	大量堆载
40	161	桩基	2.6	0.6	2.6	0.8	1.7	2.0	24		-0.3	2	2	1.5	0.1	
41	162	桩基	1.0	2.4	0.2	2.2	1.5	2.0			-0.5	2	2	1.7	0.1	不均匀堆载
42	165	天然地基	1.4	0.5	1.4	0.5	1.0	2.0			-1.0		4	1.3	0.1	天然地基
43	166	天然地基	1.4	1.4	0.0	1.4	1.1	2.0			-0.9		4	1.1	0.7	天然地基

2.堆载对建筑物沉降的影响分析

如例图 4.2-42 所示为各采用桩基础的建筑物周围平均堆载高度与截至 2011 年年底建筑物沉降量关系图。

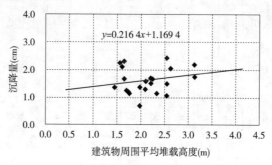

a)二期工程堆载高度与建筑物沉降关系

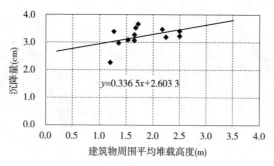

b)三期工程堆载高度与建筑物沉降关系

例图 4.2-42　建筑物周围平均堆载高度与建筑物沉降关系

从图中可见,建筑物周围平均堆载高度与沉降之间大体上是正相关的关系,各建筑物的沉降量均在安全可控的范围内。

3.不均匀堆载对建筑物差异沉降的影响分析

用二期和三期各建筑相对两侧的堆载高差最大值分别与差异沉降绘制散点图,以考察不均匀荷载作用对建筑物差异沉降的影响,如例图 4.2-43 所示。

由上述两图可见,建筑物两侧堆载高差与建筑物差异沉降之间也大体呈正相关关系,堆载高差越大,差异沉降也越显著。在经历堆载预压 1.5~2.0m 后,各建筑物的差异沉降量比较小,总体安全可控。

4.堆载工况对建筑物沉降的影响分析

项目施工过程中共有四种堆载工况:

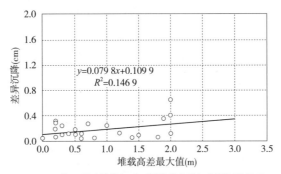

a)二期工程建筑物相对两侧堆载高差与差异沉降关系

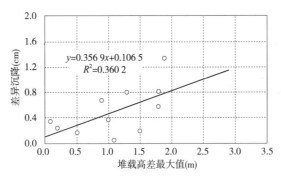

b)三期工程建筑物相对两侧堆载高差与差异沉降关系

例图4.2-43　建筑物周边堆载高差与差异沉降关系

工况一:先堆载1.5m预压6个月,再施工建筑物,最后局部再次堆载完成场地成形,土体变形为正常固结状态下再加载压缩,出现于部分三期工程部分建筑中。

工况二:先堆载2.0m预压2年,再完成场地成形,最后施工建筑物,土体变形为欠固结状态下再加载压缩,出现于部分二期工程部分建筑中。

工况三:先堆载预压再施工建筑物,建筑物周围多余土方移除成形,土体变形为压缩固结后卸荷回弹,二期、三期均有部分建筑出现。

工况四:先堆载预压,再将建筑物周围多余土方移除成形,再施工建筑物,土体变形为压缩固结后回弹再压缩,二期、三期均有部分建筑出现。

四种不同工况下土体变形特征如例图4.2-44所示。

工况三和四的情况对建筑物是有利的,本节不做讨论。

对于工况一和二两种情况,受到大面积堆载的荷载水平变化影响,建筑物沉降

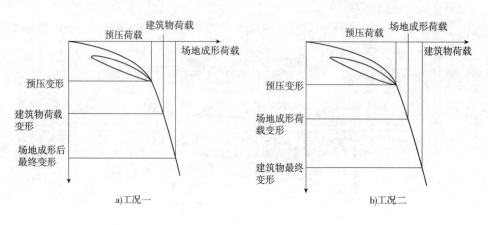

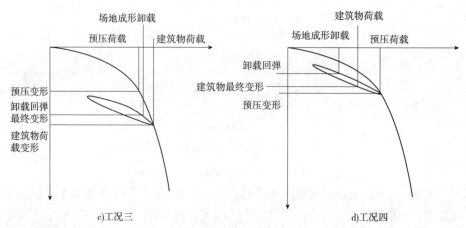

例图 4.2-44　不同工况下最终变形示意图

发生发展特征也不同：

如"九.1"所述，工况一中再次堆载将引起建筑物产生显著沉降增加。在三期工程中的各监测对象的沉降历时曲线不同程度地出现了这一现象：建筑结构封顶后一段时间内沉降基本稳定，而后在 2010 年第二季度和第三季度出现沉降显著增加，而后在 2011 年沉降再次稳定。参照例表 4.2-14 给出的信息，结合典型建筑物沉降历时曲线，可用例图 4.2-45 加以描述。

监测也表明，工况二建筑物沉降历时曲线则没有例图 4.2-45 显示的现象。根据例表 4.2-12 的施工信息，结合典型建筑物沉降历时曲线，可用例图 4.2-46 描述。

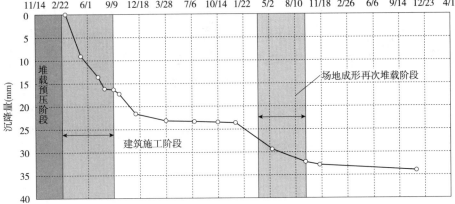

例图4.2-45 工况一典型建筑物沉降曲线与施工阶段对应关系

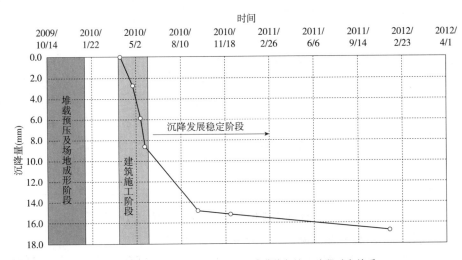

例图4.2-46 工况二典型建筑物沉降曲线与施工阶段对应关系

以代表性的三期工程109号房和二期工程的157号房为例进行对比,可以发现两者的沉降和差异沉降发展之间的差异,如例图4.2-47和例图4.2-48所示。其中109号房场地成形时平均增载高度为0.2m,157号房在堆载预压后增载0.3m。

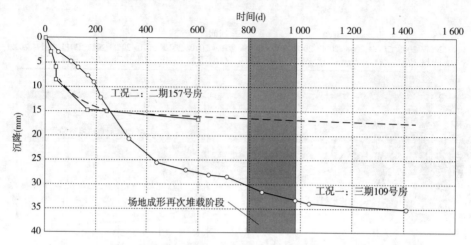

例图 4.2-47　两种堆载工况下典型沉降历时曲线对比

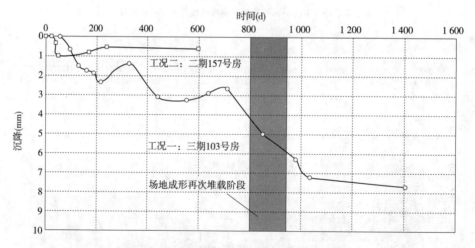

例图 4.2-48　两种堆载工况下差异沉降历时曲线对比

二期和三期工程实测沉降的对比反映了以下特点：

（1）两种不同的堆载工况得到的建筑物沉降和差异沉降的发展特征有显著差异。从控制工后沉降、有利于结构安全的角度来看，工况二更安全些。

（2）工况一各建筑物最终沉降量、差异沉降量均大于工况二采用相同基础形式的建筑物。主要原因是：根据子课题一的研究成果，工况二在大面积堆载预压两年后，土体固结度接近 100%，残余影响基本可忽略不计；而工况一中在预压 6 个月后，土体固结度接近 70%，大面积堆载的影响仍有一定残余，建筑物沉降量要大一点。

（3）受到场地成形阶段新增堆载作用影响，工况二中前期沉降发展速率较快，工况一则在后期场地成形时间段内沉降显著增加。

（4）如例图4.2-48所示，差异沉降的波动主要是各种因素引起的观测误差所致，工况二中建筑物差异沉降非常小，而工况一中在场地成形阶段仍有显著发展。

上述分析表明，在建筑物施工完成后再行堆载，即使堆载量较小，也容易导致建筑物沉降量和差异沉降的显著增加，对工程建设来说总体是不利的，在堆山造景工程中是重要的岩土工程风险来源。在条件许可的情况下，宜尽可能在建筑物施工前完成堆载预压和场地成形的二次加载施工。

十、结论与展望

通过为期8年的课题研究工作，课题组采用理论分析、工程地质勘察、原位模型试验、足尺试验、实地监测等研究手段，针对堆山造景工程对建筑物和环境的影响开展了系统研究，得到了丰富的研究成果。

1.主要结论

通过本文的研究，获得了以下主要结论：

（1）试验场地的工程地质条件下，地基土的宏观结构强度为60kPa，堆山造景高度不宜超过3.5m，以确保地基强度稳定性，并降低土体过大变形量可能引起的潜在风险。

（2）大面积堆土将引起邻近建筑物的不均匀沉降或过大沉降，尤其是会引起桩基负摩阻力的发生，实测表明，桩基负摩阻力中性点约在桩长一半的位置处。

（3）桩基足尺试验表明，受不均匀堆载作用影响，邻近建筑物将出现过大差异沉降和倾斜，建筑物安全存在风险和隐患。另外一方面，由于桩身刚度的存在，桩基在不均匀荷载作用下将承受比较大的弯矩，桩身刚度对大面积堆载引起的沉降和变形都能起到比较显著的遮拦隔断作用。

（4）不均匀堆载作用下建筑物基底仍存在一定的土压力，而没有出现常规认识的基础底面与土体脱空现象。即使按照纯桩基概念设计，实测的基础底面荷载分担比也达到26%。

（5）通过在建设过程中调整工序，力争先期完成或部分完成堆载并休止不少于3~6个月，则可大幅度降低土体工后变形、建筑物基础不均匀沉降、倾斜、桩基负摩阻力，以及可能对其他构筑物、附属设施引起的不利影响。

（6）综合前期研究成果，提出了降低堆载高度至不超过3.5m、采取堆载预压措施、设计中弱化桩基负摩阻力因素、密切监控堆载影响范围等四项主要措施,并在工程中得到应用。

(7)对43幢建筑物沉降监测的成果表明,前期研究成果很好地指导了工程实施,应用效果良好,建筑物沉降量、差异沉降量和倾斜量均得到有效控制。

(8)堆山造景工程实施中仍存在岩土工程风险因素,分析表明,堆载荷载水平、不均匀堆载荷载差异、堆载工况等对建筑物沉降的发生发展有显著影响,在今后的实践中应加以重视。

2.展望

(1)我国沿海软土地区经济较为发达,堆山造景工程众多,风险事故也多发,由于工程地质条件和水文地质条件的复杂多变,本次单项课题研究得到的规律性认识仍有待于不断丰富、积累和修正,使这项课题的研究成果真正为城市安全管理、经济建设起更大的作用。

(2)本文重点通过物理试验手段开展了系列研究,在堆山造景工程所涉及的土体强度、变形和渗流(固结)等经典土力学核心问题的理论研究方面,还需要更加深入的探索,使一些经验性的认识真正上升到理性认识的层面,为岩土工程学科的发展发挥更大作用。

本案例参考文献

[1] 黄绍铭,高大钊.软土地基与地下工程[M].2版.北京:中国建筑工业出版社,2005.

[2] 武汉地质勘察院上海分院.徐泾京郊别墅工程岩土工程勘察报告(工程编号:2004—W04—099).

[3] 黄文熙.土的工程性质[M].北京:中国水利水电出版社,1980.

[4] 中华人民共和国行业标准.GB/T 50123—1999 土工试验方法标准[S].北京:中国建筑工业出版社,1999.

[5] 郑大同,孙更生.软土地基与地下工程[M].北京:中国建筑工业出版社,1984.

[6] 胡中雄.土力学与环境土工学[M].北京:同济大学出版社,1997.

[7] 潘林有,罗昕.饱和软粘土沉降拟合研究[J].武汉理工大学学报,2003,25(9):53-55.

[8] 上海市工程建设规范.DGJ 08-11—2010 地基基础设计规范[S].上海:上海市建筑建材业市场管理总站,2010.

[9] 上海市工程建设规范.DGJ 08-37—2012 岩土工程勘察规范[S].上海:上海市建筑建材业市场管理总站,2012.

[10] 中华人民共和国行业标准.JGJ 94—2008 建筑桩基技术规范[S].北京:中国建筑工业出版社,2008.

附件一 二期工程各建筑物沉降监测曲线

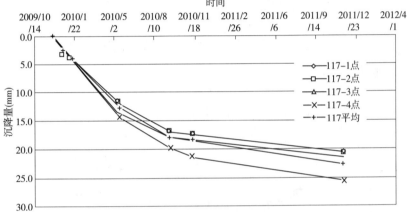

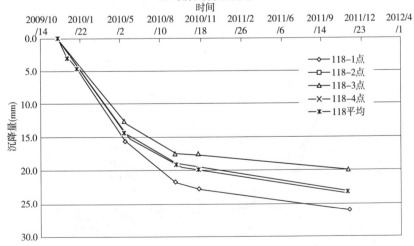

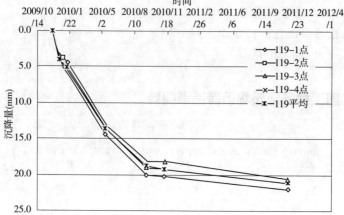

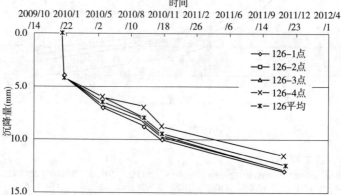

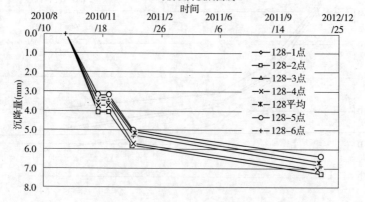

129号房沉降发展曲线

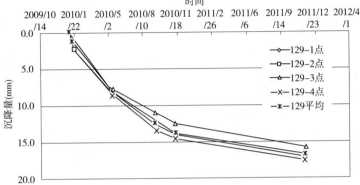

130号房沉降发展曲线

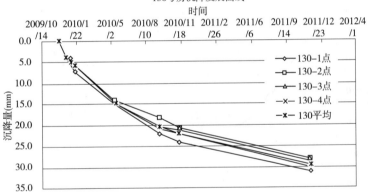

131号房沉降发展曲线

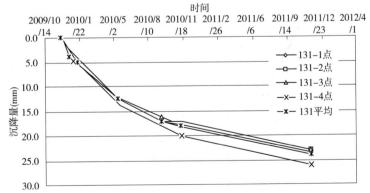

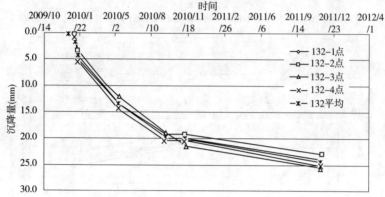

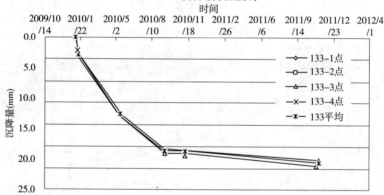

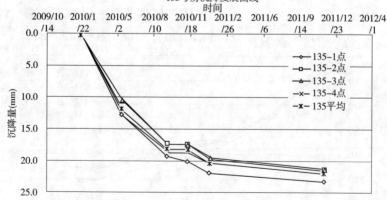

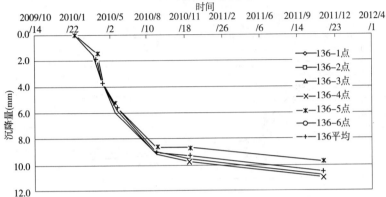

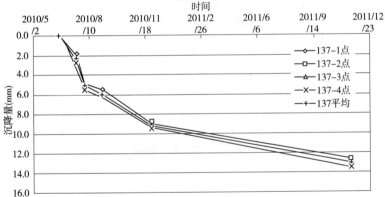

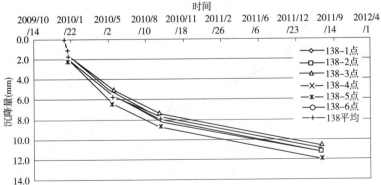

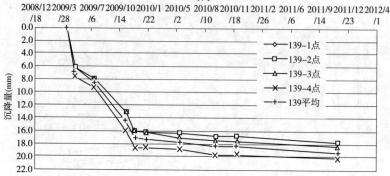

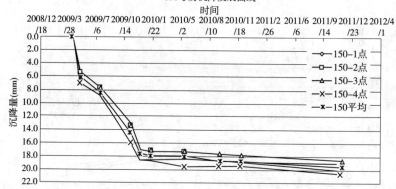

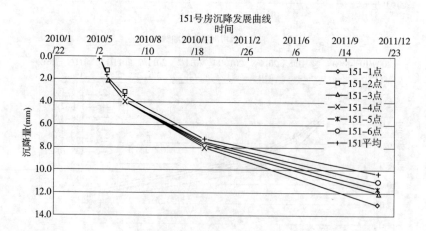

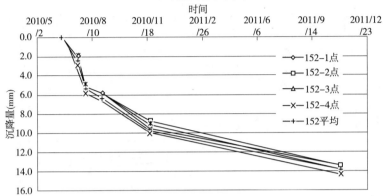

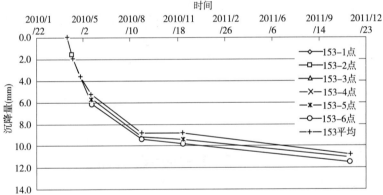

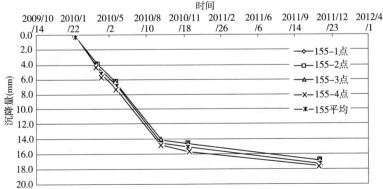

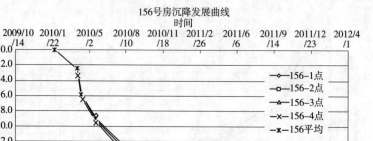

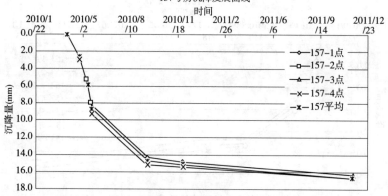

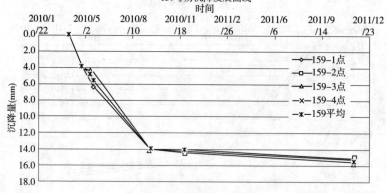

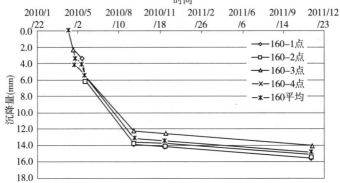

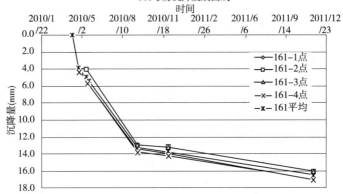

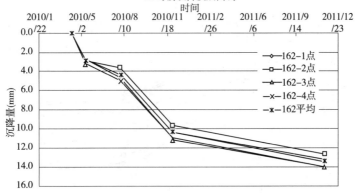

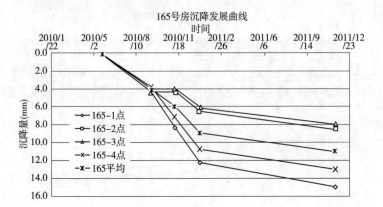

165号房沉降发展曲线

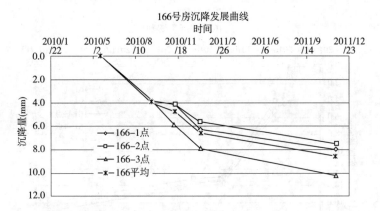

166号房沉降发展曲线

附件二 三期工程各建筑物沉降监测曲线

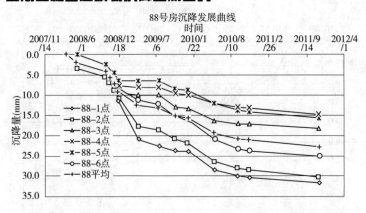

88号房沉降发展曲线

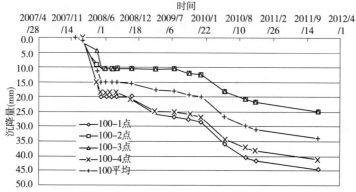

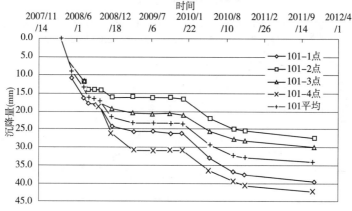

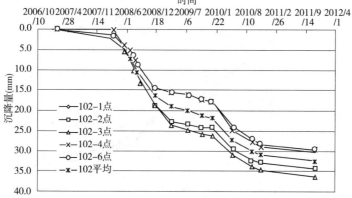

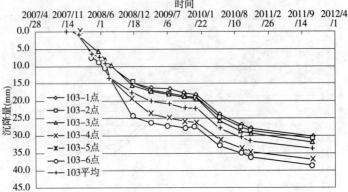

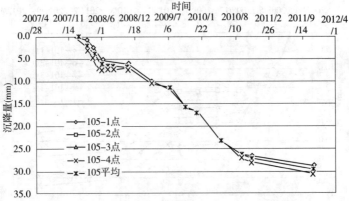

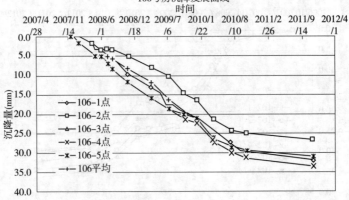

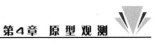

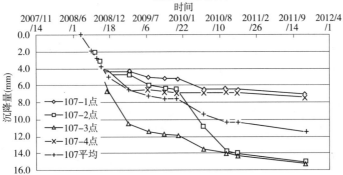

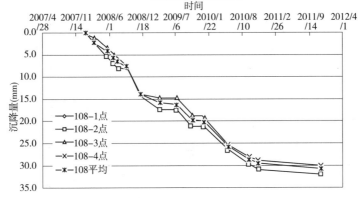

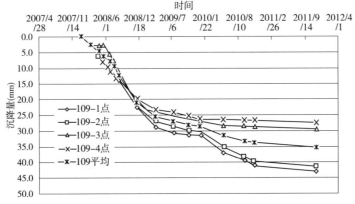

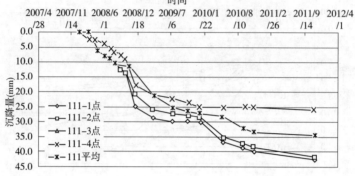

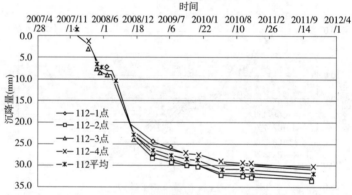

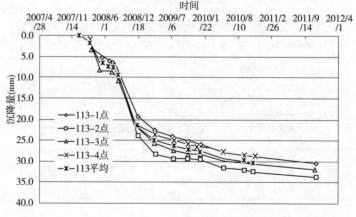

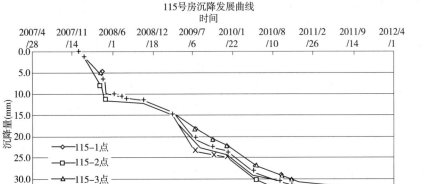

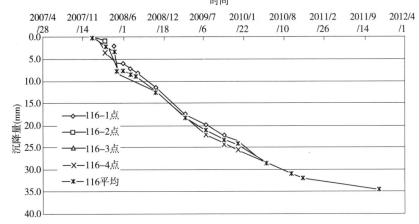

案例三　大华公园世家 D 地块软土地基多塔楼整体地下结构的实施与沉降计算方法研究

一、研究背景

近年来，大底盘非人防地库多塔楼结构形式得到广泛采用。这一方式可以充分利用地下空间，为解决新建住宅小区日益突出的停车难问题提供了有力的解决

609

方案。由于大地库与住宅楼的荷载差异大,可能引起地下车库与住宅楼地下室之间的差异沉降,并从而引起结构次生应力,影响建筑物结构安全。为降低差异沉降及次生应力的不利影响,设计与施工中通常在主楼和大地库之间设置后浇带。上海地区地下水位埋深浅,施工过程中需要维持工程降水至后浇带封闭,施工中尚需解决混凝土分阶段浇筑和拼接处防水等难题,后期存在渗漏风险,工程进度也会受到一定延迟,也不可避免导致工程造价显著增加。但在实际工程中发现,主楼与地库之间的差异沉降远小于按照现行规范推荐方法得到的计算值,按照实际情况可以不设置后浇带。由此,若不考虑设置后浇带,设计需要分析大地库与住宅楼变形协调问题,实际操作中又缺乏可依赖的技术依据。

大华公园世家 D 地块采用了大底盘车库多塔楼结构形式,由一层整体地下车库、6 幢 14 层和 4 幢 18 层的高层建筑组成,地下车库的外缘尺寸为东西向约 183m,南北向约 110m。为了深入分析设后浇带的必要性,建设方上海大华集团有限公司在设计阶段专门委托开展了专题数值分析研究。专题研究结果表明,地库与塔楼之间的差异沉降显著,为满足高层建筑地下室的底板与地下车库底板同标高连通、确保工程安全,有必要设置后浇带。建设方采纳了这一成果,并在该工程的设计和施工中,于地下车库的顶板、底板与高层建筑地下室之间设置了后浇带。

为了进一步实证地库与高层建筑之间差异沉降的产生与发展、对设置后浇带的必要性进行评估,建设方大华集团公司又委托同济大学实施了"大华公园世家 D 地块软土地基多塔楼整体地下结构的实施与沉降计算方法研究"。项目主要参与人员有:应祚志、高大钊、钟海中、韦小犁、崔海勇、邱平、高文辉、李韬、乐万强、陆敏。

项目主要包括以下研究内容:

(1)对大底盘多塔楼建筑物沉降进行全过程监测分析。

(2)对影响补偿效应的各因素进行规律性分析,并提出补偿效应量化分析方法。

(3)对大面积开挖卸荷引起的补偿效应进行分析并提出考虑补偿效应的沉降计算方法。

(4)采用本文提出的沉降计算方法分析建筑物沉降并与实测结果对比,对类似工程设计及后浇带设计提出参考建议。

二、大华公园世家 D 块大底盘多塔楼项目简介

1.大华公园世家 D 块大底盘多塔楼项目工程地质条件简介

根据拟建工程的岩土工程勘察报告,场地的工程地质条件概况如下:

（1）工程地质条件：场地浅层分布有填土层、第②₁层粉质黏土和第②₃层砂质粉土，缺失上海地区正常沉积区域常见的第⑤层黏土层；土质较硬的第⑥层粉质黏土层埋深约16m，厚度4~5m，适宜作为一般多层建筑物桩基持力层；第⑦₁层砂质粉土埋深21m，厚度约3m，适宜作为一般建筑物桩基持力层；第⑦₂层粉砂层埋深约24m，厚度5~6m，是良好的桩基承载力。

各土层工程性质参数如例表4.3-1所示。

各土层工程性质参数　　　　　　　　　　　　　　例表4.3-1

土层	②₁	②₃	④	⑥₁	⑥₂	⑦₁	⑦₂	⑧₁₋₁	⑧₁₋₂	⑧₂₋₁	⑧₂₋₂	⑨
压缩模量（MPa）				9	10	21	26	7	7.5	26	15	60
f_s（kPa）	15	25	25	75	80	85	90	55	50	90		
f_p（kPa）				2 000	2 500	5 000	6 000			1 200	6 000	

（2）水文地质条件：浅部地下水位埋深约0.5m，地下车库开挖深度范围内主要涉及潜水。

2.建筑物桩基设计方案概况

根据设计方案，整体地库尺寸约119m×182.5m，开挖深度5m。地下车库底板顶面相对标高为−5.45m，底板厚度600mm，顶板顶面标高为−1.85m，顶板厚度400mm。建筑物顶板顶面相对标高−1.85m，板厚150mm。

本项目各建筑物基础设计参数汇总如例表4.3-2所示。

各建筑物基础设计参数汇总　　　　　　　　　　　例表4.3-2

建筑物编号	层数	等效尺寸（m×m）	底板厚度（mm）	桩型（mm×mm）	桩顶相对标高（m）	桩长（m）	桩数	桩基持力层	单桩承载力设计值（kN）
12	14	15.6×53	600	钢筋混凝土预制方桩300×300	−6.15	20	179	⑦₂	1 000
13	14	14×52	600	钢筋混凝土预制方桩300×300	−6.15	20	175	⑦₂	1 000
14	14	14×35	600	钢筋混凝土预制方桩300×300	−6.15	20	120	⑦₂	1 000

续上表

建筑物编号	层数	等效尺寸（m×m）	底板厚度（mm）	桩型（mm×mm）	桩顶相对标高(m)	桩长（m）	桩数	桩基持力层	单桩承载力设计值(kN)
17	18	15×22	800	钢筋混凝土预制方桩 350×350	-6.35	20	73	⑦₂	1 300
18	18	15×22	800	钢筋混凝土预制方桩 350×350	-6.35	20	72	⑦₂	1 300
19	18	15×16.4	800	钢筋混凝土预制方桩 350×350	-6.35	20	72	⑦₂	1 300
20	18	15×22	800	钢筋混凝土预制方桩 350×350	-6.35	20	73	⑦₂	1 300
23	14	15.6×53	600	钢筋混凝土预制方桩 300×300	-6.15	20	179	⑦₂	1 000
24	14	14×52	600	钢筋混凝土预制方桩 300×300	-6.35	20	175	⑦₂	1 000
25	14	14×35	600	钢筋混凝土预制方桩 300×300	-6.15	20	120	⑦₂	1 000
车库	-1		600	天然地基					

3.大底盘多塔楼整体数值分析研究结果简介

根据同济大学 2006 年 7 月提交的《软土地基多塔楼整体地下结构的研究》报告,对本工程主要取得以下研究结果:

(1)14 层建筑最大沉降为 87mm,短边的沉降差和倾斜分别为 6mm 和 0.10%,长边的沉降差和倾斜分别为 11mm 和 0.04%,建筑物边缘与邻近地下室柱之间的最大沉降差和倾斜分别为 17mm 和 0.22%。

(2)18 层建筑最大沉降量为 92mm,短边的沉降差和倾斜分别为 7mm 和 0.11%,长边的沉降差和倾斜分别为 11mm 和 0.1%,建筑物边缘与邻近地下室柱之间的最大沉降差和倾斜分别为 16mm 和 0.20%。

(3)基于上海规范的计算所得到的沉降要比基于三维有限元整体分析的计算结果小一些,其幅度大致为 11%。

(4)由于地下室的补偿作用,整个中心区域的建筑物对周边区域的沉降影响不大。当离开中心区域建筑物边缘线 8m 时,地基沉降为 29.5mm;当离开中心区域建筑物边线 28m 时,地基沉降为 7.7mm;当离开中心区域建筑物边线 48m 时,地基沉降为 0.6mm。因此,在计算周边区域建筑物沉降时,可不考虑中心区域的影响。

(5)计算得到的绝对沉降控制在 80~90mm,高低层连接部分的底板内力较大,很难用于配筋计算,宜考虑施工后浇带的有利作用以降低连接部分的底板内力。

三、原型观测方案简介

1.建筑物沉降观测点布置

本项目沉降观测点的布置方案如下:

(1)根据建筑物的不同长度,在周边布置不同数量的观测点:对 12 号、13 号、23 号、24 号和 25 号楼,每幢各布置 6 个测点;对 14 号、17 号、18 号、19 号和 20 号楼,每幢建筑物各布置 4 个测点,共布置 50 个沉降观测点,如例表 4.3-3 所示。

建筑物沉降观测点统计表 例表 4.3-3

建筑物编号	观测点编号	建筑物编号	观测点编号
12	12-1~12-6	19	19-1~19-2(19-1 和 19-2 点破坏)
13	13-1~13-6(13-2 和 13-5 点破坏)	20	20-1~20-4
14	14-1~14-4	23	23-1~23-6
17	17-1~17-4	24	24-1~24-6
18	18-1~18-4(18-2 点破坏)	25	25-1~25-6

(2)在 10 幢建筑物底板的中心点各布置 1 个观测点,共布置 10 个测点。

(3)考虑到在顶板上的测量受施工的干扰将会比较大,同时也为了减少测量工作量,因此原计划将测量的重点放在底板上,而在顶板上只设置少数检验控制性的测点。地下车库的柱网比较有规则,柱网的一般间距为 8.1m,为了便于识别与保护测点,地下车库内的测点统一设置在地下室立柱底部,采用隔柱布置测点的方式,在部分轴线交叉点的立柱上共布置 37 个测点,构成 4 个横断面和 2 个纵断面,如例表 4.3-4 所示。

地下车库底板沉降观测点位置一览表　　　　　　例表 4.3-4

剖面	五		六	七	八				九		十			
轴线	3	5	7	9	11	13	15	16	17	18	20	22	24
B				1				2					
一　　D	3	4	5	6	7	8	9	10		11	12	13	
二　　F	14	15	16	17			18						
1/G										20			
H				19									
J										25			
三　　K	21	22	23	24									
1/K										26	27	28	
M				29				30					
四　　N			31	32	33	34	35	36	37				

由于施工期间的地下室中障碍物极多,造成无法通视,因此将沉降观测点全部移到了地下室的顶板上。

(4)综上,在建筑物和地下车库共布置沉降观测点 97 个。

2.测量依据的技术标准

(1)上海市工程建设标准《地基基础设计规范》(DGJ 08-11—1999)。

(2)中华人民共和国行业标准《建筑变形测量规程》(JGJ/T 8—1997)。

3.沉降观测的技术要求

采用二级水准测量,标高引自工地半永久性水准点,并设置备用的临时水准点,形成控制性的网络。

初读数 1 次,高层建筑每建造 1 层测量 1 次,封顶以后第 1 年内每 3 个月测量 1 次,第 2 年及以后,每半年观测 1 次,直至沉降稳定。

终止沉降观测的稳定标准为连续两次,半年沉降量不超过 2mm。

4.施工工况记录

根据施工过程中有关工况的记录,整理出各建筑物施工进展情况如例表 4.3-5 所示。

各建筑物施工工况汇总

例表 4.3-5

楼层	12号楼	13号楼	14号楼	17号楼	18号楼	19号楼	20号楼	23号楼	24号楼	25号楼
初始点	2006-8-29	2006-8-29		2006-8-29					2006-9-13	
1层	2006-9-9	2006-9-11		2006-9-21	2006-8-29（初始点）	2006-9-7（初始点）		2006-9-23	2006-10-3	
2层	2006-9-17	2006-9-17	2006-7-25（初始点）	2006-10-3	2006-9-25	2006-9-17		2006-10-3	2006-10-9	
3层	2006-9-25	2006-9-25	2006-8-15	2006-10-10	2006-10-3	2006-9-23	2006-8-21（初始点）	2006-10-9	2006-10-30	2006-9-11（初始点）
4层	2006-10-3	2006-10-9	2006-8-18	2006-10-16	2006-10-10		2006-9-2	2006-10-23	2006-11-7	2006-9-23
5层	2006-10-10	2006-10-17	2006-8-21	2006-10-23	2006-10-17	2006-10-3	2006-9-7	2006-10-30	2006-11-13	2006-10-3
6层	2006-10-17	2006-10-25	2006-8-25	2006-10-30	2006-10-23	2006-10-10	2006-9-17	2006-11-7	2006-11-28	2006-10-9
7层	2006-10-25	2006-10-31	2006-8-31	2006-11-7	2006-10-30	2006-10-16	2006-9-23	2006-11-13	2006-12-11	2006-10-16
8层	2006-10-31	2006-11-7	2006-9-7	2006-11-13	2006-11-7	2006-10-23		2006-11-28	2006-12-18	2006-10-23
9层	2006-11-7	2006-11-14	2006-9-17	2006-11-20	2006-9-25	2006-10-30	2006-10-3	2006-12-11	2006-12-25	2006-10-30
10层	2006-11-14	2006-11-28		2006-8-29		2006-11-7	2006-10-10	2006-12-18	2006-12-31	2006-11-7
11层	2006-11-20	2006-12-12			2006-11-13	2006-11-13		2006-12-25	2007-1-10	2006-11-13
12层	2006-12-4			2006-12-4	2006-11-29		2006-10-17	2006-12-31	2007-1-18	2006-11-29

续上表

楼层	12号楼	13号楼	14号楼	17号楼	18号楼	19号楼	20号楼	23号楼	24号楼	25号楼
13层	2006-12-19	2006-12-19				2006-11-20	2006-10-30	2007-1-10	2007-1-24	2006-12-11
14层	2006-12-31	2006-12-31	2006-12-5	2006-12-18	2006-12-12	2006-11-29	2006-11-7	2007-1-22	2007-1-30	2006-12-25
15层	2007-1-18(工后)	2007-1-18(工后)	2006-12-31(工后)	2006-12-25		2006-12-11	2006-11-13	2007-1-30(工后)	2006-9-13(工后)	2007-1-9(工后)
16层			2007-1-18(工后)	2006-12-31	2006-12-18	2006-12-18	2006-11-20			2007-1-24(工后)
17层				2007-1-9	2006-12-31	2006-12-25	2006-12-4(工后)			
18层				2007-1-29(工后)	2007-1-9	2007-1-9(工后)	2007-1-10(工后)			
					2007-1-29(工后)	2007-1-29(工后)	2007-1-24(工后)	2007-5-13	2007-5-13	
	2007-5-13(工后)	2007-5-13(工后)		2007-5-13(工后)	2007-5-13(工后)	2007-5-13(工后)	2007-5-13(工后)	2007-5-13(工后)	2007-5-13(工后)	2007-5-13(工后)

四、原型观测成果分析

1.各建筑物平均沉降变化分析

例图4.3-1~例图4.3-10所示为建筑物平均沉降的发展变化。

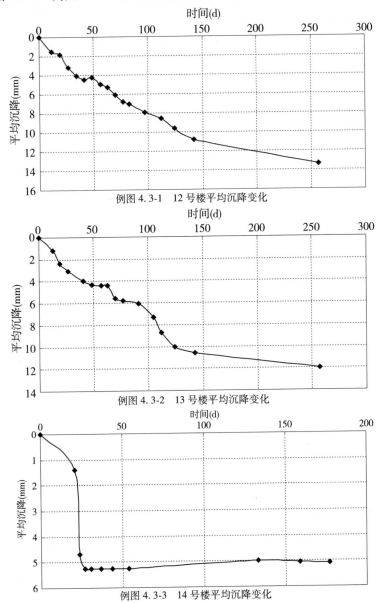

例图4.3-1　12号楼平均沉降变化

例图4.3-2　13号楼平均沉降变化

例图4.3-3　14号楼平均沉降变化

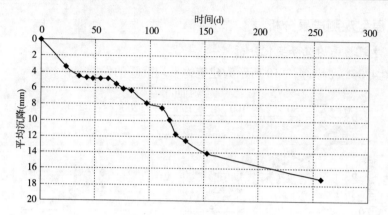

例图 4.3-4　17 号楼平均沉降变化

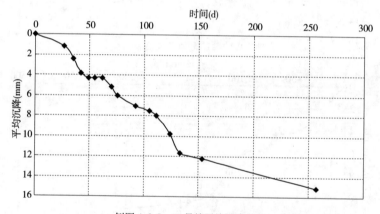

例图 4.3-5　18 号楼平均沉降变化

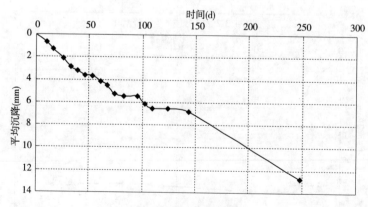

例图 4.3-6　19 号楼平均沉降变化

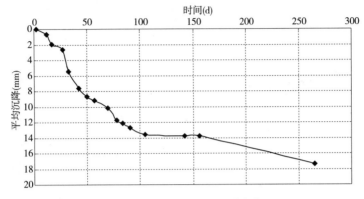

例图 4.3-7 20 号楼平均沉降变化

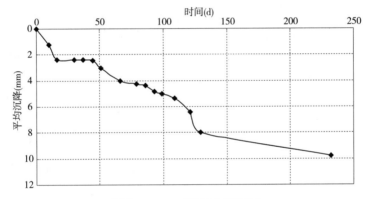

例图 4.3-8 23 号楼平均沉降变化

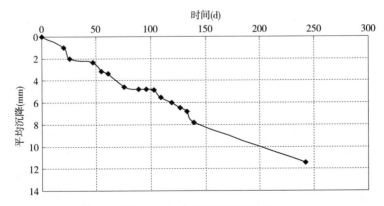

例图 4.3-9 24 号楼平均沉降变化

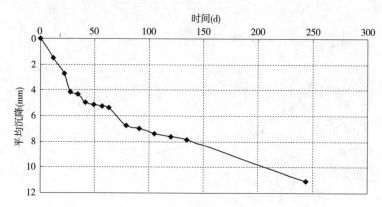

例图 4.3-10　25 号楼平均沉降变化

从各图所示成果可见,其中 19 号、24 号和 25 号三幢建筑物沉降曲线显示仍有相对比较显著的沉降增加趋势,其他建筑物已经呈现稳定趋势。

截至 2007 年 5 月 13 日的观测结果显示,各建筑物平均沉降量如例表 4.3-6 所示。

实测建筑物平均沉降量　　　　　　　　　　　　　　　　　　　例表 4.3-6

项目　　　楼号	12 号	13 号	14 号	17 号	18 号	19 号	20 号	23 号	24 号	25 号
层数	14	14	14	18	18	18	18	14	14	14
平均沉降(cm)	1.3	1.2	—	1.7	1.5	1.3	1.7	1.0	1.1	1.1
长边差异沉降(cm)	0.5	0.1	—	0.2	0.4	0.1	—	0.3	1.0	0.4
短边差异沉降(cm)	0.2	0.1	—	0.1	0.2	—	0.7	0.2	0.6	0.1

根据《软土地基多塔楼整体地下结构的研究》成果报告,整体三维有限元计算得到的建筑物最终沉降量约 9cm,建筑物与地下室立柱之间的最大沉降差和倾斜分别为 16~17mm 和 0.2%;建筑物沉降和倾斜最大值分别为:长边约 1cm 和 0.1% 以内,短边 6~7mm 和 0.1%。

实测结果表明,建筑物差异沉降与计算结果的差别较小,但计算的建筑物最终沉降量与结构封顶后 4~5 个月时的沉降监测值相比而言存在非常大的差异。

根据上海地区常规工程经验,类似地质条件下,建筑物结构封顶的沉降量可以占最终沉降量的 50%~60%,故预计建筑物最终平均沉降量很可能在 3~4.0cm 范围内。这将与计算结果之间存在较大差异。

2.地下车库各监测点沉降变化曲线

如例图 4.3-11~例图 4.3-47 所示为地下车库底板上各沉降监测点的沉降随时间的变化。为了便于对比,本部分的分析中开始时间为监测点布设之时间 2006 年 7 月 27 日。

3.地下车库底板各剖面沉降分布

本部分主要给出了地下车库各主要监测剖面沉降分布的变化。图中各点坐标参照系原点为 A-1 轴与 1 轴角点。各剖面位置与监测点如例表 4.3-6 所示。

例图 4.3-48~例图 4.3-56 所示为各剖面的沉降分布变化。由于剖面五资料不全,无法绘制完整的剖面沉降曲线,故此处不再列出。

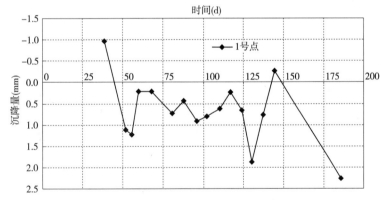

例图 4.3-11 地下车库 1 号点沉降变化

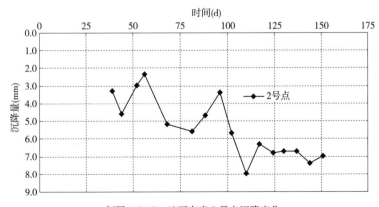

例图 4.3-12 地下车库 2 号点沉降变化

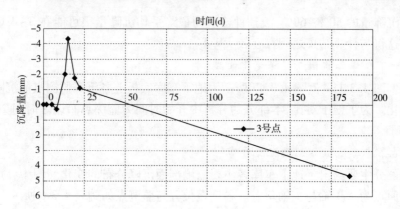

例图 4.3-13　地下车库 3 号点沉降变化

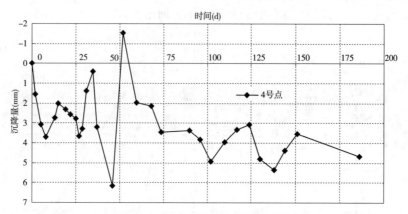

例图 4.3-14　地下车库 4 号点沉降变化

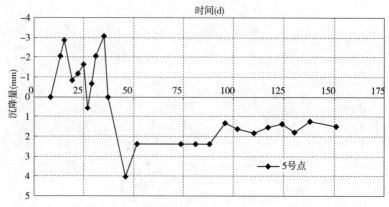

例图 4.3-15　地下车库 5 号点沉降变化

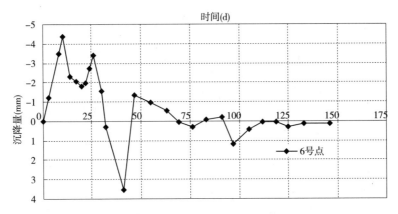

例图 4.3-16　地下车库 6 号点沉降变化

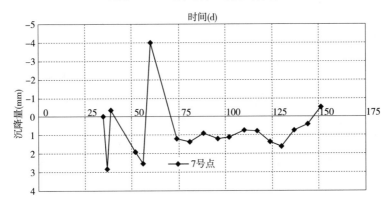

例图 4.3-17　地下车库 7 号点沉降变化

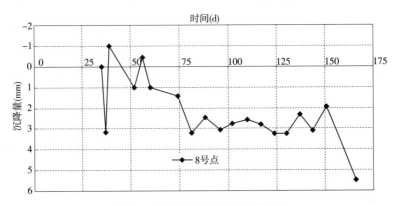

例图 4.3-18　地下车库 8 号点沉降变化

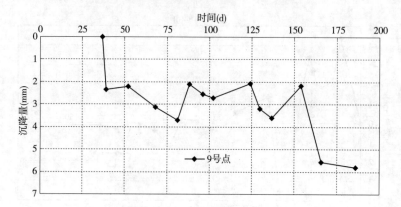

例图 4.3-19 地下车库 9 号点沉降变化

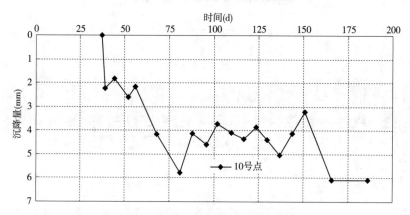

例图 4.3-20 地下车库 10 号点沉降变化

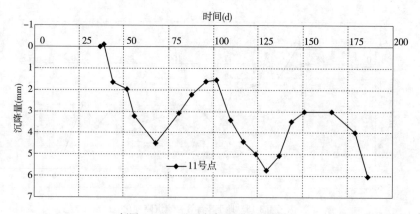

例图 4.3-21 地下车库 11 号点沉降变化

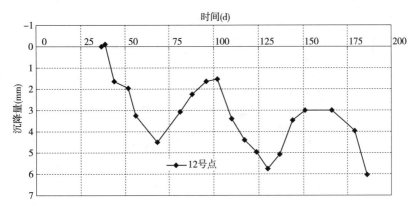

例图 4.3-22　地下车库 12 号点沉降变化

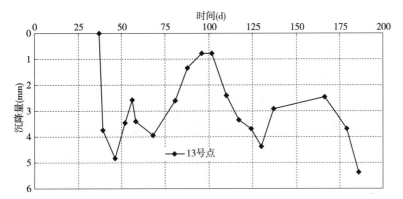

例图 4.3-23　地下车库 13 号点沉降变化

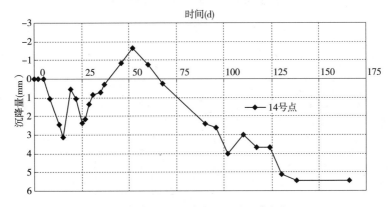

例图 4.3-24　地下车库 14 号点沉降变化

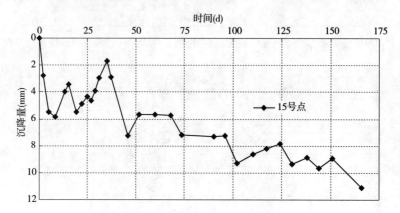

例图 4.3-25　地下车库 15 号点沉降变化

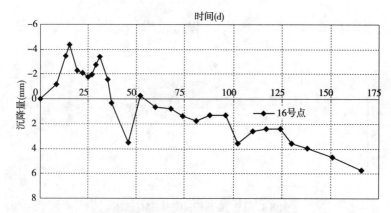

例图 4.3-26　地下车库 16 号点沉降变化

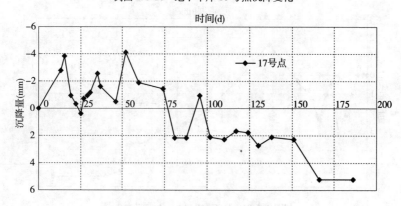

例图 4.3-27　地下车库 17 号点沉降变化

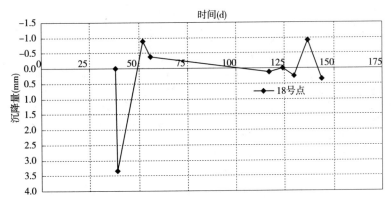

例图 4.3-28　地下车库 18 号点沉降变化

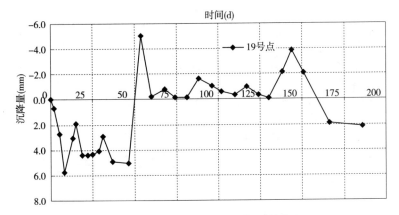

例图 4.3-29　地下车库 19 号点沉降变化

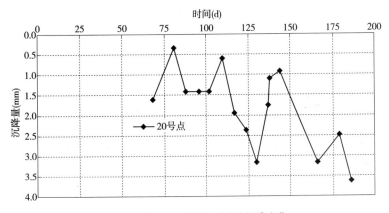

例图 4.3-30　地下车库 20 号点沉降变化

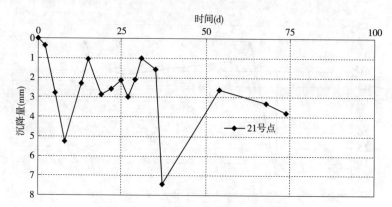

例图 4.3-31　地下车库 21 号点沉降变化

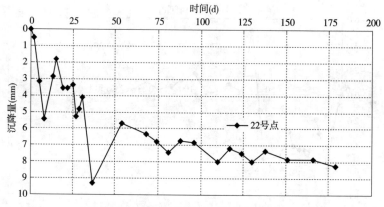

例图 4.3-32　地下车库 22 号点沉降变化

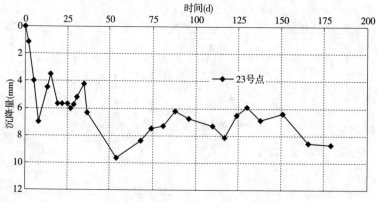

例图 4.3-33　地下车库 23 号点沉降变化

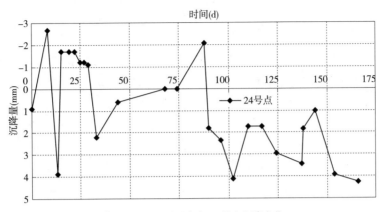

例图 4.3-34　地下车库 24 号点沉降变化

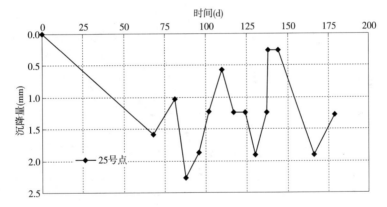

例图 4.3-35　地下车库 25 号点沉降变化

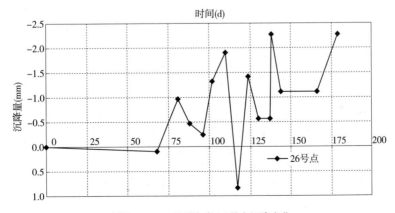

例图 4.3-36　地下车库 26 号点沉降变化

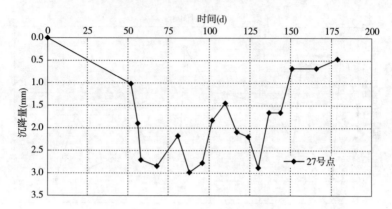

例图 4.3-37　地下车库 27 号点沉降变化

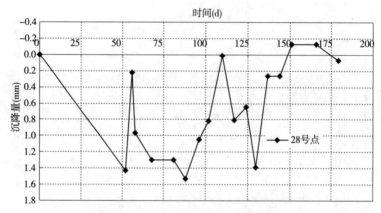

例图 4.3-38　地下车库 28 号点沉降变化

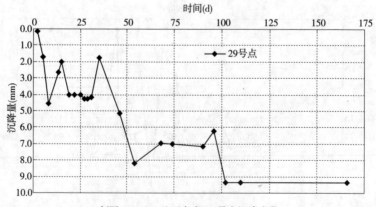

例图 4.3-39　地下车库 29 号点沉降变化

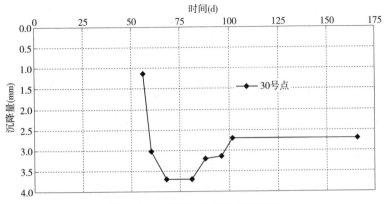

例图 4.3-40　地下车库 30 号点沉降变化

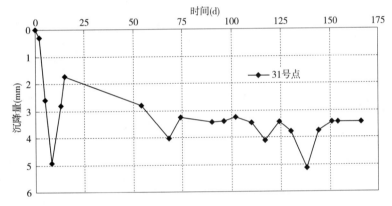

例图 4.3-41　地下车库 31 号点沉降变化

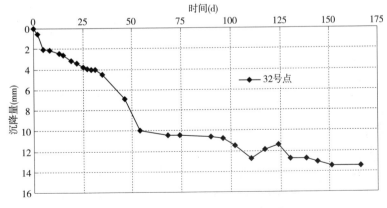

例图 4.3-42　地下车库 32 号点沉降变化

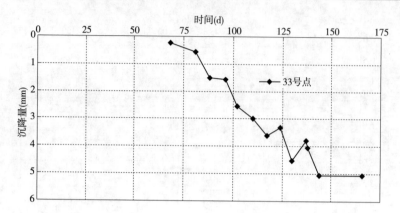

例图 4.3-43　地下车库 33 号点沉降变化

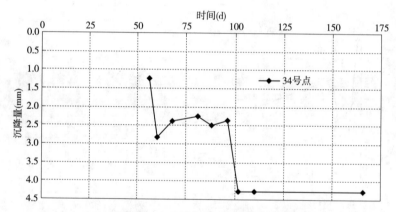

例图 4.3-44　地下车库 34 号点沉降变化

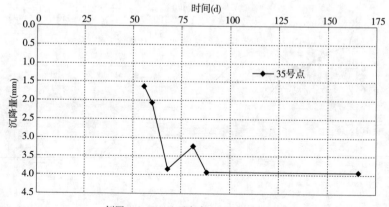

例图 4.3-45　地下车库 35 号点沉降变化

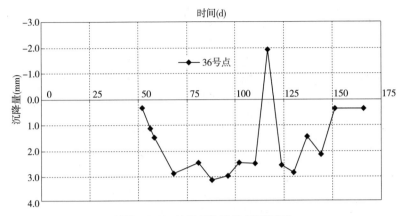

例图 4.3-46　地下车库 36 号点沉降变化

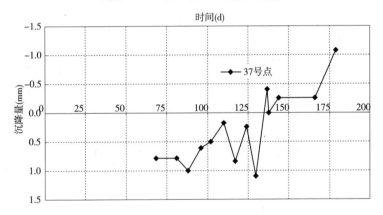

例图 4.3-47　地下车库 37 号点沉降变化

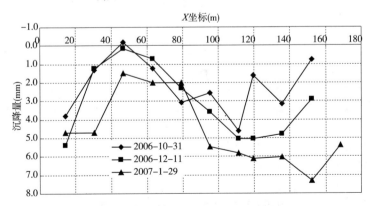

例图 4.3-48　地下车库剖面一沉降分布变化

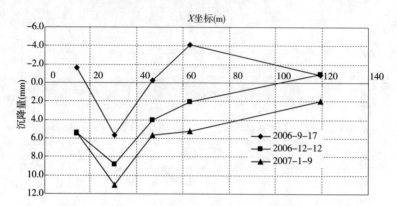

例图 4.3-49　地下车库剖面二沉降分布变化

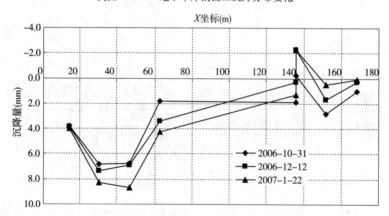

例图 4.3-50　地下车库剖面三沉降分布变化

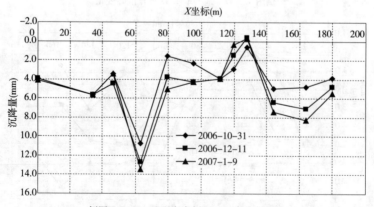

例图 4.3-51　地下车库剖面四沉降分布变化

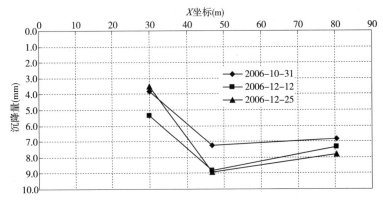

例图 4.3-52 地下车库剖面六沉降分布变化

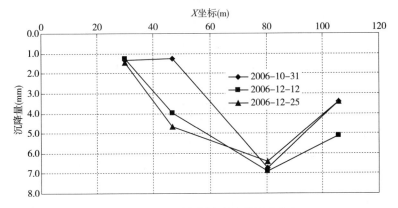

例图 4.3-53 地下车库剖面七沉降分布变化

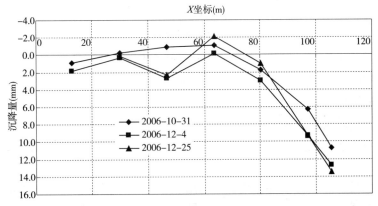

例图 4.3-54 地下车库剖面八沉降分布变化

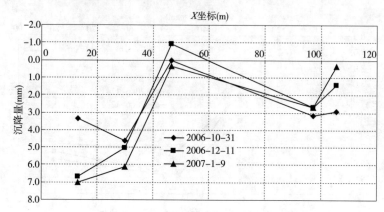

例图 4.3-55　地下车库剖面九沉降分布变化

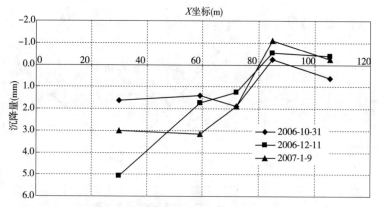

例图 4.3-56　地下车库剖面十沉降分布变化

从上述各图可见,地下车库底板各剖面的沉降分布规律在时间过程中的变化是基本稳定的。可以看出,在距离建筑物近的底板监测点沉降量要明显大于距离较远监测点的沉降量。另外,从上述各图所示地库沉降监测结果看,地库的沉降量非常小,且相对比较稳定。

4.建筑物与地下车库差异沉降分析

为了分析建筑物与地下车库差异沉降的情况,本报告对最后几次获取的建筑物与地下车库底板沉降监测成果做了汇总,并在同一平面内绘制等值线图,如例图4.3-57所示。

为了分析浇筑后浇带时建筑物与地库底板之间可能发生的最大差异沉降量,本次将所有建筑物结构封顶后各建筑物最大沉降点与邻近地库底板沉降最小点的

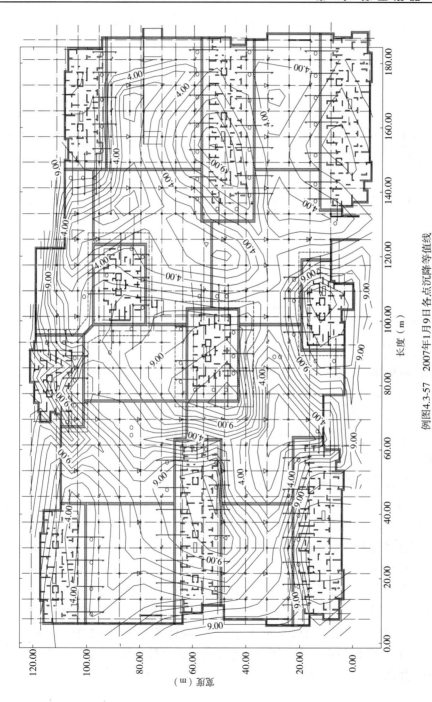

例图4.3-57 2007年1月9日各点沉降等值线

637

差异沉降量(是为可考虑的最不利情况)汇总如例表 4.3-7 所示。

建筑物与邻近地库底板差异沉降汇总 例表 4.3-7

建筑物编号	时　　间	建筑物最大沉降(cm)	邻近底板最小沉降(cm)	差异沉降量(cm)
12 号楼	2007-1-18	-1.4	0	1.4
13 号楼	2007-1-18	1.2	0.2	1.0
14 号楼	2007-1-18	0.6	0.2	0.4
17 号楼	2007-1-29	1.6	0.0	1.6
18 号楼	2007-1-29	1.4	0.2	1.2
19 号楼	2007-1-29	0.7	0.0	0.7
20 号楼	2007-1-24	1.6	0.3	1.3
23 号楼	2007-1-30	1.2	0.5	0.7
24 号楼	2007-1-30	1.2	0.0	1.2
25 号楼	2007-1-24	0.9	0.0	0.9
平均最大差异沉降(cm)				1.0

从图表中所示沉降等值线分布情况可见,各建筑物所在区域属于临近底板区域内沉降最大的部分;从建筑物周边等值线的密集度可以看出,车库底板与建筑物之间存在一定差异沉降,差异沉降最大值为 1.6cm,平均值为 1cm。保守估计,若不考虑后期地下车库增加的荷载,以目前沉降量为车库最终稳定沉降量,则建筑物与地下车库之间的差异沉降也将不超过 2cm。

五、大底盘多塔楼整体地下结构建筑物沉降计算方法研究

通常对本报告研究对象而言,采用常规的沉降计算方法无法得到符合实际情况的沉降计算结果,采用整体三维有限元数值分析也不便于设计单位掌握,设计中往往需要参考较多的经验判断。如何以最简便的方法获得符合实际的沉降计算结果,是一个值得研究的问题。

对整体大底盘多塔楼类项目中建筑物沉降计算中要考虑更多的因素:

首先,大面积土体开挖将引起土体的卸荷回弹,也会对建筑物变形产生一定的补偿作用。整体大底盘多塔楼建筑物的单体沉降计算中有必要考虑其影响。

其次,由于大范围上覆有效压力的减小和开挖补偿作用,对单体建筑物的沉降计算仍采用基于单体建筑物的沉降计算方法是不完善的。

再次,大华地区及上海范围内的工程实践及相关研究成果表明,对单体建筑物,按照规范推荐的沉降计算方法得到的最终沉降量比实际值要高出很多,沉降计算公式中的经验修正系数需要根据地质条件和桩型条件进行调整,比如在本工程所处的地质条件下,单幢建筑物沉降计算经验系数宜取 0.6 甚至更小。

本章将结合大华公园世家 D 块大地盘多塔楼工程对建筑物"考虑大面积开挖补偿效应的沉降计算方法"加以探讨。

1.大地库开挖对建筑物沉降的影响分析

基坑土体的开挖卸荷,引起土体内部应力场的变化,导致土体会产生一定的回弹或膨胀。考虑到土体的应力场变化导致的土体变形是一个时间过程,因此,对于一个具体工程而言,开挖后卸荷回弹或膨胀的作用也会随着时间变化而发展。相对于施工期而言,基坑开挖的时间相对较短,但开挖卸荷对变形的作用则会在施工乃至工后的全过程内发生作用。因此,只有针对大地库开挖的最终影响展开分析,才是相对客观的。

由于基坑开挖引起的卸荷作用,将对开挖区域周围产生一定量的竖向应力变化,在方向上是与重力方向相反的。假设该开挖区域邻近有建筑物附加荷载作用,则此应力变量将对建筑物附加荷载产生一定抵消作用。

若基坑开挖后在全面积范围内均匀施加荷载,若底板底面下的附加荷载水平刚好等同于该深度处有效土压力,则土体内应力场恢复平衡。但是若仅在局部面积内施加分布荷载,其他区域内的土体开挖卸荷将导致局部面积基础下的土体内附加应力受到一定的抵消,进而对沉降产生影响。对大底盘多塔楼工程中采用桩基础的建筑物而言,大面积开挖的影响可能有:

(1)减小了桩端下压缩层内附加应力。

(2)减小了压缩层厚度。

(3)减小了建筑物沉降量。

(4)对邻近大地库边缘的建筑物,由于建筑物两侧的不均匀开挖卸荷,有可能导致建筑物发生不均匀沉降。

若不考虑邻近土体开挖卸荷导致的回弹再压缩效应,将过大地估计建筑物可能产生的沉降,进而过大地估计建筑物周围地板与建筑物地板之间的差异沉降,最终使得设计人员不得不在设计方案中采用后浇带的工艺才能消除过大差异沉降带来的结构次生应力过大问题,这就直接增加了工程投资、延长了工程建设周期。

因此,合理估计多塔楼大底盘类工程的沉降量,就要采用合理的计算模式。基于上述分析,本文将对此类工程的建筑物沉降计算方法做深入探讨。

2.考虑大面积开挖补偿效应的沉降计算方法研究

1)计算方法思路

结合上海地区《地基基础设计规范》(DGJ 08-11—1999)中推荐的桩基沉降量计算方法和竖向分布荷载作用的 Boussinesq 应力解,就可以对"考虑大面积开挖应力补偿效应"后建筑物沉降量进行修正计算。具体计算方法思路如下:

(1)采用上海地区《地基基础设计规范》(DGJ 08-11—1999)第6.4.2条方法,采用 Geddes 基于 Mindlin 应力公式积分得出单桩荷载在半无限体中的应力解析式,通过求和,得到建筑物附加荷载引起的桩端土体内任意一点的附加应力。

假定群桩中各桩具有完全相同的受荷特性,按简单叠加法原则即可计算群桩荷载在地基中产生的竖向应力,则公式也可以用下式表示为:

$$\sigma_{z1} = \frac{Q}{L^2} \sum_{j=1}^{k} \left[\alpha I_{p,j} + (1-\alpha) I_{s,j} \right] \qquad (例 4.3\text{-}1)$$

桩的端阻力可以假定为集中力,桩侧摩阻力可假定为沿桩身均匀分布和沿桩身线性增长两种形式。

对桩端的集中力情况:

$$I_p = \frac{1}{8\pi(1-\mu)} \left[\frac{-(1-2\mu)(m-1)}{A^3} + \frac{(1-2\mu)(m-1)}{A^3} - \frac{3(m-1)^3}{A^5} - \right.$$
$$\left. \frac{3(3-4\mu)m(m+1)^2 - 3(m+1)(5m-1)}{B^5} - \frac{30m(m+1)^3}{B^7} \right] \qquad (例 4.3\text{-}2)$$

对桩侧摩阻力沿桩身线性增长的情况:

$$I_s = \frac{1}{4\pi(1-\mu)} \left[\frac{-2(2-\mu)}{A} + \frac{2(2-\mu)(4m+1) - 2(1-2\mu)(1+m)m^2/n^2}{B} + \right.$$

$$\frac{2(1-2\mu)m^3/n^2 - 8(2-\mu)m}{F} + \frac{mn^2 + (m-1)^3}{A^3} +$$

$$\frac{4\mu n^2 m + 4m^3 - 15n^2 m - 2(5+2\mu)(m/n^2)(m+1)^3 + (m+1)^3}{B^3} +$$

$$\frac{2(7-2\mu)mn^2 - 6m^3 + 2(5+2\mu)(m/n)^2 m^3}{F^3} +$$

$$\frac{6mn^2(n^2 - m^2) + 12(m/n)^2(m+1)^5}{B^5} -$$

$$\frac{12\,(m/n)^2m^5+6mn^2(n^2-m^2)}{F^5}-2(2-\mu)\ln\left(\frac{A+m-1}{F+m}\cdot\frac{B+m+1}{F+m}\right)\Big]$$

（例4.3-3）

式中：$A=\sqrt{n^2+(m-1)^2}$、$B=\sqrt{n^2+(m+1)^2}$、$F=\sqrt{n^2+m^2}$、$n=r/L$、$m=z/L$；

　　μ——地基土的泊松比，上海地区一般可取0.4；

　　r——计算点离开桩身轴线的水平距离；

　　z——计算应力点离承台底面的竖向距离；

（2）采用竖向矩形分布荷载作用的 Boussinesq 应力解，计算桩端下土体中任意一点由于土体开挖卸荷引起的负向补偿应力：

$$\hat{\sigma}_z=\frac{p_e}{2\pi}\left[\arctan\frac{m}{n\sqrt{1+m^2+n^2}}+\frac{mn}{\sqrt{1+m^2+n^2}}\left(\frac{1}{m^2+n^2}+\frac{1}{1+n^2}\right)\right]$$

（例4.3-4）

式中，$m=\dfrac{L}{B}$，$n=\dfrac{z}{B}$，其中，L 为矩形长边（m），B 为矩形的短边（m），z 为土体中任意点的深度（m），即桩端下土体内任意计算点的深度；p_e 为土体开挖卸载量（kPa）。

对于开挖区域中的任意一个桩位，均可以根据桩位将开挖区域划分为4个小矩形荷载分布区域，分别计算补偿应力后叠加，即可得到大面积开挖对任意一个桩位下土体中任意一点的补偿应力。

（3）计算桩端下土体内附加荷载：

$$\sigma_z=\sigma_{z1}-\hat{\sigma}_z$$

（例4.3-5）

（4）得到补偿后的附加应力计算结果后，可采用上海地区《地基基础设计规范》（DGJ 08-11—1999）第6.4.2条单向压缩的分层总和法进行沉降计算：

$$S=\psi_m\sum_{t=1}^{T}\frac{1}{E_{s,t}}\sum_{i=1}^{n_t}\sigma_{z,t,i}\Delta H_{t,i}$$

（例4.3-6）

式中：ψ_m——沉降计算经验系数；

　　$E_{s,t}$——桩端平面下第 t 层土在自重压力至自重压力加附加压力作用时的压缩模量，MPa；

　　$\sigma_{z,t,i}$——桩端平面下第 t 层土的第 i 个分层处土体的竖向附加应力，kPa；

　　$\Delta H_{t,i}$——桩端平面下第 t 层土的第 i 个分层的厚度，m。

按照上述思路，研制了计算程序，在不考虑大开挖补偿的情况下，可退化为上海市《地基基础设计规范》(DGJ D8-11—1999)推荐方法的计算程序。

2)考虑大面积开挖补偿效应沉降计算算例

以大华公园世家 D 块 13 号楼为例,对本报告提出的沉降计算方法进行试算,以检验计算方法的有效性。13 号楼的基础设计参数如例表 4.3-8 所示。

13 号楼基础设计参数　　　　　　　　　　　例表 4.3-8

建筑物名称	建筑物层数	等效尺寸(m×m)	底板厚度(mm)	桩型(mm)	桩顶相对标高(m)	桩长(m)	桩数	桩基持力层	单桩承载力设计值(kN)
13 号楼	14	14×52	600	钢筋混凝土预制方桩300×300	−6.15	20	175	⑦₂	1 000

13 号楼东侧、南侧、北侧开挖深度5m,西侧则邻近未开挖区域。假定可考虑的计算范围为:东侧为 2 倍建筑物等效宽度,南侧和北侧各 2 倍建筑物等效宽度。则计算区域为80m(东西向长度)×70m(南北向长度)。本算例中同样按照上海市地基基础设计规范推荐的桩基沉降计算方法对不考虑大开挖影响的桩基沉降量做了计算。为了简化计算,对 13 号楼基础采用了例表 4.3-8 所示的等效尺寸,且桩基均匀分布。计算结果对比如例表 4.3-9 所示。

大开挖补偿效应对计算沉降量的影响　　　　　例表 4.3-9

计算工况描述	计算沉降量(cm)	计算压缩层厚度(m)	实测结构封顶时沉降量(cm)	根据实测沉降推算最终沉降量(cm)
不考虑大开挖补偿	9.7	10	1.0	2.0
考虑大开挖补偿	2.9	4		

注:表中计算沉降量均为各桩计算沉降量的平均值。

各种工况下建筑物中心点桩位处桩端下土体内附加应力分布如例图 4.3-58 所示。

根据类似地质条件下以往类似工程的经验总结,结构封顶时沉降量为最终沉降量的50%~60%。按照考虑大开挖补偿的计算沉降量推算,则结构封顶时建筑物沉降量预测值为 1.5~1.8cm。该值与实测结果对比差异比较小。

当然,本算例中假定的大开挖计算区域与实际的大开挖可能对建筑物产生影响的区域不完全一致。以下部分将对大开挖的影响边界做进一步分析。

3.整体大地库开挖的补偿效应分析

从上文算例来看,采用本书所提出的沉降计算方法应当是比较能够反映实际情况的。然而,整体大地库开挖卸荷对建筑物的沉降补偿效应,应当是有一定的边界的,即在建筑物周围一定区域范围内开挖将产生较为显著的补偿作用,超出该范围,其作用将不显著或者可以忽略了。

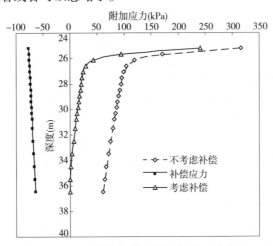

例图 4.3-58　桩端下土体压缩层内附加应力分布

为此,我们对可能影响补偿效应的因素加以分析,以期获取一些规律性的认识。可考虑的因素包括:开挖区域尺寸、开挖深度、桩端下土体强度或压缩性等。

(1)建筑物周围开挖补偿效应边界分析

仍以 13 号楼的工程条件为基础,假定该建筑物周围将环绕大面积开挖,假定开挖区域可能为不同的尺寸,建筑物的沉降及附加应力变化。

设建筑物尺寸为 lb,开挖区域尺寸沿建筑物轴线对称,沿建筑物长边开挖区域尺寸为 L,沿短边开挖尺寸为 B。若要考虑到地下车库结构荷载的影响,则计算沉降量应比例表 4.3-10 中结果略大。注意到本算例计算中暂未考虑周围地库结构荷载作用,仅为规律性探索。

不同开挖区域尺寸条件下建筑物计算沉降量　　　例表 4.3-10

L/l / B/b	1	1.5	2	2.5	3	5
1	9.7	5.5	5.1	5.0	5.0	5.0
1.5	4.4	3.9	3.7	3.6	3.6	3.6

续上表

L/l B/b	1	1.5	2	2.5	3	5
2	3.7	3.1	3.0	2.9	2.9	2.9
2.5	3.3	2.7	2.5	2.4	2.4	2.4
3	2.9	2.3	2.2	2.1	2.1	2.1
5	2.4	1.8	1.7	1.7	1.7	1.7

注:表中所示沉降计算结果单位为 cm。

从上面图中所示结果可见,若沿建筑物短边延长线方向的开挖区域宽度达到 2.5 倍短边长度后,开挖补偿效应已经不显著;若沿建筑物长边延长线方向开挖区域长度达到 1.5 倍长边长度后,开挖补偿效应已经不显著。因此,综合来看,整体地库开挖对建筑物沉降的补偿效应应在建筑物尺寸 2 倍以内,即在建筑物长短边两侧分别延伸 0.5~1 倍长边或短边尺寸,以便达到整体开挖补偿效应的边界。

另外,由例图 4.3-59 和例图 4.3-60 可见,在短边延长线上开挖尺寸变化产生的补偿作用影响大于长边延长线方向上开挖尺寸变化产生的补偿作用。

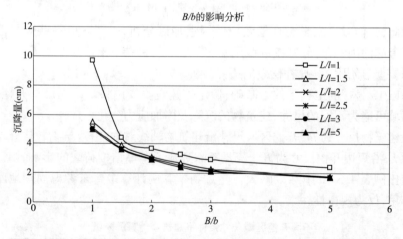

例图 4.3-59　建筑物短边延长线方向开挖尺寸与建筑物短边之比对计算沉降的影响

(2)开挖深度补偿效应边界

仍以 13 号楼的工程条件为基础,假定该建筑物周围将环绕大面积开挖,建筑物长边和短边分别为 l 和 b,开挖考虑为建筑物尺寸的 2 倍。假定大地库开挖深度在 1~8m 内变化,按照不同的开挖深度计算建筑物最终平均沉降量。计算结果如例表 4.3-11~例表 4.3-17 和例图 4.3-61 所示。

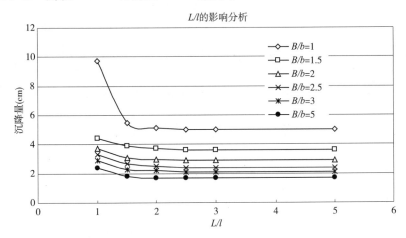

例图 4.3-60 建筑物长边延长线方向开挖尺寸与建筑物长边之比对计算沉降的影响

不同开挖深度条件下补偿效应引起的建筑物最终平均沉降量　　例表 4.3-11

($l/b=1.0$)

开挖深度 D(m)	1	2	3	4	5	6	7	8
D/b	0.07	0.14	0.21	0.29	0.36	0.43	0.50	0.57
考虑周边补偿计算沉降量(cm)	4.7	3.9	3.3	2.7	2.2	1.6	1.3	1.1
不考虑周边补偿计算沉降量(cm)	5.9	5.6	5.4	5.2	4.9	4.4	4.4	4.3
补偿效应比 η	0.80	0.70	0.61	0.52	0.45	0.36	0.30	0.26

不同开挖深度条件下补偿效应引起的建筑物最终平均沉降量　　例表 4.3-12

($l/b=1.5$)

开挖深度 D(m)	1	2	3	4	5	6	7	8
D/b	0.07	0.14	0.21	0.29	0.36	0.43	0.50	0.57
考虑周边补偿计算沉降量(cm)	6.3	4.4	3.4	2.7	2.2	1.6	1.4	1.2

续上表

开挖深度 D(m)	1	2	3	4	5	6	7	8
不考虑周边补偿计算沉降量(cm)	8.9	7.8	7.2	6.8	6.4	5.8	5.3	5.1
补偿效应比 η	0.71	0.56	0.47	0.40	0.34	0.28	0.26	0.24

不同开挖深度条件下补偿效应引起的建筑物最终平均沉降量　　例表 4.3-13

($l/b = 2.0$)

开挖深度 D(m)	1	2	3	4	5	6	7	8
D/b	0.07	0.14	0.21	0.29	0.36	0.43	0.50	0.57
考虑周边补偿计算沉降量(cm)	8	4.9	3.7	2.9	2.3	1.9	1.5	1.3
不考虑周边补偿计算沉降量(cm)	11.5	9.9	9	8.3	7.5	7.9	7	6.6
补偿效应比 η	0.70	0.49	0.41	0.35	0.31	0.24	0.21	0.20

不同开挖深度条件下补偿效应引起的建筑物最终平均沉降量　　例表 4.3-14

($l/b = 3.0$)

开挖深度 D(m)	1	2	3	4	5	6	7	8
D/b	0.07	0.14	0.21	0.29	0.36	0.43	0.50	0.57
考虑周边补偿计算沉降量(cm)	11	6.6	4.2	3.2	2.4	1.8	1.4	1.2
不考虑周边补偿计算沉降量(cm)	14.9	12.9	11.7	10.3	9	8	7	6.3
补偿效应比 η	0.74	0.51	0.36	0.31	0.27	0.23	0.20	0.19

不同开挖深度条件下补偿效应引起的建筑物最终平均沉降量　　例表 4.3-15

($l/b = 3.7$)

开挖深度 D(m)	1	2	3	4	5	6	7	8
D/b	0.07	0.14	0.21	0.29	0.36	0.43	0.50	0.57
考虑周边补偿计算沉降量(cm)	12.8	8.2	5	3.7	2.7	2	1.6	1.5

续上表

开挖深度 D(m)	1	2	3	4	5	6	7	8
不考虑周边补偿计算沉降量(cm)	16.5	14.7	12.7	11.4	9.7	8.6	8.9	8
补偿效应比 η	0.78	0.56	0.39	0.32	0.28	0.23	0.18	0.19

不同开挖深度条件下补偿效应引起的建筑物最终平均沉降量　　例表 4.3-16

($l/b = 4.0$)

开挖深度 D(m)	1	2	3	4	5	6	7	8
D/b	0.07	0.14	0.21	0.29	0.36	0.43	0.50	0.57
考虑周边补偿计算沉降量(cm)	12.8	8.2	5	3.7	2.7	2	1.6	1.5
不考虑周边补偿计算沉降量(cm)	16.5	14.7	12.7	11.4	9.7	8.6	8.9	8
补偿效应比 η	0.78	0.56	0.39	0.32	0.28	0.23	0.18	0.19

不同开挖深度条件下补偿效应引起的建筑物最终平均沉降量　　例表 4.3-17

($l/b = 5.0$)

开挖深度 D(m)	1	2	3	4	5	6	7	8
D/b	0.07	0.14	0.21	0.29	0.36	0.43	0.50	0.57
考虑周边补偿计算沉降量(cm)	14.6	8.7	5.1	3.7	2.8	1.9	1.5	1.3
不考虑周边补偿计算沉降量(cm)	18	16.3	14.6	12.4	11.1	9.1	8.1	6.7
补偿效应比 η	0.81	0.53	0.35	0.30	0.25	0.21	0.19	0.19

从上述图表中结果可见:

①补偿效应随着开挖深度的增加而显著,沉降逐渐减小,当大开挖深度达到一定深度后基本趋于定值。如例图 4.3-61 所示曲线可见,当开挖深度超过 6m 后,对沉降的影响基本稳定,补偿效应程度变化已经较小了。

②建筑物长度与宽度之比 l/b 对补偿效应有一定影响,给定开挖深度时,建筑物平均沉降量随着 l/b 的增大而增大。

③计算结果均反映出在开挖深度达到一定水平后,l/b 的变化对建筑物平均沉降量的影响已经非常小,且趋近于某一定值。

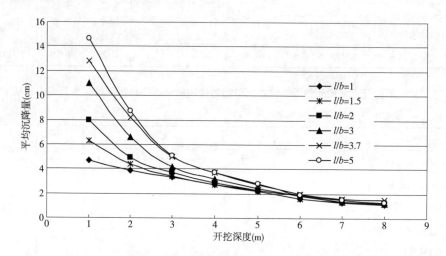

例图 4.3-61　开挖深度对补偿效应的影响

为了更好地反映开挖深度变化对补偿效应的影响程度,我们对建筑物沉降量按照不考虑周围土体开挖补偿效应的计算沉降量进行归一化处理,给出补偿效应比的概念:

$$\eta = \frac{S_\mathrm{p}}{S_\mathrm{c}}$$

（例 4.3-7）

式中:S_p——考虑建筑物周围大地库开挖补偿效应后的建筑物计算平均沉降量;

$\quad S_\mathrm{c}$——不考虑建筑物周围大地库开挖补偿效应的建筑物计算平均沉降量,即常规状态下桩基础计算沉降量。

对开挖深度按照建筑物短边尺寸进行归一化处理 D/b,然后绘制 η 与 D/b 之间的关系图,如例图 4.3-62 所示。

从图中结果可见,η 与 D/b、l/b 有关,当然 η 还与 L/l、B/b、桩端下压缩层内土体强度和压缩性等有关。

①图中各 l/b 值对应的"补偿效应比"η 均随着 D/b 的增大而减小,并最终趋近于约 0.2。

②对给定的 D/b 值,l/b 越大,则 η 越小,但在 $l/b \geqslant 2.0$ 之后 η 值比较接近。

进而可以考虑,对于给定条件的大底盘多塔楼工程建筑物,根据 D/b、l/b、L/l、

B/b 及工程地质条件等可以得出"补偿效应比"η,则建筑物"考虑大面积开挖补偿效应沉降量"可以根据常规情况下桩基计算沉降量换算得到:

$$S_p = \eta \cdot S_c \qquad\qquad (例4.3\text{-}8)$$

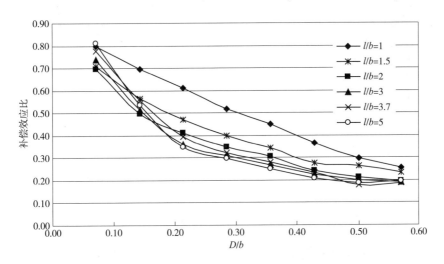

例图 4.3-62　补偿效应比与 D/b 变化的关系曲线

(3)不均匀开挖对建筑物差异沉降的影响分析

从"五、2.1)"分析结果可见,"五、2.2)"算例假定的补偿效应计算区域基本能够将整体开挖的补偿效应考虑在内。因此,仍以"五、2.2)"算例为例,考察不均匀开挖对建筑物差异沉降的影响。以 13 号楼长边方向的中心轴线上分布的桩为分析对象。开挖引起的桩端下补偿应力分布如例图 4.3-63 所示,考虑开挖补偿效应与否计算得到的沉降分布如例图 4.3-64 所示。

由于不考虑开挖补偿效应的上海规范桩基沉降计算方法中未考虑底板与上部结构刚度的共同作用影响,因此计算得到的沉降差异较大,难以参考其对不均匀开挖的影响进行量化分析。但是从如例图 4.3-64 所示的结果来看,补偿效应除减小建筑物平均沉降量外,还对局部的差异沉降起到了一定削弱作用。

4.大华公园世家 D 块整体大底盘多塔楼沉降量计算分析

根据上文提出的沉降计算方法及开挖补偿效应边界分析结果,本文对大华公园世家 D 块整体大底盘多塔楼项目的各建筑物平均沉降量做了计算,并与建筑物结构封顶后接近半年时得到的实测沉降量做了对比,如例表 4.3-18 所示。

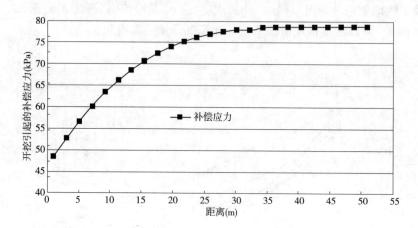

例图 4.3-63　建筑物长中心轴线上不均匀开挖补偿引起的附加应力分布

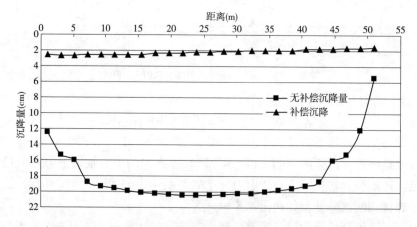

例图 4.3-64　建筑物纵向中心轴线上不均匀开挖补偿引起的计算沉降分布

建筑物实测与计算平均沉降量对比

例表 4.3-18

楼号	12 号	13 号	14 号	17 号	18 号	19 号	20 号	23 号	24 号	25 号
层数	14	14	14	18	18	18	18	14	14	14
D/b	0.36	0.36	0.36	0.33	0.33	0.33	0.33	0.36	0.36	0.38
L/b	3.71	3.71	2.50	1.47	1.47	1.09	1.47	3.71	3.71	2.69
结构封顶时实测沉降(cm)	1.3	1.2	—	1.7	1.5	1.3	1.7	1.0	1.1	1.1

续上表

楼号	12号	13号	14号	17号	18号	19号	20号	23号	24号	25号
推算最终沉降量(cm)	2.2	2.0	—	2.8	2.5	2.2	2.8	1.7	1.8	1.8
数值分析沉降(cm)	8.7	8.7	8.7	9.2	9.2	9.2	9.2	8.7	8.7	8.7
不考虑周围补偿计算沉降(cm)	9.7	9.7	8.5	15.7	15.7	10.3	15.7	9.7	9.7	8.5
考虑周围补偿计算沉降(cm)	4.4	2.9	3.1	4.3	4.3	3.6	4.3	4.4	2.9	3.1
η	0.45	0.29	0.36	0.27	0.27	0.35	0.27	0.45	0.29	0.36
计算结构封顶时沉降量(cm)	2.6	1.7	1.9	2.6	2.6	2.2	2.6	2.6	1.7	1.9

注:推算最终沉降量是按照结构封顶后建筑物沉降量约占最终沉降量的60%推算得出。

从例表4.3-18所示计算结果可见:

(1)采用本课题提出的考虑大开挖补偿效应的沉降计算方法得出的建筑物沉降量与根据实际监测结果和工程经验推算出的建筑物最终沉降量差异较小。

(2)各建筑物的"补偿效应比"(例图4.3-65)与如例图4.3-62所示的曲线对比,可发现所有建筑物的补偿效应比均落入了$l/b=1$和$l/b=5$两条曲线包围的范围内。

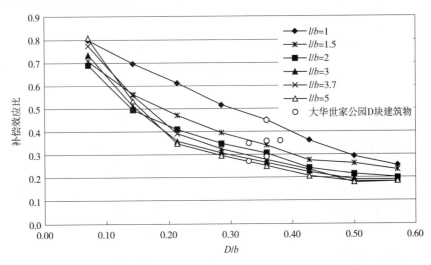

例图4.3-65　大华公园世家D块大底盘多塔楼建筑补偿效应比统计

（3）若考虑到建筑物荷载对周边地下车库的沉降影响、建筑物及底板刚度等因素，可以预测在建筑物结构封顶时建筑物与邻近车库底板之间的差异沉降会比较小。这与实测结果反映出的特征也是一致的。计算得到的沉降量可以对大底板设计起到重要的参考作用，并可成为判断设置后浇带与否的重要依据。

六、结论与建议

1.主要结论

1）沉降监测工作得到的结论

（1）沉降监测成果表明，截至目前，各建筑已经结构封顶接近半年的时间，平均沉降最大的建筑物为 17 号楼和 20 号楼的 14mm，平均沉降最小的为 14 号楼，不到 6mm。根据上海地区常规工程经验，类似地质条件下，建筑物结构封顶的沉降量可以占最终沉降量的 50%~60%，故预计建筑物最终平均沉降量 3~4cm。

（2）地下车库底板各剖面的沉降分布规律随时间的变化是基本稳定的。可以看出，在距离建筑物近的底板监测点沉降量要明显大于距离较远监测点的沉降量，多数车库底板的沉降量接近于 0。

（3）从沉降等值线分布情况可见，各建筑物所在区域属于邻近底板区域内沉降最大的部分。

2）考虑大开挖补偿效应的沉降计算方法研究得到的结论

（1）考虑大开挖补偿效应的沉降计算方法：采用上海地区《地基基础设计规范》（DGJ 08-11—2010）第 6.4.2 条方法，采用 Geddes 基于 Mindlin 应力公式积分得出桩端下压缩层内由于建筑物荷载引起的附加应力，利用竖向分布荷载作用的 Boussinesq 应力解计算大面积开挖在桩端下压缩层内引起的补偿作用，两者求和后作为总附加应力，按照分层总和法求解桩基沉降量。

（2）经分析，大开挖的补偿效应在水平面内是有一定的效应边界的，通常开挖区域在建筑物两个方向上分别达到建筑物两个边长尺寸的 2 倍后，即达到其补偿效应边界，其外区域的开挖将不产生显著影响。

（3）大开挖补偿效应在水平面内也是有一定深度边界的。本报告中案例的分析表明，对给定的开挖区域长度与建筑物长边尺寸之比（D/b）条件，在开挖深度达到建筑物短边尺寸的 0.5 倍后，达到补偿效应深度边界，建筑物周边区域更深的开挖引起的补偿效应变化不大。

（4）提出了补偿效应比概念：$\eta = S_p/S_c$，S_p 为考虑建筑物周围大地库开挖补偿效应后的建筑物计算平均沉降量；S_c 为不考虑建筑物周围大地库开挖补偿效应的建筑物计算平均沉降量,即常规状态下桩基础计算沉降量。η 与 D/b、l/b、L/l、B/b、桩端下压缩层内土体强度和压缩性等有关。

(5)给定开挖深度时,建筑物平均沉降量随着 l/b 的增大而增大;开挖深度达到一定水平后,l/b 的变化对建筑物平均沉降量的影响已经非常小,且趋近于某一定值。补偿效应比 η 均随着 D/b 的增大而减小,并最终趋近于定值;对给定的 D/b 值,l/b 越大,则 η 越小,但在 $l/b \geqslant 2.0$ 之后 η 值比较接近。

(6)考虑大开挖补偿效应后的建筑物沉降量可以根据常规情况下桩基计算沉降量换算得到:$S_p = \eta \cdot S_c$。

(7)建筑物周围不均匀大面积开挖将对建筑物产生几种不同的影响:可以降低建筑物的平均沉降量;可以缩小建筑物的局部差异沉降。

3)计算沉降与实测沉降对比分析结论

(1)采用本课题提出的考虑大开挖补偿效应的沉降计算方法得出的建筑物沉降量与根据实际监测结果和工程经验推算出的建筑物最终沉降量差异较小。

(2)本工程各建筑物的补偿效应比与如例图 4.3-62 所示的曲线对比,可发现所有建筑物的补偿效应比均落入了 $l/b = 1$ 和 $l/b = 5$ 两条曲线包围的范围内。

(3)若考虑到建筑物荷载对周边地下车库的沉降影响、建筑物及底板刚度等因素,可以预期,在建筑物结构封顶时建筑物与邻近车库底板之间的差异沉降会比较小,这与实测结果反映出的特征也是一致的。

2.主要建议

(1)对类似工程的建议

目前,在大底盘多塔楼类工程中,通常采用数值分析方法或常规桩基础沉降计算方法计算建筑物沉降量和地下室沉降量,并根据两者沉降或沉降差异计算底板弯矩并做配筋计算。由于过大的差异沉降导致建筑物与地库之间无法通过配筋手段解决,只得采用后浇带工艺,造成了投资增加、工期延长等不利结果。

但是一般情况下计算得到的建筑物沉降量远大于实测结果,差异沉降量也较实测值大得多。

本文研究表明,按照本课题提出的考虑开挖补偿效应的沉降计算方法得到的沉降量,与实际观测得到的结果非常接近,使得设计中考虑统一底板成为可能。

(2)进一步研究的建议

由于条件所限,本文没有就底板结构设计方面加以联系和分析,没有对建筑物周围地下车库沉降进行计算分析,建议在将来的研究中将本书提出的考虑补偿效应的沉降计算方法结合考虑,明确类似工程后浇带设计的具体条件。

第5章 施工监测控制与处理

重视施工过程中的实时控制与处理是岩土工程的一个重要特点,这是由于岩土工程信息不完备的缘故。在勘察阶段,根据几个勘探孔的数据,很难全面地掌握地质条件的全貌,在这样的条件下进行岩土工程的设计与施工,对岩土条件的依据并不很充分,只能在施工过程中依靠施工监测以获得建筑物和地基基础工作性状的数据,从而判断施工的措施是否得当,工程是否安全,是否需要调整施工措施,甚至改变方案。这就是岩土工程需要采取观察法的原因,也是岩土工程特别重视施工监测的原因。

网 络 答 疑

5.1 地基基础设计等级为甲级的岩石地基是否需要沉降监测?

A网友:

有一个工业项目,建筑物采用筏板基础,该建筑物为重要建筑物,地基基础设计等级为甲级,基础埋深12m,基础底面压力约450kPa。地基为微风化基岩(从地坪标高以下均为微风化基岩)、微风化玄武岩、凝灰质砂岩和细斑岩,地基均匀。微风化岩石的饱和单轴抗压强度平均值大于80MPa,室内岩块试验得到的微风化岩石弹性模量大于27GPa,根据现场钻孔弹模测试结果,微风化岩体的变形模量大于15GPa。岩体完整性评价为较完整~完整,岩体基本质量等级为Ⅰ~Ⅱ级。根据《建筑地基基础设计规范》(GB 50007—2011)(以下简称地基规范),保守估计地基承载力大于10MPa。

由于该地基为坚硬的微风化岩石地基,且岩石模量和地基承载力较大,地基承载力远大于基础荷载,因此我们认为可以不用考虑地基变形问题,也不需要进行地基变形监测。

但设计审查方认为,根据地基规范第10.3.8条(该条为强制性条文),地基基础设计等级为甲级的建筑物必须进行沉降变形观测。

根据地基规范第10.3.8条的条文说明,地基沉降变形观测直到沉降变形为稳定标准为止。而根据地基规范第5.3.8条,沉降计算深度可取至基岩表面。结合这个项目,我们认为它的地基沉降变形是很小的,可以忽略,也不需要进行沉降监测。

请问高老师,这种情况是否有必要进行沉降监测?

答　复:

在岩石地基上,不是说绝对不需要布置位移观测。如果有可能的滑动面,监测可能发生的水平位移时需要布置。如果没有这种可能,仅是为了监测沉降,我认为是不需要的。房子不是纸糊的,即使是几个厘米级的沉降一般并没有危害。何况你这个建筑物的地基是岩体基本质量等级为Ⅰ~Ⅱ级的,微风化的岩石怎么会产生过大的沉降危害建筑物呢?因此,这位网友的判断是有道理的,在这种工程条件下,设置了沉降观测点是没有用途的,而这位审图工程师之所以拿这个问题说事,可能实在是没有什么问题可审,在鸡蛋里挑骨头交差罢了。

5.2 什么是变形? 什么是变形监测? 变形监测的目的是什么?

A网友:

变形是物体在外来因素作用下产生的形状和尺寸的改变。变形监测是对被监测的对象或物体进行测量以确定其空间位置及内部形态随时间的变化特征。

目的:①分析和评价建筑物的安全状态;②验证设计参数;③反馈设计施工质量;④研究正常的变形规律和预报变形的方法。

意义:

(1)对于机械技术设备,保证设备安全、可靠、高效的运行,为改善产品质量和新产品的设计提供技术数据。

(2)对于滑坡,通过监测其随时间的变化过程,可进一步研究引起滑坡的成因,预报大的滑坡灾害。

(3)通过对路基开挖引起的实际变形的观测,可以控制开挖量和加固等方法,避免危险性变形的发生,同时可以改进变形预报模型。

(4)在地壳构造运动监测方面,主要是大地测量学的任务。但对于近期地壳垂直和水平运动等地球动力学现象、粒子加速器、铁路工程也具有重要的工程意义。

上述解释是否合理?

答　复:

解释还是可以的,但结合岩土工程的实际少了一点,对于房屋建筑的沉降观测的作用和意义的关注少了一点。

5.3 土体分层竖向位移怎么监测?

A 网友:

基坑支护中"土体分层竖向位移"监测采用什么仪器? 监测点怎么埋? 监测点在平面上怎么布置?

答 复:

测定分层竖向位移,即测定深层沉降,用分层沉降环,设置在土层的层面交界处,测定这些环的标高,即可计算出这些层面的下沉量和各土层的压缩量。

在钻孔中先放下蛇形管,需要将位置固定好。然后在需要测定的标高处设置分层沉降环,设置的关键是要使管与土层一起变形,设置不好就测不到可靠的数据。

平面是根据你监测的目的来布置的,并没有通行的规则。

在基坑工程中,竖向位移并非是必测项目,即使是一级基坑也仅是宜测的项目。

5.4 基坑周围建筑物的裂缝能控制吗?

A 网友:

《建筑基坑工程监测技术规范》(GB 50497—2009)第4.2.1条规定了周边建筑裂缝是应测项目;第8.0.5条规定了周边建筑裂缝宽度的监测报警值为累计值 1.5~3mm。

近期在几个方案评审时,专家对设计方案中周边建筑裂缝宽度报警值(设计一般取2mm)提出异议,要求把报警值改为0mm,即不允许出现裂缝。

这是专家意见,不改通不过,改又违背规范,怎么办?

B 网友:

规范这样定其实是不负责任的,房子不应该人为地让其出裂缝的,设身处地想一下,别人把你的房子搞出一条3mm的裂缝,你会怎么想? 所以作为一个负责任的企业或个人都不应该让这种事性发生。基坑支护设计时,宁愿望多花点钱也要采取稳妥的方案,不要老是想到动态设计和施工,想通过监测来控制施工质量,出了事故想办法加以处理,出了人命赔钱了事,我们应该对生命更敬畏一些。因此,我支持评审专家的观点,在制度设计和方式方法使用上就杜绝产生问题(危险)的可能吧。

答　复:

最近在查阅过去的答疑资料,看到了这个帖子,感到还是有值得讨论的地方。

这里 A 网友给出了一个案例,评审专家对设计方案中周边建筑裂缝宽度报警值(设计一般取 2mm)提出异议,要求把报警值改为 0mm,即不允许出现裂缝。也有网友认为"规范这样定(监测报警值)其实是不负责任的"。

这里提出了对基坑规范关于控制变形数值规定的不同意见,值得我们关注和讨论。这个讨论其实涉及对工程项目的要求的主观愿望和客观可能性如何协调的问题,我们的规范标准和工程监测的目的就是为了协调主观要求和客观可能性。

在设计基坑时谁也没有这个本领按照控制多大的变形或多宽的裂缝来进行设计,现在没有这个设计水平,我看 100 年后还是没有这个水平。在设计时即使要求不开裂,实际上施工时仍然会出现一些裂缝。我们目前的技术水平还达不到按照不出现裂缝的要求来设计,也无法按照控制裂缝的宽度进行设计。那么只能通过监测来防止或控制建筑物出现有害的变形的可能性。这就是基坑工程需要采用观察法的目的。

希望大家继续就这个问题发表意见或者提供各种案例。

Aiguosun 答:

上海莲花河畔的房子倒了,房子也没出现多宽的裂缝,同济大学在老图书馆上扩建,裂缝好几厘米宽也照样接着扩建,现在还正常使用。

基础整体性好刚度大的建筑,在倒塌前不会产生显见的裂缝;独立基础等静定结构,即使很宽的裂缝也不一定因裂缝的存在就变得很危险。

要使基坑周边建筑不产生变形就得保证基坑周边土体的应力状态不发生改变,基坑土压力采用静止土压力设计即可达到目的,但显而易见的是,基坑支护工程量得增大很多,经济性便不存在了。

由施工工艺导致的裂纹在工程中是普遍现象,如果后期周边存在基坑开挖,很容易让人把这些现象引导到基坑开挖的原因上。

C 网友:

这的确是个问题,正如高老师所说,在设计基坑时谁也没有这个本领按照控制多大的变形或多宽的裂缝来进行设计。对于建筑,裂缝是很常见的,如果是因基坑开挖而导致周边建筑出现裂缝,就应立即停止开挖,查明原因,如果要等到裂缝宽度达到 1.5~3.0mm 再报警,我觉得是不是有点晚了?如果不让产生一点影响,又能否做得到?这是个问题。

D 网友：

裂缝是否允许存在或允许多大的裂缝存在取决于是否影响安全或使用，只要不影响安全或使用，裂就裂了，事后处理即可，要做到绝对无裂缝很难，即使做到了，成本也很高，这有点和抗震设防烈度的规定一样，要兼顾安全和成本。至于说2mm 的规定是否合理，我想这 2mm 应该不会是凭空想象的，应该是统计后的结果，对于绝大部分工程我认为应该是合理的，不然的话岂不是要频频出事？

答 复：

基坑开挖对环境的影响问题是客观存在的现象，只要有开挖，对相邻的建筑物总会存在一定的影响。问题在于影响的大小、有害还是无害。但这在基坑设计时是无法准确计算与预测的，只能通过监测加以控制。

如果相邻建筑物产生了裂缝，说明基坑开挖已经影响到相邻建筑物的安全和使用，说明基坑的开挖存在值得注意的问题，需要加以调整；如果相邻建筑物的裂缝发展加速，说明开挖方案存在重大问题，需要停止开挖，进行方案的调整，以减少或控制裂缝的扩展，以免产生事故。

裂缝出现在相邻的建筑物上，但问题出在基坑的施工方案上，需要加以调整和改进，才能避免重大工程事故的危害。

5.5 基坑监测用什么资质？

A 网友：

基坑监测应该由具备什么资质的单位来进行？就是说，监测成果报告盖的是什么章？勘察资质章还是测绘资质章？

答 复：

勘察专业资质不行的，要用专门的资质证书和图章，应该是测绘的。

5.6 土压力计测到的结果到底是什么？

A 网友：

高老师您好！请教一些关于量测方面的问题。

（1）关于土压力的量测。

通常在堆载预压等地基处理过程中要埋设土压力盒，我有如下疑问。

①量测的目的是什么？

土压力盒顾名思义是监测上覆土压力的，那么堆载预压中埋设土压力盒是不是为了了解不同深度处堆载预压后土压力的增量,以了解各个深度实际的附加压力到底为多少?

②测试结果是什么?

土压力计测试的结果到底是自重压力还是总压力?

③案例。

假设上海的正常土层情况,堆载5m素土,地面开始每隔5m埋设一个土压力盒至40m,竖向埋设,那么以高老师的经验,各个土压力计的土压力初始值及堆载5m后的值应该为多少才是正确的?

(2)关于孔隙水压力的量测。

在很多地基处理方法中都要用到孔隙水压力监测。

①目的。

孔压监测可以用来测定施工引起的超孔压,从而指导施工,避免弹簧土等问题导致机械设备失稳等。

②测试结果。

埋在不同深度处的孔隙水压力计所测的结果应该是不同深度处的孔隙水压力,如果某个埋深位置的孔隙水压力增量为0,那么说明地基处理的影响深度即为这个深度以上。

第一个疑问是,如果地基处理范围内本来在降水,但施工开始前(如强夯)拔掉降水管,就开始施工,那么所监测的孔隙水压力即包含水位恢复及施工引起的超孔压,如何区分?当然可以通过水位管监测水位的变化,但是水位管中水位经常会因为施工而上升到孔口,无法知道孔压增量到底有多少是因为施工引起的。

第二个疑问是,孔隙水压力计埋设在潜水层中和承压水层中所测孔隙水压力应该如何计算?比如6m以上是潜水,6~10m是隔水层,10~20m是承压水层,20m的承压水头为5m,潜水水位在1m、5m及20m位置分别埋设一个孔隙水压力计,那么5m位置的孔隙水压力值是否约为40kPa,而20m位置的孔压值是约为50kPa呢?还是190kPa呢?

③案例。

假设上海的正常土层情况,堆载5m素土,地面开始每隔5m埋设一个孔隙水压力计至40m,那么以高老师的经验,各个孔隙水压力计孔隙水压力的初始值及堆载5m后的瞬时值应该为多少才是正确的?

以上监测值都可按理论去考虑,实测值因种种原因而不同,但总应该符合一定的规律。

答　复：

如果在天然土层中采用埋设压力盒的方法实测土压力,这种方法可能有问题,不知道你们用的是什么类型的传感器?

因为,压力盒一般是埋设在地下结构或基础的表面,用来测定土体作用于界面上的土压力,虽然由于弹性膜的刚度低于周围结构的刚度,所以,测得的压力可能小于实际存在的界面压力,但用这种方法测定的概念还是很明确的,是界面上的分布压力。

如果你们是把压力盒埋设在土体中,则如何限定界面的方向性是比较困难的。试想在比较软弱的土体中埋入一个刚性体,压力盒的刚度远大于周围的土体,产生了应力集中的现象,该点的应力状态也就完全改变了,不知道测得的究竟是什么东西。

所以,测土体中应力一般采用测定孔隙水压力的方法,因为孔隙水压力没有方向性,由水传递荷载,加载时测得的是孔隙水压力,全部消散以后,孔隙水压力转变为有效压力,也就是土中该点的应力。

测孔隙水压力也有埋设的问题,如果一个孔埋设一个特定深度的测点,封孔要求就比较简单;如果一个孔中在不同深度处埋设一串传感器,那么点与点之间必须密封,不能连通,如果埋设不好,则前功尽弃。

用孔隙水压力传感器测得的是全部的水压力,包括静水压力,如何扣除静水压力也是一个难题,特别在施工过程中地下水位在变化的条件下,在静水位没有稳定时,只能测得孔隙水压力的增量,按增量分析,这个增量可以包括堆载的作用、强夯的作用或降水的作用。

在潜水层中埋设孔隙水压力传感器以后,开始时的水压力不大,后来会慢慢上升到潜水位。但至于是否到潜水位的高度,这也仅是理论上的。实际上由于埋设技术的影响,很多情况会低于这个潜水位;如果埋设在有承压水的土层中,则埋设稳定以后的孔隙水压力计应该显示出承压水头,或者比承压水头稍稍低一些。

5.7　关于深基坑的回弹再压缩模量问题

A网友:

高老师,您好!

这次主要是想请教深基坑的回弹再压缩模量问题,看了您的岩土工程疑难问题答疑笔记整理之一和之二,您也提出,不管是《建筑地基基础设计规范》(GB 50007)还是《高层建筑筏形与箱形基础技术规范》(JGJ 6)中计算沉降中的回弹压缩模量这个参数,在《土工试验方法标准》(GB/T 50123)中并不适用于《建筑地基基础设计规范》(GB 50007)和《高层建筑筏形与箱形基础技术规范》(JGJ 6)中的回弹压缩模量,而适用于公路。现有这样一个实例:

地上 2~17 层,地下 2 层,室外地面向下基础埋深 10.0m,筏板基础。地层为:①0~1.5m 杂填土;②1.5~2.5m 粉土;③2.5~3.8m 粉质黏土;④3.8~4.6m 粉土;⑤4.6~6.5m 粉质黏土;⑥6.5~9.5m 粉土;⑦9.5~13.5m 粉土;⑧13.5~37.0m 细砂。以⑦9.5~13.5m 粉土为持力层,水位埋深 7.37m,位于第⑥层粉土。基坑开挖 10m 深,现要考虑基坑的回弹变形问题。作为勘探方,在报告编写中要计算回弹再压缩引起的沉降,而土工试验作出的回弹压缩模量适用于公路,那这种情况下该怎样算呢?是否可直接用 0~2MPa 压力段的压缩模量来计算第⑦层的回弹压缩模量呢?

听我们总工说,有一个公式是利用分层总和法计算出来的总沉降量再乘以一个与基坑深度有关的系数,用这一理论来计算附加压力引起的沉降与回弹再压缩引起的沉降之和。但这个公式忘记在哪里出现了,还望知道的同仁告知,在此谢过!

还有一事也不太明白,那就是回弹压缩模量是指在天然地基状态下还是复合地基状态下的回弹模量呢?就如上述这个工程,天然地基不能满足要求,采用 CFG 桩复合地基,先打 CFG 桩至基底设计标高,后挖基坑,这个时候的回弹量(主要是持力层隆起部分的土体)与未处理的天然地基的回弹量能一样吗?若不一样,那又如何计算回弹压缩模量呢?现在深基坑很多都采用逆作业的方法,这是否对回弹压缩模量也有一定的影响呢?

答　复:

2002 版的《建筑地基基础设计规范》第 3.5.9 条规定:“E_{ci}——土的回弹模量,按《土工试验方法标准》(GB/T 50123—1999)确定”,后来查了《土工试验方法标准》(GB/T 50123—1999)的第 12 章回弹模量试验,但发现这个回弹模量是用于公路工程的,这个试验并不符合建筑地基回弹变形计算的要求,显然是搞错了。

2011 版的《建筑地基基础设计规范》第 5.3.10 条规定:“E_{ci}——土的回弹模量(kPa)[引注:这个计量单位显然是错了],按《土工试验方法标准》(GB/T 50123)中土的固结试验回弹曲线的不同应力段计算”,查《土工试验方法标准》(GB/T 50123—1999),在第 78 页,图 14.1.13 有回弹曲线,但没有回弹模量的计算公式,只有回弹指数的公式。第 14.1.5 条第 7 款规定:“需要进行回弹试验时,可在某级压力下固结稳定后退压,直至退到要求的压力,每次退压至 24h 后测定试样的回弹量。”

实际工作中如果一定要按照规范的要求做,就按上面所引用的有关条文加以具体化来执行。

我认为,实际上,回弹变形的计算还没有成熟到标准化的程度,只能作为研究工作来做,按照基本原理设计试验方案和计算方案。

就你这个项目而言,从基坑开挖影响深度来说,⑦9.5~13.5m 粉土的 10m 以下和⑧13.5~37.0m 细砂层,都是需要做回弹模量的土层,但细砂层如何取不扰动土样是一个难题。假设在 20m 处取的土,分级加载到原生应力(例如 360kPa),然后分级退到 180kPa,就可以得到回弹曲线。

没有听说过你们总工讲的这种经验公式,有这样公式当然是好的,但需要经过工程资料的验证。

上面的讨论仅仅是指天然地基。如果是经过处理的地基或者桩基,则需要考虑由于回弹变形将桩上拔的不利影响,甚至可能将桩拔断了。但是还没有成熟的方法可以计算,也需要积累估算的经验方法。

5.8　负摩阻力该怎样计算?

A 网友:

我最近在做一个堆场的设计,对于负摩阻力计算有个疑问,希望高教授指点迷津。

《建筑桩基技术规范》(JGJ 94—2008)第 5.4.4 条第 3 款给出中性点的计算深度经验值,我觉得这个比较粗糙,于是尝试利用渐次趋近法编表格进行桩基中性点的计算。

基本步骤如下:

①采用分层总和法计算桩周土的沉降量,并作出桩长范围内桩周土的竖向位移曲线。

②根据经验取值法,假定一个中性点:参考《建筑桩基技术规范》(JGJ 94—2008),可得到桩侧摩阻力、桩侧负摩阻力及桩端阻力的取值,确定桩身轴力和桩端阻力值。

③采用杆件压缩公式及分层总和法分别计算桩身压缩量和桩底下卧层沉降量,作出桩的竖向位移曲线。

④桩周土竖向位移曲线与桩竖向位移曲线的交点,即为中性点的计算位置。将其与假设的中性点位置进行比较,若二者接近,即可取为实际中性点位置,若差异较大,取两者平均值为中性点位置,重复步骤②和③,直至两者基本吻合为止。

在步骤③处我有个疑问,请问在计算桩底下卧层沉降量时是否应计入下拉荷载影响?

B 网友:

你用分层总和法计算沉降,分层总和法中的一些土的参数,你觉得误差有多大? 难道你认为你的沉降计算值跟实际数值很接近? 大部分工程理论计算沉降量跟实际差别还是比较大的,所以你应该经过大量实际工程数据总结某个地方的某类土的中性点取值比较靠谱。

答　复:

关于负摩阻力的计算,曾经有不少人研究过,《建筑桩基技术规范》(JGJ 94—2008)的方法是其中的一种,比较粗糙是肯定的。因为负摩阻力的发生、发展与很多因素有关,有些因素在计算时很难考虑,但又特别重要,例如时间问题。实际上在不同时间里,负摩阻力是在变化的,问题是你要计算的是什么时间段的负摩阻力? 你能计算的又是什么时间段的负摩阻力? 可能难以回答清楚。

你希望在规范方法的基础上,加以精细化,这种努力是应该鼓励的,问题总是不断出现的。在你的计算里,我认为最琢磨不透的是桩基的平面尺寸的影响,是单桩的负摩阻力,还是群桩的负摩阻力,是首先需要明确的。你计算的负摩阻力实际是对一根单桩的,但你要从负摩阻力的最基本概念上去计算,桩和土的沉降究竟哪个大? 那么群桩的影响是一个挥之不去的因素。不知道你是怎样考虑这个问题的。

对于下拉荷载,当然应该考虑它对桩的沉降的影响,这里是互为因果的问题,在计算时就体现为迭代计算的过程。麻烦是麻烦了,但既然希望计算能够精细化,那么这个重要的因素就不能不考虑。

你要研究负摩阻力,不能只看一本桩基规范,建议你看看史佩栋教授主编的《桩基工程手册》(第二版,岩土工程丛书之 8,人民交通出版社,2015)。第 10 章"桩的负摩阻力"里有比较全面的介绍。

5.9　PHC 桩采用静压法沉桩最大深度能够达到多少?

A 网友:

请问各位所知道的 PHC 桩采用静压法沉桩最大深度能够达到多少? 有一场地,上部 7~8m 为可—硬塑的黏性土,其下为 8~10m 中密—密实的粉砂,再往下为深厚的软塑为主的黏性土或黏性土夹稍密的粉土,采用摩擦桩,桩长 47m 左右。静压沉桩能穿过粉砂层吗? 能压到位吗?

这个桩有桩长径比的限制,软土地区为100,我们这里用过直径800mm的预应力管桩,桩长70m。

B网友:

像你这个描述的地层上部静压估计压不动,改成锤击桩试试吧。

A网友:

谢谢！不过工程所在地不允许用锤击方式,怕扰民。单桩极限承载力计算值大约在500t,压到砂土层底最多算250t吧,而现在最大的压桩机已经达到1 000t了,压不下去的理由是什么？有没有可以预测是否能压得下去的方法？

C网友:

(1)不知道A网友的管桩是多大的,是否为敞口。

(2)压不下去不一定是压力不够,很多情况是直接把桩压爆了,600mm的PHC桩的最大承载力也就500t,你压1 000t的压力能行吗？

(3)预测是否可以压下去,主要根据标贯和静力触探试验,一般N大于30击(密实)就很难压入了。A网友的密实粉砂有8~10m,估计很难压入。

D网友:

8~10m中密—密实的粉砂,静压沉桩很难穿过。

A网友:

谢谢各位。PHC桩是600mm(壁厚110nn)的敞口桩。我也是担心压不下去,所以来求助,看看有没有成功的案例。3楼说的500t是极限,问题是压到砂土底部也就250t,穿过去就好办了。这种情况到底该怎么分析？

E网友:

(1)用长螺旋钻引孔。

(2)不适宜采用PHC桩,改用钻孔灌注桩。

(3)上部什么结构啊？是否可以采用天然地基浅基础呢？

F网友:

(1)长螺旋钻引孔,除非是局部采用,业主可能还能接受,如果大面积都要这样做,业主可能认为方案设计有问题。

(2)钻孔灌注桩费用高,质量难控制,不太想用。

(3)大型工业厂房,天然地基承载力没有问题,担心沉降满足不了要求。

答 复:

看了几位网友的讨论,谈点想法,首先想到的是提出工程问题的网友要把问题讨论的条件讲清楚,不然,很可能是隔靴搔痒,讨论没有针对性,就无助于问题的解决。"PHC 桩采用静压法沉桩最大深度能够达到多少?"这个问题就是多解的,不仅与地层有关,还和压桩的设备能力与桩的承载力的匹配程度有关,与进入持力层的深度也有关系。

就这个工程而言,直到最后的一个帖子,才知道是"大型工业厂房,天然地基承载力没有问题,担心沉降满足不了要求。"不知道计算的沉降是多少不满足要求?这个担心有什么根据? 如果是天然地基,不知道基础的底面积是多少? 沉降计算的压缩层厚度又是多少? 传到"软塑为主的黏性土"顶面的附加应力有多大? 除非是大筏板基础,厂房柱基的压缩层不可能达到 15m 以下。

从地层条件来看,不利用"上部 7~8m 可—硬塑的黏性土和其下为 8~10m 中密—密实的粉砂"而采用 47m 的长桩,可能需要充分的论证。这已经不是桩能不能压下去的问题,而是采用桩基方案是否必要的问题。

A 网友:

谢谢高老师的耐心解答。我们是做勘察的,所以还没有条件进行沉降的计算。按我自己的想法,是很想试试天然地基,或者刚性桩复合地基。现在要进行试桩,所以提出来这样长的桩,想知道在采用国内最大能力的沉桩设备的条件下,有没有沉桩的可能性。试桩的同时也进行刚性桩复合地基的试验,以进行地基基础方案的优化。这个地层的分布比较尴尬,说好吧,也不是太好,7~8m 可—硬塑土层,其中上部 5~6m 以可—硬塑为主,下部 1m、2m 为可塑,甚至有些偏软的粉质黏土,而基础埋深就在 3m、4m,持力层以下的硬土层厚度也不是很大。再往下虽然是较好的砂土层,但作为桩基持力层又嫌浅,之后就没有什么好土层了。用桩,只能考虑采用长摩擦桩。长了,就担心压不压得下去。不知道有没有这方面有经验的工程师发表一下意见。

G 网友:

采用那么长的桩是否有必要? 实际上应该调整一下思路,换用别的方案我觉得应该好一些。采用 47m 的桩确实太长了,长径比过大,钢筋变成面条了。

A 网友:

汇报一下该工程进展情况:该工程试桩时所有长桩都顺利压下。感谢高老师及各位对此问题的关心。等最终的资料出来后,再向大家汇报更为详细的参数和进展。

H 网友:

在大面积沉桩阶段,随着土体挤密,沉桩会逐渐困难。有两点建议:

(1)采用 600mm 管桩、壁厚 110mm 可能单薄了一点,建议采用 130mm 壁厚。

(2)第二节桩接桩时,应避免桩尖位于密实粉砂土层中,第一节桩长配置时需要注意。

A网友:

感谢各位的提醒,我们在后面详勘的报告中一定把你的建议写进去。由于本次长桩不是特别密集,试桩能压下,工程桩应该问题也不大。

5.10 搅拌速度缓慢,经常出现提钻困难与埋钻情况怎么办?

A网友:

本工程位于曹妃甸地区,第1层为松散粉砂,第2层为淤泥(厚5~6m),第3层为密实粉砂(标贯击数为22击)。采用设计桩长为16m、桩径700mm的水泥土搅拌桩复合地基(兼作基坑支护,基坑深约7m),搅拌桩大约进入第3层的深度为3~4m,施工一到3层就速度缓慢,有时要磨3~4个小时,经常出现提钻困难与埋钻情况。我们使用的是常规工艺,2层4叶片的钻头,电机功率为55kW,搅拌机型号为SJB-2。请问老师,遇到这种情况该怎么解决?

B网友:

这层砂中有没有胶结层?

A网友:

没有,是比较纯的砂子,个别的标贯能打到40击。

是搅拌桩机型号问题? 钻头问题? 还是工艺问题? 急盼回复!

C网友:

应是设计者对施工机械设备的适用情况不太了解所致。对于密实粉砂,双轴设备应该不合适,建议改为动力更为强劲的三轴机械试试。

D网友:

PH-5双轴搅拌桩打这种地层可以吗? 是否钻进速度要快些? 三轴动力是要强些,而且一个轴用来喷压缩空气,但我认为钻中密的砂层,双轴搅拌机应该可以的。

E网友:

对于地基承载力特征值达到200kPa以上的,我们通常建议不用双轴,直接用三轴。

A网友:

我想知道,有没有双轴打砂层的成功案例,我查了好多文章,有用双轴打砂层的,但是说的不是很具体,急盼高人指教!

G 网友：

除适当提高转速外,调整一下水灰比,调大一些试试。一般当 $N>15$ 时搅拌就困难,$N>30$,搅拌无法穿透。

答　复：

从这个案例中我们可以吸取的教训是一般双轴搅拌桩的施工设备的机械能力有限,不适用于比较密实的砂土。当然,近年来所引进开发的大动力的搅拌机设备,例如:超深、超硬地层的三轴搅拌桩技术,可以在砂砾层、强风化层甚至在中风化岩层中搅拌成桩,那就拓宽了搅拌桩的适用范围。

5.11　关于地铁的上浮与不均匀沉降的问题

A 网友：

高教授您好! 这段时间在做软弱土层盾构法设计的相关研究工作,对于地基承载力及管片上浮问题存在一些疑问。最近买了一本您的《岩土工程勘察与设计——岩土工程疑难问题答疑笔记整理之二》,学习了一下,由于时间匆忙还未读完。从书中我未见到您关于盾构的一些疑问的答疑,想来提问的人较少。我现在把我的疑问贴在这里,希望您在百忙之中给予一些指导,万分感谢! 我的疑问如下:

(1)关于地基承载力的问题。盾构法施工,由于挖出的土的重量大于管片、列车荷载等的重量,故地铁运营期间对地基承载力要求很低。但在施工期间,盾构机刀盘及前盾的重量很大,考虑浮力作用时,还存在向下的荷载。这就需要考虑地基承载力的问题。比如,拱顶覆土埋深为 13m 的某地铁工程,盾构机刀盘与前盾重量为 6 000kN,长度为 8m,直径为 9m,向上的浮力为 636kN,则向下的力为 5 364kN,换算为压力则为 5 364÷8÷9＝74kPa。根据地勘报告持力层为泥炭质土,地基承载力特征值仅为 40kPa,显然地基承载力无法满足盾构机穿越的要求。但是本人认为,由于盾构机相当于结构与基础是一体的,基础宽度相当于 9m,在水平直径处。地基承载力不能采用地勘报告提供的值,此值是浅基础的地基承载力,无法反映具有 17.5m(＝13m+4.5m)处地基承载力的情况,需要进行深度修正,即此时的地基承载力需要考虑采用深层荷载试验确定值,参照勘察报告所提供的桩端阻力,即可达到 250kPa。再考虑到该持力层具有扰动性,其灵敏度为 2.3,则扰动后的地基承载力实际上也可以达到 100kPa,是可以满足盾构机通过的要求的。另外,从工程对比上考虑,上海修建的地铁,很多都穿过了④层灰色淤泥质粉质黏土层,其地基承载力也仅为 60~80kPa,也满足了盾构机穿过的要求。故综上所述,该地层的承载力可以考虑修正后的地基承载力，能满足盾构机穿越的需要。这是我的观点，请高教授指正。

(2)关于管片上浮的问题。由于管片与盾壳之间存在建筑间隙，以及管片壁后同步注浆，当管片脱离盾壳后一段时间，由于水浮力和浆液的浮力，使得管片存在上浮现象。但随着浆液的凝固，上浮逐渐减小。存在一个疑问，即壁后注浆为悬浊液，其密度大于水的密度，此时浮力计算是采用浆液的密度，还是采用水的密度？根据您在《岩土工程勘察与设计——岩土工程疑难问题答疑笔记整理之二》第9章抗浮验算中的表述，您倾向于采用悬浊液的密度进行计算。很多参考书中，对管片浮力的计算都是采用的水的密度。对于采用哪种密度进行计算，目前还是存在很大的争议，请高教授给予详细的解释。

(3)还是上浮的问题。上浮浮力无论采用何种密度进行计算，总之是在管片上的浮力大于结构自力(0.45m厚，内径8.1m，自重为302kN)。这样，向上的力至少为334kN，如果考虑浮力乘以1.2的分项系数，则向上的合力为461kN。由于管片环是圆形的，向上的力在拱顶处压强最大，超过临近上覆土的临塑荷载后，临近上覆土发生变形，伴随着两侧挤出，管片上浮。随着管片上浮，管片与临近上覆土接触面积会逐渐增大，最终停止在管片的内弦长乘以上覆土的临塑荷载与向上浮力相等的位置。请教高教授，上述分析是否得当？另外，也请高教授介绍一些您所了解的上海地铁穿越软弱土层时，管片上浮控制的问题。

(4)不均匀沉降的问题。由于地层存在泥炭质土、粉土、黏土等，地层具有不均匀性。这种地层的不均匀性将导致隧道的不均匀沉降。从静力角度出发，由于浮力的作用，考虑列车静荷载时，向下的力也很小。从这个角度来说，很小的附加应力在地层深部产生的不均匀沉降是否可以忽略。而施工过程中造成的超孔隙水压力消散，需要较长的时间。不同土层超孔隙水压力消散时间不同，将导致不均匀沉降。在不考虑其他地面荷载的情况下，不均匀沉降主要来自于地基的次固结。这样的观点是否正确，也请高教授指导。

答　复：

你提的问题很专业，也是软土地区地铁建设中的一些很关键的技术问题，都没有得到很好的解决。

关于承载力的问题，我同意你的看法。确实，隧道深处的土层应力水平比较高，不同于浅基础的地基承载力条件，因此，一般的勘察报告中的浅基础地基承载力对地铁施工时的盾构机的地基稳定性评价是没有什么用的。

关于管片上浮问题，我不太理解怎么会有上浮空间呢？在管片与周围的间隙中都注了浆,而管片的内部是空的隧道空间,而且浆液会很快地固化,这个时间是非常短的,从工程观点来看,这个"上浮"实在不是一个重要的问题。我没有听说上海地铁存在这个问题。

关于不均匀沉降问题。早在 20 世纪 50 年代末,在上海开始准备进行隧道建设时,曾经提出过软土中隧道的纵向沉降问题。从力的平衡来说,隧道的重力包括列车,肯定比挖去的土轻得多,那不会有沉降。从建成的地铁运行来看,地铁的轨道确实发生不均匀的下沉,是什么原因产生的?值得探讨。至于施工产生的超孔隙水压力,肯定是比较快地消散了,不会保持几十年的时间,似乎也不可能发生次固结。可能的原因:一是列车重复荷载的作用,变形会积累增长。二是列车的振动,重复的振动对软土也会造成变形的积累。但这些都还没有得到证实和肯定的结论。

5.12 竖向承载力和最大压桩力之间是怎么样的关系?

A 网友:

PHC 桩的桩身竖向承载力设计值和最大压桩力之间是怎么样的关系?至少是 1/2 吧。

B 网友:

这个要看地层是什么样子的,还有桩长了,软土、硬土、粉土、砂土都不一样,而且还有地区经验。

答　复:

压桩的阻力与桩端土的类别和性质直接有关,又与桩长、桩距及桩群大小等因素都有关系。

在黏性土中,压桩过程中的阻力最小,但经过休息,土的强度会逐渐恢复与增长,因此,承载力通常显著地高于压桩阻力。

粉砂就相反,压桩时急剧升高的孔隙水压力夸大了桩的阻力,在经过休息,孔隙水压力消散以后,端阻力会下降。所以,桩的承载力常会低于压桩阻力。

A 网友:

谢谢高老师,最大压桩力是否可达到桩身极限受压承载力计算值 R_u 呢?

某工程施工过程中控制最大压桩力为桩身受压承载力设计值以免桩身破坏,比较疑惑的是《建筑桩基技术规范》(JGJ 94—2008)条文说明第 297 页的内容,是不是压桩力达到桩身极限受压承载力计算值 R_u 时才会破坏呢,也就是压桩力最大

可达到 R_u 呢?

答 复：

这里出现了"计算值"和"设计值"两个概念,不知道你是怎么区分这两个术语的?如果是引用了规范的术语,就需要结合规范的这些术语来讨论。但似乎并没有你所说的这样的术语区分。

5.13 是先填土后开挖地下室和房屋施工,还是先施工房屋后回填土方?

A 网友：

有 1 500m² 的地面要填高 3m,以后作管理区用,有 200m² 占地的房子(地下室,周边填高形成,不是开挖形成),地基为 4m 的黏质粉土层和 15m 的淤泥质粉质黏土层。

请问高教授:

(1)是先填土后开挖地下室和房屋施工,还是先施工房屋后回填土方?

(2)3m 高的填土沉降和地基沉降如何计算?

(3)如何处理可以减少沉降产生?

答 复：

究竟先填土好还是先建造房屋好,这要看具体情况而定,先填土的好处是可以减少填土的沉降对建筑物的不利影响,但填了以后再挖地下室,就增加了工程量,是不经济的。先建造房屋的好处是施工的顺序合理,但前提是建筑物对沉降不敏感。

从地质条件看,填土产生的沉降不小,应该先在建筑物的外围填土,将建筑物的范围空出来建造地下室,填土应分层碾压,内侧留坡及便道。

填土和建筑物所产生的沉降可以在分别计算以后再叠加。

5.14 是否需要采取抗浮桩的工程措施?

A 网友：

工程项目为政府五星级接待宾馆,地上为 2 层,带 1 层地下室,基础底面埋深 -6.5m,总建筑面积约为 50 000m²。

所处地貌单元为山前冲洪积倾斜平原中部,原场地已经人为改造平整,现场的地形北高南低,地面高差最大 3.77m,地面坡降约 1.5%。以北侧地面最高处作为拟建建筑物室外散水标高(±0.00 标高减去 0.5m)。

第①层杂填土:杂色、灰褐色,层厚 1.0m。

第②层角砾:灰褐色、黄褐色,埋深1.0m,层厚1.5m,稍密~中密。

第③层强风化砾岩:黄褐色,埋深2.5m,厚度4.0m。

第④层中风化砾岩:青灰色,埋深6.5m,可见厚度8.0m。

勘探孔内均见地下水,地下水埋深在自然地面以下1.2~3.2m处,主要赋存在角砾层底部和强风化砾岩表层,为孔隙潜水。地下水主要由大气降水、地面径流及城市绿化灌溉回归水等入渗补给,以地下径流和蒸发方式排泄。

考虑以下因素:

(1)拟建工程建成后周围有大面积的绿化用地,不排除未来绿化管线爆裂,水淹拟建建筑物的可能。

(2)在西南侧约1km处有1个水库,不排除未来决堤,水淹拟建建筑物的可能。

(3)该地区有短时大雨的可能,不排除未来水淹拟建建筑物的可能。

(4)中风化砾岩为不透水层,易积水。

(5)该工程投资大,为重要工程,应保证较大的安全系数。

本人在勘察报告中建议取拟建建筑物室外散水标高(±0.00标高减去0.5m)作为本工程抗浮验算地下水位。建议若靠自重无法平衡浮力,可采用人工挖孔扩底桩进行抗浮。

结构设计人员采用了勘察报告提供的抗浮验算地下水位,经计算,依靠自重无法平衡浮力。因此,设计了人工挖孔扩底桩。

但承建方对勘察报告提供的抗浮验算地下水位提出了不同的看法,说偏高了。要求勘察报告提供的抗浮验算地下水位再下降1m(依靠自重可平衡浮力)。

本人认为该工程存在重大隐患(50年范围内发生水淹上浮的可能是有的),本着安全第一的原则,不同意修改抗浮验算地下水位,强烈建议采取稳妥的人工挖孔扩底桩抗浮。

不知本人如此考虑是否妥当?请高老师指正!

答　复:

这里有一个关于抗浮问题的工程案例,对是否需要采用抗浮桩存在不同的意见,实际上是对浮力估计的不同结论,也就是对抗浮水位估计的不同意见。

出于安全的考虑,抗浮水位估计高了,就需要采用抗浮桩,造价肯定就高了。抗浮水位估计低了,依靠结构自重能平衡浮力,不需要设置抗浮桩,造价肯定是低了,但抗浮失效的概率就高了,风险大了。

这个问题其实是一个风险估计的问题,但在估计风险,讨论是否需要设置抗浮桩的时候,定量的依据实在太少,标准化的评价方法也太少,都变成拍脑袋了。

既然对抗浮水位存在不同的意见,如果需要进一步分析,数据首先需要统一。但从具体数据来看,似乎还不能统一起来。根据这位网友提供的数据"地下水埋深在自然地面以下 1.2~3.2m 处"和"建议取拟建建筑物室外散水标高(±0.00 标高减去 0.5m)作为本工程抗浮验算地下水位",无法得到勘察时地下水位的标高和设计地下水位的标高究竟是多少,也就是说两种意见是各说各的,联系不起来。也就弄不清楚两种意见的水位究竟差多少。

从"要求勘察报告提供的抗浮验算地下水位再下降 1m(依靠自重可平衡浮力)"这句话来看,如果只差 1m 的水位,也就是 $1t/m^2$ 的荷载,那还可以采取其他的措施来解决。这个问题,例如增加压重的方法,要比设置抗浮桩的方案简单得多,施工也方便。

5.15 静压沉桩过程中因设备故障停了一个星期,对承载力有什么影响?

A 网友:

现有一桩基施工问题,向高老师请教。

工程场地土层分布概况:0~20m 为流塑~软塑状淤泥质黏土,20~40m 为软塑~可塑状黏土夹粉砂。设计工程桩采用 500mmPHC 管桩,桩长 40m,静压沉桩。

(1)一工程桩沉桩过程中,设备故障,一周后方能修复。此时,若继续沉桩至 40m,对桩基承载力是否有不利影响?

(2)因本工程场地土主要为饱和软黏土,按《建筑桩基技术规范》(JGJ 94—2008)第 7.5.15 条,应设置上涌和水平观测点。请问,当上涌和偏移达何值时,应采取复压等措施?

B 网友:

如果还能把桩压下去,则对桩基承载力是没什么影响的。

按地基基础施工验收标准要求的桩位偏移要求执行,上涌问题没规定,但应按设计要求的桩型来考虑,如果是摩擦桩,问题不是很大,如果考虑端承力,则应按桩基变形要求综合考虑。

答　复:

因设备故障停机检修了一段时间后再压桩的时候,就会发现压桩阻力比断桩前增大了,有的时候会产生压桩的困难。这是因为在修机期间内,土的强度得到了恢复的缘故。

所谓上涌,就是沉桩时的挤土作用引起周围已设置桩的上浮现象。存在有上浮现象的工地,在做低应变检测时会发现有些桩的长度短了,表明接头已经被拉断;做静荷载试验发现沉降突然会增大,即只有半截桩在承受荷载。此时应全部做低应变检测,对于发现的浮桩,即时采取复打归位的措施,使断口连接上,以能继续传递压荷载。

在本书的第 6 章中,有一篇"建筑物大面积断桩的原因分析与治理"的总结,报道了一个大比例断桩工程的治理经验,可供大家参考。

5.16　会不会是旋喷桩施工造成的?

A 网友:

在一个新开挖的基坑边上约 8m 的地方施工旋喷桩,已开挖的基坑设计挖深 9.2m,设置两道混凝土支撑,800mm 直径灌注桩支护,外设两排 700mm 直径搅拌桩止水。现开挖到 6.2m,准备做第二道支撑,其边上又在施工旋喷桩。在旋喷桩未施工前,基坑测斜变形在 1.8cm,旋喷桩施工第二天,变形达到 4.8cm。会不会是旋喷桩施工造成的?已经达到报警值,是否需要特别处理?

在基坑开挖及旋喷桩施工范围内的地质,都在淤泥质粉质黏土上,该土层厚度达 25m 厚。

答　复:

在基坑边上施工旋喷桩,距离又那么近,肯定会使围护桩增大变形,监测数据也已经充分说明了,应该马上停止旋喷桩的施工。

A 网友:

请问高教授,在坑中坑加固中,有时也会选择高压旋喷桩,这对周围的工程桩有何影响?若有影响应如何避免或降低?

答　复:

我的看法是应停下旋喷,抓紧做第二道支撑,支撑做好后可以继续进行旋喷的施工。但要注意不能同时施工多个旋喷桩!可根据基坑边长、旋喷桩桩径确定对同时间隔几个旋喷桩施工有影响,如边长 20m,旋喷桩桩径 1.0m,一般可同时间隔 2~3 个施工。同时要注意旋喷施工时的返浆量,返浆量过小时应停工调整。总之,旋喷桩施工后对基坑的稳定是大有好处的。

5.17　压桩机配重怎么计算?

A 网友:

大口径开口钢管桩静压时的压桩机配重怎么计算?

答　复：

你的问题是压桩机配重怎么计算，但问题的提法不准确，关键不在于配重。主要是压桩机的选型问题，在已经知道桩的极限承载力的条件下，估计需要多大的压桩力，选择什么样的压桩机。

至于配重数量，应与压桩机的压桩力有关。例如，你选择400t的压桩机，最大压桩力是400t，设备自重180t，那么必须至少配重220t，有时还可能要求富裕一些。

另一个需要考虑的问题是用400t的压桩机，能不能将极限承载力为400t的桩压下去？答案是不一定。

桩的极限承载力 P 等于压桩力 Q 乘以系数 K，不同土质取用不同的系数。但这些系数各个地方有不同的经验数值。

静力压桩施工过程中可以得到每根桩的压桩阻力，对判定桩的承载力和桩身质量是最直接的依据；但是，压桩阻力不等于桩的承载力；压桩阻力所反映的是桩体压入土中所需要克服的动阻力，是桩尖贯穿端部土层时的冲剪力。

压桩阻力与桩端土的类别和性质直接有关，又与桩长、桩距及桩群大小等因素有关。在黏性土中，压桩过程中的阻力最小，经过休息，土的强度逐渐恢复与增长，因此，承载力通常显著地高于压桩阻力。粉砂就相反，压桩时急剧升高的孔隙水压力夸大了桩的阻力，经过休息，孔隙水压力消散，端阻力下降，桩的承载力可能会低于压桩阻力。

压桩经验的地方性特别强，各地的经验大致的趋势是相似的，但存在许多差别，与各地的地质条件及技术条件的不同有关，但缺少地方技术标准，更没有全国性的技术标准。有资料提出，对黏性土，K 可取 $1.5\sim3.0$；对砂土，K 可取 $1.0\sim1.5$。

对于含水率大的黏性土，压桩力可能只需要到达桩的承载力的一半不到就行；但对于硬塑至坚硬的黏性土，则压桩力需达到或超过桩的承载力；对于砂土，则可能要大于桩的承载力的1.5倍以上才行。

桩侧土的不固结不排水强度与长期强度差异越大，压桩力就越小，反之就越大。

在砂土这样的难以沉桩的地层中，在较小的桩端范围会存在假压密的现象，即虽然显示出较高的压桩力，但实际桩的承载力却是不大的。

黏性土中的压桩与施工经验关系也很大，有的施工人员接桩速度很快，压桩力很小就能将桩压到位，但桩的承载力却不低。压机的配重应达到压桩力的1.2倍以上，这样才能保证施工的安全。

5.18 关于消减水压力方法的讨论

A 网友：

前段时间在南京得到高老师的指导,受益匪浅! 高老师讲课时提到的上海金茂大厦消减水压力的方法使我深受启发。后来又仔细读了一下书中的论述,觉得还是有些疑问需要再次请教:当基础建在没有水的基坑中,地基必然要对基础底板产生压力。在使用期间,如果地下水汇聚到基坑中,使得基坑内有水,此时存在浮力的问题。如果上部荷载较重,可以压住基础不致上抬,但是地下水对基础底板产生的浮力可能会使基础底板隆起甚至开裂。可是,当地下水对基础底面产生浮力的时候,基底会产生向上移动的趋势,那么基础底面与基底岩土就会产生脱离的趋势,此时的基础岩土压力是下降的。这个此消彼长的过程中,应力应该怎么计算? 可不可以认为水的浮力增加被基底岩土的压力下降所抵消了,所以并不用考虑浮力所造成的影响,或者至少不用考虑全部浮力的影响? 这里的浮力应该减去基础底面岩土的压力的减小值。如果浮力不大于原来的基底压力,不应该产生底板的隆起和开裂。不知道这个想法对不对? 如果是对的,岂不是可以减少甚至取消抗浮的处理费用?

B 网友：

(1)基础底面岩土的压力与上部结构传来的荷载大小、分布情况有关,上部结构传来的荷载小了,土压力也小了。

(2)地下水浮力大小与上部荷载无关,而与基坑排开的地下水体积成正比,抗浮水头越大,浮力越大。

(3)当上部结构传来的荷载分布比较均匀,且在整体上和局部上均大于预计最大水浮力时,确实如 A 网友所说不应该产生底板的隆起和开裂。

(4)可是满足第(3)点条件的情况不多,尤其在广州等地下水比较高的地区,往往会存在整体或局部抗浮稳定性不足,需要采取抗浮措施。

答　复：

地下室的抗浮稳定性与浮力对底板产生弯矩和剪力是地下室抗浮的两个问题,浮力通过底板传给地下室的柱、梁和测墙以与重力平衡。

当地下室建造完成以后,便不存在基坑了,地下室的底板,侧墙都与土体接触。但只要在土体孔隙中有水,缝隙中有水,而且是连通的水,就能传递水压力,就还有浮力的作用。

首先讨论天然地基上基础的基底土反力与水浮力的关系。如果没有地下水,基底反力之和等于上部结构加基础的自重及全部可变荷载,两者是平衡的,基底反力作用于基础底板,产生弯矩和剪力。如果有地下水,基底下的浮力抵消了部分荷载。土反力与浮力之和共同平衡荷载,底板上的弯矩和剪力不会减小。如果浮力超过向下的荷载,则发生上浮事故,底板的弯矩和剪力就会增加。

如果是桩基,情况复杂一些,如荷载通过柱基直接传给桩,则地下水的浮力全部传给底板,与没有地下水的情况相比,底板的弯矩和剪力就会增加很多。

如果是采取分散布桩,桩既承受荷载,又承受浮力,情况和天然地基有些相似。

对于纯地下室,荷载不大,浮力挺大,浮力大于向下的荷载,用抗浮桩是一种办法,但造价高;如果采用消减浮力的方法,既可以不打抗浮桩,又可以减小作用于底板上的浮力,从而减小底板的弯矩与剪力。消减浮力的方法造价低,但需要增加运营的维护工作。

A 网友:

谢谢高老师认真、耐心的解答,同时也非常感谢 B 网友的回复。

B 网友:

香港汇丰银行大楼的地下室抗浮案例从另一个角度给我们提供借鉴:

(1)该楼 1985 年建成,4 层地下室,基础埋深 20m,地面以上 43 层,高 75m,底层平面尺寸 55m×72m,采用钢结构悬挂结构系统,底层仅有 8 根巨型钢格构柱落地,上部荷载全部由这 8 根巨型钢格构柱传至基础。

(2)整体抗浮稳定性毫无问题,但水头大、底板受荷跨度大,需要考虑加永久性岩石锚杆来减少底板跨度,或者采取主动疏散水压力措施。

(3)地下室侧壁采用三墙合一的做法,地下连续墙底部的墙厚 2m,并在墙脚注浆止水。经评估,在正常使用阶段渗入止水帷幕的水量不大。

(4)奥雅纳设计团队最初曾考虑采取主动疏散水压力措施。后与业主日后的大楼管理团队沟通,结论是管理方面遇到的问题大大抵消了采取主动疏散水压力措施所带来的好处,最后采用了永久性岩石锚杆。

以上资料主要来自英国结构工程学会期刊 The Structural Engineer 在 1985 年 9 月发表的一篇 30 页的论文。

结合上海金贸大厦和香港汇丰银行大楼,发表几点个人意见:

(1)只要具备适合的条件,即使在地下水位高的地区(上海、香港)也可能采用主动疏散水压力措施。

(2)采取主动疏散水压力措施,除了技术可行以外,可能也要考虑业主大楼管理团队的管理能力,需要与之沟通。另外,在市场经济下,还要适当考虑日后大楼产权可能易手、管理能力变动的风险。

5.19 回填土采用强夯处理是否可行？

A 网友：

一多层民用建筑，15m 厚素填土（夹有一定量大块石），人工挖孔施工不安全，机械钻孔桩无法穿透块石，拟采用强夯基础，请问是否可行呢？

答　复：

你这种情况非常适宜采用强夯法处理，但要注意对周围环境的不利影响。

B 网友：

但根据《建筑地基处理技术规范》（JGJ 79），强夯的最大影响深度仅能达到10.5m，如果是对于 20m 厚的填土，而且上部为 6~7 层的居民房，荷载又不太大，强夯能处理吗？

C 网友：

场地的填土是 15m，那么请问高教授，即便采用最大的夯击能，深部的填土也没法进行处理；如果深部填土质量更差，也会形成建筑场地的整体沉降，对周边地面设施不利。

A 网友：

谢高教授指点，但我和 C 网友的担心一样，深层土的沉降会对上部夯实土产生不利影响。

D 网友：

基底应力是会扩散的，到一定深度后就会对沉降不起作用。

E 网友：

因为 A 网友没有说明填土的堆填时间、上部结构的情况，也没有交代预计基础尺寸和基底压力等情况，无法提出具体意见。

如果填土的堆填时间较长，估计其自重固结沉降已基本完成，建议 A 网友参考《建筑地基基础设计规范》（GB 50007—2002）第 5.3.7 条，估算一下地基变形计算深度 Z_n。如果 Z_n<强夯的最大影响深度，则应该是没有问题的，不必过分担心。

答　复：

很多网友发表了各种意见，其中，很重要的一条意见是担心强夯的影响深度有限，对深部的填土可能会出现夯实的能量不够，得不到有效的夯实。

上部结构为 6~7 层的多层建筑，采用条形基础，土中应力不会扩散到很深的部位，只要强夯能形成 6m 左右的硬层，便能很好地发挥持力层的作用，起到扩散应力的作用，传到深部的应力就会比较小了。因此，不必担心深部土的密实度达到不到要求。

在本书第 2 章中有一篇"长江三峡库区秭归县城新址建设场地的评价与处理"的文章,总结了 20 世纪 90 年代的一项工程实录,是采用强夯方法处理回填砂地基后建造多层建筑的技术总结,与这里讨论的问题非常相似。当时对厚层的回填土只处理了浅层的一部分,就能够起到扩散应力的作用。这个经验读者可以参考。

5.20　为什么减压井降水时抽出的水是浑的?

A 网友:

最近做一基坑,开挖深度 14m,两道钢筋混凝土支撑;目前施工完毕第二道支撑,其下尚未开挖。

土层:坑深范围主要为软塑—流塑状粉质黏土;坑底上下为淤泥质粉质黏土;坑底下 10m 为粉土、粉砂层,该层为承压水层,需进行降压。

目前出现两个问题:

(1)减压井降水时抽出的水是浑的(含有大量粉土),不得不停抽。不知道是什么原因?(刚开始抽水时,出水量很少,后经过反复洗井,出水量变大,随后用小功率水泵进行抽水,水质清晰,因降水速度较慢,后改用大功率水泵,结果出现了上述问题)

(2)监测的问题:

①支撑为圆环形(宽 1.5m、高 0.8m),角部加角撑,但监测数据中环梁及同一根角撑的轴力相差较大,其中环梁共布设 12 个测点,轴力从 5 000~10 000kN 不等(1 个 5 000kN、2 个 6 000kN、2 个 7 000kN、4 个 9 000kN、3 个 10 000kN)。

②轴力日变化量较大,达 2 000kN。

答　复:

许多实测资料表明,混凝土的支撑轴力变化确实非常大,而且受天气的影响也很明显,环梁的内力更是非常复杂。除了基坑开挖、支撑设置或拆除等施工因素对轴力有很大的影响外,混凝土收缩和气候条件的变化也有十分明显的影响。

有一份气候条件对基坑支撑轴力影响的实测资料,实测的时间是从上午 8 时至傍晚,在多云或晴天,由于气温的日变化幅度较大,傍晚的轴力比早上增大 15% 左右,而在下雨天气,气温的日变化幅度比较小,则轴力减小或基本不变。

减压井降水时抽出的水是浑的原因可能是功率太大,滤网出了问题,将含水层的细颗粒抽了出来。

A 网友:

谢谢高老师!施工单位已经调整改用小功率水泵了。

5.21　桩身倾斜大于 1% 时,该桩如何处理?

A 网友:

桩身倾斜大于 1% 时,该桩该如何处理?

在基础桩施工时,经常遇到桩的倾斜,有些倾斜度大于 1%,在这种情况下该如何处理?

降低桩单桩承载力,但是怎样降低单桩承载力与倾斜度挂钩?比如倾斜 5%,该桩还能用吗?

答　复:

由于桩周土的运动而形成桩的偏斜与弯曲,竖向承载力会明显降低,可以用各种方法计算其剩余承载力,然后作增桩补强方案。

关于被动缺陷桩的单桩承载力分析,可以参考史佩栋主编的《桩基工程手册》(岩土工程丛书之 8,人民交通出版社,2008)第四十四章被动缺陷桩的分析与计算。

5.22　如何对强夯后的地基土进行承载力检验?

A 网友:

现有某厂区扩建工程,拟建场地原为丘陵地区一“V”字形山沟,经回填整平,回填土为靠近场地的山体开挖页岩土,土性易风化,粒径不均,最大粒径近 1m,最大回填深度 12m,分层回填碾压,压实机械为 18t 压路机,压实厚度 1m,对 0~8m 回填土进行了强夯处理,在此基础上又分层回填碾压 4m 后,再次强夯。强夯工艺为:锤重 17.6t,直径 2.7m,落高 14m,间距 6m,点夯一遍,又以梅花形布置同样间距点夯一遍,之后以锤重 11t,直径 2.2m,落高 9m,落点搭接 1/4 锤直径,满夯一遍。

建设方欲对强夯后的地基土进行承载力检验,上部基础结构待定,设计取值为地基土承载力特征值 200kPa,计算影响深度为 8m。我方对承压板尺寸提出三个方案:

(1)承压板直径 0.8m,面积 0.5m²,根据“浅层平板荷载试验”要求得到。

(2)承压板直径 2.7m,根据“计算影响深度为 8m,取 1/3 影响深度”得到。

(3)承压板直径 4.0m,根据“强夯处理深度为 8m,取 1/3 处理深度”得到。

其中,第 2、3 方案的提出是因为地形原因,基础强夯处理深浅不一,担心不均匀沉降。

以上方案是否合理,急需指教!

答　复:

你这个工程的回填处理还是很周到的,只要强夯确实做到家,质量应该没有太大的问题,将来把排水和地坪都能做好,不让页岩泡水,那么估计沉降也不会很大。

试验的第1个方案,承压板的尺寸太小了,其实做3.0m直径的一种方案就可以了,影响也已经到8m深度了。强夯是分层处理的,8m以下的问题也不会很大。4m直径太大了,试验的荷载不得了,加载要500t。

试验的最大荷载要取400kPa,荷载小了可能会影响试验结果的分析与评价。

A网友:

谢谢高教授的帮助!我们完全接受你们的意见,采用直径3.0m承压板,最大荷载400kPa,反力由堆载提供,则需堆载340t。这里又有两个问题:

(1)采用什么样的焊接结构、钢板自身厚度要多大来保证直径3.0m承压板的刚度,如承压板一面加肋筋,如何计算?

(2)浅层平板荷载试验要求试验基坑宽度不应小于承压板宽度或直径的3倍,则堆载安全支墩间净距不小于9m,堆载用工字钢长度接近12m,有更简单的方式吗?

答　复:

承压板直径3m,焊一个直径30cm的墩,墩上放千斤顶,则板是个轴对称问题,验算抗弯、抗冲切承载力以确定板的厚度。板上加肋主要为了提高板的刚度,不需要计算,按构造处理,分6个方向将切割成三角形的厚钢板竖起来与承压板及墩侧焊接牢。

堆载必然要用“大家伙”,没有其他的办法,如此大的荷载试验要特别小心,安全第一,安装要特别到位,要用传感器将信息传出来,不能在下面读百分表。

5.23　检测的结果如此离散怎么办?

A网友:

某车间工程强夯处理后,建设单位委托所在市区质检站作7组荷载试验,结果极差超过平均值的30%,结论为对强夯处理后的地基承载力不做综合评价。由于有2组的试验结果比处理前的承载力还低,建设单位对试验数据表示怀疑,又想委托我们单位(勘察综合甲级)来做试验,请问高教授,我们做试验的数量如何来定,依据哪些规范?

答　复:

检测结果的极差超过平均值的30%,仅说明数据比较离散而已,应分析出现如此离散性的原因,检测单位不作评价是不合适的。

有两组的试验结果比处理前的承载力还低,其原因可能是强夯处理的均匀性太差,也可能是检测的问题。你们先对资料的质量进行分析评价,估计问题出在什么地方,分析这些检测点的分布,分析有什么规律性。

建议在承载力比较低的地方,进行复测,如果存在某一范围的质量不行,应作补夯;规范只对常态作规定,这种事故的情况各不相同,规范不会作什么具体规定,还是你们自己研究着办。

B 网友:

夯点位置与夯间位置相差很大是正常的,应分析具体分布情况。建议检测点按基础位置布置,还需考虑压板尺寸与基础宽度的关系。

5.24 提高试验桩的配筋,试桩又如何能如实反映工程桩的承载力?

A 网友:

高老师,您好! 请教一个关于试桩的问题。有一工程地下一层为车库,地上分为两个塔楼,均 34 层。两个塔楼均采用嵌岩桩(甲级),塔楼 1 有 97 根桩,塔楼 2 有 96 根桩,桩径 800mm,桩长 9.75m,桩端持力层为凝灰角砾岩(微风化),f_{rk} = 97.84MPa,嵌岩深度为 0.8m,单桩竖向承载力特征值为 19 900kN。因工程桩采用 C35 混凝土,配筋 12φ18mm 通长,螺旋箍筋间距 100mm,由桩身承载力控制,单桩竖向承载力特征值只能取 4 350kN。设计单位每个塔楼各取 3 根工程桩做试桩,为防止试桩破坏,提高试桩承载力,纵筋改为 12φ20mm 通长。请问:①既然是桩身强度控制桩的承载力,提高桩的配筋,试桩又如何能如实反映工程桩的承载力? 是否试桩与工程桩应等强度? ②因荷载试验至少要压至特征值的两倍,又怕造成试桩的损坏(兼工程桩)。这种情况试桩能否压至桩顶的压力设计值,而不用两倍。③由桩身强度控制的嵌岩桩,承载力远远小于由岩土提供的承载力,是否有必要必须采用单桩静荷载试验?且两个塔楼较近,地层均匀,桩型一样,即使采用单桩静荷载试验,试桩数量能否按一个建筑物考虑共取 3 根,而不用 6 根呢?

B 网友:

(1)荷载试验至少要压至特征值的两倍。

(2)端承桩主要控制桩身强度。

C 网友:

(1)工程桩不能作为试验桩,试验桩在没有破坏的情况下可以作为工程桩。

(2)必须 2 倍。

(3)可以采用 3 根桩。

答　复：

这种桩型既然由桩身强度控制,试桩的配筋应该与工程桩一致,试桩才有工程意性,加强了配筋就没有代表性,这样的试桩能说明什么? 不是在作假?

试桩的荷载要求为设计采用承载力的两倍,也是为了控制安全度。如果达不到这个要求,检测的结果没有安全度的概念,也是骗人的,桩基是按极限状态设计的。

哪本技术标准说桩身强度控制就不要做试桩了? 做 3 根还是 6 根,应由设计决定。两个塔楼就是两个高层建筑,怎么可以按一个建筑物考虑呢?

D 网友：

试桩的目的就是为了在做工程桩之前心里有数,所以做几根无所谓。做两根也可以,只要能说明问题,但是,实际情况是有很多因素影响试桩结果,比如桩身的质量缺陷,不同温度条件下的差异等。所以试桩最好多做两根,就是不压也可以。但是压到 2 倍是必需的。

因为是强度控制承载力,所以工程桩必须与试桩同条件,而且达到 28d 的强度。最好不采用《建筑基桩检测技术规范》(JGJ 106)上的"达到设计强度的70%可进行荷载试验"的条文,不然承载力不够,是没有办法说明原因的。

5.25　断桩是否要进行处理?

A 网友：

黄骅港港区住宅楼,地上六层,砌体结构,根据勘察报告:①层为去年 5 月左右的回填土,厚 1~4m,$f_{ak} = 80kPa$,采用长螺旋钻泵送混凝土桩进行地基处理。基底标高 -2.00m,处理后地基承载力特征值为 $f_{sk} = 180kPa$,采用墙下条基。处理后经检测,单桩复合地基承载力满足,但低应变检测出 65% 为 Ⅲ 类桩(浅部 1~2m 断桩,挖槽造成),不满足《建筑地基基础工程施工质量验收规范》(GB 50202)分部工程验收标准,这种情况是否需要处理? 如何处理更好? 当地做法对这种情况断桩不予处理,是否合理?

B 网友：

我觉得很可笑,低应变检测 65% 为 Ⅲ 类桩,如果这种情况都不需要处理的话,国家设置检测单位是用来干啥的? 你们检测的目的又是啥? 单桩复合地基承载力检测的桩是断桩还是完整桩? 如果是断桩单桩复合地基承载力都够的话,说明设计人纯属神经有问题,拿甲方的钱往地里填。

C 网友：

这样的问题最好不要请教高老师了,很难回答的。我们这些小辈怎么说都可以,是不是啊。

D 网友:

　　一般情况这种碰断的桩不处理的,只是大家心知肚明罢了,我检测过的断桩最多的达到80%,更恐怖吧。但是做了多桩复合地基检测后,结果仍然可满足设计要求。那个工程我们作为勘察单位和检测单位,确实犯了难了。

E 网友:

　　因为碰断的桩断口多近水平,倾角不大,且互相啮合的不错,没有剥离开,并不影响竖向承载力的发挥。所以承载力没有问题是正常的,但一般都定为四类桩(断桩)。把结果给了设计单位,他们也很难下结论。

F 网友:

　　分析断桩原因,都是开槽没有经验造成的,用大挖土机,素混凝土桩,一碰就断的。怎么处理? 挖开补吧,补上了还是两层皮,一样是断的,还把桩间土弄个翻天覆地的。

A 网友:

　　这个工程,麻烦就出在持力层是回填土上,给80kPa已经不少了,可是断的位置又在这层软土上,不处理吧,对于抗震有安全隐患。难! 我的经验,断桩的深度与土层强度有点关系,一般承载力150kPa左右的土层断在0.4~1.0m的多,承载力100~120kPa的土,断裂深度在1.0m左右的居多,这回能断到1~2m,看来这层的强度真的很低。

G 网友:

　　最好处理一下,挤密桩千万不能用了。要不,条基换筏板吧。

A 网友:

　　本来设计单位想条基换筏板,但甲方嫌造价增加太多,不同意。现在准备对桩间土采用水泥土搅拌桩处理,桩长的设计按照组合桩复合地基设计计算结果确定,其中由于桩间填土的不均匀性,不考虑桩间填土的承载力,同时扣除填土段的负摩阻力。

H 网友:

　　复合地基该考虑负摩阻力吗?《建筑地基处理技术规范》(JGJ 79)上好像没看到! 但据《建筑桩基技术规范》(JGJ 94),复合桩基似乎应考虑。

　　增强体与土层共同承担荷载,该如何计算负摩阻力呢? 据《建筑桩基技术规范》(JGJ 94),土层竖向有效应力还应加上上部分担的荷载作用,请问设计时你确定了上部分担的荷载作用了吗?

答　复:

　　这是一个很有意思的案例,从中我们可以了解和理解很多的问题,包括技术、社会等各个方面的问题。

　　先说技术方面的问题,A网友问:"处理后经检测,单桩复合地基承载力满足,但低应变检测出65%为Ⅲ类桩(浅部1~2m断桩,挖槽造成),不满足《建筑地基基础工程施工质量验收规范》(GB 50202)分部工程验收标准,这种情况是否需要处理?"桩断了那么多,但单桩复合地基承载力居然都满足要求。这是怎么回事? 桩断了那么多,居然对复合地基承载力没有影响,也就是说,从构成复合地基承载力的角度,并不需要那么长的桩。从其他网友的讨论中,我们还可以了解到,出现这种情况还是比较多的。那我们不得不担心的是,我们的设计和施工质量控制方法是否存在问题? 对复合地基机理和设计方法的研究提出了质疑,对复合地基的施工质量控制也提出了质疑。

　　再说社会方面的问题,从几位网友的讨论中,似乎流露出一种难言之隐,一种对现实的担心与无奈,看来,断桩还是一个比较普遍的问题。值得当家的工程师们多加关心。

　　还有网友提到了"负摩阻力"问题,说明在我们工程师队伍中,对"负摩阻力"这个问题不甚理解,想的不是地方,用得不是地方,是大有人在的。这不能怪我们的工程师,是我们的规范、我们的工程教育中可能出了点什么问题,是不是将"负摩阻力"问题不恰当地过分强调了,实际上一定程度地泛化了?

5.26　设计单位提供给监测单位项目时,以哪一本规范为依据?

A网友:

　　《建筑基坑支护技术规程》(JGJ 120—2012)中"支护结构的安全等级"、《建筑基坑工程监测技术规范》(GB 50497—2009)中"基坑类别"、《建筑深基坑工程施工安全技术规范》(JGJ 311—2013)中"施工安全等级",有何区别和联系?《建筑基坑支护技术规程》(JGJ 120—2012)表8.2.1中"安全等级"和《建筑基坑工程监测技术规范》(GB 50497—2009)表4.2.1中"基坑类别"是否为同一个概念? 两个表格中监测项目内容和监测要求不一致,设计单位提供给监测单位监测项目时,以哪一本规范为依据?

答　复:

　　各本规范的内部应该是统一的,但规范之间可能难以统一,各有各的道理,作为使用者也没有办法,无可奈何!

　　对我们用规范的人来说,你用哪一本规范的规定时,就根据这本规范的规定去划分,根本不需要去比较各本规范的规定有什么不同,也根本没有办法去统一不同划分的标准。

编制设计文件时只需要根据设计规范的规定选择监测项目就可以了,至于监测规范有不同的规定,只能到监测阶段做方案时再具体化了,似乎不太合理,但你有什么办法呢?

5.27　这种情况一定要取岩芯样吗?

A 网友:

高层建筑勘察时,当持力层选择基岩以上土层(基岩埋藏较深,大于 10m),且采用高层筏形基础时,一定要取岩样试验吗?

其他满足上海市工程建设规范《岩土工程勘察规范》(附条文说明)(DGJ 08-37)第 4.1.20 条中第一款,采取土试样和进行原位测试的勘探孔数量,不少于勘探孔总数的 1/2,取土试样钻孔也不少于勘探孔总数的 1/3;同时也满足《高层建筑岩土工程勘察规程》(JGJ 72)第 4.1.5、4.1.6 及 4.1.7 条。

答　复:

取不取岩芯,取决于工程的规模和技术要求,也取决于岩层的性质,应该由项目工程师决定。

按照高层建筑的上部结构的体量、刚度和技术要求的不同,对下卧岩层的要求是不同的,不能一概而论;需要考虑岩层的岩性和风化程度。

如果上部结构要求不高,而岩层比较好,并且埋藏比较深的话,那就不一定取样,反之则肯定需要取样。

工 程 实 录

案例一　建筑物纠倾的设计与施工控制

一、研究背景

在 1998 年以前,上海地区的六层住宅一般都采用天然地基上的浅基础,这种基础形式虽然比较经济,但有的建筑物的后期沉降比较大,有的建筑物还产生比较大的倾斜或墙体开裂,影响建筑物的安全与正常使用。在住宅商品化以后,建筑物的过大倾斜常引发消费者与开发商之间的矛盾与纠纷。

特别在上海市区的西南角的浅部,存在大片的湖相沉积物,土质比市区的土层软弱。因此,即使是建造六层的居住建筑,建筑物的沉降也很大,造成建筑物倾斜的事故比较多,有的小区成批地出现倾斜的住宅,因此建筑物的倾斜或墙体的开裂常成为在住宅建成使用以后发生的纠纷原因。对于已经产生倾斜的建筑物,则需要对建筑物进行纠倾并修复因倾斜而开裂的墙体。

为了修复因不均匀沉降所引起的建筑物的开裂与损坏,首先需要消除不均匀沉降,对建筑物的倾斜进行干预与纠正,这种维修的方法一般称为纠倾。建筑物纠倾方法很多,根据上海地区地下水位较高、地基承载力较低的特点,通常采用应力解除法进行迫降纠倾。迫降纠倾的成功主要在于设计、施工和监测等方面的密切配合,正确地判断建筑物产生倾斜的原因、建筑物所具备的承受纠倾的能力,正确地按纠倾方案实施。

为了不使被纠的建筑物产生过大的结构次应力,建筑物的回倾必须是缓慢地、均匀地实现,施工过程中首先需要进行严格的实时监测,并控制纠倾的速度和力度。一般可以控制在 3 个月左右的时间内将建筑物纠正到规范容许的倾斜值范围以内。

本文总结了在上海若干小区十余栋住宅楼(见附件)进行迫降纠倾的施工过程中,实施建筑物的变形监控的一些方法与经验。这些住宅建筑物均为 6 层的砌体承重结构,平面上由 3~4 个单元组成,长度为 35~50m,大多建造于 20 世纪 90 年代初中期,竣工时建筑物的沉降一般不大,但在 3~5 年后倾斜逐步显现,直至肉眼可以觉察,倾斜值最大达到 10‰左右。如果采用筏板基础,则建筑物整体性比较好,一般不会出现明显的结构性破坏,也为迫降纠倾创造了条件。但如果采用墙下条形基础,则建筑物的整体刚度比较弱,有时墙体会出现裂缝,在采用迫降纠倾方法时需要采用一些技术措施以保证结构物的安全。

由于建立了监测和控制系统,保证了施工的安全,可以在建筑物正常使用的同时进行迫降纠倾。在这样的施工过程中,住户不必搬迁,可以减少对住户正常生活的影响。这种纠倾除害的工作,得到了住户的支持。有的居民积极地参与施工方案的讨论,有的居民在家里设置了吊锤以观察在纠倾的过程中,建筑物反倾的进展与效果。

二、迫降纠倾的设计

建筑物回倾是人为干扰作用的结果,根据建筑物产生倾斜的原因和工程条件,可以选用不同的纠倾方法达到纠倾的目的。但不论采用什么纠倾方法,从原理上说都是对建筑物地基施加某种干扰的作用以破坏原有的平衡,使建筑物产生可以控制的反向的变形,以消除建筑物的不均匀沉降,从而将过大的倾斜减小到容许的数值范围内。

干扰作用既然能破坏原有的平衡,在纠倾的过程中就会有负面的作用。例如在沉降比较大的一侧,也可能不可避免地再发生一定的附加沉降,显然这种附加沉降是纠倾的反作用;又如给建筑物的结构造成一定的次应力,甚至会产生开裂或者使原有的裂缝扩展。纠倾的设计与施工过程控制就是为了最大限度地发挥回倾的作用,而限制其负面的有害作用。

为了有控制地将建筑物纠正到允许的状态,必须提出纠倾预期目标和保证实现目标的控制手段,将干扰作用置于完全可控的状态。

1.建筑物倾斜的容许值

纠倾预期的目标是将建筑物回倾到人们可以接受的界限以内,一般建筑物按例表 5.1-1 规定的允许值控制,但各种工业建筑则应根据使用的要求规定相应的倾斜容许值。

倾斜的容许值　　　　　　　　　　　　　　　　　　　　　例表 5.1-1

自室外地面起算的建筑物高度 $H_g(m)$	$H_g \leqslant 24$	$24 < H_g \leqslant 60$	$60 < H_g \leqslant 100$	$H_g > 100$
建筑物倾斜的容许值	0.004	0.003	0.002 5	0.002

确定倾斜允许值时,一般应考虑满足正常使用的要求、结构不产生过大的次应力以及将倾斜控制在人们视力不易觉察的范围以内。

2.纠倾过程的预期

纠倾的干扰作用对于地基的稳定性会产生一定程度的扰动,对于上部结构也可能会产生一定的影响,如果纠倾工程的设计不妥或施工控制不当,都可能会进一步损害建筑物,因此纠倾过程的无害化是一项基本的原则。特别是住宅楼的纠倾,一般都在居民不搬迁的条件下实施,纠倾过程中出现任何的险情都是不能允许的,对建筑物不能产生任何的次生损害。

为了达到无害化的目的,建筑物的回倾不致使结构产生附加的次应力,干扰作用的分布、作用的深度和力度都必须进行精心的分析和设计。要求纠倾的过程必须平稳、同步和线性变形。平稳是指变形与时间的关系必须是渐变的、缓和的过程,不能大起大落;同步是指建筑物的控制点必须同步回倾,不能在回倾过程中出现扭转和摆动;线性变形是指回倾变形在平面上的分布必须是线性的变化,不能出现突变。但对于纠倾的过程必须平稳、同步和线性变形的这类技术要求,尚缺乏定量的控制标准。

对于干扰作用产生的正、负两方面的后果必须进行监测,根据监测的结果对干扰作用进行调整,使纠倾的过程符合预期的要求。

3.纠倾后的变形稳定性

在回倾的过程中,为了达到强迫回倾的目的,必然采用比较激烈的扰动土体的方法。但在达到回倾的要求以后,如果回倾的变形得不到及时的抑制,将会使回倾过度,造成反倾,或者变形长期不能稳定,这些都不符合纠倾的初衷,是必须采取措施加以防止的。

因此,在回倾满足设计要求以后,必须采取工程措施使建筑物的变形能够迅速地稳定下来。例如,立即封桩以中止回倾,或者动用已经设置的止沉桩以避免产生过量的反倾沉降。这些都是实现纠倾工程重要预期目标的关键性措施。

三、纠倾方案的制订与实施

1.迫降孔的布置

迫降纠倾采用斜孔水压冲孔解除地基局部应力的方法迫使建筑物在自重作用下回倾,迫降孔均匀设置在建筑物沉降比较小的一侧,钻孔位应紧贴基础板的外缘,钻孔轴线与地平面的倾角取为 $60°$,孔径 $300mm$。孔的深度与间距根据回倾量的大小和建筑物的宽度确定,一般采用等深度孔布置,对于回倾量比较小的建筑物,也可采取深孔与浅孔间隔布置的方案。但对于纵向倾斜的建筑物,就应采用不等深度的钻孔。开孔的最大深度应以冲孔影响区不超出建筑物的平面范围为限。

2.加固桩和保护桩的设置

对于纠倾前沉降速率比较大的建筑物,应在沉降大的一侧设置加固桩;为了防止纠倾后期的回倾过大,在冲孔的一侧应设置保护桩,保护桩需在纠倾开始以前设置完毕,但不立即封桩。当回倾过大时可作为紧急措施进行封桩止沉;如在纠倾过程中不需要采取紧急措施,则在纠倾结束以后再进行封桩。

加固桩和保护桩都采用静压锚杆桩方法设置,一般用 $250mm×250mm$ 的钢筋混凝土方桩,混凝土等级 C30,每节长 $2\sim2.5m$。桩的长度根据地质条件确定,应进入合适的持力层,在上海地区一般在 $25m$ 左右;设计规定在压入时,当压桩力剧增,遇第 6 层硬土层即可停止压桩,终止压力不应小于 $250kN$;封桩时需用微膨胀水泥,并制作混凝土反力梁,反力梁与底板间以锚杆相连接,反力梁的混凝土等级为 C30。静压锚杆桩布置在片筏基础的外挑部分上,桩位与间距根据需要确定。

3.钻孔及冲孔的流程

为了使建筑物能比较均匀地回倾,钻孔和冲孔的施工流程都应按跳打的原则设计,不能从建筑物的一端连续地向另一端逐个钻孔或冲孔。施工时按设计方案规定的顺序(打一跳一或打一跳二)依次冲孔,逐步解除基础下的应力,使建筑物能均匀缓慢地恢复到正常的状态,以使上部结构能逐步调整内应力,适应基础的变形。例表 5.1-2 给出了其中的一个实例,共布置了 24 个孔,按打一跳二的原则规定了施工的顺序。

钻孔、冲孔的顺序表　　　　　　　　　　　　　例表 5.1-2

第1遍	1	4	7	10	13	16	19	22	25
第2遍	2	5	8	11	14	17	20	23	
第3遍	3	6	9	12	15	18	21	24	
第4遍以后为均匀冲孔	根据沉降监测情况,确定按上述次序依次冲孔的遍数和时间								

4.加速与延缓沉降的措施

在施工过程中,当监测的结果与设计的要求不符时,需采取技术措施加速或延缓迫降的沉降速率。对于沉降速率低于设计要求的施工段,可采取在孔中抽水的方法以加速下沉;对于沉降过快的施工段,可在冲孔的顺序中有意识地跳过该施工段中的迫降孔。这些措施可以非常有效地改变沉降速率以调整建筑物各部分回倾的速度。

四、迫降纠倾的监测与控制关键技术

迫降纠倾的关键技术在于对建筑物变形的预估与控制,在迫降纠倾过程中,要求建筑物的变形形态和变形速率都必须满足下列控制要求。

1.回倾速率和回倾效率的控制

通过对建筑物各测点的沉降观测,可以了解在迫降纠倾的过程中,各个时刻,建筑物各部位的变形情况。回倾的速率 v 是指每天的回倾量,由公式(例 5.1-1)计算;回倾的效率 η 是指迫降侧的沉降与另一侧的沉降差除以迫降沉降,由公式(例 5.1-2)计算。

$$v = \frac{s_1 - s_0}{\Delta t} \qquad\qquad (例\ 5.1\text{-}1)$$

$$\eta = \frac{s_1 - s_0}{s_1} \qquad\qquad (例\ 5.1\text{-}2)$$

式中：s_1——迫降侧的沉降；

s_0——另一侧的沉降；

Δt——产生回倾量的天数。

建筑物两侧的沉降差是回倾效率的控制指标，其中，迫降一侧的沉降 s_1 具有迫使建筑物回倾的作用，而另一侧的沉降 s_0 则有抵消回倾的不利作用，将使回倾的效率降低，因此必须采取措施尽可能地减少不利沉降，可以通过改变冲孔的深度来加以调节。

回倾的速率取决于另一侧不动时迫降侧的沉降速率，一般将迫降侧的沉降速率控制在 $2\sim3\text{mm/d}$ 的范围内，则建筑物的回倾比较平缓，不致引起对建筑物的损害。在开始阶段，回倾速率一般比较慢，以后逐步提高到这个控制指标，然后通过控制冲孔的速度或抽水来加以微调。根据回倾的平均速率可以预测达到纠倾目标所需的时间，也可以根据工期的要求，在允许范围内适当调节回倾的速率。

2.两端回倾的同步控制

横向建筑物的两个端部，即东、西两山墙必须同步回倾，如果发现回倾不同步，必须采取措施加以调节，以避免建筑物发生扭曲的现象。可以通过加速一端的回倾或延缓另一端的回倾来进行控制。

1）建筑物纵向沉降的均匀性控制

建筑物的外纵墙沉降必须在回倾中保持均匀，通过沉降的展开，可以分析建筑物纵向的下沉均匀程度，一般应控制在 $0.2‰$ 的范围内，如发现沉降不均匀，应当通过改变各迫降孔的冲孔程度来加以调节。

2）沉降观测与倾斜观测的互校

在迫降纠倾的施工监测控制中，采用了两种测量方法。

（1）水准测量

用水准仪测量各观测点在纠倾过程中标高的变化，根据标高的变化可以计算出建筑物各测点的沉降量，从而求得沉降速率、回倾量和不均匀沉降等控制指标。采用 2 级水准测量可以读到 0.01mm 的变形，是比较可靠和准确的测量方法，对建筑物纠倾有足够的精度。但由于建筑物施工时的测量一般用的是 3 级水准测量，测量的精度不符合纠倾的要求，而且一般都没有留下沉降观测的记录，甚至连当时使用的水准点都已经破坏。所以在纠倾时用水准测量的方法不能得到观测点的绝对标高，也就不能从水准测量的数据计算出建筑物总倾斜值的现状与变化发展。

（2）倾斜测量

在不能用水准测量方法测量建筑物倾斜值的情况下，只能用经纬仪测量建筑物的可测棱线的倾斜值,或者用水准仪测量窗台线的水平度。由于棱线和窗台线本身不一定非常垂直和非常水平,这是一种比较近似的方法。但通过这种测量可以得到建筑物的总倾斜值的现状,也可以比较纠倾前后建筑物倾斜的变化,可以和根据水准测量得到的回倾值互相校核。

例表 5.1-3 和例表 5.1-4 是 27 号楼的迫降纠倾监测的部分资料,表中 6 号点和 7 号点是西山墙上的两个沉降观测点,2 号点和 3 号点是东山墙上的观测点,通过沉降差可以求得建筑物的回倾值,即西山墙回倾了 7.2‰,东山墙回倾了 6.9‰。从经纬仪的倾斜测量可知,纠倾前西山墙的墙角线倾斜 10.3‰,东山墙的墙角线倾斜 9.7‰。在纠倾以后,测得的倾斜分别为 3.4‰ 和 2.2‰,亦即倾斜测量的结果说明,西山墙回倾了 6.9‰,而东山墙回倾了 7.5‰。两种测量方法之间的差别为 0.3‰~0.6‰。

27 号楼倾斜监测结果 例表 5.1-3

测点	7 号点墙角线		2 号点墙角线	
观测结果	墙顶位移(mm)	墙角倾斜(‰)	墙顶位移(mm)	墙角倾斜(‰)
1999 年 9 月 24 日	169	10.3	159	9.7
1999 年 11 月 29 日	51	3.1	36	2.2
2000 年 2 月 24 日	56.5	3.4	37	2.3
2000 年 3 月 31 日	56.5	3.4	36.5	2.2
2000 年 5 月 7 日	55.5	3.4	36.5	2.2

27 号楼由沉降差计算的反倾值 例表 5.1-4

测点	6 号点	7 号点	西山墙	2 号点	3 号点	东山墙
观测结果	沉降增量(mm)	沉降增量(mm)	倾斜(‰)	沉降增量(mm)	沉降增量(mm)	倾斜(‰)
1999 年 11 月 29 日	82.92	24.33	7.3	17.93	73.90	7.0
2000 年 3 月 31 日	117.79	60.19	7.2	49.58	104.73	6.9

3. 对干扰作用的控制

纠倾的干扰作用,包括平面上的布置和施加的力度,必须置于可控的状态。以钻孔取土纠倾法为例,钻孔的位置、倾角和深度应能保证建筑物各个部位的变形之间符合线性、平缓和同步的要求。

1）横向纠倾时，东、西山墙的同步回倾

迫降纠倾的 38 号楼整体向南倾斜，西山墙平均倾斜为 10.3‰，东山墙平均倾斜为 9.4‰。东西两端的倾斜相差 0.9‰，设计控制的纠后倾斜要求小于 3‰。

纠倾于 2001 年 8 月 15 日开始施工，至 11 月 21 日全部结束，历时 108d。整个施工过程可分为三个阶段，第 1 阶段为施工加固桩和保护桩，从 8 月 15 日至 9 月 15 日；第 2 阶段为钻孔、冲孔迫降，从 9 月 15 日至 11 月 4 日；第 3 阶段为封孔及局部调整，从 11 月 4 日至 11 月 21 日。

在纠倾施工中建筑物东、西山墙的回倾全过程见例图 5.1-1。在第 1 阶段中，先施工南侧的加固桩，由于沉桩施工扰动了土体，建筑物开始继续向南倾斜；但在施工北侧保护桩时建筑物开始向北回倾。在迫降初期的回倾比较慢，但在 2 周以后进入了等速回倾的阶段，保持了 30 多天的时间，当回倾接近 7‰ 时就决定进行封孔。从例图 5.1-1 中还可以看出，在全过程中，东、西两山墙保持了同步回倾，两根曲线非常接近，但由于西山墙在纠倾前的倾斜值比东山墙大了 0.9‰，为了使东、西山墙在纠倾后的倾斜值相接近，在封孔的过程中又利用时间差进行调节，使西山墙多回倾了 0.9‰，最终使东、西山墙在纠倾结束时的倾斜都是 2.3‰。

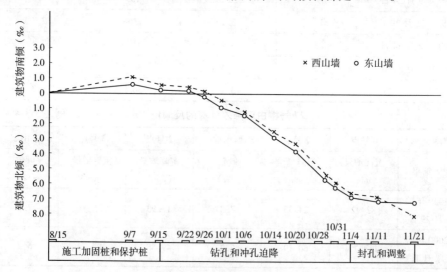

例图 5.1-1　38 号楼的回倾过程

2）纵向纠倾时，南、北纵墙的同步回倾

在对建筑物的纵向倾斜进行纠倾的时候，由于建筑物纵向刚度比较小，比横向纠倾更应严格控制变形的梯度。例图 5.1-2 是一个纵向纠倾的平面图，东单元主

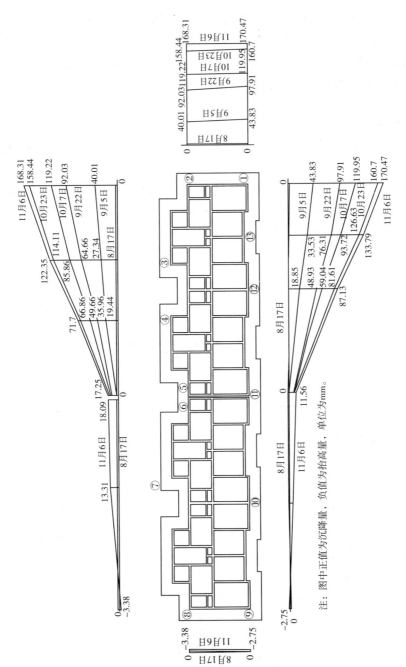

例图5.1-2　建筑物回倾沉降展开图

注: 图中正值为沉降量, 负值为抬高量, 单位为mm。

要向西倾斜,使沉降缝的顶部闭合,纠倾的目标是使东单元回倾 5.5‰,钻孔主要布置在东单元的东部 2/3 范围内,钻孔的长度由 16m 到 10m 从东至西依次递减,钻孔的间距按东密西稀的原则布置。例图 5.1-2 所示的实测沉降展开图说明东单元各部分的变形达到了线性分布、南北同步的要求,同时也没有对西单元造成太大的东倾。

3)对回倾过程的控制

在回倾过程中通过测量建筑物主要控制点的沉降差随时间的变化显示回倾过程的平稳性。

例图 5.1-3 是纵向纠倾的一幢建筑物南、北纵墙的东西端点沉降差的发展过程,显示了回倾以 1.5~2.0mm/d 的速率平稳发展,同时也显示了南、北纵墙是同步回倾的,当发现速率出现增大趋势时,采取措施减小沉降速率,有效地控制了纠倾的过程。

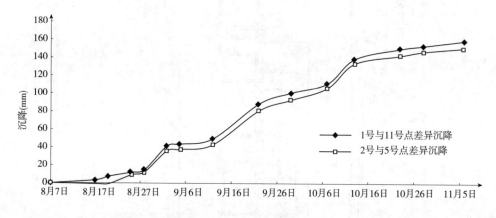

例图 5.1-3 建筑物回倾过程曲线(观测点差异沉降发展曲线)

4.对纠倾施工的评估

纠倾施工是否达到预期的目标,需要通过监测进行评估,不同纠倾要求的项目,采用不同的指标体系来检验纠倾的效果。

1)纠倾效果的评估

检验纠倾效果可以根据水准测量的结果检测建筑物的回倾变形以计算纠倾后建筑物的剩余倾斜值,并与采用经纬仪倾斜测量的结果相互校核。

例表 5.1-5 和例表 5.1-6 是某住宅楼的迫降纠倾终止纠倾时的监测资料。

通过沉降差可以求得建筑物的回倾值,即山墙回倾了 6.9‰~7.5‰。从经纬仪的倾斜测量可知,纠倾前西山墙的墙角线倾斜为10.3‰,东山墙的墙角线倾斜为9.7‰。在纠倾以后,测得的剩余倾斜分别为3.4‰、2.2‰,说明山墙已回倾了6.9‰、7.5‰,两种监测方法的结果相互印证,说明已经达到了纠倾预期的要求。

27号楼倾斜监测结果　　　　　　　　　　　　　　例表5.1-5

测点	7号墙角线		2号点墙角线	
观测结果	墙顶位移(mm)	墙角倾斜(‰)	墙顶位移(mm)	墙角倾斜(‰)
1999年9月24日	169	10.3	159	9.7
1999年11月29日	51	3.1	36	2.2
2000年2月24日	56.5	3.4	37	2.3
2000年3月31日	56.5	3.4	36.5	2.2
2000年5月7日	55.5	3.4	36.5	2.2

27号楼由沉降差计算的反倾值　　　　　　　　　例表5.1-6

测点	6号点	7号点	西山墙	2号点	3号点	东山墙
观测结果	沉降增量(mm)	沉降增量(mm)	倾斜(‰)	沉降增量(mm)	沉降增量(mm)	倾斜(‰)
1999年11月29日	82.92	24.33	7.3	17.93	73.90	7.0
2000年3月31日	117.79	60.19	7.2	49.58	104.73	6.9

对于纵向对倾的纠倾工程,目标是使沉降缝恢复一定的宽度,纠倾的效果应以沉降缝的宽度为评估的依据。例表5.1-7给出了一个纵向纠倾的实例,根据实测纵向沉降差计算得到的沉降缝宽度的变化值为90~95mm,而从屋顶实测沉降缝的宽度表明已展开至105~110mm,说明达到了纠倾预期的目标。

建筑物纵向回倾量　　　　　　　　　　　　　　例表5.1-7

观测点	总沉降量(mm)	纵向沉降差(mm)	计算回倾量(‰)	计算沉降缝宽度变化(mm)	屋顶实测沉降缝宽度(mm)
1	170.47	158.91	5.76	95	105
11	11.56				
2	168.31	151.06	5.47	90	110
5	17.25				

2)纠倾稳定性的评估

在达到纠倾的预期目标之后,至少应当继续 3 个月到半年的沉降观测以考察建筑物能否保持纠倾结束时的状态,变形是否稳定,并在结束时进行最终的倾斜观测以得到建筑物最终状态的数据。

例图 5.1-4 是一幢住宅建筑横向纠倾全过程的监测资料,前半段表明东西两端同步回倾的过程,后半段是在 2002 年 11 月 10 日纠倾结束后,经过半年的监测,显示南北侧差异沉降的变化率很小,回倾变形趋于稳定的过程。长期的观测数据表明纠倾后的建筑物是稳定的,消除了居民的疑虑。

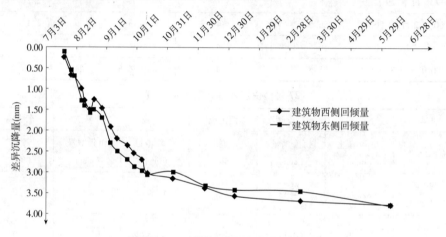

例图 5.1-4　建筑物回倾及变形稳定的过程

例表 5.1-8 是某建筑物在 1999 年 12 月 15 日纠倾结束以后近半年的继续观测,说明倾斜的变化已经基本稳定。例表 5.1-9 是另一个住宅建筑在纠倾结束以后半年内变形速率的收敛情况。

倾斜监测结果　　　　　　　　　　　　　　　　　　　例表 5.1-8

测点	7 号点墙角线		2 号点墙角线	
观测结果	墙顶位移(mm)	墙角倾斜(‰)	墙顶位移(mm)	墙角倾斜(‰)
1999 年 9 月 24 日	169	10.3	159	9.7
1999 年 11 月 29 日	51	3.1	36	2.2
2000 年 2 月 24 日	56.5	3.4	37	2.3
2000 年 3 月 31 日	56.5	3.4	36.5	2.2
2000 年 5 月 7 日	55.5	3.3	36.5	2.2

纠倾结束后建筑物的沉降速率(单位:mm/d)　　　　　例表 5.1-9

测点	2001 年 11 月 21 日~ 2001 年 12 月 24 日	2001 年 12 月 4 日~ 2002 年 3 月 13 日	2002 年 3 月 13 日~ 2002 年 6 月 5 日
1	0.02	0.60	0.004
2	0.08	0.05	0.019
3	0.08	0.05	0.020
6	0.22	0.08	0.052
7	0.20	0.08	0.053
8	0.17	0.07	0.024

建筑物变形稳定性和最终倾斜状态的测定与评估是纠倾工程重要的一部分,它显示了纠倾工程的科学性和可信度。

五、结束语

建筑物的倾斜是大自然对于不遵守自然规律行为的一种惩罚,从这个意义上说,建筑物的回倾则是人类智慧与自然界协调共处的一种结果,认识与尊重客观规律是纠倾工程必须遵循的一项基本法则。同样应当认识的是,不是任何倾斜的建筑物都可以纠正,也不是所有的建筑物都需要纠倾,任何纠倾方法都不是万能的。

对住宅楼采用迫降纠倾的工程实践表明,利用信息化施工技术可以有效地控制迫降纠倾的施工过程,使建筑物能平稳、安全地恢复到规范允许的倾斜范围内,达到纠倾的预期目标。

回倾的速率、两端山墙的同步回倾和纵向沉降的均匀性是控制迫降纠倾的技术关键,也是施工控制的依据。利用调整冲孔的流程和深度可以有效地控制建筑物的变形和控制施工的进度。

在监测工作中,水准仪和经纬仪的配合使用不仅可以弥补没有观测点原始标高的不足,有足够的精度控制纠倾施工的质量,还可以测得具有一定精度的纠倾前后建筑物的倾斜值。

附件　采用的纠倾工程资料清单

1.芳华路 188 弄纠倾报告

2.平吉二村 27 号住宅楼应力解除法纠倾工程监控及评估报告

3.平吉一村 41、31、32、28 和 11 号楼建筑物倾斜观测评估报告

4.平吉一村 38 号住宅楼纠倾工程监控及评估报告

5.平吉一村 39、40 号住宅楼应力解除法纠倾工程监控及评估报告

6.平吉一村 41 号住宅楼应力解除法纠倾工程监控及评估报告

7.申莘二村 29 号住宅楼应力解除法纠倾工程监控及评估报告

8.申莘一村一街坊 78~81 号房纠倾工程最终报告

9.平吉一村合成公寓 33 号楼建筑物倾斜观测报告

10.平吉一村合成公寓 37 号楼建筑物倾斜观测报告

11.平吉一村合成公寓 7 号楼建筑物倾斜观测报告

本书限于篇幅,附件具体内容不再列出。

案例二　沉桩挤土效应的监测与防治
——应力释放孔隔断孔隙水压力有效性的现场试验研究

一、研究背景

　　沉桩的挤土作用对周围土体会产生不利的影响,危及已有建筑物和市政设施的安全,通常采用设置应力释放孔的措施以隔断孔隙水压力的传递,保护周围环境的安全。但目前尚缺乏充分的依据来确定应力释放孔的间距,应力释放孔的设置比较盲目,应力释放孔的效果也缺乏实测验证。为了揭示应力释放孔对隔断孔隙水压力的作用,研究不同间距的应力释放孔的隔断效果,大华(集团)有限公司委托同济大学结合大华河畔华城二期 3 号楼的桩基施工,进行应力释放孔隔断孔隙水压力有效性的现场试验研究。

　　本次采用孔隙水压力计现场实测应力释放孔两侧的孔隙水压力的响应,分析设置释放孔对土体中孔隙水压力衰减和消散规律的影响,研究应力释放孔的不同设置间距对孔隙水压力消散的作用。进一步根据观测数据进行理论分析,提出今后的工程控制建议。

　　项目主要参与人员:钟海中、高大钊、朱顺寿、马方勇、熊奎、李韬、李家平、乐万强和陆敏。

二、试验概况

　　1.试验场地的工程地质条件

　　拟建场地的工程地质条件见例表 5.2-1。

698

<table>
<tr><td colspan="6">试验场地地层的主要特征　　　　　　　　　　　　　例表 5.2-1</td></tr>
</table>

层序	土层名称	层底深度(m)	孔隙比	液性指数	压缩模量(MPa)
①-1	杂填土	2.5			
②	粉质黏土	3.3	0.96	0.77	5
③	砂质粉土	6.0	0.89		8
④	淤泥质黏土	15.3	1.45	1.43	2
⑥	粉质黏土	21.0	0.70	0.42	6
⑦-1	砂质粉土	32.0	0.90		9

2.试验性应力释放孔的设置要求

应力释放孔的孔径均为 300mm,深度为 12m,设置两排,排距 500mm,两排应力释放孔的孔位呈交错布置,孔中不填充砂石料,地面采取保护措施,两排应力释放孔中线与 3 号楼轴线平行,距 3 号楼外墙 B 轴线的间距为 8m。

3.研究区域的划分及观测点的布置

在拟建 3 号楼南端布置 4 个研究区,每个研究区长 12m,研究区的轴线平行 3 号楼的外墙轴线,与外墙 B 轴线的距离 8m。根据应力释放孔竣工资料,从西往东,研究区的依次编号为 A、B、C、D。D 研究区的东端与 3 号楼的东山墙轴线齐平,如例图 5.2-1 所示。

1)各研究区的设置目的与设置要求

(1)A、B、C 研究区

主要研究应力释放孔两侧孔隙水压力响应特征、应力释放孔底标高上下处孔隙水压力传递规律的变化、应力释放孔的间距对于阻断孔隙水压力传递的影响。

三个研究区均设置排距为 500mm 的双排应力释放孔,但孔距取不同的数值。A 研究区的应力释放孔孔距为 800mm,B 研究区的应力释放孔孔距为 1 200mm,C 研究区的应力释放孔孔距为1 600mm,详见例图 5.2-1。

(2)D 研究区

为基准参考区,不设置应力释放孔,主要研究在无应力释放孔的条件下,距打桩点不同距离处,不同深度的孔隙水压力消散规律。

2)孔隙水压力的测点埋设要求

(1)测点的平面布置

孔隙水压力计埋设于应力释放孔布置区域的上下方,近打桩区的一方称为内侧,另一方称为外侧。

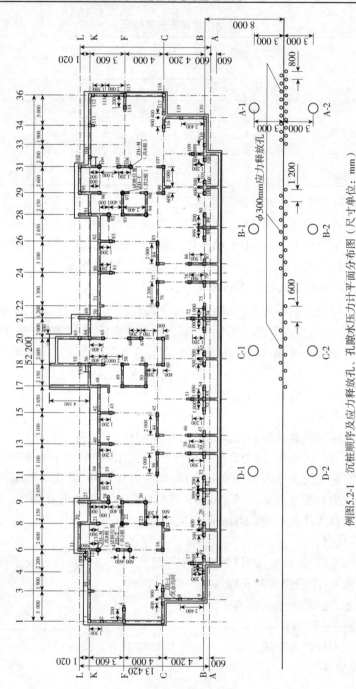

例图5.2-1 沉桩顺序及应力释放孔、孔隙水压力计平面分布图（尺寸单位：mm）

　　孔隙水压力计埋设在各研究区南北向中轴线上,A、B、C 研究区的测点距应力释放孔中心线两侧各 3 000mm。

　　(2)测点的深度位置

　　在地面以下 5.0m、8.0m、11.0m、14.0m、18.0m 和 22.0m 深度处,各研究区分别设置 6 个孔隙水压力计。

　　4.孔隙水压力计信息一览表

　　孔隙水压力计的布置见例图 5.2-2,各监测点具体信息见例表 5.2-2。

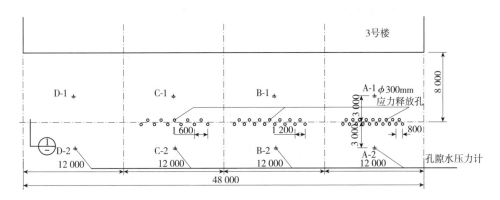

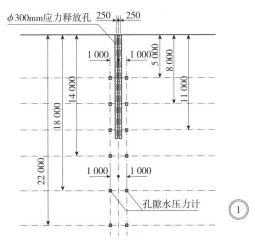

例图 5.2-2　孔隙水压力计的布置示意图(尺寸单位:mm)

各监测点信息　　　　　　　　　　　　　　　例表 5.2-2

传感器编号	实际埋设深度(m)	所在土层	平 面 位 置	释放孔间距(m)
A-Ⅰ-1	4.40	砂质粉土	内排释放孔中心线上方	0.8
A-Ⅰ-2	7.00	淤泥质黏土	内排释放孔中心线上方	0.8
A-Ⅰ-3	9.90	淤泥质黏土	内排释放孔中心线上方	0.8
A-Ⅰ-4	12.40	淤泥质黏土	内排释放孔中心线上方	0.8
A-Ⅰ-5	16.80	粉质黏土	内排释放孔中心线上方	0.8
A-Ⅰ-6	19.80	粉质黏土	内排释放孔中心线上方	0.8
A-Ⅱ-1	3.80	砂质粉土	外排释放孔中心线下方	0.8
A-Ⅱ-2	6.80	淤泥质黏土	外排释放孔中心线下方	0.8
A-Ⅱ-3	9.70	淤泥质黏土	外排释放孔中心线下方	0.8
A-Ⅱ-4	12.60	淤泥质黏土	外排释放孔中心线下方	0.8
A-Ⅱ-5	15.30	淤泥质黏土	外排释放孔中心线下方	0.8
A-Ⅱ-6	18.20	粉质黏土	外排释放孔中心线下方	0.8
B-Ⅰ-1	4.70	砂质粉土	释放孔内侧	1.2
B-Ⅰ-2	8.60	淤泥质黏土	释放孔内侧	1.2
B-Ⅰ-3	10.80	淤泥质黏土	释放孔内侧	1.2
B-Ⅰ-4	12.80	淤泥质黏土	释放孔内侧	1.2
B-Ⅰ-5	16.00	粉质黏土	释放孔内侧	1.2
B-Ⅰ-6	19.00	粉质黏土	释放孔内侧	1.2
B-Ⅱ-1	4.50	砂质粉土	释放孔外侧	1.2
B-Ⅱ-2	7.90	淤泥质黏土	释放孔外侧	1.2
B-Ⅱ-3	10.00	淤泥质黏土	释放孔外侧	1.2
B-Ⅱ-4	12.50	淤泥质黏土	释放孔外侧	1.2
B-Ⅱ-5	16.60	粉质黏土	释放孔外侧	1.2
B-Ⅱ-6	17.50	粉质黏土	释放孔外侧	1.2
C-Ⅰ-1	4.90	砂质粉土	释放孔内侧	1.6
C-Ⅰ-2	8.10	淤泥质黏土	释放孔内侧	1.6
C-Ⅰ-3	10.40	淤泥质黏土	释放孔内侧	1.6
C-Ⅰ-4	12.30	淤泥质黏土	释放孔内侧	1.6

续上表

传感器编号	实际埋设深度（m）	所在土层	平面位置	释放孔间距（m）
C-Ⅰ-5	15.50	粉质黏土	释放孔内侧	1.6
C-Ⅰ-6	19.80	粉质黏土	释放孔内侧	1.6
C-Ⅱ-1	4.20	砂质粉土	释放孔外侧	1.6
C-Ⅱ-2	7.00	淤泥质黏土	释放孔外侧	1.6
C-Ⅱ-3	9.80	淤泥质黏土	释放孔外侧	1.6
C-Ⅱ-4	12.30	淤泥质黏土	释放孔外侧	1.6
C-Ⅱ-5	16.90	粉质黏土	释放孔外侧	1.6
C-Ⅱ-6	19.00	粉质黏土	释放孔外侧	1.6
D-Ⅰ-1	4.70	砂质粉土	释放孔内侧	无释放孔
D-Ⅰ-2	7.40	淤泥质黏土	释放孔内侧	无释放孔
D-Ⅰ-3	10.50	淤泥质黏土	释放孔内侧	无释放孔
D-Ⅰ-4	13.20	淤泥质黏土	释放孔内侧	无释放孔
D-Ⅰ-5	17.00	粉质黏土	释放孔内侧	无释放孔
D-Ⅰ-6	19.00	粉质黏土	释放孔内侧	无释放孔
D-Ⅱ-1	4.80	砂质粉土	释放孔外侧	无释放孔
D-Ⅱ-2	7.20	淤泥质黏土	释放孔外侧	无释放孔
D-Ⅱ-3	10.20	淤泥质黏土	释放孔外侧	无释放孔
D-Ⅱ-4	12.30	淤泥质黏土	释放孔外侧	无释放孔
D-Ⅱ-5	15.30	粉质黏土	释放孔外侧	无释放孔
D-Ⅱ-6	17.60	粉质黏土	释放孔外侧	无释放孔

5.施工及测量要求

孔隙水压力计的埋设要严格按照《孔隙水压力测试规程》（CECS 55:93）的要求执行。

先按要求布设各研究区的内外排应力释放孔,在所有应力释放孔布设完成后,再按要求埋设各研究区内的所有孔隙水压力计,待孔隙水压力计数值稳定后(大概一周时间趋于稳定),再沉桩。

在研究区邻近建筑物的沉桩过程中,每天测量孔隙水压力一次,直至孔隙水压力读数不再明显变化为止。

6.试验实施情况

本次试验从 2006 年 8 月 18 日开始埋设仪器,8 月 25 日开始现场沉桩施工,至 9 月 5 日施工结束,沉桩顺序如例图 5.2-1 所示。

由于场地条件的限制,间距 1.2m 和 1.6m 的两种应力释放孔段有部分应力释放孔未能施工,这给试验成果带来了一定不足和损失。

沉桩施工完成后又进行了工后超静孔隙水压力观测,至 2006 年 9 月 30 日结束。

三、应力释放孔两侧超静孔隙水压力变化

1.A 区两侧超静孔隙水压力变化

例图 5.2-3、例图 5.2-4 所示分别为 A-1 和 A-2 两个孔压观测孔超静孔隙水压力的变化。

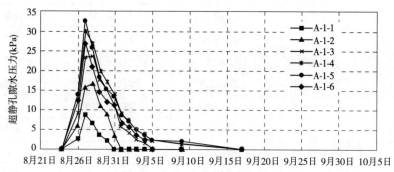

例图 5.2-3　A-1 点超静孔隙水压力

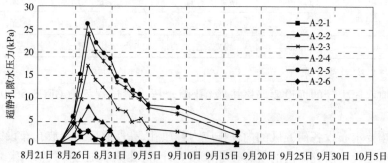

例图 5.2-4　A-2 点超静孔隙水压力

可见 A 段的应力释放孔内侧观测孔超静孔隙水压力最大值在 30~35kPa 之间,应力释放孔外侧观测孔超静孔隙水压力最大值在 25~30kPa 之间,且均位于第

④层淤泥质黏土内,其次在第⑥层粉质黏土内。

2.B 区两侧超静孔隙水压力变化

例图 5.2-5、例图 5.2-6 所示分别为 B-1 和 B-2 两个孔压观测孔超静孔隙水压力的变化。

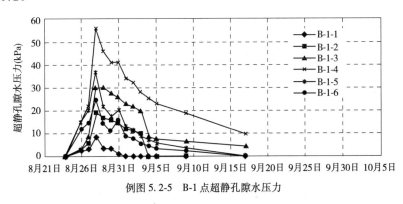

例图 5.2-5　B-1 点超静孔隙水压力

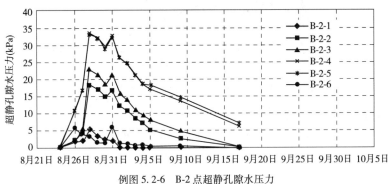

例图 5.2-6　B-2 点超静孔隙水压力

可见 B 段的应力释放孔内侧观测孔超静孔隙水压力最大值在 55~60kPa 之间,应力释放孔外侧观测孔超静孔隙水压力最大值在 30~35kPa 之间,且均位于第④层淤泥质黏土内,其次在第⑥层粉质黏土层内。

3.C 区两侧超静孔隙水压力变化

例图 5.2-7、例图 5.2-8 所示分别为 C-1 和 C-2 两个孔压观测孔超静孔隙水压力的变化。

可见 C 段的应力释放孔内侧观测孔超静孔隙水压力最大值在 55~60kPa 之间,应力释放孔外侧观测孔超静孔隙水压力最大值在 35~40kPa 之间,且均位于第④层淤泥质黏土内,其次在第⑥层粉质黏土层内。

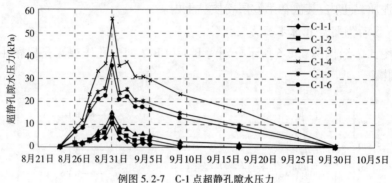

例图 5.2-7　C-1 点超静孔隙水压力

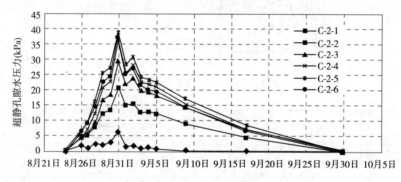

例图 5.2-8　C-2 点超静孔隙水压力

4.D 区两侧超静孔隙水压力变化

例图 5.2-9、例图 5.2-10 所示分别为 D-1 和 D-2 两个孔压观测孔超静孔隙水压力的变化。

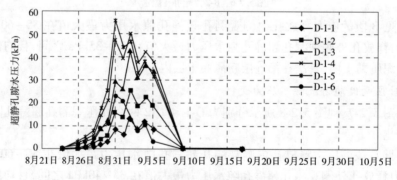

例图 5.2-9　D-1 点超静孔隙水压力

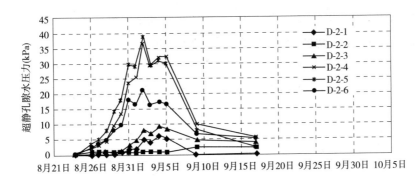

例图 5.2-10　D-2 点超静孔隙水压力

可见 D 段的应力释放孔内侧观测孔超静孔隙水压力最大值在 55~60kPa 之间,应力释放孔外侧观测孔超静孔隙水压力最大值在 35~40kPa 之间,且均位于第④层淤泥质黏土内,其次在第⑥层粉质黏土层内。

5.各监测点超静孔隙水压力变化综合分析

将例图 5.2-3~例图 5.2-10 所示的成果加以整理可以看到如例表 5.2-3 所示的成果。

不同区域超静孔压峰值对比　　　　　　　　　　　例表 5.2-3

区域	A 段	B 段	C 段	D 段
应力释放孔间距	0.8m	1.2m	1.6m	无
临近区域施工时间	初期	中前期	中后期	后期
内侧孔压峰值(kPa)	30~35	55~60	55~60	55~60
外侧孔压峰值(kPa)	25~30	30~35	35~40	35~40

由例表 5.2-3 所示结果可见:

(1)超静孔隙水压力最大值出现在第④层淤泥质黏土层下部,其次是桩端持力层第⑥层粉质黏土层。

(2)不同间距应力释放孔段的两侧孔压观测孔均出现明显的峰值,且同一段内外侧峰值的出现时间基本一致,内侧超静孔隙水压力峰值大于外侧超静孔隙水压力峰值。

(3)不同间距应力释放孔段超静孔隙水压力峰值出现的时间不同,首先是 A 段在沉桩初期出现,其次是 B 段在沉桩中前期出现,最后是 C 段在沉桩中后期出现,D 段在沉桩后期出现峰值。由于沉桩初期超静孔压累积较少,加之 A 段应力释放孔间距较小,故 A 段超静孔隙水压力水平最低;而 B、C 段有较多的应力释放孔未能施工,导致应力释放孔的效果不显著,故 B、C、D 三段内外侧超静孔隙水压力水平相差很小,自然也就没有显示出应力释放孔的隔断效果。

四、应力释放孔两侧超静孔隙水压力变化对比

1.A 区两侧超静孔隙水压力对比

例图 5.2-11~例图 5.2-16 所示分别为 A 区两个孔压观测孔超静孔隙水压力的变化对比。

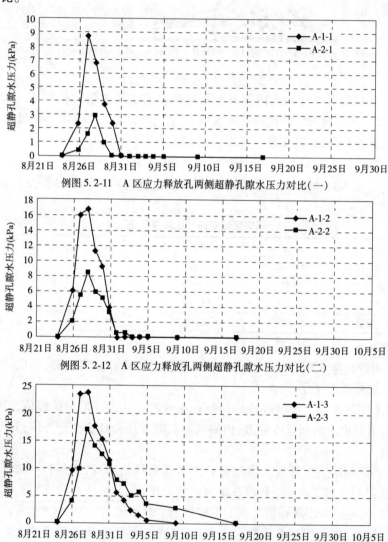

例图 5.2-11　A 区应力释放孔两侧超静孔隙水压力对比(一)

例图 5.2-12　A 区应力释放孔两侧超静孔隙水压力对比(二)

例图 5.2-13　A 区应力释放孔两侧超静孔隙水压力对比(三)

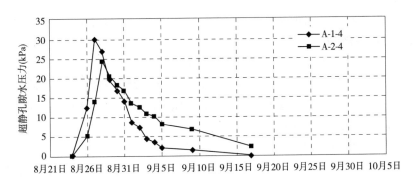

例图 5.2-14　A 区应力释放孔两侧超静孔隙水压力对比（四）

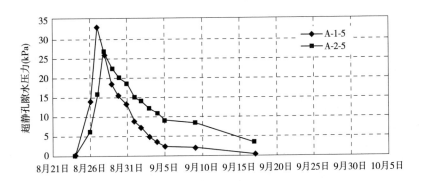

例图 5.2-15　A 区应力释放孔两侧超静孔隙水压力对比（五）

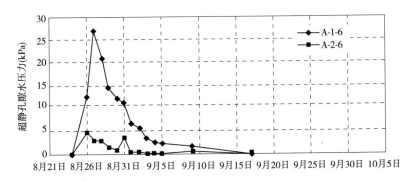

例图 5.2-16　A 区应力释放孔两侧超静孔隙水压力对比（六）

从例图 5.2-11~例 5.2-16 可见：

（1）对应力释放孔间距为 0.8m 的 A 段，A-1 超静孔压显著高于 A-2，反映了应力释放孔的隔断超静孔压效果。

（2）施工末期 A-1 和 A-2 孔超静孔压差异逐渐减小。

（3）第④层下部两侧超静孔压差异较小，说明应力释放孔的有效深度在第④层上半部分以上；但第⑥层内外侧超静孔隙水压力则又明显小于内侧 A-1 孔，那么这种差异应当是由于随距离的衰减引起的。

2.B 区两侧超静孔隙水压力对比

例图 5.2-17~例图 5.2-22 所示分别为 B 区两个孔压观测孔超静孔隙水压力的变化对比。

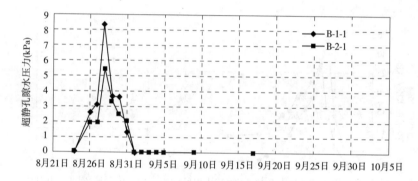

例图 5.2-17　B 区应力释放孔两侧超静孔隙水压力对比（一）

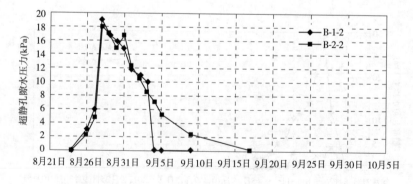

例图 5.2-18　B 区应力释放孔两侧超静孔隙水压力对比（二）

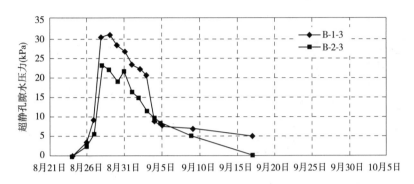

例图 5.2-19　B 区应力释放孔两侧超静孔隙水压力对比(三)

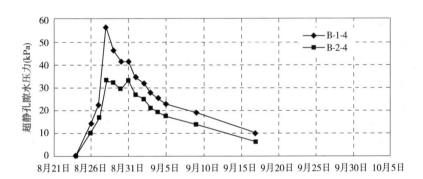

例图 5.2-20　B 区应力释放孔两侧超静孔隙水压力对比(四)

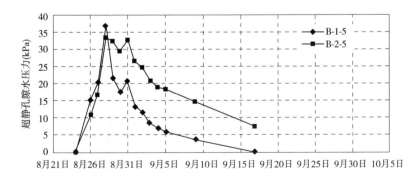

例图 5.2-21　B 区应力释放孔两侧超静孔隙水压力对比(五)

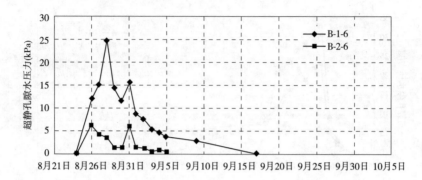

例图 5.2-22　B 区应力释放孔两侧超静孔隙水压力对比(六)

从例图 5.2-17~例图 5.2-22 可以看到：

(1)在间距为 1.2m 的应力释放孔段，除个别点(B-1-5 和 B-2-5)孔压异常外，基本显示应力释放孔外侧 B-2 孔超静孔压小于内侧 B-1 孔超静孔压。

(2)同样，施工末期应力释放孔两侧超静孔隙水压力差异在减小。

(3)第④层下部两侧超静孔压差异较小，说明应力释放孔的有效深度在第④层上半部分以上浅层土。

(4)第⑥层外侧 B-2 孔超静孔隙水压力明显小于内侧 B-1 孔，这种差异也应当是由于随距离的衰减引起的。

3.C 区两侧超静孔隙水压力对比

例图 5.2-23~例图 5.2-28 所示分别为 C 区两个孔压观测孔超静孔隙水压力的变化对比。

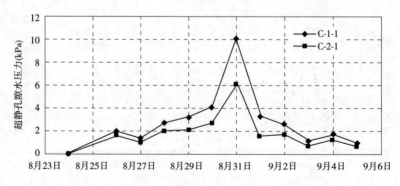

例图 5.2-23　C 区应力释放孔两侧超静孔隙水压力对比(一)

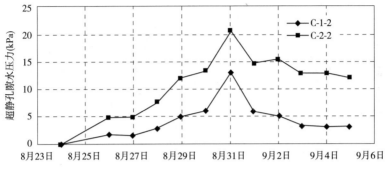

例图5.2-24 C区应力释放孔两侧超静孔隙水压力对比(二)

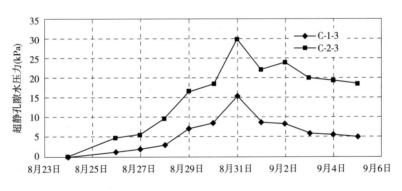

例图5.2-25 C区应力释放孔两侧超静孔隙水压力对比(三)

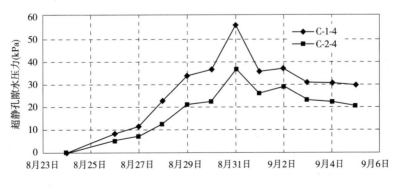

例图5.2-26 C区应力释放孔两侧超静孔隙水压力对比(四)

713

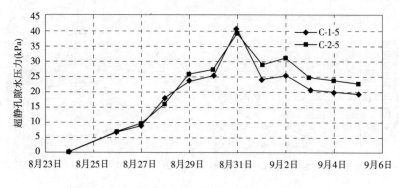

例图 5.2-27　C 区应力释放孔两侧超静孔隙水压力对比(五)

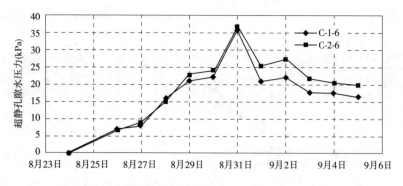

例图 5.2-28　C 区应力释放孔两侧超静孔隙水压力对比(六)

从例图 5.2-23～例图 5.2-28 可以看到：

(1)在间距为 1.6m 的应力释放孔段,在应力释放孔深度范围内,外侧 C-2 孔超静孔压小于内侧 C-1 孔超静孔压。

(2)施工末期应力释放孔两侧超静孔隙水压力差异仍旧很显著。

(3)第④层土下部和第⑥层土两侧超静孔压差异较小。

4.D 区两侧超静孔隙水压力对比

例图 5.2-29～例图 5.2-34 所示分别为 D 区两个孔压观测孔超静孔隙水压力的变化对比。从各图可以看到,无应力释放孔段,在浅层土中外侧 D-2 孔超静孔压小于内侧 D-1 孔超静孔压;而在深层土中,如第④层和第⑥层土,两侧超静孔压差异较小。

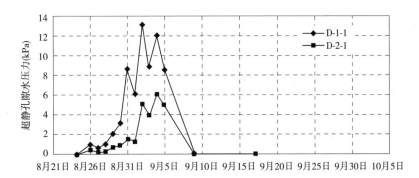

例图 5.2-29　D 区应力释放孔两侧超静孔隙水压力对比(一)

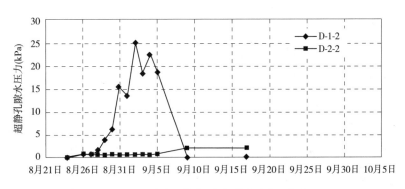

例图 5.2-30　D 区应力释放孔两侧超静孔隙水压力对比(二)

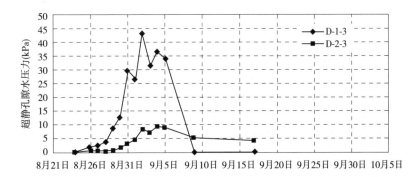

例图 5.2-31　D 区应力释放孔两侧超静孔隙水压力对比(三)

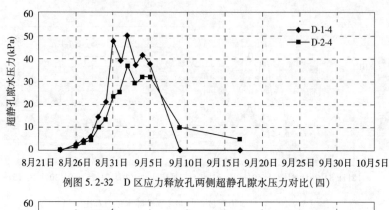

例图 5.2-32　D 区应力释放孔两侧超静孔隙水压力对比(四)

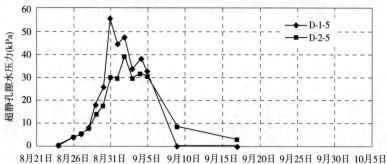

例图 5.2-33　D 区应力释放孔两侧超静孔隙水压力对比(五)

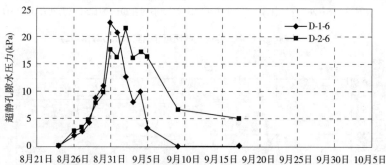

例图 5.2-34　D 区应力释放孔两侧超静孔隙水压力对比(六)

五、超静孔隙水压力深度分布

1. A 区两侧超静孔隙水压力深度分布对比

例图 5.2-35~例图 5.2-46 所示分别为 A 区两侧超静孔隙水压力不同时间变化对比。

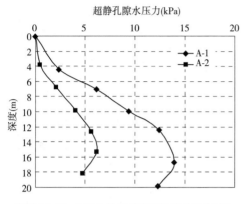

例图 5.2-35 A 区 8 月 26 日超静孔隙水压力对比

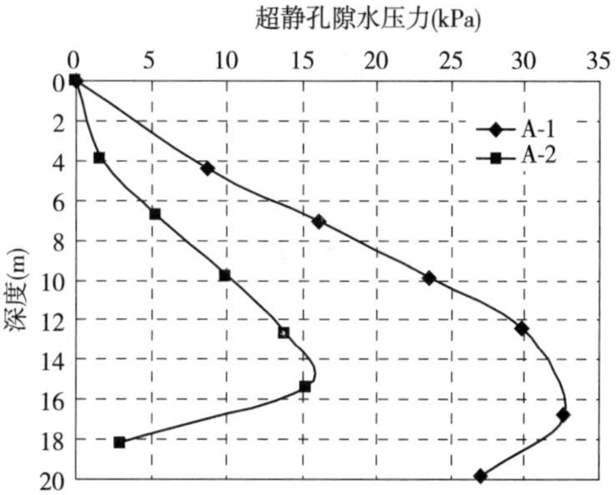

例图 5.2-36 A 区 8 月 27 日超静孔隙水压力对比

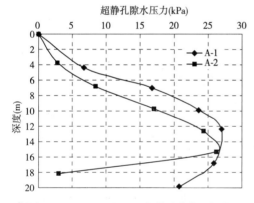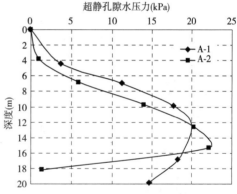

例图 5.2-37 A 区 8 月 28 日超静孔隙水压力对比

例图 5.2-38 A 区 8 月 29 日超静孔隙水压力对比

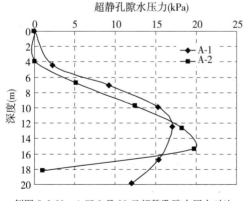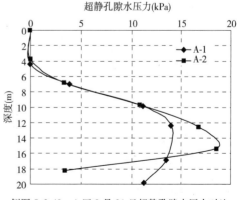

例图 5.2-39 A 区 8 月 30 日超静孔隙水压力对比

例图 5.2-40 A 区 8 月 31 日超静孔隙水压力对比

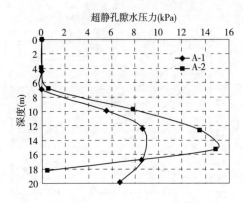

例图 5.2-41　A区9月1日超静孔隙水压力对比

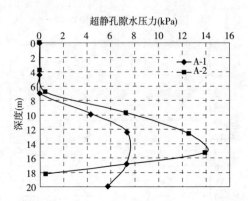

例图 5.2-42　A区9月2日超静孔隙水压力对比

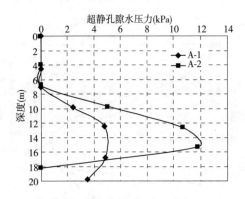

例图 5.2-43　A区9月3日超静孔隙水压力对比

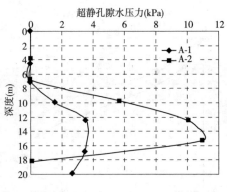

例图 5.2-44　A区9月4日超静孔隙水压力对比

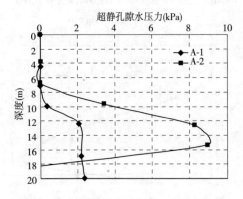

例图 5.2-45　A区9月5日超静孔隙水压力对比

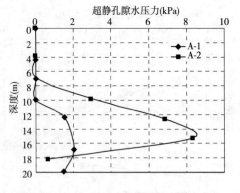

例图 5.2-46　A区9月9日超静孔隙水压力对比

从例图 5.2-35~例图 5.2-46 可见,应力释放孔外侧超静孔压峰值出现晚于内侧,且外侧孔压消散要较内侧孔压慢。从沉桩施工期的监测成果看,应力释放孔对浅层土超静孔隙水压力隔断作用显著。且由于应力释放孔的作用,埋深 10m 以上的土体内超静孔隙水压力消散最快。这是由于应力释放孔增加了土体排水面积,缩短了排水路径。

2. B 区两侧超静孔隙水压力深度分布对比

例图 5.2-47~例图 5.2-59 所示分别为 B 区两侧超静孔隙水压力不同时间变化对比。

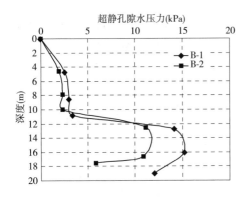

例图 5.2-47　B 区 8 月 26 日超静孔隙水压力对比

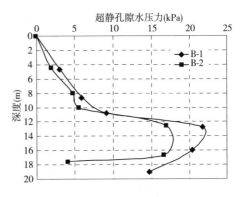

例图 5.2-48　B 区 8 月 27 日超静孔隙水压力对比

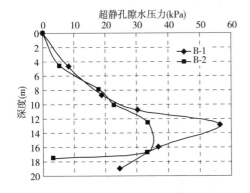

例图 5.2-49　B 区 8 月 28 日超静孔隙水压力对比

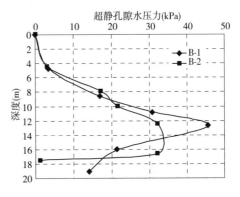

例图 5.2-50　B 区 8 月 29 日超静孔隙水压力对比

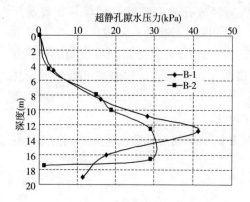

例图 5.2-51　B 区 8 月 30 日超静孔隙水压力对比

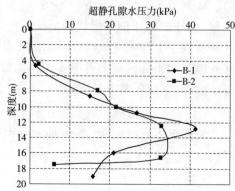

例图 5.2-52　B 区 8 月 31 日超静孔隙水压力对比

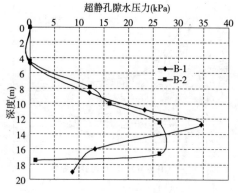

例图 5.2-53　B 区 9 月 1 日超静孔隙水压力对比

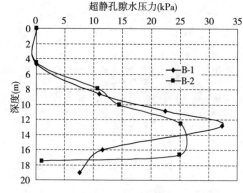

例图 5.2-54　B 区 9 月 2 日超静孔隙水压力对比

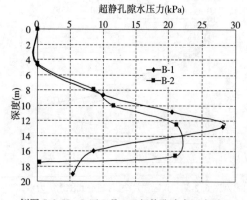

例图 5.2-55　B 区 9 月 3 日超静孔隙水压力对比

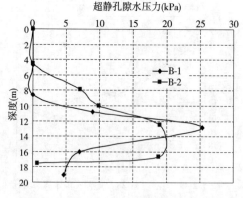

例图 5.2-56　B 区 9 月 4 日超静孔隙水压力对比

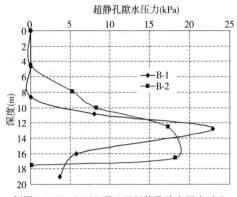

例图 5.2-57　B 区 9 月 5 日超静孔隙水压力对比

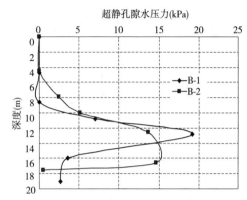

例图 5.2-58　B 区 9 月 9 日超静孔隙水压力对比

从例图 5.2-47～例图 5.2-59 可见，在 B 区，应力释放孔两侧在浅层土内的超静孔压差异不大，但在第④层淤泥质黏性土中反映出内侧超静孔压峰值明显大于外侧超静孔压。

埋深在 10m 以上的土体内两侧超静孔压差异很小，而且该段与埋深大于 10m 的土体相比超静孔压急剧减小，可以反映出应力释放孔的作用。而在深层

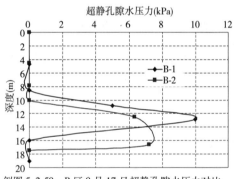

例图 5.2-59　B 区 9 月 17 日超静孔隙水压力对比

土体内的超静孔压峰值差异，主要是随距离的衰减造成的。

3. C 区两侧超静孔隙水压力深度分布对比

例图 5.2-60～例图 5.2-72 所示分别为 C 区两侧超静孔隙水压力不同时间变化对比。

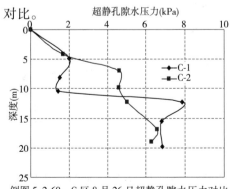

例图 5.2-60　C 区 8 月 26 日超静孔隙水压力对比

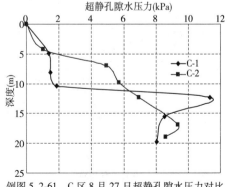

例图 5.2-61　C 区 8 月 27 日超静孔隙水压力对比

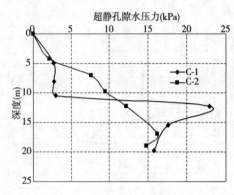

例图 5.2-62　C 区 8 月 28 日超静孔隙水压力对比

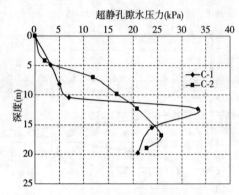

例图 5.2-63　C 区 8 月 29 日超静孔隙水压力对比

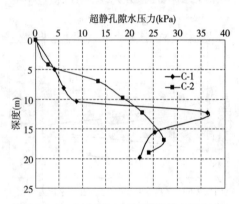

例图 5.2-64　C 区 8 月 30 日超静孔隙水压力对比

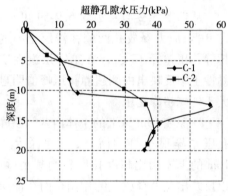

例图 5.2-65　C 区 8 月 31 日超静孔隙水压力对比

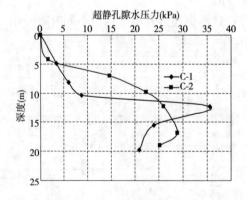

例图 5.2-66　C 区 9 月 1 日超静孔隙水压力对比

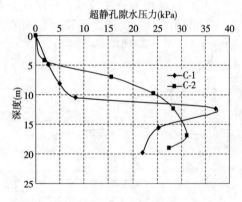

例图 5.2-67　C 区 9 月 2 日超静孔隙水压力对比

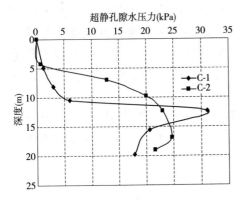

例图 5.2-68 C区9月3日超静孔隙水压力对比

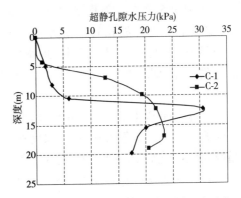

例图 5.2-69 C区9月4日超静孔隙水压力对比

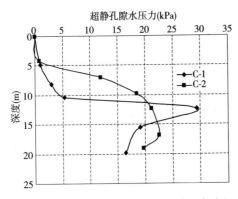

例图 5.2-70 C区9月5日超静孔隙水压力对比

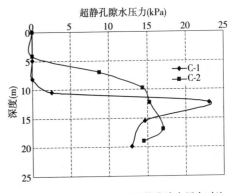

例图 5.2-71 C区9月9日超静孔隙水压力对比

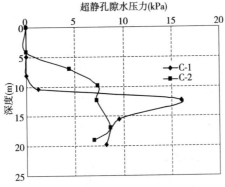

例图 5.2-72 C区9月17日超静孔隙水压力对比

从例图 5.2-60~例图 5.2-72 可见,在 C 区,由于部分应力释放孔未能施工,实质上应力释放孔间距增大了很多,使得监测结果呈现的变化规律与常规认识不符,尤其在浅层土体中,此外也没有能够反映出应力释放孔的效用及范围。但在第④层淤泥质黏性土中反映出内侧超静孔压峰值明显大于外侧超静孔压。

埋深 10m 以上的土体内两侧超静孔压差异很小,而且该段与埋深大于 10m 的土体相比超静孔压急剧减小,可以反映出应力释放孔的作用。而在深层土体内的超静孔压峰值差异,主要是随距离的衰减造成的。

4. D 区两侧超静孔隙水压力深度分布对比

例图 5.2-73~例图 5.2-85 所示分别为 D 区两侧超静孔隙水压力不同时间变化对比。

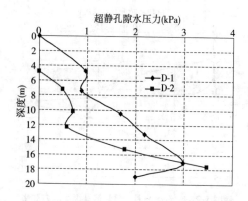

例图 5.2-73　D 区 8 月 26 日超静孔隙水压力对比

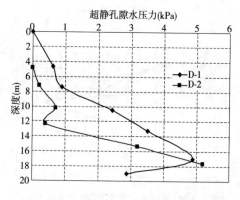

例图 5.2-74　D 区 8 月 27 日超静孔隙水压力对比

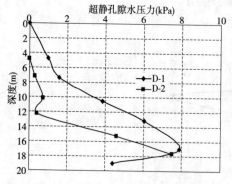

例图 5.2-75　D 区 8 月 28 日超静孔隙水压力对比

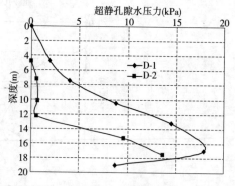

例图 5.2-76　D 区 8 月 29 日超静孔隙水压力对比

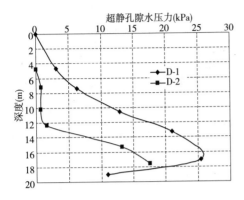

例图 5.2-77　D 区 8 月 30 日超静孔隙水压力对比

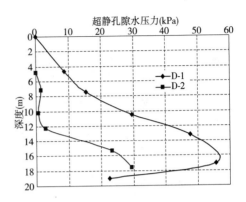

例图 5.2-78　D 区 8 月 31 日超静孔隙水压力对比

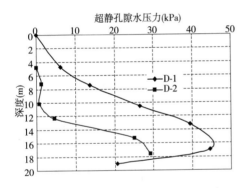

例图 5.2-79　D 区 9 月 1 日超静孔隙水压力对比

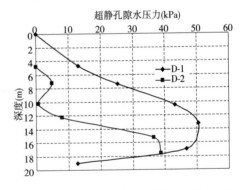

例图 5.2-80　D 区 9 月 2 日超静孔隙水压力对比

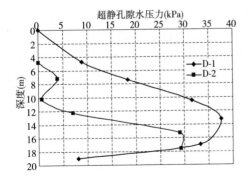

例图 5.2-81　D 区 9 月 3 日超静孔隙水压力对比

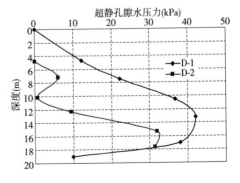

例图 5.2-82　D 区 9 月 4 日超静孔隙水压力对比

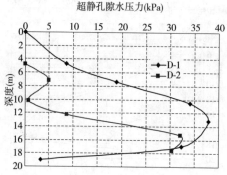

例图 5.2-83　D 区 9 月 5 日超静孔隙水压力对比

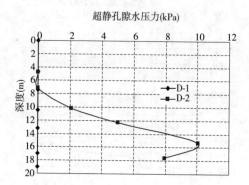

例图 5.2-84　D 区 9 月 9 日超静孔隙水压力对比

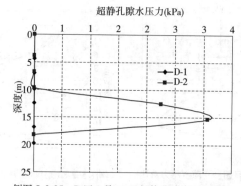

例图 5.2-85　D 区 9 月 17 日超静孔隙水压力对比

　　从例图 5.2-73~例图 5.2-85 可以发现,在施工初期,D 区应力释放孔两侧超静孔隙水压力差异不大,而随着施工进展,内侧超静孔压逐渐显示出大于外侧许多,直到施工结束。D 区两侧观测孔内的超静孔压在浅层土内也出现显著的差异。但是最终外侧超静孔隙水压力消散要较内侧慢一些。

六、不同区域同一深度超静孔隙水压力对比

　　1. 4.5~5m 深度处超静孔隙水压力对比

　　例图 5.2-86、例图 5.2-87 所示分别为埋深 4.5~5m 处各区域超静孔隙水压力对比。

726

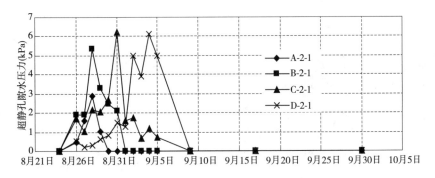

例图 5.2-86　应力释放孔两侧超静孔隙水压力对比（一）

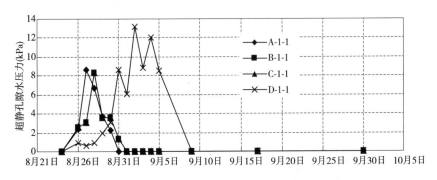

例图 5.2-87　应力释放孔两侧超静孔隙水压力对比（二）

2. 7～8m 深度处超静孔隙水压力对比

例图 5.2-88、例图 5.2-89 所示分别为埋深 7～8m 处各区域超静孔隙水压力对比。

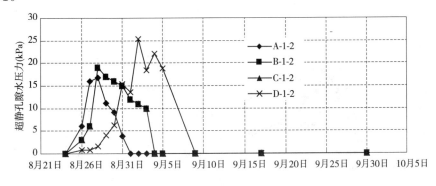

例图 5.2-88　应力释放孔两侧超静孔隙水压力对比（三）

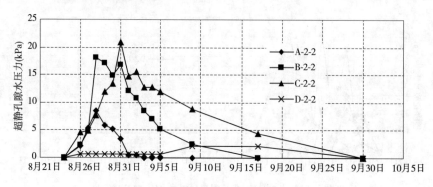

例图 5.2-89　应力释放孔两侧超静孔隙水压力对比（四）

3. 10~11m 深度处超静孔隙水压力对比

例图 5.2-90、例图 5.2-91 所示分别为埋深 10~11m 处各区域超静孔隙水压力对比。

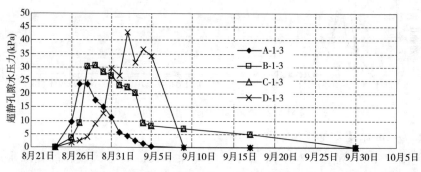

例图 5.2-90　应力释放孔两侧超静孔隙水压力对比（五）

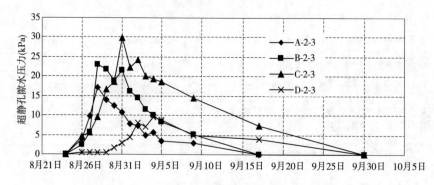

例图 5.2-91　应力释放孔两侧超静孔隙水压力对比（六）

4. 12~13m 深度处超静孔隙水压力对比

例图 5.2-92、例图 5.2-93 所示分别为埋深 12~13m 处各区域超静孔隙水压力对比。

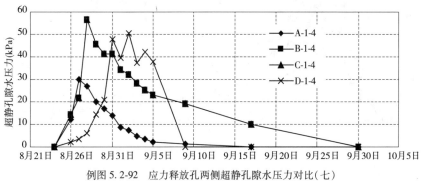

例图 5.2-92　应力释放孔两侧超静孔隙水压力对比（七）

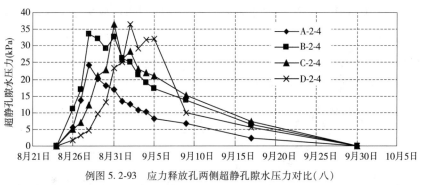

例图 5.2-93　应力释放孔两侧超静孔隙水压力对比（八）

5. 15~17m 深度处超静孔隙水压力对比

例图 5.2-94、例图 5.2-95 所示分别为埋深 15~17m 处各区域超静孔隙水压力对比。

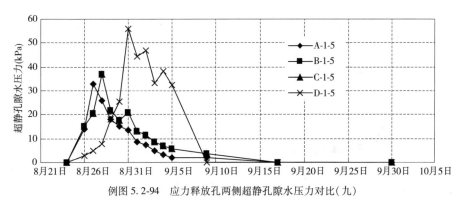

例图 5.2-94　应力释放孔两侧超静孔隙水压力对比（九）

729

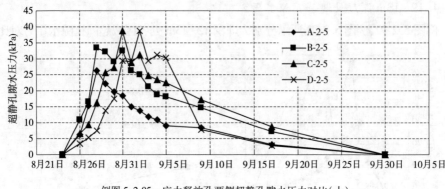

例图 5.2-95　应力释放孔两侧超静孔隙水压力对比(十)

6. 19~20m 深度处超静孔隙水压力对比

例图 5.2-96、例图 5.2-97 所示分别为埋深 19~20m 处各区域超静孔隙水压力对比。

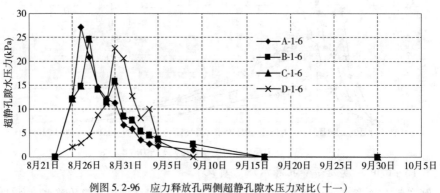

例图 5.2-96　应力释放孔两侧超静孔隙水压力对比(十一)

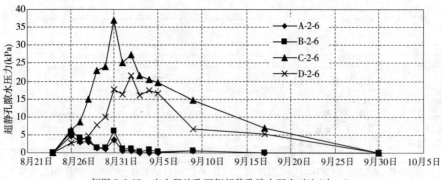

例图 5.2-97　应力释放孔两侧超静孔隙水压力对比(十二)

7.综合对比分析

从上述各图可见:

(1)同一深度的土层内产生的超静孔隙水压力的大小会有显著差异,这种差异是受沉桩过程、应力释放孔间距以及沉桩点到测点距离等因素综合影响的。

(2)随施工的进行,各监测点超静孔隙水压力时程曲线依次达到峰值。沉桩点经过临近测点以后继续前进施工,监测点的超静孔隙水压力就开始出现下降。

(3)沉桩引起的超静孔隙水压力在第④层下部达到峰值。

七、沉桩挤土对不同测点超静孔隙水压力水平的影响

1.各监测点超静孔隙水压力水平变化

对沉桩挤土引起的土体内部超静孔隙水压力水平做了分析。定义测点的超静孔隙水压力水平:

$$某点超静孔隙水压力水平=\frac{该点超静孔隙水压力}{上覆有效土压力}$$

按照上述定义,可以计算出各监测点不同时间的超静孔隙水压力水平,如例图 5.2-98~例图 5.2-105 所示。

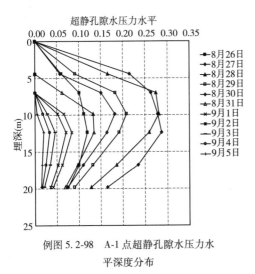

例图 5.2-98 A-1 点超静孔隙水压力水平深度分布

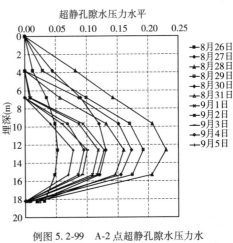

例图 5.2-99 A-2 点超静孔隙水压力水平深度分布

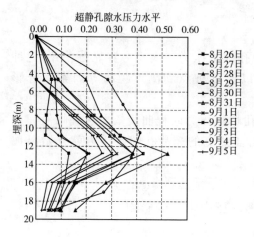

例图 5.2-100　B-1 点超静孔隙水压力水平深度分布

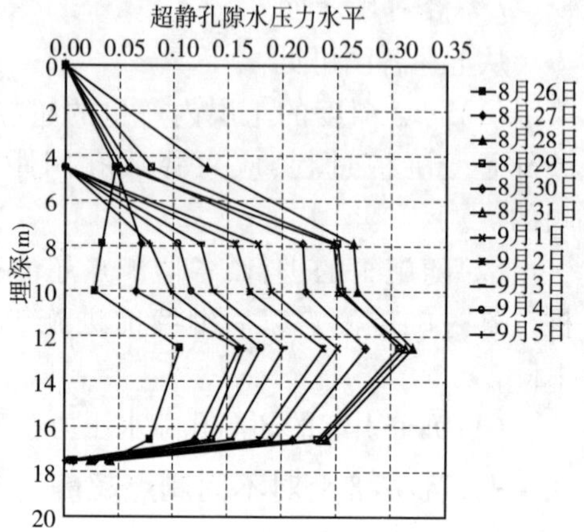

例图 5.2-101　B-2 点超静孔隙水压力水平深度分布

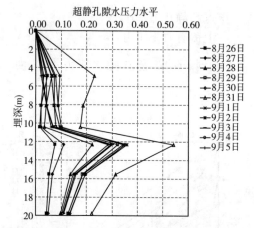

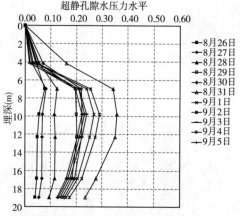

例图 5.2-102　C-1 点超静孔隙水压力水平深度分布

例图 5.2-103　C-2 点超静孔隙水压力水平深度分布

　　从超静孔隙水压力水平深度分布的变化及内侧与外侧检测成果的对比可见：

　　在应力释放孔孔底埋深（12m）以上的外侧土体内超静孔隙水压力比内侧超静孔压低，而埋深在 12m 以下的土体超静孔隙水压力水平也有一定的降低。这是由于应力释放孔的存在，增加了土体内部的排水途径，并能够通过土体向释放孔内的变形减小挤土效应。

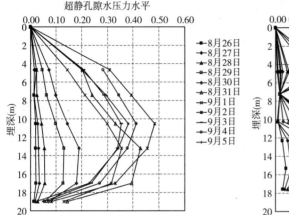

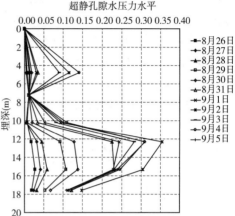

例图 5.2-104　D-1 点超静孔隙水压力水平深度分布　　例图 5.2-105　D-2 点超静孔隙水压力水平深度分布

根据以往的研究成果,沉桩挤土作用下,土体内部超静孔隙水压力水平可达到 70% 和 100% 两种超静孔隙水压力水平,并保持一定的稳定状态,经分析认为,前者表明了土体结构强度的极限状态,后者表明了场地土体及临近范围内土体的完全扰动状态。

而从上述各图可见,各监测点的最大超静孔隙水压力水平均在 50% 以下,除 D-1 点外,各点的最大超静孔隙水压力水平均在 40% 以下,表明拟建场地周边的临近土体产生的超静孔隙水压力水平不高,远低于 70% 的第一超静孔隙水压力水平。

浅层土层中,第③层的砂质粉土层渗透性较好,另外应力释放孔的存在增加了土体的排水面积,这也是本次试验场地土体超静孔隙水压力较低的原因之一。另外,常规工程经验表明,当挤土面积系数达到 3% 以上时才显示出显著的环境效应;而本工程采用了桩径 300mm×300mm、桩长 21m 的钢筋混凝土预制方桩,计算得沉桩面积系数为 1.47%,低于 3%,故沉桩挤土引起的超静孔隙水压力水平较低。

2.超静孔隙水压力面积比

为研究沉桩过程中对临近土体的挤土效应,定义监测点的超静孔隙水压力面积比:

$$某时刻某点超静孔隙水压力面积比 = \frac{该点超静孔隙水压力面积}{深度范围内有效自重应力面积}$$

超静孔隙水压力面积比概念具有以下几点意义:

(1)能够反映考察范围内沉桩引起的超静孔隙水压力总效应,因为土体有效自重应力面积是一个客观度量,因此按照土体有效自重应力面积归一化的超静孔隙水压力能够全面客观地反映沉桩挤土引起超静孔隙水压力的程度。

(2)土体内某点的超静孔隙水压力水平,仅代表和反映了土体内某一点的超

733

静孔隙水压力发生程度,而无法体现沿深度方向的总体情况。引进此概念后,可以从整体上反映超静孔隙水压力发生程度,并进行统一比较。

另外,对沉桩挤土引起的土体内部超静孔隙水压力水平也做了分析,结合超静孔隙水压力面积比共同分析。

例图 5.2-106~例图 5.2-109 所示为不同间距应力释放孔两侧超静孔隙水压力水平峰值对比。从实测数据可见,应力释放孔两侧的超静孔隙水压力水平峰值基本同时出现。

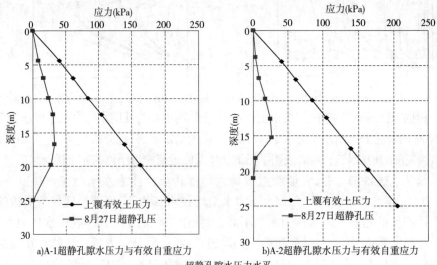

a)A-1超静孔隙水压力与有效自重应力 b)A-2超静孔隙水压力与有效自重应力

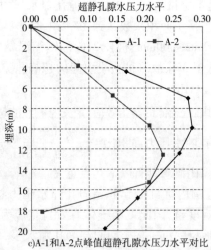

c)A-1和A-2点峰值超静孔隙水压力水平对比

例图 5.2-106　A-1 和 A-2 超静孔隙水压力水平在 8 月 27 日达到峰值

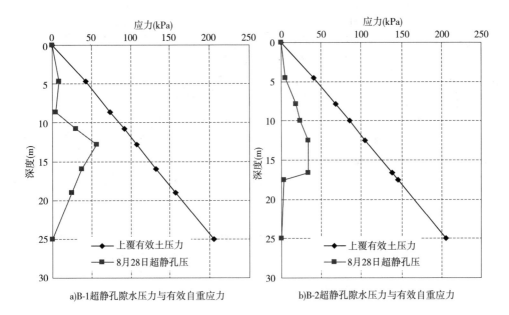

a)B-1超静孔隙水压力与有效自重应力　　　b)B-2超静孔隙水压力与有效自重应力

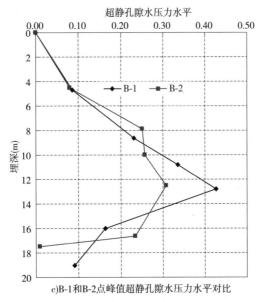

c)B-1和B-2点峰值超静孔隙水压力水平对比

例图 5.2-107　B-1 和 B-2 超静孔隙水压力水平在 8 月 28 日达到峰值

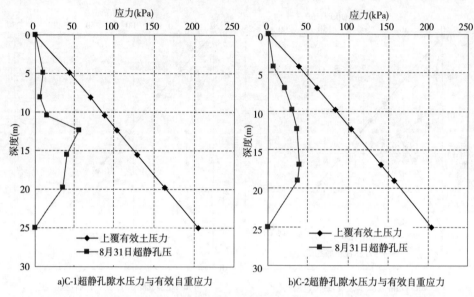

a)C-1超静孔隙水压力与有效自重应力 b)C-2超静孔隙水压力与有效自重应力

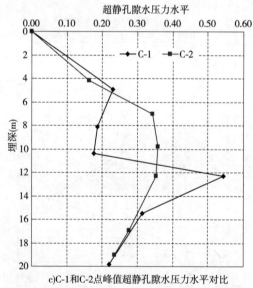

c)C-1和IC-2点峰值超静孔隙水压力水平对比

例图5.2-108 C-1和C-2超静孔隙水压力水平在8月31日出现峰值

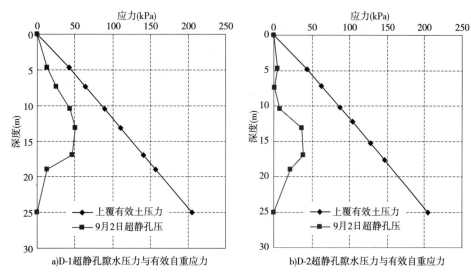

a)D-1超静孔隙水压力与有效自重应力　　　b)D-2超静孔隙水压力与有效自重应力

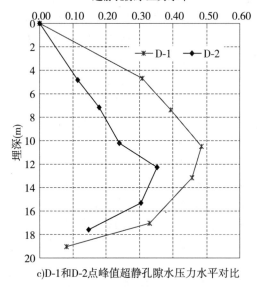

c)D-1和D-2点峰值超静孔隙水压力水平对比

例图 5.2-109　D-1 和 D-2 超静孔隙水压力水平在 9 月 2 日出现峰值

统计各点超静孔隙水压力面积比,见表 5.2-4。

峰值超静孔隙水压力面积比汇总　　　　　　　　例表 5.2-4

点位	A-1	A-2	B-1	B-2	C-1	C-2	D-1	D-2
峰值出现日期	8 月 27 日	8 月 28 日	8 月 28 日	8 月 28 日	8 月 31 日	8 月 31 日	9 月 2 日	9 月 2 日
超静孔隙水压力面积比	0.18	0.09	0.16	0.12	0.18	0.17	0.21	0.10
应力释放孔间距(m)	0.8	0.8	1.2	1.2	1.6	1.6	—	—

从例图 5.2-106~例图 5.2-109 可见,应力释放孔对超静孔隙水压力峰值的影响较为显著,应力释放孔内侧,土体内超静孔隙水压力水平峰值可以达到 40% ~ 50%,而应力释放孔外侧,土体内超静孔隙水压力水平峰值仅为 30% 左右。

而从例表 5.2-4 所示成果可见,除 D-2 的超静孔隙水压力面积比结果奇异外,其他各监测点处引起的超静孔隙水压力面积比在 0.16~0.21 之间变化。另外,应力释放孔间距越大,则超静孔隙水压力面积比越大。

八、应力释放孔间距的影响

应力释放孔间距的大小,直接决定了其隔断孔隙水压力的效用。为了考察其影响,本次试验中采取了 4 种间距:无释放孔、间距 0.8m、间距 1.2m、间距 1.6m,以对比其隔断超静孔隙水压力的效果。

但是,经过对实测数据的分析,发现在浅层土体中,包括第②₁层粉质黏土和第③层砂质粉土中,由于超静孔隙水压力消散较快,应力释放孔两侧超静孔隙水压力对比规律不明显,故不作为分析对象;且由于沉桩施工过程的影响,各段应力释放孔两侧监测点受到沉桩影响的先后顺序、叠加效应、超静孔隙水压力水平等存在很多差异,无法进行统一的分析。另外,在上海地区,受到沉桩挤土影响显著的典型土层为第④层淤泥质黏土层,在对比分析中将是重点分析对象。因此,经过筛选,选择了位于第④层淤泥质黏土层内,实际埋深在 12~13m 处的一系列监测数据做了对比分析,发现了比较好的规律。又由于间距 0.8m 段超静孔隙水压力较小,两侧对比后发现离散性较大,故此处的对比分析中也不纳入。如此,则这里对比分析涉及的监测点包括:B-1-4、B-2-4、C-1-4、C-2-4、D-1-4 和 D-2-4。

在这一系列数据的分析中,我们按照两种思路进行。

(1)对比两侧的超静孔隙水压力水平,对比对象为三个比值随施工过程的变化,即

$$\frac{\text{B-2-4 超静孔隙水压力水平}}{\text{B-1-4 超静孔隙水压力水平}}$$

$$\frac{\text{C-2-4 超静孔隙水压力水平}}{\text{C-1-4 超静孔隙水压力水平}}$$

$$\frac{\text{D-2-4 超静孔隙水压力水平}}{\text{D-1-4 超静孔隙水压力水平}}$$

（2）对比两侧的超静孔隙水压力,对比对象也为三个比值随施工过程的变化,即

$$\frac{\text{B-2-4 超静孔隙水压力}}{\text{B-1-4 超静孔隙水压力}}$$

$$\frac{\text{C-2-4 超静孔隙水压力}}{\text{C-1-4 超静孔隙水压力}}$$

$$\frac{\text{D-2-4 超静孔隙水压力}}{\text{D-1-4 超静孔隙水压力}}$$

按照上述各比值对比的意义主要在于,若应力释放孔隔断超静孔隙水压力效果显著,则两侧超静孔压和超静孔压水平差异越大,这些比值就越小。因此,考察这些比值的变化可以反映出应力释放孔间距的影响。

对比分析结果见例图 5.2-110、例图 5.2-111。

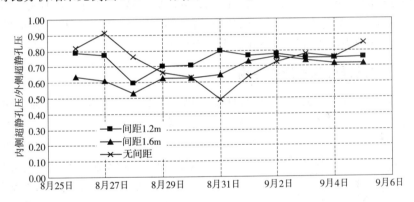

例图 5.2-110　不同间距应力释放孔两侧超静孔压对比（一）

从例图 5.2-110 和例图 5.2-111 对比结果可见:

（1）显然在沉桩初期,两侧的超静孔隙水压力水平和超静孔隙水压力对比差异显著,无应力释放孔的两侧很接近,应力释放孔间距越小,两侧差异就越大。

（2）随着施工进展,进入末段后,即 9 月 3 日后,三种不同间距应力释放孔段的两侧超静孔压和超静孔压水平比值逐渐趋同,反映了超静孔隙水压力变化最终使应力释放孔两侧超静孔隙水压力逐渐趋于一致的客观规律。

（3）各段应力释放孔隔断超静孔隙水压力的最大程度为 50%,平均值均在 20%~30%。

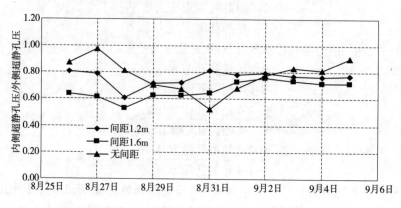

例图 5.2-111 不同间距应力释放孔两侧超静孔压对比(二)

(4)对比表明,沉桩引起超静孔隙水压力水平越高,越能体现出小间距的优势,若超静孔隙水压力水平较低,则不同间距的应力释放孔效用差异不大。综合上述分析,可以认为就此次沉桩引起的超静孔隙水压力水平而言,间距 1.2m 的应力释放孔已经能够很好地隔断超静孔隙水压力传递。

九、小规模群桩沉桩影响距离

以往的研究表明,某位置沉桩对任意计算点引起的应力场可以认为与距离平方的倒数成比例。或者说是与距离存在非线性关系。

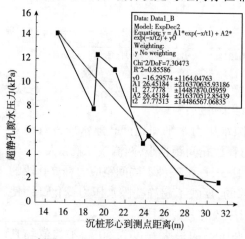

例图 5.2-112 埋深 12~13m 淤泥质黏土层

在本试验的研究工作中,着重需要对两种情况距离影响问题进行分析:①小规模群桩沉桩对不同点的影响分析;②建筑物桩基全部施工对不同距离点的影响分析。

在分析中,我们将第一天施工完成的所有桩位到各点的距离做了计算,并计算群桩的形心到每一个测点的距离。进一步按照距离大小排列出各点对应的超静孔隙水压力实测值,包括了各典型土层的超静孔压观测值。整理后得到例图 5.2-112~例图 5.2-114 所示曲线。

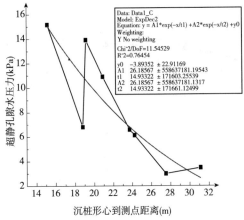

例图 5.2-113　埋深 15~17m 粉质黏土层

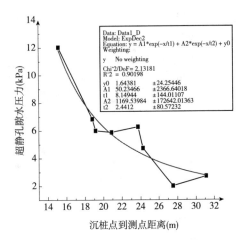

例图 5.2-114　埋深 19~20m 粉质黏土层

从上述曲线可见,沉桩引起的超静孔隙水压力与距离之间呈现非常明显的非线性衰减关系,可以用一定的数学关系进行拟合。

此外,可以看出,如此小规模群桩沉桩引起的超静孔隙水压力显著影响范围在 20~26m。

十、群桩沉桩距离影响分析

1.沉桩施工过程累计影响系数

若不考虑施工过程中土体固结的影响,则根据经典弹性小孔扩张理论可以知道,沉桩对任意一点的影响,包括应力和位移,是与桩位和该点之间的水平距离平方的倒数成正比的。此外,根据线弹性理论假定,不同桩对该点的影响之综合效应是可以线性叠加的。因此,可以定义沉桩累计影响系数为:

$$\alpha = \sum_{i=1}^{n} \frac{1}{r_i^2}$$

沉桩累计影响系数的变化曲线见例图 5.2-115。

2.沉桩引起的孔隙水压力随累计沉桩数和累计影响系数的变化

为了考察沉桩累计影响系数对超静孔隙水压力的影响,对不同观测点的超静孔隙水压力随沉桩数和随累计影响系数的变化做了分析。如例图 5.2-116~例图 5.2-123 所示。

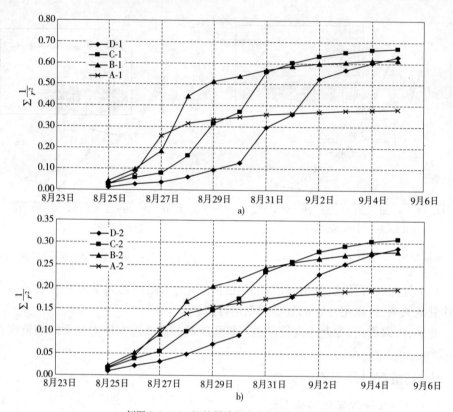

例图 5.2-115　沉桩累计影响系数的变化曲线

1) A-1 点超静孔隙水压力的变化

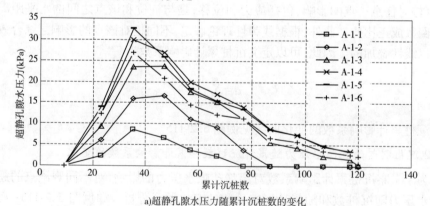

a) 超静孔隙水压力随累计沉桩数的变化

例图　5.2-116

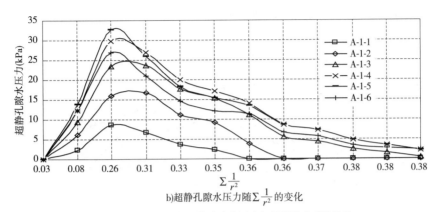

b)超静孔隙水压力随$\sum\frac{1}{r^2}$的变化

例图 5.2-116　A-1 点超静孔隙水压力与累计影响系数关系

2）A-2 点超静孔隙水压力的变化

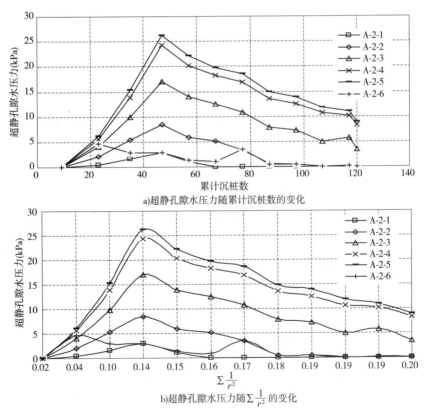

a)超静孔隙水压力随累计沉桩数的变化

b)超静孔隙水压力随$\sum\frac{1}{r^2}$的变化

例图 5.2-117　A-2 点超静孔隙水压力与累计影响系数关系

3）B-1点超静孔隙水压力的变化

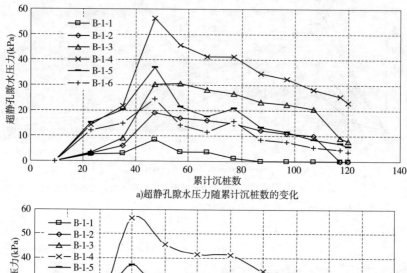

a)超静孔隙水压力随累计沉桩数的变化

b)超静孔隙水压力随$\sum\frac{1}{r^2}$的变化

例图5.2-118　B-1点超静孔隙水压力与累计影响系数关系

4）B-2点超静孔隙水压力的变化

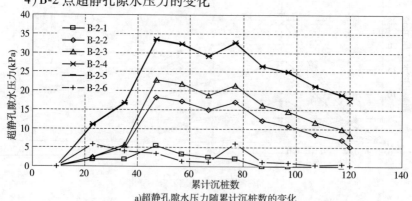

a)超静孔隙水压力随累计沉桩数的变化

例图　5.2-119

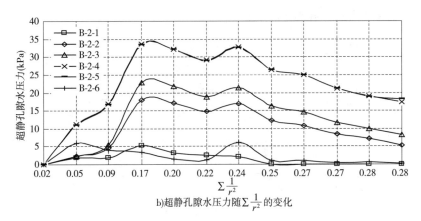

b)超静孔隙水压力随$\Sigma\frac{1}{r^2}$的变化

例图 5.2-119 B-2 点超静孔隙水压力与累计影响系数关系

5）C-1 点超静孔隙水压力的变化

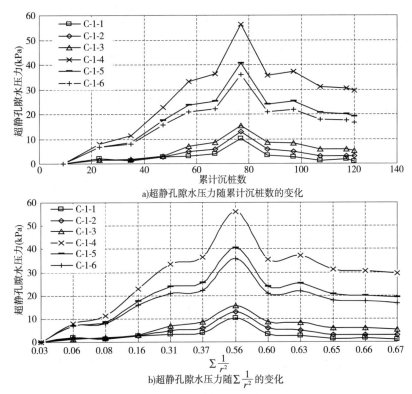

a)超静孔隙水压力随累计沉桩数的变化

b)超静孔隙水压力随$\Sigma\frac{1}{r^2}$的变化

例图 5.2-120 C-1 点超静孔隙水压力与累计影响系数关系

6）C-2 点超静孔隙水压力的变化

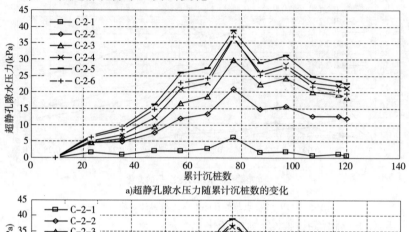

a)超静孔隙水压力随累计沉桩数的变化

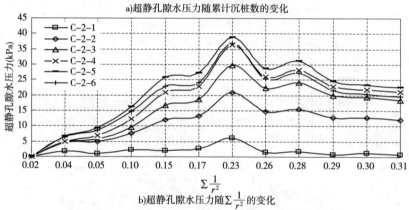

b)超静孔隙水压力随$\sum \frac{1}{r^2}$的变化

例图 5.2-121 C-2 点超静孔隙水压力与累计影响系数关系

7）D-1 点超静孔隙水压力的变化

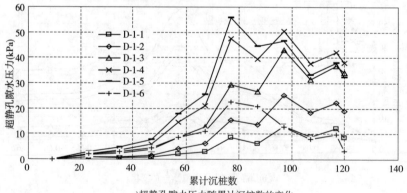

a)超静孔隙水压力随累计沉桩数的变化

例图 5.2-122

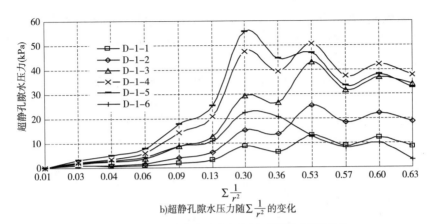

b)超静孔隙水压力随$\sum\frac{1}{r^2}$的变化

例图 5.2-122　D-1 点超静孔隙水压力与累计影响系数关系

8）D-2 点超静孔隙水压力的变化

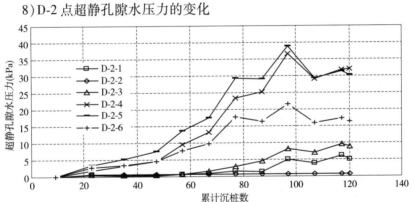

a)超静孔隙水压力随累计沉桩数的变化

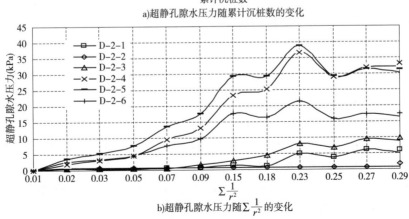

b)超静孔隙水压力随$\sum\frac{1}{r^2}$的变化

例图 5.2-123　D-2 点超静孔隙水压力与累计影响系数关系

为考察沉桩对各点的影响程度,当上述各图中超静孔隙水压力出现显著变化及峰值两侧出现一定较大值时,对沉桩顺序范围及桩位到测点距离的范围做了统计分析,如例表 5.2-5 所示。

影响各监测点的主要沉桩位置及累计影响系数值　　例表 5.2-5

点位	A-1	A-2	B-1	B-2	C-1	C-2	D-1	D-2
沉桩顺序	36~57	36~57	36~77	36~77	68~97	68~97	78~107	78~107
显著影响范围	9~27	13~31	5~22	11~27	5~23	11~27	5~20	12~25
孔压峰值对应 α	0.26~0.33	0.10~0.15	0.19~0.57	0.09~0.24	0.37~0.63	0.17~0.28	0.30~0.57	0.15~0.25

从上述各图及例表 5.2-5 中数据可以发现:

(1)对照各图及例表 5.2-5 可发现,当沉桩累计影响系数时间曲线或累计沉桩数变化曲线出现拐点,即其曲线对应的二阶导数为零的点时,对应测点的超静孔隙水压力达到最大值。

(2)应力释放孔内侧各测点监测成果表明,在距离 27m 以内出现显著影响。

(3)应力释放孔外侧各测点监测成果表明,在距离 31m 以内出现显著影响,当然显示出的超静孔隙水压力水平要低于应力释放孔内侧。

(4)综合(2)、(3)的成果可见,沉桩挤土的显著影响范围应当在 27m 以内,也即大约 1.3 倍桩长范围(工程桩桩长 21m)。

十一、结论与建议

沉桩挤土的环境效应问题一直是预制桩沉桩施工过程中的难点之一。因此,岩土工程技术人员在场地的工程实践中先后提出了许多种处理措施,应力释放孔法就是其中一种。但是在给定地质条件下究竟怎样对应力释放孔进行设计施工、并进一步地对桩基进行施工等问题,当前研究成果较少。为了考察应力释放孔法的作用,本次研究中对拟建大华河畔华城 2 期 3 号楼桩基的施工进行了原型试验,重点考察在不同的应力释放孔条件下,沉桩引起的超静孔隙水压力变化规律。

经过试验研究与理论分析,我们主要得到了以下几点结论。

1.实测的孔隙水压力数据显示出明显的分布规律性

(1)沉桩时由挤土产生的超静孔隙水压力主要在黏性土层中积累,在粉土和砂土层中孔隙水压力则大部分消散,在本试验双面排水的条件下,超静孔隙水压力沿深度形成比较典型的抛物线形分布;超静孔隙水压力最大值出现在第④层淤泥质黏土层下部,其次是桩端持力层第⑥层粉质黏土层。

(2)"超静孔隙水压力水平"是指某一深度处的超静水压力与该点上覆有效自

重压力之比,这一指标可以作为不同深度处超静孔隙水压力挤土效应的定量评价指标,相同的超静孔隙水压力在深处的挤土效应比较小。

(3)"超静孔隙水压力面积比"是指在剖面上孔隙水压力分布曲线所包围的应力面积与同一剖面上有效自重压力的应力面积之比,可以定量评价考察深度范围内沉桩引起的超静孔隙水压力的挤土总效应;本项目各监测点处引起的超静孔隙水压力面积比在 0.16~0.21 之间变化。另外,应力释放孔间距越大,超静孔隙水压力面积比越大。

2.对比实测资料显示应力释放孔具有对超静孔隙水压力的隔断作用

(1)按"二、试验概况"中"2.试验性应力释放孔的设置要求"完成的应力释放孔法是一种比较有效的隔断超静孔隙水压力的方法。在应力释放孔孔深范围内,孔隙水压力分布显示出存在明显的排水通道作用,土体超静孔隙水压力均可被有效隔断,而在深层土体内的这种影响则非常微弱。

(2)应力释放孔对超静孔隙水压力峰值的影响较为显著,应力释放孔内侧,土体内超静孔隙水压力水平峰值可以达到 40%~50%,而应力释放孔外侧,土体内超静孔隙水压力水平峰值仅为 30%左右。

(3)"沉桩挤土面积系数"是指桩的截面面积之和与基础的底面积之比,是宏观预估沉桩挤土作用严重程度的指标。一般认为,挤土面积系数达到 3%以上时才显示出强烈的挤土效应。而本试验采用了桩径 300mm×300mm、桩长 21m 的钢筋混凝土预制方桩,计算得沉桩面积系数为 1.47%,远低于 3%,这是本试验实测超静孔隙水压力水平不高的主要原因。

(4)是否需要设置应力释放孔,应力释放孔间距取多少,应当根据"沉桩挤土面积系数"的大小来确定,与沉桩可能产生的超静孔隙水压力水平相匹配。对本试验而言,采用间距 1.2m 的应力释放孔就足以有效隔断超静孔隙水压力的传递,而采用间距 0.8m 就显得有些不经济了。

3.超静孔隙水压力时程曲线显示了距离与桩数对峰值的影响规律

(1)超静孔隙水压力时程曲线反映了沉桩数和距离对超静孔隙水压力的积累和消散的综合影响,显示出很强的规律性,基于小孔扩张理论的原理,"沉桩累计影响系数"是反映这种规律性的定量指标。

(2)不同间距应力释放孔段超静孔隙水压力峰值出现的时间不同,首先是 A 段在沉桩初期出现,其次是 B 段在沉桩中前期出现,最后是 C 段在沉桩中后期出现,D 段在沉桩后期出现。

(3)不同间距应力释放孔段的两侧孔压观测孔均出现明显的峰值,且同一段的内外侧峰值出现时间基本一致,内侧超静孔隙水压力峰值大于外侧超静孔隙水压力峰值。在孔压时程曲线上,不同间距应力释放孔段的两侧孔压观测孔均出现明显的峰值,且同一段的内外侧峰值出现时间基本一致,内侧超静孔隙水压力峰值大于外侧超静孔隙水压力峰值。

(4)资料分析表明,沉桩累计影响系数曲线的拐点通常对应着超静孔隙水压力的峰值点,应力释放孔内侧各测点监测成果表明,在距离 27m 以内出现显著影响,应力释放孔外侧各测点监测成果表明,在距离 31m 以内出现显著影响。

(5)是否需要设置应力释放孔,还要视被保护对象与沉桩区的距离大小决定。根据实测数据的分析,沉桩引起的超静孔隙水压力显著影响范围在一倍桩长范围左右。即对于一倍桩长范围内有建筑物需要保护时,才需要设置应力释放孔。

4.关于应力释放孔设置方法的建议

(1)应力释放孔的使用条件:上海地区,在控制正常沉桩速率(每天沉桩 8~10 套)的条件下,当沉桩的数量较多,桩的截面较大,挤土面积系数大于3%,且在沉桩区周围一倍桩长范围内有需要保护的建筑物或市政设施时,才有必要设置应力释放孔,以消散孔隙水压力、释放沉桩所产生的挤土能量;如果工期允许,采用超常规的沉桩低速率(如每天的沉桩数量少于 4 套桩)也有不设置应力释放孔而未损坏被保护建筑物的成功案例。

(2)应力释放孔的孔深:在上海地区产生挤土效应的主要土层是第④层淤泥质黏土层,应力释放孔的深度应至少进入淤泥质黏土的中部。太浅的孔对第④层淤泥质黏土层起不到释放能量的作用。

(3)应力释放孔的间距:根据本次试验研究的结果,认为应力释放孔在双排布置的条件下,以中心距 1.2m 为比较合理的间距。同时,1.2m 的中心距又可使两排释放孔的孔位投影分布形成比较均匀的等孔间距的释放能量条带。

(4)应力释放孔是否需要回填砂石料:在成孔质量好的应力释放孔中可以顺利地灌入砂石料,且在地下水位以下灌注砂石料可以得到很好的密实度,但这将使释放孔只有排水作用而在挤土压力作用下不能产生大变形以释放能量,达不到设置应力释放孔的主要目的。如果成孔质量不好,施工时已经缩孔而无法回填砂石料,这既起不到排水作用也没有释放能量的作用,仅成为虚报工程量的合法依据。

(5)应力释放孔的成孔工艺:根据应力释放孔的作用机理,应力释放孔必须采用钻孔排浆的工艺成孔,但不要求专门造泥浆护壁,不要求填充砂石料,不要求清孔,在钻孔结束以后,孔口覆板加以保护,钻孔中原土的泥浆可以任其自然沉淀。

用这种工艺成孔的应力释放孔,在成孔施工时不发生缩孔,在沉桩时能提供充分大的变形空间,可以释放挤土的能量。

(6)长螺杆干取土工艺:由于上海的土质饱和且黏性很大,采用长螺杆干取土设备时,废土黏在螺旋板上,不能沿着螺旋板依次上升出土。同时由于钻杆中心的进气孔被堵塞而不起作用,因此在拔起螺旋钻杆时,带有废土的长螺杆如同活塞一样使释放孔中产生很大的负压,不可避免地形成严重的缩孔现象;所以这种工艺不能保证释放孔在沉桩时具有必要的变形空间以释放挤土能量,所成的孔不能发挥应力释放孔的作用。

第6章 工程事故原因分析与治理

为什么岩土工程的工程事故比较多,这是因为人们经常在对于岩土的客观工程条件还没有很好掌握的条件下来处理工程问题。对于工程的岩土条件,通常只是通过若干个勘探孔取样或者获取岩土体的有关数据。因此,客观上人们很难掌握全面的情况,容易导致主观上的误判。而人们对于这种特点的认识不足,更容易造成人们对岩土工程的这种复杂性认识不足,盲目的自信更容易产生二次误判,更加重了与实际情况的偏离。

我们希望通过事故案例的分析,提高对工程事故的识别和防范的能力,预防工程事故的发生。对于已经发生的事故,正确的处理和对待,可以防止事故影响的扩大;正确处理事故的善后工作、总结经验,可以提高人们对工程事故的防范与处理能力。所以,工程事故资料是非常宝贵的反面教材,我们要重视对工程事故的总结,重视工程事故资料的利用。

下面给出了30个大大小小的工程事故或者是事故的苗子。这里有些事故具有比较典型的代表性,而有些事故的代表性不是很强,特别是事故的资料不全,这就会影响对事故原因分析的正确性与可靠性,处理的措施也不一定是最好的,所以只能供读者参考。

工程事故已经发生了,如何积极地面对工程事故,从事故中吸取教训,增长我们的经验是最为重要的,但愿这些资料能对读者有所帮助。

网 络 答 疑

6.1 什么原因导致下部桩身混凝土无法胶结?

A 网友:

在做工程试桩的过程中,发现三根试桩的承载力分别为 3 600kN、2 500kN 和 1 800kN。离散性很大,没法采用,而且按经验值这个承载力应该在 4 500kN 以上,后来采取了很多次措施来查找原因,请各位帮我们分析一下。

752

场地条件:0~5m可塑—硬塑黏土,5~10m硬塑黏土,10~14.7m硬塑粉质黏土,14.7~15.4m残积土,15.4~19.6m强风化玄武岩,19.6m以下为中风化玄武岩。

勘察报告提到稳定地下水位在-5m左右,为基岩裂隙水。

试桩为直径600mm的灌注桩,入岩0.6m,采用旋挖工艺。施工过程中,钻至残积土后,地下水位迅速上升,具有承压性质。施工单位将自造浆护壁,没有额外补充泥浆,成孔深度达到20.2m后,静置一段时间,量测沉渣达2m,再用钻头取渣清孔后,下设钢筋笼,约5个小时后灌注混凝土,混凝土充盈系数约1.17。

试桩出现问题后,采用钻芯法,试桩和锚桩均在13.6m或14.9m左右开始出现问题,上部混凝土完整,下部开始只有泥浆混碎石,发生掉钻,无法取芯,至桩底20.3m后可以取上来完整玄武岩。

请问这是什么问题导致下部桩身混凝土无法胶结?

初步的意见有三个:

(1)下部泥浆黏稠,施工单位导管可能没有下到孔底,导致泥浆与混凝土混合,下部混凝土无法胶结。

(2)承压水头很高,灌注过程中,水力冲刷将水泥浆带走,所以都在残积土附近开始无法胶结(水头稳定后,水流流速应该不大,这种可能性比较小)。

(3)存在地下水水平流动冲刷,没有补充泥浆护壁,不能隔断孔内泥浆与地下水的水力联系,导致水泥浆被冲刷。

请各位帮我们想一想? 可能还有其他我们没发现的问题。

B网友:

(1)先说说施工工艺的选择。根据场地地层条件:0~5m可塑—硬塑的黏土,5~10m硬塑黏土,10~14.7m硬塑粉质黏土,14.7~15.4m残积土,15.4~19.6m强风化玄武岩,19.6m以下为中风化玄武岩,设计要求试桩采用600mm灌注桩,入岩0.6m,采用旋挖工艺。

实际上对于采用旋挖钻机成桩工艺穿透硬质岩石为玄武岩的地层已经很难了,更何况进入中风化玄武岩0.6m呢? 对于这种地层可以采用冲击钻成孔。

(2)钻孔深度达到设计孔深后,采用清孔钻头清渣清孔后5h后才进行混凝土灌注。

这一点对于旋挖钻机成孔,孔底沉渣厚度较难控制,目前积累的工程经验表明,采用旋挖钻机成孔时,应采用清孔钻头清孔,并采用桩端后注浆工艺保证桩端承载力。采用清孔钻头5h后,泥浆中悬浮的碎石屑和颗粒经过长时间的静止会发生离析沉淀下去。这就会出现 A 网友所说的采用钻芯法，试桩和锚桩均在 13.6m 或 14.9m 左右开始出现问题，上部混凝土完整，下部开始只有泥浆混碎石，发生掉钻，无法取芯，至桩底 20.3m 后可以取上来完整玄武岩。对于这种情况可在钢筋笼及导管下设完毕后，采用正循环或反循环进行二次清孔直至灌注混凝土。

（3）对于勘察报告中提到稳定地下水位在-5m 左右，地下水为基岩裂隙水。

基岩裂隙水大部分存在于强风化玄武岩中，量测的水位为 5m 是否有误？是否为上层滞水或采用泥浆护壁时泥浆的深度？如排除这两种情况，那承压水的水头差很大了。

个人愚见，还请各位指点。

C 网友：

我认为，出现问题的主要原因是清孔后放置时间过长引起泥浆重新沉淀，导致沉渣厚度过大。一般清孔完后应及时浇筑混凝土。还有桩径采用 600mm 偏小，桩身质量较容易出问题，如缩颈等，当然用旋挖工艺也值得商榷。个人意见，请各位指正。

A 网友：

（1）初步判定导管未按规范下放到位，距孔底 300mm 左右。

（2）旋挖法施工的清孔底还是比较干净的。

（3）桩径 600mm 的入岩桩旋挖机械有点不合理。动力小的设备入岩困难，动力大的设备，钻杆直径为 500mm 或 500mm 以上了。

（4）如果真的是承压水，而且水压大的话，实际施工中也有异常情况，在施工过程中反映十分强烈。

谢谢！你的判断很准确，设计上来说，600mm 桩用 260 型旋挖钻机，提钻时负压很大，入岩很慢，成空时间长了之后，上部老黏土泡水后也会有一定程度的塌孔。

承压水确实存在，上部为隔水层，下部为全强风化岩石，具有承压水的地层结构，试桩区附近勘察孔稳定水位为-4m 左右，15min 水位上升 1m，这个我们实测过。

附近建筑采用冲孔泥浆循环的灌注桩，充盈系数尚达 1.4，这里非要设计旋挖成孔，可想而知塌孔更严重。

另外，形成这么严重问题，我怀疑是经过多次清孔后，泥浆过于黏稠，或者塌孔，影响导管下设，当时大意，没有测量导管长度。

也可能是承压水冲刷未初凝的混凝土，导致混凝土未胶结。

原因还在调查。

D 网友：

可能的施工问题是导管放置深度不够、泥浆比重不合理和混凝土不合格。

E网友：

可以断定桩基持力层没有进入到岩石层，承载力不足的原因应该是落在残积土上了。

答　复：

这个帖子给出了一个桩基施工事故的案例，也是比较典型的、常见的施工质量问题，足以引以为戒的一个事故。

对事故的性质和原因，许多网友从各个方面都做了分析，可以为我们提供一个比较典型的施工质量事故的案例分析。

从事故的现象来看，存在"承压水"是出现事故的直接原因。如在勘察报告中没有探明，那是勘察工作存在缺点；如果已经说明存在"承压水"，而施工采用了旋挖钻机成桩工艺却没有采取有效的施工措施，那是采取的施工方法有问题。

6.2　检测单桩和复合地基只满足条件之一时，工程能否判为合格？

A网友：

某工地用CFG桩进行地基处理，按规范要求进行单桩及复合地基静载试验，试验结果为复合地基静载试验6个点都满足设计要求，而单桩承载力静载试验2个点静载未达到设计要求，3个点满足要求。请问这种情形静载能通得过吗？即复合地基静载满足，单桩静载不全满足能算合格吗？

可否认为复合地基静载试验满足即认为合格？单桩静载不满足只是对桩的承载力估算大了，桩间土承载力低估了？

B网友：

能否提供一下，CFG桩设计条件：地基条件、桩径、桩长、单桩承载力、复合地基承载力、地下水位、基坑开挖深度等，特别是单桩静压 p-s 曲线。这种情况遇到过。

建议在不合格的桩上进行复合地基荷载试验。

A网友：

谢谢B网友，初步分析单桩承载力不满足是因为桩端土承载力过低。经动测检验，该桩桩身是完整的，承载力不足是因为沉降量超标。我准备对桩端土用高压旋喷处理后再进行单桩或复合地基静载检测。我重点关心的是：按规范条文，是否复合地基静载满足便可认为地基处理合格？

A网友：

地基土：0～3.5m为素填土，3.5～4.0m为有机质土，4.0～9.5m为软～硬塑黏土。黏土层塑性变化大,受钻孔间距限制,无法准确判明分布。桩径500mm,桩长8.5m(基底起算),单桩承载力280kN,基坑开挖2.0m,地下水埋深-3.5m,p-s曲线在400kN时沉降无法稳定,累计变形超标。

诚心向大家请教,上述分析及处理是否可行?还有什么更好方式?对复合地基的判定个人理解是否正确?

B网友:

(1)《建筑地基处理技术规范》(JGJ 79)规定复合地基荷载试验(第7.7.4条),强调用两种方法,一个是全地基荷载试验,一个是单桩载荷试验。但没解释满足条件之一时是否合格。

(2)这种问题遇到过,如果说不合格或不满足设计要求都可以,但如何处理(加固),如何解释是个问题。

(3)我个人分析,从工程桩使用荷载分析入手,一般来说使用荷载可能会与设计荷载280kN左右有点变化(或大或小),幅度不会大。实际上单桩使用荷载是远小于400kN单桩破坏荷载的,应该认为可以满足使用要求。这只是分析单个桩不合格代表区范围不大,如果单桩不合格代表区面积大,那问题可能会复杂一些。可能要考虑加固。

(4)就你的地层条件,不看桩结果,就地层条件,单桩设计280kN有些大。勘察报告提供的参数要根据经验分析后再用,否则自己很被动。

A网友:

谢谢,单桩使用荷载远小于400kN破坏荷载,业内人士明白,可是如何说服业主、监理?

个人理解:如果是桩基础应侧重单桩静载试验,复合地基应倾斜复合地基静载。可规范没有明确,管理人员又不是专业人士。各位遇到这类问题是如何解决的?

C网友:

此处没有具体工程数据,无法帮你核验数据,我理解可能存在以下两个问题:

(1)关于岩土设计参数

若按标准做复合地基荷载试验是合格的,有可能是岩土设计单位未能准确预估单桩承载力,也有可能是参数提得比较大胆,复合地基承载力和单桩承载力都处于满足要求的临界状态。

若是参数问题可以和设计沟通,以复合地基承载力为主,同时若没有试桩,则单桩承载力、桩土分担都是预估的,设计单位可结合p-s曲线及施工情况予以变更,然后综合判定为合格即可。

（2）检测单位的责任

按照规范，单桩承载力是统计评价的，其实是允许部分数据低于设计值的，若检测单位未将单桩承载力多做一级，即合格的桩做到设计值，不合格桩就取实际数据，导致数据统计的不合格。

此事可以和检测单位沟通。

A网友：

CFG桩单桩承载力试验可以理解是确定桩身强度及桩体材料的均匀性。

让我难以理解的是：规范既然提出了两种静载检测方法，当出现这类问题时又没有明确该如何解决。下面质检部门及管理人员随意评定，只是添乱。权威部门不应该做个评判吗？

D网友：

个人意见，对于CFG桩复合地基，只要复合地基承载力满足设计要求即可认为合格，这也是复合地基处理的初衷。如果单桩不满足设计要求，建议针对不满足设计要求的单桩进行复合地基静载试验，如果复合静载满足要求，也可以认为合格。具体原因就如A网友所说，可能是单桩承载力设计值偏高，桩周土承载力设计偏低。这和勘察资料所提供数据的准确性、施工方法（置换法或挤密法）以及设计参数的选择有关。

答　复：

这个帖子当时没有看到，整理书稿时看到了，感到还是一个比较典型的问题，提出来讨论有助于解决如何理解和执行规范的这个规定。

当年，几位网友进行了很有针对性的讨论，对这些问题我就不再多说了，这里，我想提出来讨论的问题是A网友提出的问题："可否认为复合地基静载试验满足即认为合格？"

这项工程按照规范的要求做了单桩及复合地基的静载试验，试验的结果为复合地基静载试验6个点都满足设计要求，而单桩承载力静载试验2个点静载未达到设计要求，3个点满足要求。对于这样的结果怎么看？怎么用？

为什么要进行这两个方面的检测？这两个方面检测的目的十分明确，单桩的静载试验主要检测桩身的施工质量是否满足设计的要求，而复合地基的静载试验主要检验是否满足支承荷载的设计要求。

两个都满足了自然好，但如果只满足其中的一个要求，那怎么处理？规范并没有明确的规定，留了一个很大的缺口。

如果是桩身的施工质量满足要求，而复合地基的静载试验不符合要求，这说明施工质量没有问题，而设计所用的复合地基的置换率存在问题。反之，如果复合地基的静载试验符合要求，而桩的单桩承载力不全部满足要求，这说明设计所取用的置换率没有问题，但桩的施工质量不稳定。从道理上看，是这么一回事，但在具体的工程问题处理上，怎么办？规范没有一个说法，就不太好处理了。

复合地基的静载试验是对设计的考核，只要桩身的检验符合要求，就说明施工质量没有问题。记得几年前，在无锡有一个项目，复合地基施工结束以后，检测一直没有通过，没有满足规范的要求。我去现场看了，听了介绍之后，我的判断是设计有问题，桩设置得太稀了，因此桩身质量再高，复合地基的承载力还是很低，检测结果肯定不合格，但单桩承载力都满足要求。我就说这不是施工单位的事，桩身质量再好，复合地基的承载力还是不会高。这是因为置换率用得太低了，不能怪施工单位没有把施工做好，而是设计的结果有问题。

所以要具体分析，区别对待，桩身质量是施工单位要负责的，但它对置换率用得太低的后果是没有责任的。

6.3 填土地基有哪些工程问题？

A 网友：

由于建设用地的紧俏，现在不得不将一些浅丘、坡地进行场地平整以后用作建筑场地，原地表的起伏，自然会导致整平后的场地有挖有填，近年来，越来越多的工程事故或质量问题表明，填土问题是一个越来越不能小视、非重视不可的问题。在填土地基（或边坡）上，大致归纳一下，常会遇到下面一些问题：

（1）填土地基不均匀沉降问题。

（2）填土地基遇水沉陷（程度远比不均匀沉降大）。

（3）由于（1）和（2）的原因，填土地基上的建构筑物基础常出现开裂、倾斜、斜歪等。

（4）填土边坡滑坍、滑坡。

（5）填土边坡的支挡结构物（主要是指挡土墙），在一般高度情况下（露高 3～6m）就常发生外鼓、滑移、倾覆等事故。

个人觉得，填土地基与天然地基还是有很大不同的，可能主要不同表现在以下几个方面：

（1）填土（高填土）的承载力问题（究竟有没有承载力问题，我觉得高老师在他的著作中分析得很有道理，但始终有人觉得填土没有承载力问题）。

（2）填土地基的变形问题（尤其是在雨季）。

（3）填土地基的稳定性问题。

被这些问题困扰好久了，但确实是又不能找到一个很好的解决办法，或者说能够稍微想得透彻些，不知道这些问题的出现是不是仅仅由施工质量不良所引起，比如说填料的级配、质量较差；碾压中未按最佳含水率控制；未按要求分层碾压，回填不密实，未达到设计要求的压实系数等。不可否认，这些因素对填土地基质量非常重要，但除此以外，对于填土地基，究竟还有没有，或者说还有哪些是我们没有认识到的，为什么填土地基（边坡）会出现这么多的质量事故或问题？它的承载力、变形、稳定性问题真的没有什么特殊之处吗？如果有的话，究竟表现在哪些方面？我们对填土地基应该引起什么样的重视？

答　复：

这位网友提出的这个问题非常值得引起大家的关注，填土问题确实是当下许多工程问题的关键。

填土有几种情况，不同的情况，工程问题也就不同了。

按填土的形成过程来分，一种是设计填土，即按照一定的设计要求填筑的填土，如果设计和施工没有问题，填土的质量是可控制的，如果出现了工程问题，那最可能的原因是碾压施工没有符合要求。另一种是自然堆积填土，堆填的材料和密实度都没有控制要求，主要问题是材料的分布和密实度都极不均匀，填土的历史如果长一些，情况会好一些。这种填土如果不处理，就不能利用，如果需要利用，就要按照工程的要求加以处理。

按填土的用途来分，有作为工程地基的，有作为工程构筑物的材料利用的。对于不同的用途，对填土质量的要求，填土勘察或填土碾压质量检测的内容、方法和质量标准都不尽相同。作为工程地基用时，无论对密实度和均匀性都应该有更严格的要求，否则可能会产生各种质量事故。

按填土的工程质量问题来分，不合格的填土作为地基使用，可能会出现建筑物的不均匀沉降，而这种原因的不均匀沉降是事先无法定量计算的，因为有些变形可能不是沉降而是沉陷，而且不均匀性也没有定量的估计方法；不符合设计要求的碾压填土作为土工构筑物的本体材料，包括你所列举的，如填料的级配、质量较差；碾压中未按最佳含水率进行控制；未按碾压的遍数要求施工，那工程肯定会出现问题。

在岩土工程领域中，填土碾压质量的控制理论应该比较成熟，施工的技术要求又不太复杂，但就是不认真地做，投机取巧，马马虎虎，结果是往往竣工没有多久，路堤就垮了一大块，或者地坪就开裂。我国技术控制的许多弊端，在填土质量控制的问题上，暴露无遗。

A 网友：

非常感谢高老师在百忙中解答这个问题，给高老师和大家汇报一个情况，我所在的地方是西南山区，这些年来由于大规模地修房筑路，和搞其他建设，很多好的平坦建设场地用完了后，就只有在山区大规模地挖高填低了，人工开辟建筑场地，但由于资金、建设工期、思想认识、施工习惯等很多方面的原因，结果导致在填土地基(边坡)上出现了很多很多的工程事故或质量问题！所以我觉得对于填土，现在确实应该引起高度重视，首先就是我们从认识上、从理论上应该更加重视。陈教授也说了，填土是一种结构性土，与自然形成的土有很大不同(个人觉得这点很重要)。我总觉得，原来我们的勘察、设计对这点始终没有说清楚或重视程度不够，著名的攀枝花机场滑坡，就是发生在填土地基上的啊！花了好几个亿，几度停航！治理过程历经几年，现在还在治理之中，教训难道说还不深刻么！

6.4 为什么总结工程事故的书很少？

A 网友：

有一个问题，为什么关于工程事故总结方面的书很少？即使有，也是很早以前的？近年来，还是发生了不少工程事故，例如杭州地铁、上海倒楼事故。对于这些典型的案例，为什么没有权威部门将事故产生的原因、处理结果总结一下，整理成书，作为工程师们的反面教材？这些事故都是我们交了"学费"的，但是没有总结，难保还有人会再犯，那"学费"就是白交了。发生事故很遗憾，但这是发展路上必须要面对的。发生事故没有人总结就更遗憾了，难道我们的工程界连面对这些事故的勇气都没有吗？还是受到某些部门的打压？

答　复：

你提出了一个十分重要的问题，我的老师俞调梅教授在 20 世纪 80 年代就曾经关注过这类问题，他说："几十年前，在基础工程专著上总有很多工程事例的报道，但是后来就少了，似乎是有了土力学理论就可以解决一切问题了。而且在杂志和刊物上报道的多数是成功的事例。在我国，由于种种社会历史原因，在教材上讲的失败事例总是外国的。这一切会使人盲目相信理论。"老先生对这种现象的原因和后果，都讲得很清楚了，现实的情况大体依然如故，你所看到的，就是如此。

什么是正确的态度？正如你所说的"将事故产生的原因、处理结果总结一下，整理成书，作为工程师们的反面教材"。从技术层面来看，这样做并没有不可克服的困难，通过总结可以提高水平，减少再犯错误的概率，是一件大好事。

但为什么很少看到这类总结材料呢？

一是要有人来做,大家都认为重要,但谁来总结呢?

当事人应该具有最合适的条件来总结,但我相信,除了承担责任,检讨错误之外,可能很少有人会作技术上的深刻分析与思考。因为当事人最不愿意再去想这些令人心碎的事,这也可以理解。

旁观者应当是比较客观和冷静的,具有分析的客观基础。但他们对事故的全过程不了解、不熟悉,也缺乏必要的数据和资料,要做深入的分析有相当的难度。

当然,如果主管部门能从大局出发,从全社会的公共利益出发,从技术发展的需要出发,组织这类事故的技术总结是最合适和最有效的,这就需要有社会的呼吁和政府的响应,也要有热心的技术群体来担当这些任务。

6.5 如何计算厂房大面积填土所引起的沉降?

A网友:

北京地区有一个厂房工程,采用独立柱基,柱基承台4m×6m,柱间距8.4m,跨度24m,承台下采用CFG桩处理。现状地面比设计正负零标高低4.0m左右,现在由于没土可以整平,因此建设方要求先施工CFG桩及厂房结构,待厂房完成后再填土整平。请教大面积后填土引起CFG桩承台的附加沉降应该怎么样考虑?

若是按分层总和法计算,4m填土的荷载为80kPa,沉降计算深度为20m,由于填土的面积很大,因此20m深度范围内的应力可以不考虑扩散,从上至下均按80kPa计算,则沉降值相当大!

答　复:

这是一个工程施工合理程序的安排问题,由于现在缺乏土源,建设方要求先建厂房后再进行填土。

怎么可以先施工CFG桩和厂房结构,再填土呢?甲方不懂岩土工程不要瞎指挥。

4m的填土肯定会产生很大的沉降,对厂房结构是非常不利的,建设方一定要那么做,是会造成工程事故的,是和自己过不去。

这里不是沉降计算方法的问题,沉降肯定相当大,主要取决于土层的压缩性和厚度,不论用什么方法计算,结果都是差不多的。

应该按照客观规律办事,先填土,让大部分沉降完成以后再施工厂房结构,就可以减小有害沉降,避免工程事故。

6.6 能这样估算偏心的影响吗?

A 网友:

按《建筑桩基技术规范》(JGJ 94),灌注桩的平面位置允许误差大约为 100mm,桩径的允许误差为 50mm。

也就是说,单柱单桩基础,有可能柱子和桩中心产生最大 150mm 的偏心,而这是规范允许的。

但是对于超高层建筑来说,如果柱底轴力达到 25 000kN,就会对直径 2 000mm 的桩产生 3 750kN·m 的弯矩。

对于设计单位来说,施工误差的影响不会在设计中考虑。

对于施工队来说,反正是国家规范允许的。

是否按规范的允许施工误差,这些产生的弯矩都直接不用计算考虑了? 假如有一点点出事故的可能,这个责任是谁来负责呢?

Aiguosun 答:

直径 2 000mm 的桩,其水平承载力通常会较大,由施工引起的偏心荷载产生的弯矩会由桩侧土的被动土压力产生的弯矩平衡掉。

B 网友:

如果 3 750kN·m 弯矩存在,那么桩可能已经断了!

说明 A 网友的假设不成立!

A 网友:

就是担心桩受不了这么大的弯矩,才存在责任事故的承担方,才会提出这个问题。

A 网友:

一是《建筑桩基技术规范》(JGJ 94)上好像没有说到用被动土压力平衡桩顶弯矩的做法。

二是即使平衡,也是桩身整体弯矩的平衡。在桩的上段部分首先要能承受住弯矩不坏才能考虑弯矩的传递及土压力的平衡作用。

如果设计没考虑到施工误差引起的弯矩,那么配筋不足,在桩身上部 1/3 可能就已经让桩破坏了。

Aiguosun 答:

桩的水平抗力存在 4 种假设,无论哪种假设,桩的水平力事实上就是由桩侧土的被动土压力以及桩本身的强度来承担,只是桩侧土的水平抗力分布形式不同而已。

桩侧土的被动土压力作用于桩身后也产生变矩,该弯矩是抵抗作用于桩顶的弯矩的。桩侧土强度越高,产生的被动土压力越大,对提高桩的抗弯能力有利。

增大桩身配筋和提高桩身混凝土强度同样有利于提高桩身抗弯能力。

答　复:

这个帖子也是在整理书稿是看到的,当时没有看到。

这位网友提出这样的问题来讨论是为了提醒大家要重视施工误差。但在分析问题的方法上偏了一点,强调过头了,就经不起推敲了。

首先是这两个误差能不能叠加的问题。"平面位置允许误差大约为100mm,桩径的允许误差为50mm。"平面位置误差使桩的轴力作用点发生偏差,会产生如这位网友所说的引起力矩的偏差。但桩径的误差只会引起桩的面积的变化,对桩身平均应力有影响,不会对力矩产生影响。

对单柱单桩的工程来说可能会产生10%的计算误差,但对群桩来说,桩不可能完全向一个方向偏,因此就有可能相互抵消了一部分。

6.7　高填方下涵洞地基承载力该不该修正?

A 网友:

高填方下的涵洞,是先修好了涵洞再进行填料填筑的。按照《建筑地基基础规范》(GB 50007—2002)(因为是填土,而且是建筑物修筑完了再填上去的),涵底的承载力不应该修正。这个填土不光对地基承载力没有好处,而且增加了涵洞上的土柱重量。并且这个荷载是大面积的,不存在应力扩散,上面有多大下面就有多大。如果涵洞上面填土高度有20m,涵底基础光承受的填土承载力就要求400kPa左右。但是又觉得,涵洞两侧上面的填土对地基承载力有侧向超载压重的作用,能提高地基承载力,因为它的存在对涵底基础土的挤出破坏是有好处的,就相当于地基承载力公式中的超载的这一项。这么想想,觉得这个承载力又应该修正!

到底该不该修正呢?这个问题我问了很多人,都不愿意回答,不知道是我问问题的水平太低还是什么,请高教授指点。

答　复:

你问的这个问题不仅仅是涵洞的地基问题,20m高填土的地基也存在着地基承载力的问题。

高填土的极限高度问题就是地基极限承载力问题,如果解决了,那涵洞也解决了,如果没有解决,你问高填土的地基稳定性问题怎么处理?

高填土地基的变形对路堤的影响不太大,但对你这个涵洞可能是致命的问题。路堤的横向,也就是涵洞的纵向,如果不均匀变形太大,涵洞可能会开裂或折断。

大面积填土,当然有地基稳定性问题,也发生过填土引起的地基失稳滑动的工程事故。你说在只有180kPa承载力的地基上,堆上荷载高达360kPa的填土,地基可以不垮吗? 实际上是不可能的。

工程实际的情况可能不是简单的一句话能够说清楚的,你说20m高的填土,100m高的大坝是可以一下子放上去的吗? 当然没有这种理想的情况,因此也没有什么侧边发生滑动破坏,中部不会破坏的情况。实际情况是填到一定高度以后,就填不上去了,填了就塌,发生滑动,这种滑动就是失稳。因此,高填土有一个极限高度的问题,极限高度就是极限荷载,也就是地基极限承载力问题,怎么能说高填土没有承载力问题呢?

造成歧义和误解的原因,主要是被临界荷载的承载力公式把概念搞糊涂了。我国对极限承载力历来很不重视,规范也好,教科书也好都只讲$p_{1/4}$,只讲什么特征值。对于高填土,变形的要求倒并没有像建筑物那样要求严格,但主要是强度和稳定性的问题。如果填土速度足够慢,地基在一定荷载作用下发生固结,强度有了提高,承载力也相应提高了些,慢慢加荷是可以填得比较高一些的,由于填土是柔性结构,变形大一些也没有关系,多填一些土就可以了,所以填土一般没有特别强调变形控制的问题。

在强度和稳定性问题中,土压力、地基承载力和边坡稳定性分析的思路和方法其实是相通的,在地基极限承载力的分析中就有主动区和被动区。对软黏土,用极限承载力公式计算和用圆弧滑动分析计算的结果是一样的。填土达到极限高度以后,在填土和地基中形成滑动面,试验中就可以看到这样的现象。

在软土地基上的堆堤试验是一种原型的荷载试验,可以更全面地了解地基承载的性状,更加如实地反映实际情况。

堆堤试验的底面尺寸一般比较大,影响的深度很深,所得到的结果并不是某一土层的承载力,而是与堆堤试验的平底尺寸相应的多层地基土的综合承载能力。

在上海宝山地区做过一个堆载试验面积为22m×30m的大型堆载试验,地基土的三轴不固结不排水强度$c_u=31kPa$,原位十字板剪切试验强度$c_u=40kPa$,在不同试验荷载作用下的平均沉降及按Skempton公式计算的地基极限承载力求得的安全系数见表6.7-1。

堆载试验的分析结果　　　　　　　表 6.7-1

试验荷载(kPa)	平均沉降量(mm)	$c_u = 40$kPa 安全系数	$c_u = 31$kPa 安全系数
60	93	3.90	3.05
90	253	2.60	1.97
120	444	1.97	1.52
150	606	1.57	1.22

这个试验没有做到破坏,加了第 4 级荷载,即试验荷载为 150kPa 后就终止了试验,此时的安全度已经比较低了。按三轴不固结不排水强度 $c_u = 31$kPa 计算的安全系数为 1.22;按原位十字板剪切试验强度 $c_u = 40$kPa 计算的安全系数为 1.57。此时,在离堆载边缘 0.7m 处,于地面以下 7m 的地方测得水平位移为 810mm,水平位移与平均沉降之比为 1.34,表明已有大量的侧向塑流挤出产生。在软土地区,侧向水平位移是一个十分敏感的指标,反映了土体中是否发生了塑性变形,常作为加荷时检验地基稳定性的控制标准。

6.8　关于贵州 9 层楼垮塌事故的讨论

A 网友:

关于山区建筑物的损坏情况,我看了很多网络图片和视频。大致知道下面一些情况:

房屋可能是砖混结构,结构并不强大,可以看出在断裂面之间并没有钢筋混凝土的残碎牵连;山坡很陡、很高,是土质边坡,高度约 30m 高,坡度大约不会低于 45°;房屋离坡脚很近;还有一些未垮塌的房屋,靠山很近,也十分危险(图 6.8-1)。

图　6.8-1

垮塌的直接原因是房屋位于山体塌滑区,山体滑塌了把房子砸垮了。

深层次的原因分析:

房子靠边坡太近了,这个地质环境是有问题的。

高边坡,也许是原始土山,也许进行少量挖脚,总之房屋边的边坡没有进行处理,相邻用地存在不良地质作用,即滑坡隐患。

广义地说,是一个地质责任问题。也可以说,是业主用地没有选择好,在不稳定边坡下建房子。还可以说,山区都是这么用地的,边坡整治是没有边际的事情,不好说什么责任不责任。

我认为,严格的用地规划和勘察设计,是可以避免这个灾难的发生的。笔者所在地区,也是山区地基,到处是边坡,大挖大填越来越严重,每次一场雨后就有媒体报道哪里垮了垮了。山区搞建设,勘察怎么办?

勘察遇到的问题是:规范并没有具体和明确的条文,说要对这些周边边坡进行使用前的勘察、设计。有一些条文,但不是勘察强制条文。目前的管理,是依据施工许可证、产权证进行的,这些权属外的环境整治,没有人会去关注。勘察去关注,并没有体制管理力量的支持。都在抓进度,你拿边坡说事,就卡住了建设进度,各方都挺烦的。

详细勘察阶段,勘察发现用地不合适,勘察很难否定业主跑了1年的前期批准下来的规划。当然,也有业主比较明智,会听从专家意见,调整规划,远离危险用地。

我在审图时坚持的原则是:

(1)对于用地关联边坡(坡下垮塌区、坡顶1~2倍边坡高度内),主体勘察时或之前,应一并做好边坡勘察。山坡用地,只打房屋内钻孔,是不应该的。

(2)勘察对用地的评价,应实事求是,不要为了帮业主圆场,把坏地说成好地,把危险说成不利,把不利说成一般。

(3)我知道我的这个做法,并无强制条文的明确依据。在实践过程用,有一定争议,但是我不会放弃这个原则。

(4)山区地基,承载力不是一件特别重要的事情,主要问题就是稳定、垮塌这些事。而规范的话语权在北京、上海、广州、深圳、天津、武汉的专家们手里,他们编制的规范,主要搞这些承载力这些事情。对于山区地基没有很具体的东西。

小结:珍爱生命,远离高陡边坡。

B网友:

我觉得问题是,山区也要搞建设,不建设,人住哪里?山区,除了山就是沟,哪有好地方？尤其是西部坡体松散、覆盖层不稳定的山区。

看着都吓人。

C网友：

九层房子修砖混结构就是违反设计规范！

照片看不到很多钢筋,有施工偷工减料的嫌疑！

D网友：

这个问题勘察单位很难办,一个原因是建设单位好不容易把前期跑下来,一般勘察单位很难否决,你不做自然有人做,所以接近边坡或山体的建筑应该先做安全性评价,这个事情应该在规划阶段以前做或同步做;另外一个原因是,现在勘察收费低,只给你一幢建筑的勘察费,勘察单位也很难做好边坡勘察。

Aiguosun 答：

高边坡要做专项勘察,另收勘察费。如果只给了房屋的勘察费,得给业主说清楚在合同中明确不含边坡,否则就是责任事故。如果愿意不收费也完成全部勘察,不把边坡稳定查清就是失职。

答　复：

看了照片和A网友的分析,几位网友也从不同的角度发表了他们的看法,大家的意见都聚集在这个问题上:从这个事故中我们可以记取点什么教训呢？

记得在十多年前,发生了重庆武隆的滑坡事故,把一栋居民楼给推倒了,国务院总理下令彻查。建设部派调查组前往现场调查处理,查处了一大批干部与技术人员,这一事故连同当时的其他几件工程事故,催生了审图制度的产生。这次贵州的滑坡事故与当年武隆的滑坡事故的条件和原因都极其相似,为什么在审图制度实行了十多年后的今天,仍然会发生何其相似的事故呢？值得我们深思。

A网友呼吁"珍爱生命,远离高陡边坡";B网友说"山区也要搞建设,不建设,人住哪里";**Aiguosun** 版主说"高边坡要做专项勘察,另收勘察费";D网友说"只给你一幢建筑的勘察费,勘察单位也很难做好边坡勘察"。看来是各有一本难念的经,各有各的难处。

我的看法是这种事故不能杜绝的原因在于规划,这里的所谓规划不仅是指狭义的微观小区规划,还包括宏观的区域发展规划。在哪些区域适宜居住、适宜建设应该在区域发展规划里就规定了的,这种规划是否有科学的依据,规划是否可行？应该包括工程地质条件的评价。但可能在这种场合,岩土工程师的发言权并不是很大,当然也不排斥当时的岩土工程师没有尽职。

等到规划已经确定了,到了勘察设计阶段,如果发现了滑坡的危险性很大,提出改变规划的意见时,可能已经无力回天了。但像这种滑坡,可能挡也挡不住,只能避让,但避让涉及改变规划,可能也是难以上青天了。如果当年不是仅止于处理勘察设计中的问题,而是从发展理念和规划的角度来处理,可能就会从源头上杜绝这类事故的发生。

C网友提出了"九层房子修砖混结构就是违反设计规范"的问题和施工偷工减料的问题,这也涉及审图制度和监理制度中的漏洞和执行中的许多弊端。

6.9 问题是不是出在地下水的流动性上?

A网友:

我是勘察方,做的一个项目。其中8号楼为地上30层,地下2层。目前基坑挖完,正在进行桩基施工。桩基为长螺旋钻孔压灌桩,桩径600mm,有效桩长24m。施工队说灌注的水下混凝土坍落度200mm。目前已经施工120根桩,其中有12根桩在插完钢筋笼后10~20min出现混凝土下沉现象,下沉1~3m不等。旁边的9号楼没问题。其中8号楼一排的3根桩,间距3m,西边2根桩有问题,东边1根桩又完全正常。很怪!在平面图上分析出问题的12根桩,也没什么规律性。

场地地质情况如下:地貌单元为坡积裙。地层为第1层为填土,出问题的这栋楼没有。第2层为含粉质黏土角砾,红褐色为主,坡积,自然地面下0~15m。第3层为含粉质黏土角砾石,黄色为主,坡残积,自然地面下15~50m,为桩端持力层。根据区域地质资料,下部为奥陶系砂岩。基坑开挖深度为5~8m(自然地面以下),放坡开挖的。地下水位在基坑底下1~2m。施工队还反映了一个情况,在钻孔过程中地势低的地方钻出过混凝土块。根据以上情况,我们单位解释是山前坡地,地下水从地势高地段向地势低地段排泄,具有一定流动性。由于混凝土坍落度大,混凝土很稀,部分混凝土被流动的地下水冲到地势低的地段,造成混凝土下沉。由于第3层含粉质黏土角砾为混合土,粉黏粒含量为20%~40%,其中粉质黏土和角砾含量很不均匀。充填粉质黏土多的地方透水性差,水的流动性差,桩基施工正常。充填粉质黏土少的地方以角砾为主,透水性好,水的流动性大,造成混凝土下沉。

我们单位建议采用常规的泥浆护壁钻孔灌注桩,但是甲方由于工期问题,没有采纳。由于混凝土下沉,不清楚桩是否有缩径、断裂、泌水和离析?所以建议先检测桩的完整性和承载力。

我想问高老师,出现混凝土下沉的这个现象,问题是不是出在地下水流动性上?如果是的话,现在甲方和设计单位还委托我们单位通过钻探和地质雷达查明引起混凝土下沉的流动地下水的空间位置。我们单位很无奈,即使有方法查出来,甲方还是用长螺旋钻孔压灌桩,还是没解决什么问题。还有就是,用常规的钻探和物探,我们单位认为查不出来,也想不到好的方法查明,高老师有什么好的方法和建议么?

B 网友:

长螺旋钻速过快,会造成超静孔隙水压力,桩周土体强度下降,导致混凝土下沉,粉土层遇到过这样的情况。跟 A 网友所描述的情况不太一样,仅供参考。

答　复:

我没有什么施工经验,提点想法供你参考,请有施工经验的网友多发表意见。

看不懂你说的"出问题的这栋楼没有第 2 层为含粉质黏土角砾",如果没有这层土,那这个层位是什么土呢?

出问题的原因不外乎地质条件、施工和材料几个方面的问题,分析时一般可以采用求证或者排除的方法,逐步找到主要的原因。

从土质条件说,过去发生过在粉土中打水泥土搅拌桩,桩头下沉的事故,但这个工程的土质和桩型都不同。

B 网友是从施工方面提出问题,值得重视,是否存在"长螺旋钻速过快"的问题?

问题是不是出在地下水流动性上? 如果桩头下沉 1~3m 不等,那流走的水泥也不少了,在下游应该可以查出地下水中化学成分异常,不难求证或者排除。

是现场搅拌的? 还是由混凝土搅拌厂提供的混凝土? 是否混凝土的水灰比不稳定,有时太大了? 还是实际材料的配合比存在问题?

希望从检测的结果能了解桩身质量存在的问题,从而判断其原因。

关键还是如何处理下沉的桩,当然一切有待检测结果才有判断。

A 网友:

地貌单元为坡积裙,在钻孔过程中地势低的地方钻出过混凝土块。

由于混凝土的坍落度较大,浆液从砾石中渗出可考虑适当减小坍落度。24m 的桩,坍落度小了,钢筋笼插不进去。

B 网友:

在长螺旋钻孔压灌施工混凝土桩中常有这样的问题,据我分析应是施工的问题,与串孔、地下水流动、地质条件没有太大的关系。

主要有压灌施工过程中为方便省事,不堵管,没有进行压力灌注,主要靠混凝土自重流动灌注,而且为了钻头灌注阀门顺利打开,便于灌注,施工人员往往还会把钻头上提 1m 才开始泵灌混凝土,由于孔底不实以及桩身可能存在空隙或空洞

(桩底及桩身可能存在压缩封闭空气形成的空洞),加之灌注的混凝土具高流动性,在自重作用下桩底及桩身孔逐渐充填,导致桩头混凝土面下沉。

答　复:

A网友说:"在钻孔过程中地势低的地方钻出过混凝土块。"这应该是一个重要的证据,说明问题确实出在地下水的流动性上。

6.10　怎么计算抗浮安全系数?

A网友:

去了趟设计院和他们的总工讨论了半天。

工地遇到这样一个问题,抗浮设计水位与地面齐平,覆土为 1m,覆土重度 18kN/m³。地下室外围尺寸为 51.5×14.2×3.7 = 2 705.81m³。地下室空间体积为 $(51.5-0.6)×(14.2-0.6)×(3.7-0.5) = 2\,215.168m³$。地下室混凝土体积为 2 705.81 - 2 215.168 = 490.642m³,钢筋混凝土重度为 25kN/m³。

第一种算法:

$N_{wk} = 51.5×14.2×(3.7+1)×10 = 34\,371.1kN$(包括地下室和覆土层的浮力)

$G_k = [51.5×14.2×3.7 - (51.5-0.6)×(14.2-0.6)×(3.7-0.5)]×25 + 51.5×14.2×1×18 = 25\,429.45kN$(计算地下室的自重不考虑地下水、覆土自重时,也不考虑地下水)

$K = G_k/N_{wk} = 25\,429.45÷34\,371.1 = 0.7\,398 < 1.05$,不满足要求需要采用抗拔桩。

第二种算法:

$N_{wk} = 51.5×14.2×3.7×10 = 27\,058.1kN$(条文说明里基础的浮力作用采用阿基米德原理计算,浮力等于建筑物排出水的体积乘以 10)

$G_k = [51.5×14.2×3.7 - (51.5-0.6)×(14.2-0.6)×(3.7-0.5)]×25 + 51.5×14.2×1×(18-10) = 18\,116.45kN$(计算地下室的自重不考虑地下水,覆土自重时,考虑地下水)

$K = G_k/N_{wk} = 18\,116.45÷27\,058.1 = 0.669 < 1.05$,不满足要求,需要采用抗拔桩。

最后的结论也不知道两种算法哪种对。

麻烦高老师帮忙解答一下。

按高老师的答复是不是第二种算法对?

按课本《基础工程》(华南理工大学、浙江大学、湖南大学编)第 112 页公式:

$$K = G_k/N_{wk} ≥ 1.05$$

式中:G_k——地下室及已建上部结构自重;

γ_w——水的重度;

h_w——地下水至底板面的距离,地下水取施工期间可能出现的最高水位;

A——地下室的水平投影面积。

按《建筑地基基础设计规范》(GB 50007—2011)第5.4.3条。

$$G_k/N_{wk} \geq K_w$$

式中:N_{wk}——浮力作用值,kN;

G_k——建筑物自重及压重之和,kN。

(条文说明里基础的浮力作用采用阿基米德原理计算)

答　复:

这个项目是计算地下室的抗浮稳定性,因此浮力是水对地下室的浮力,地下室的外包体积是2 705.81m³,浮力是27 058.1kN,地下室的自重为混凝土的体积乘以混凝土重度,重力为409.642×25＝10 241.25kN。

抗浮稳定安全系数 K＝10 241.25÷27 058.1＝0.378。

考虑上覆1m 土的作用,如果在水下,用浮重度计算土作用在地下室顶面重力等于地下室面积乘以土的浮重度,731×8＝5 850kN。

抗浮稳定安全系数 K＝10 241.25+5 850÷27 058.1＝0.594。

你们的这两种计算方法都不对,是抗浮验算的对象不明确,对象是地下室,不能和覆土一起计算了。覆土是对地下室抗浮有利的压重作用,但不是验算主体,覆土的压重在水下的用浮重度计算,水上的用天然重度计算。

6.11　关于离心机试验测试地基变形问题

A 网友:

我们正在处理路基荷载下地基变形离心模型试验数据,发现试验完成后路基中心沉降大,两侧小,且坡脚外的地基向上隆起,而且隆起很厉害。看上去就像地基中心的土向两侧跑了。我问了一个协助做离心机试验几十年的师傅,他说大多数都会出现这种情况,只是硬一些的土变形小一些,软土变形大一些。但是实际工程中并不会出现这么大的变形啊,这是离心机本身的缺陷引起的呢?还是实际情况中确实会出现这种情况?

我试图从排水的角度来解释这个问题,试验前后土的含水率和密度都测试了,我们测试的路基中心处发生的下沉有一百多毫米,但是我计算后发现水减少的高度也只有十几毫米,这就说明下沉的主要原因不是排水造成的压密而是地基土本身的变形的,这样解释合理吗? 如果合理的话,岂不是使用离心机模拟实际情况存在很大的问题吗?

然后还有一个问题是,在离心机中,地基中的水往哪个方向排? 按说排水面只有地基表面,但是我们试验完成后,发现地基模型的下部含水率很大(模型是黏土和粉质黏土)。水为什么会往下排呢? 是不是因为水往下排导致地基发生如此大的侧向变形(隆起)呢?

答　复:

这个帖子当年没有看到,就没有答复。在为写书整理资料时看到了,试图答复,但不一定正确。请读者指正。

离心机模型试验主要是利用离心力的作用,对模型施加离心力,模拟重力作用下测定模型的力学反应,包括变形和接触压力。也可以研究破坏的力学机制。

但离心机模型试验的最大缺陷是地基土体的模型材料的制备无法模拟土层的原状结构的特点,因此它只能对模型材料所提供的特性,用试验校核相同条件下计算的结果。

6.12　桩基检测的最大荷载是否应该扣除负摩阻力?

A 网友:

请教高老师及各位我现在工作中遇到的"存在负摩阻力管桩检测时取值"问题:

某工程地质大致情况为上部为十几米的松散填土,其下为几米的黏土,再下面就是花岗岩强风化。设计采用 400mm 直径管桩,以强风化为持力层,正摩阻力加端承力取值为 170t,考虑十几米的松散填土,负摩阻力取值为 30t,考虑负摩阻力产生的下拉荷载后的桩承载力特征值取为 170-30=140t。现在做桩基检测时,设计单位要求按 170t 的特征值做检测,这样试验时的极限值就要达到 340t。他们的理由是:十几米的松散填土在后期会产生较大沉降从而产生负摩阻力,而在桩基检测的时间点负摩阻力还未产生,所以在检测时的正摩阻力加端承力要达到 170t 才能满足后期产生的负摩阻力的不利影响。现在甲方和施工单位对 400mm 直径桩,按170t 的特征值去做检测很是担心,觉得有较大风险。

对于这种存在负摩阻力的管桩,检测时真的要按这种扣除负摩阻力之前的大值来检测吗?

答　复:

负摩阻力是由于桩土的相对位移所引起的,而土层的压缩变形会有比较长时间的发展过程,因此负摩阻力的发生、发展有一个相当长的时间过程,它起始于什么时间,终止于什么时间一般都是无法确切求得的。

由于负摩阻力是一种荷载,并不是桩的一种抗力的性能,因此是无法测定的。尤其在试桩的时候,那短短的几天试验时间里,不一定会产生多大的负摩阻力;即使具备产生负摩阻力的客观条件,但在那试桩的几天时间里,根本就没有产生多少的负摩阻力。

有句名言是很传神的:"负摩阻力是个幽灵,它无处不在,却抓不住它!"

因此,设计单位要求按170t的特征值做检测的意见是对的,因为桩的正摩阻力加端承力取值为170t,这是桩的能力,是可测定的量,而负摩阻力并不是桩的能力,是不可测定的。所以,甲方和施工单位对采用400mm直径的桩,按170t的特征值去做检测的担心是没有必要的,桩身的强度就是按这个170t的要求设计的。

6.13　是不是因为桩端持力层的高灵敏度所致?

A网友:

某地原为农田。5根试桩,桩型为PHC AB 300。采用静压法沉桩,终压力只有38t。按照勘察报告估算,桩的承载力约100t。鉴于试验为破坏性试验,所以拟定加载量为150t。在休止一个月以后进行静载试验,在静载试验加载至60t的过程中桩周土破坏。查勘察报告,持力层为⑤$_{1-2}$,这一片区域属于古河道。在静载试验10d之后再调压桩机进场,准备桩顶接长再次复压。可是压桩机进场之后根本压不下去,压力约为140t。2d之后再次进行静载试验,加载至120t,桩顶沉降只有20mm,还没有破坏的迹象。

该场地原为农田,地势较低,前一段时间一直下雨,场地内一片汪洋。静载试验时一直在抽水,似乎没有其他异常情况。请教高老师,为什么前后桩的承载力包括压桩力会差那么大?

答　复:

你这个情况是有点特殊,像这样起伏变化幅度如此之大的试桩的结果,还真没有听到过。但是你也没有将情况讲清楚。你应该分别将5根桩的数据,一一列出,不然不清楚你所讲的是在一根桩上发生的,还是在几根桩上发生的。也就是说,这5根桩是不是都有相似的现象,还是只是一部分桩是这样变化。如果5根桩都有如此规律性的变化,那真值得探讨其原因了。

这个现象似乎与沉桩挤土的相互影响有关。但问题是只有5根桩,不可能是群桩的沉桩效应所致。也不清楚这 5 根桩的间距究竟是多少,会不会是这 5 根桩之间的相互影响作用的结果。可能是因为桩端持力层的高灵敏度所致,由于沉桩时的挤压作用破坏了土的结构,强度急剧下降,但在静置一段时间之后,土的强度恢复而提高了压桩的抗力。

6.14   如何量测滑坡的剩余推力?

A 网友:

在最近的一个滑坡治理项目中根据模拟计算的滑坡剩余推力是 3 000~4 000kN,桩身平面尺寸是 2m×2.6m,桩长是 32m。埋入土层 12m 左右,岩层 6m 左右,悬空 14m 左右。需要测量桩体的受力情况、应力及应力分布,用土压力盒测量能否满足试验目的的要求? 如果满足,能否给些建议? 有哪些型号的土压力盒能满足试验的要求?

答　复:

测量桩体的受力情况,仅量测不同高度处的土压力是不够的,还需要量测桩身的轴力和弯矩随高度的变化。

在做量测方案之前,最好先有个计算的结果,看看哪些部位最需要量测验证,有针对性地量测几个断面。

由于传感器的更新比较快,你最好问厂商要最新仪器产品的目录来选择。

6.15   如何处理场地中的旧桩?

A 网友:

一工程场地,地下水水位深度 7m,0~6m,稍湿粉质黏土,承载力 120kPa;6~13m,饱和粉土,黏粒含量 11%,I_p 为 10.5 左右,饱和度 105%,软塑,承载力 80kPa,严重液化;13m 以下,中密卵石,承载力 500kPa。拟建工程为 7 层小学教学楼,地下 1 层,地下室底板埋深 5m。

工程原设计基础形式为预制打入桩。施工开始后,基坑挖开以后,发现坑内分布有 300 多根旧建筑物的预制桩(查档案后为 1993 年左右施工的,预制桩打入卵石层),旧桩为群桩。这样一来,有很多新设计的桩和旧桩冲突,而且施工单位认为新桩打不下去。

于是建设方组织了几次专家会进行论证,起初有部分专家建议利用旧桩,但最后,专家认为旧桩不能保证,应该凿除,不可利用。将基础改为筏板,筏板下做

1.0m 的垫层。但要求对基坑内的液化情况重新进行判别。如果液化为严重以下，则不需进行地基处理；液化仍为严重时，采用挤密碎石桩进行处理。于是我单位重新在基坑内分布有较多预制桩的桩间进行了液化判别，结果标贯击数仍然很低（和基坑外的地基土基本一致），液化等级仍为严重。

设计单位根据勘察情况进行地基、基础设计时，依据《建筑地基处理技术规范》(JGJ 79)规定，发现采用砂石桩处理液化土层，桩需最少外扩 5m。因为拟建物场地周围环境有限，无法外扩 5m。于是各方很烦恼，没有好的方法解决。

我的意见是，在基坑四周施工一圈维护桩（比如水泥搅拌桩、高压注浆法等），减小坑外土体液化对建筑物的影响，而在基坑内仍然采用砂石桩处理，不知道可行否？

有没有更好的方法？ 设计单位想进行降水，然后施工人工桩，但是本场地土层渗透系数很小，降水难度较大，而且周围也有建筑，降水可能会对部分建筑物有影响。

答　复：

首先顺便说一下，你给出的数据中，这个"饱和度105%"的说法是有问题的，饱和度不可能超过100%，这个结果是由于计算饱和度的这些指标的数值有问题所致。当然，这对分析问题并没有什么影响。

由于场地环境限制而不能外扩布桩的范围，采用你所说的办法应该是可以的，外扩仅是一种构造措施，采用替代的办法是允许的。

旧桩不需要整根凿除，只要在顶部凿除 2m 的桩就可以了，目的是使桩的存在不要影响垫层以下土的均匀性。

降水的方案对周围环境影响太大，不宜采用。

6.16　为什么砌体承重结构的局部倾斜无法事先计算？

A 网友：

请教高老师，您在《土力学与岩土工程师》这本书第 180 页中指出"砌体承重结构的局部倾斜是无法事先计算的；对于建筑物倾斜，荷载不偏心且土层均匀的情况，设计时是估算不出倾斜的，也就无法进行控制，但在建成以后可能还会产生过大的倾斜。"

本人是做勘察的，对结构不熟，请问为什么砌体承重结构的局部倾斜无法事先计算？如果砌体承重结构纵向 6~10m 内基础两点处的荷载差异大，就算土质均匀也会产生沉降差。换一个角度，如果荷载一样，但土质不均匀压缩性差异明显，沉降差同样会产生，为什么计算不出来？

"对于建筑物倾斜,荷载不偏心且土层均匀的情况,设计时是估算不出倾斜的,也就无法进行控制,但在建成以后可能还会产生过大的倾斜。"不明白的是荷载均匀,土层均匀的情况下还可能产生过大倾斜的原因在哪里,也就是说除了荷载、地基土还有哪些因素影响地基变形,如何影响?

答　复:

"如果砌体承重结构纵向 6～10m 内基础两点处的荷载差异大,就算土质均匀也会产生沉降差。"如果多层砌体承重结构的高度一样,你怎么计算出荷载的差异?

"如果荷载一样,但土质不均匀压缩性差异明显,沉降差同样会产生,为什么计算不出来?"这种情况是有可能估算出沉降差的,但必须在勘察报告中提供出 2 个钻孔的剖面存在明显的差别。

"对于建筑物倾斜,荷载不偏心且土层均匀的情况,设计时是估算不出倾斜的,也就无法进行控制,但在建成以后可能还会产生过大的倾斜"这种情况是时有发生的,过去的所谓"十塔九斜"就从一个侧面反映了这个现实。也许是勘察时遗漏一些信息,也许是施工时的偏差形成了偏心,也可能是使用中产生的问题。

6.17　关于广州市轨道交通 6 号线文化公园站地面发生地陷事故的分析

A 网友:

2013 年 1 月 28 日 16 时 40 分左右,广州市荔湾区康王南路与杉木栏路交界处临街商铺发生塌陷。事发地点位于轨道交通 6 号线文化公园站施工工地旁。广州轨道交通官方微博发布消息称在坍塌前全部人员已撤离,没有发生人员伤亡。地陷发生以后,相关部门动用混凝土浇灌车对大坑进行回填。至 29 日 9 时许,大坑已基本被填平。然而,29 日 13 时 30 分,已填好混凝土的大坑再次出现塌陷,顿时尘土飞扬。由于事发突然,现场作业人员和机械纷纷停止工作。记者现场观察到,新塌陷的大坑直径约 10m,深达 3m。一名不愿透露姓名的环卫工人告诉记者,早上她还进入被填平的大坑清扫,"没想到又塌了"。随后,相关部门出动多台机器对再次塌陷的大坑进行回填。晚上 6 时,大坑再次被填平。

尽管现场附近交通状况比地陷当日有所好转,但记者现场观察到,人民桥、内环路放射线、沿江路、人民中路等路段仍然出现拥堵。

地陷发生后,现场方圆 150m 范围内的市民全部被疏散。据荔湾区岭南街道办事处统计,事故共造成 6 栋楼房、10 间商铺倒塌,受影响居民 412 户,共疏散 200 多人,转移安置 257 人,其中安排临时住宿场所 93 人,安排临时救助资金救助了 164 人。

关于事故原因,有媒体采访到在现场的相关专家,他们得出的初步结论是,塌陷处地质现状与图纸显示存在差异。专家根据周围地质状况判断,在地下实施爆破作业时,该处恰好岩石层较薄,塌陷处可能存在风化深潮。

听闻塌陷事故发生,广东地质灾害评估专家詹松半夜一点连发几条微博,说明自己的看法。他认为此次塌陷的原因为:①地质原因,古河道或风化深槽在厚层淤泥夹砂的地层中易引起水土流失引发地面塌陷;②危房原因,二层的旧房往往都有上百年的历史,遇大雨都会倒塌,地下施工引起水位下降,地层压缩固结加快引起地面下沉,房屋随之下陷;③工法原因,折返线施工无法采用盾构法,只能采用矿山法或明挖方式。

他还列举了塌陷事件的应急措施:避让,疏散群众;拉警戒线,除抢险人员外其他人员严禁进入警戒线内;回填砂、石、土、混凝土等,防止塌方扩大;对同类型的施工工地停工检查;组织专家分析原因,制订处理方案。

无独有偶,在康王路地陷发生前一个星期,广州市北京路名盛广场东面路面曾发生地陷,面积达100多平方米。据悉,地陷路段底下正进行过街隧道施工。

詹松表示,广州经常出现地面塌陷的原因在于,矿山法需抽取地下水,引起附近水位下降,遇古河道或不均衡地质体时使地层压缩沉降加剧,导致危房塌陷;地下施工抽排地下水是必需的,因此遇到不均匀的地质体出现,地面塌陷无可避免。

请问高教授,为什么广州经常出现地面塌陷?是无可避免吗?

答　复:

我对广州的地质条件没有感性的认识,因此也就谈不上理性的分析。只是就一般的规律而言,如何对待像广州这样经常出现工程事故的问题。

在不同地质条件下,岩土工程应当采用有针对性的施工方法,如果施工方法不合适,就会出现工程事故。总结工程事故的经验教训,就可以总结出适合于某种地质条件的施工方法。要求施工方法完全适合任何的地质条件是不现实的,只能不断地摸索,总结出适合于某种地质条件的施工方法。

如果"广州经常出现地面塌陷的原因在于,矿山法需抽取地下水,引起附近水位下降,遇古河道或不均衡地质体时使地层压缩沉降加剧,导致危房塌陷",那么,针对性的办法是采取措施不使附近地下水位下降。办法总是有的,但费用相当贵,就看愿意不愿意花这种止水措施和防护措施的费用了。

对地下水条件的是否探明,也是出现这类事故的重要原因,如果工程勘察时已经探明了地下水的性质和水位,已知开挖必然引起水位的下降和周围土体的压缩而不采任何的止水措施,那么是否发生事故只是时间的问题了。

6.18 这个水究竟是从什么地方来的?

A网友:

根据野外钻探鉴别、现场原位测试及室内土工试验成果综合分析评价,将钻探揭露深度内各土层(图6.18-1)自上而下分述如下。

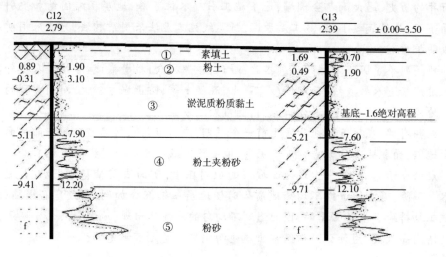

图6.18-1 (单位:m)

①层素填土:灰黄色,松散状态,含少量建筑垃圾,主要以软塑状的粉质黏土及稍密状粉土为主。场区普遍分布,厚度0.60~3.50m,平均1.72m;层底高程-0.76~3.15m,平均1.35m;层底埋深0.60~3.50m,平均1.72m。该土层物理力学性质不均匀,压缩性高,工程性质差,不宜作为建筑物持力层。

①-1层淤泥:灰黑色,流塑状态,含臭味、树叶及垃圾,河塘位置分布。

②层粉土:暗黄色,1.60m向下渐变灰色,稍密,很湿,切面无光泽,摇振反应中等,干强度和韧性低。场地局部缺失,厚度0.30~3.00m,平均1.36m;层底高程-1.39~1.06m,平均0.14m;层底埋深1.90~5.10m,平均2.95m。该土层属中等压缩性、中低强度土,工程性质偏差。

③层淤泥质粉质黏土:灰色,流塑状态,切面有光泽,无摇振反应,干强度和韧性中等,夹有薄层稍密状粉土。场地普遍分布,厚度4.80~7.80m,平均5.92m;层底高程-8.21~-4.44m,平均-5.74m;层底埋深7.40~11.00m,平均8.84m。该土层属高压缩性、低强度土,工程性质差。

④层粉土夹粉砂:局部夹淤泥质粉质黏土,灰色,稍密,很湿,切面无光泽,摇振反应中等,干强度和韧性低,含少量腐殖质,夹有粉砂处呈稍密状。场地普遍分布,厚度3.70~11.20m,平均7.42m;层底高程-16.98~-9.04m,平均-13.16m;层底埋深11.80~19.60m,平均16.26m。该土层属中等压缩性、中等强度土,工程性质一般。

⑤层粉砂:局部夹薄层粉土,灰色,中密,局部稍密,饱和,以亚圆形石英、长石为主,含云母及贝壳碎屑,级配不良,浑圆状;场区普遍分布,厚度0.80~7.60m,平均3.66m;层底高程-18.88~-10.18m,平均-16.82m;层底埋深14.30~22.40m,平均19.92m。该土层属中等压缩性、中等强度土,工程性质一般。

⑥层粉土夹粉砂:局部夹淤泥质粉质黏土,灰色,稍密,很湿,切面无光泽,摇振反应中等,干强度和韧性低,含少量腐殖质,夹有粉砂处呈稍密状。场地普遍分布,厚度2.40~11.60m,平均4.85m;层底高程-22.97~-20.53m,平均-21.67m;层底埋深23.40~26.90m,平均24.77m。该土层属中等压缩性、中等强度土,工程性质一般。

水文地质条件如下。

拟建场地在勘察深度范围内地下水类型主要为浅部孔隙潜水及深部弱承压水,浅部孔隙潜水主要赋存于①、②层土中,补给主要为大气降水和地表径流,排泄方式主要为自然蒸发。地下水位呈季节性周期变化。下部有三层弱承压水,第一层赋存于④、⑤、⑥层土中,第二层赋存于⑧层土中,第三层赋存于⑩层土中。根据水文钻孔(位于C35号孔边)中水位观测,测得④层中承压水头标高约0.94m,埋深1.8m左右。第一层承压水对本工程基坑开挖有影响。第二层、第三层承压水对本工程基坑开挖影响不大。地下水位量测情况见表6.18-1~表6.18-3。

潜水初见水位情况 表6.18-1

数据个数	初见水位埋深(m)			初见水位高程(m)		
	最小值	最大值	平均值	最小值	最大值	平均值
25	0.0	2.4	1.2	2.30	2.30	2.30

潜水稳定水位情况 表6.18-2

数据个数	稳定水位埋深(m)			稳定水位高程(m)		
	最小值	最大值	平均值	最小值	最大值	平均值
25	0.1	2.5	1.3	2.20	2.20	2.20

承压水稳定水位情况　　　　　　　　　　　　表 6.18-3

承压水层号	稳定水位埋深(m)	稳定水位高程(m)
第一层	1.80	0.94

　　根据区域资料，场地历史最高水位与自然地面接近，近 3~5 年内最高水位高程在黄海高程 3.00m 左右，最低水位高程在黄海高程 1.80m 左右。地下水位年变化幅度为 1.80~3.00m，呈冬季向夏季渐变高的趋势。

　　基坑支护设计参数如下。

　　基坑开挖支护与降水设计参数建议值见表 6.18-4。

基坑支护设计参数建议值　　　　　　　　　　表 6.18-4

层号	重度 γ (kN/m³)	直剪(固快 CQ)		三轴(快剪 UU)		渗 透 系 数	
		c(kPa)	φ(°)	c(kPa)	φ(°)	K_v(cm/s)	K_H(cm/s)
①	(17.6)	(13.5)	(15.0)			(1×10⁴)	
②	17.9	5	21.8			$7.26×10^{-5}$	$8.71×10^{-5}$
③	17.5	11	14.3	18	15.1	$1.75×10^{-5}$	$2.08×10^{-5}$
④	18.1	4	25.1			$4.57×10^{-4}$	$6.54×10^{-4}$
⑤	18.3	6	27.6			$3.14×10^{-3}$	$4.24×10^{-3}$

注:( )内仅供参考,c、φ 值为标准值。

　　实际开挖的时候，在所打的土钉孔中有流水，而且不是基坑外的什么管道被打坏所产生的，设计有什么不对的地方吗？施工应该怎样做？

　　在开挖时没有(图 6.18-2)，怎么会出现？

　　打孔时，出现了如图 6.18-3 所示的流水情况。

图 6.18-2

图 6.18-3

根本没办法注浆,请求帮助!

到底是什么原因造成的? 基坑外围没有可能出现漏水的管道,是设计原因? 还是施工原因?

设计本就不应该采用这样的设计方法吗? 按照地质报告也看不出哪里不符合设计规定,施工也是按照正常程序在施工的,现在在施工上有什么好办法没有?

B网友:

你对地质资料介绍得很详细,但目前施工的进展情况是什么? 出现的问题是什么? 范围有多大? 对施工和安全的威胁性如何? 能否讲得具体和详细一些,以便于进行分析和讨论。

C网友:

这个是用钢管代替钢筋的复合土钉墙支护方案,根据本人的经验,这个设计方案还算中规中矩。出现你这个问题,应该是坑外没降水不好施工,是施工的原因! 应该立即在坑外降水。若不能在坑外降水则需调整基坑设计方案。

D网友:

地下水发育的地区,不宜采用土钉,否则需要降水! 另外,为什么只有个别孔有水,而其他孔没有,并且水流的流量挺大的,对于黏土层这种渗透系数不大的地层,不能出现这么大的流量啊,再找找原因吧。

答　复:

这位网友所介绍的情况介绍还是比较详细的,有照片、有数据。这个工程案例是有点怪,主要的症结是这几个锚杆孔中的水是从哪里来的,不得而知,大家作了些分析,也莫衷一是。我来作一些分析,看看是否能解释这个现象。

我注意到地质条件中的承压水情况,"下部有三层弱承压水,第一层赋存于④、⑤、⑥层土中,第二层赋存于⑧层土中,第三层赋存于⑩层土中。""第一层承压水对本工程基坑开挖有影响。"实际上,这两句话已经把问题的原因点出来了,只是没有与"锚杆孔中冒水"的结果联系起来而已。

也就是说,锚杆孔把承压水层的顶板打穿了,水就顺着锚杆孔流出来了。由于是弱承压水,水头并不高,所以就只是顺着钻孔流出来了。

D网友说:"地下水发育的地区,不宜采用土钉,否则需要降水!"也是点中主要问题了。

6.19 怎样处理未经压实的厚层填土?

A 网友:

我们都有这样的工程经验:未压实的填土,在雨季时会发生较大的沉降。大家讨论一下,这种现象的机理是什么呢?

答 复:

未压实的填土是欠压密土,雨季泡水后,强度软化,自重增大,就发生沉陷,这种变形不能称为沉降。沉降是指压缩引起的土体竖向变形,沉陷还可能包含了剪切变形以及强度的局部破坏,而且,沉陷是非常不均匀的,对工程的危害更大。

B 网友:

高老师你好,我们有这样的工程,在一个山沟里填土建三个多层的办公楼,沿沟方向原坡度不太,填高后也比较缓,加上原状地质条件比较好,不用考虑有地质灾害(不知对否)。填土用山上挖来的天然碎石土,最深处 10m,未经人工压密处理,已填完一年,现想做挖孔桩,桩端是强风化。想问高老师,按你和 A 网友的说法,沉陷会不会产生? 产生了对我们的桩水平向、竖向有多大的影响? 像这样的情况要怎么处理?

C 网友:

个人意见:假如交通条件许可,可考虑采用强夯法对整个场地满夯 1~2 遍,处理后多层的办公楼可考虑采用天然地基(根据荷载情况)。

D 网友:

C 网友所说的情况,并不能排除沉陷产生的可能。某工程跟你所说情况类似,用风化岩块进行回填,回填时感觉很好,强度貌似挺高,但经过一场大雨,风化岩块受浸泡软化,岩块间的颗粒被水流带走,混凝土地坪产生较大沉降,处理起来非常困难。如果你这个工程采用的碎石土没有经过严格的碾压,并且没有疏通或阻隔水流的措施,无法避免细颗粒被冲走的话,很有可能会产生沉陷。除非运气好。

B 网友:

工程地质报告中这样说:

"六、岩土工程分析

3.场地地表起伏较大,冲沟较多,在整平场地时,不要堵塞原有的排水通道,应在整平场地前做好排水设施,以利于地表径流的排泄。

4.由于场地拟建建筑物的整平标高不同,将造成大量的挖、填方工作量,填方时应严格控制填土的密实度。

场地地形起伏大,岩石风化厚度变化也不一致,当场地经整平后将存在较陡峭的边坡与岩土地基问题,边坡的处理方式应根据边坡的高度、安全等级来确定,必要时可补做施工勘察,为边坡设计提供依据……"

其中第三条提到填土压密,但现场没有做。已经到了场地的设计标高了,再压密怎么做? 对于基础形式的选择,我们考虑桩型和负摩擦问题,还有桩会不会受水平方向的力而产生整体失稳的问题。请继续指教。

E网友:

"沿沟方向原坡度不太,填高后也比较缓,加上原状地质条件比较好,不用考虑有地质灾害(不知对否)。"

如果仅考虑沿沟方向地质灾害是不对的。沟两侧有人工破坏挖方,对边坡造成严重扰动,可能造成人为滑坡、崩塌。从提供的资料来看应该是详勘,勘察时应该对边坡的稳定性进行评估、计算与预测。

填土虽然是风化岩石,但易浸水造成继续风化、崩解、软化等,使地基发生湿陷(可能有湿陷性),也就是高老师所说的沉陷。

地基处理可用桩基础、固结注浆处理。

工程地质报告中提到的"场地地表起伏较大冲沟较多,在整平场地时,不要堵塞原有的排水通道,应在整平场地前做好排水设施,以利于地表径流的排泄。"原有的排水通道是指原冲沟沟底(沟床)吗? 填土后形成了堰塞湖? 地表水经过填土后的原有通道是不是变成了地下水?

大气降水落到地面后,一部分蒸发变成水蒸气返回大气,一部分下渗到土壤成为地下水,其余的水沿着斜坡形成漫流,通过冲沟、溪涧,注入河流,汇入海洋。这种水流称为地表径流。

陆地上的淡水资源,主要来自大气降水。降落在地面的水,一部分沿地面流动,形成地表径流通过河流注入大海,一部分渗入地下,形成地下径流,形成浅水层,与河流相互补给。

你这里是地表径流的说法? 如果是地下水,其补给、径流、排泄是其三个分区,勘察报告中是径流还是排泄? 是否混淆了概念?

以上仅为个人观点,仅供参考。欢迎高老师斧正!

B网友:

各位所说我们也在考虑,地勘部分提供的岩土工程分析没有地下水渗流对填土部分的影响,造成我们对地基基础部分的稳定有所顾虑,我们对此向甲方反映。我们向他们建议填土做分层压实,没有做,现已填到了设计标高。这种情况下再次建议他们以夯击的方法压实,也没有回应,而且还催出基础图,搞得我们是无可奈何。如果这样下去,我们就只能考虑负摩擦力,把桩承载力提高,这样出图了。

我们向甲方提供了建筑场地的一个纵向和两个横向剖面及地形图,能看出基底的填土厚度分布及沟原状。

答　复:

这是关于未经压实的填土问题的讨论。平整场地时,堆填了厚层的开山碎石土或山皮土。回填时,没有经过分层压实,也就是虚填的土。将这种回填土,不经过处理,直接作为建筑物的场地,行不行? 不行的话,该怎么处理?

这种回填土,在自重作用下,达到变形稳定的时间非常长,作为建筑物的场地使用,可能会造成场地的混凝土地坪变形和开裂,也会破坏上、下水道。如果建筑物采用了天然地基上的浅基础,这种回填土的变形与不均匀变形可能会造成建筑物的墙体开裂。如果采用桩基础,则填土的压缩将会对桩形成负摩擦力。也可以说,是后患无穷的。

对这种已经回填了的厚层碎石土,怎样处理比较好? C 网友提出了强夯的建议,只要环境条件许可,这是比较可行而且比较经济的一种方法。当然,强夯的处理深度不可能很深,但如果建筑物只是多层建筑,其荷载不大。通过强夯形成 6m 左右的硬壳层,足以支承这类建筑物的荷重。在本书的第 2 章里,有三峡库区秭归县城新址建设场地采用强夯处理的技术总结可供参考。

6.20　你不觉得你用的置换率太低了吗?

A 网友:

现有一水泥搅拌桩的设计方案:地质资料为 0~4.09m 为素填土,4.09~13.7m 为淤泥质土,13.7~15.0m 为粉质黏土,估算单桩承载力时素填土不算桩侧阻,淤泥质土取 4kPa,粉质黏土取 12kPa,桩间淤泥质土天然承载力特征值取 45kPa,桩端粉质黏土的取 130kPa,现设计桩长 15m,桩径 500mm,桩间距 2m,正方形布桩。

以此条件,我估算出的单桩承载力为 110kN,处理后复合地基的承载力为 45kPa,和处理前的一样,难道白处理了吗? 说明一下,复合地基承载力计算公式中的 β 值,我按《建筑地基处理技术规范》(JGJ 79) 第 11.2.3 条取 0.4,难道是这个数值取得不合理吗?

B 网友:

你不觉得你的置换率太低了吗? 只有 5%,这样的置换率聊胜于无,几乎等于没有处理。另外，一般也没有这样设计的。你应该按上部结构要求的复合地基承载力反算置换率，然后确定桩间距。像这么差的淤泥质土，应该严格控制置换率或桩间距。我认为桩间距控制应小于1.5m才可能有效果。如果桩间距达到1.0m，你再算算，效果就出来了。

A网友：

这个工程是对室内地坪的处理，将来的使用荷载30kPa，处理的主要目的是为了解决大面积堆载后产生的沉降问题，这样布桩可以吗？（其中淤泥质土的压缩模量为1.6MPa，粉质黏土为4.8MPa，水泥搅拌桩的抗压强度f_{cu}按1.0MPa计，按此条件估算出15m内的沉降量$S_1 = 7cm$）

另外，我前面问题的也是想问一下，这样算出来的复合地基承载力和原来的差不多是不是由于置换率太低造成的，还是参数选择的原因，因为有的朋友说β值可以根据《建筑地基处理技术规范》（JGJ 79）的第9.2.5条公式取值0.8，这两种都属于整体材料桩，β取值怎么相差这么多？

B网友：

原来如此。但是你前面的表述中给人的感觉像需要提高承载力一样。我再谈谈我的一点看法，不一定对，仅供参考。

（1）既然这个工程不关心承载力，那么就没有必要关心计算的结果到底怎么样，以及β值取值是否合理。我个人理解，搅拌桩属于半刚性桩，其承载力的发挥一般先于桩间的软土，即承载力充分发挥所要求的沉降量是不同的，因而当搅拌桩承载力发挥出来时，桩间土未必能全部发挥。至于β值为什么比CFG桩低，可能还是根据试验结果来的。一般应该是复合地基承载力荷载试验时设置土压力盒，测得桩土应力比后得到的。不同的试验数据可能得到的结果就不一样。具体细节，恐怕要问规范编制人员才能知道了。由此可以看出，如果置换率低，计算的承载力加固前后几乎没有差别。如果像你所说的置换率，桩承担的力少，土的发挥就会相对充分些，β值取高一点应该是可以接受的。比如说β值取到0.8，对于你这种情况就能达到60kPa左右。但是你应该注意到，所有的计算只是用于初步设计。如果要准确的承载力，需要进行现场的荷载试验。荷载试验做出来是多少就是多少。我想，如果土的承载力提供的是准确的，做出来至少应该大于土的承载力。但是置换率低，也不能指望有多少的提高。因为这么低的置换率本身就不能指望承载力能有多少提高。

（2）本工程主要关心沉降，那么主要关心复合地基压缩模量的取值。如果f_{cu}是严格按照规范采用现场施工所采用的配比加工的室内试块，试验指标是多少就可以取多少。不过要提醒你的是,你这个工程加固深度还是比较大的,加固范围内中下部的施工质量很难得到保证,很多工程证明,中下部的抗压强度指标很低,有时甚至还不如原状土。因此,f_{cu}能不能取到1MPa,是需要打问号的。这就需要你对施工质量、当地建筑经验和地坪沉降要求是否严格等综合去判断了。

答　复:

看了这个案例,我就想起了很久以前的一件事,在无锡有一个项目,做的是搅拌桩的复合地基。施工以后做了复合地基的检测,但结果是复合地基的承载力没有达到设计的要求,怎么做都不行,要判施工单位的责任。施工单位认为他们做得还是比较地道的,怎么会不合格呢? 也很苦恼。

后来,他们来找我咨询,问我这是怎么一回事。我就和他们一起到了工地,看了施工图和施工的记录,看了检测的资料,听取了各个方面的情况介绍。最后,发现问题出在设计所用的置换率太低了。在这样的条件下,即使桩身的质量再好,复合地基的承载力还是不会高的。因此,这个事故的原因不是施工质量,而是设计的错误。

从这个事例中,我们应该认识到,单桩的检测是检查施工的桩身质量,而复合地基的检测是检查复合地基的设计是否合理。设计所用的置换率太低,桩身质量再好对提高复合地基的承载力是作用不大的。

6.21　抗浮水位如何取值?

A 网友:

目前正在做地库抗浮计算,有一事不明。

原始场地标高为0,地库顶板标高高于场地标高0.5m,抗浮计算中一般取抗浮水位为场地标高下0.5m处。假如在车库顶板上覆土1.5m,覆土范围与车库范围相当,抗浮水位如何取值? 又假如覆土范围相比车库超出很多,抗浮水位如何取值? 如两者不同的话,那其分界点大概在什么地方?

答　复:

根据勘察报告中所提供的水位做抗浮计算;你这个覆土范围与车库范围相当,覆土仅是压重;如果超出车库范围,浸润线上升的问题现在还没有处理的方法,但抗浮稳定性验算最保守的水位就是车库顶板面的标高。

A 网友:

当覆土范围远大于地库范围时,可能造成实际浸润线高于地库顶板标高,若取抗浮水位为车库顶板标高,抗浮计算不就更不利了? 高老师为什么说在地库顶板最保守呢?

答　复:

当实际浸润线高于地库顶板标高后,水位的变化对抗浮稳定性还有没有影响?你把这个关系想通了,就解决上面的问题了。

A网友:

谢谢高老师的指点,但是我还是有点不明白。

水位上升,用于计算压重的部分浸在水里的土将会取浮重度计算,相对于全部取土自身重度的计算结果压重会减小,而浮力不变,从而对抗浮计算不利。

不知道我这样理解对不对?

答　复:

水位高于地下室顶板标高后,当水位上升时,地下室的抗浮稳定性计算与地下水位没有超过顶板标高时相比较有什么不同,你得通过计算来理解概念,就会确切而又深刻。

B网友:

当浸润线高于地库顶板时,顶板上压力＝上覆有效土重＋水压力,因为地库顶板为混凝土,不透水。

答　复:

顶板不是抗浮稳定性验算的关键,稳定性验算主要计算作用于底板的浮力与地下室的结构重力及顶板上的覆土重力的平衡;从这个平衡的计算来分析当水位高于顶板标高以后对抗浮稳定性的影响。

C网友:

水位高于顶板后,覆土重度减小为浮重度,对抗浮应该是不利的。

B网友说的顶板上水压力,这部分与底板上水压力抵消了,因为水位高于顶板后,作用于底板的水压力也增加了,但所增加部分与顶板上水压力抵消。

也就是说,水位超过顶板后,浮力保持不变,但覆土有效抗力在减小。

高老师的理解可能有误。

D网友:

有这样的工程事故:一场大雨后,地下车库上浮了。地下水位上升,水浮力增大或者上覆土有效荷重减小,出现上浮。所以,一般最保守水位不是地库顶板面,而是周边道路标高。

E网友:

全封闭的地库该根据"阿基米德"计算抗浮。

如果是开口的,以"地库入口"标高计算较妥。

A 网友:

同意 C 网友的观点。

与高老师观点不一致的地方在于:水位上升后,顶板压重是否减小(因为部分土取浮重度)?

还请高老师给予解答。

F 网友:

水位应该照实际情况给出,不应考虑抵消或等效的问题。抵消或等效在不少情况下不存在。

G 网友:

争论一般停留在理论,而实际就是浮起来了及板中心隆起来了。

身边的一个工程,我正在看勘察、设计、施工、监理、甲方的笑话,损失不小。

H 网友:

关键看谁有道理。事事照规范做,规范也不会有新版了,因为新版是根据新研究成果、新经验制订的,何况规范本身是矛盾的(请细看《岩土工程勘察规范》(GB 50021)有关浮力的条文说明)。

I 网友:

能否介绍一下地下室高度、重量、尺寸、柱距、底板是否现浇、下面是否有垫层找平、底板下面的土性、设计采用的水位面距底板高度? 一些工程正是有了好的理论导向,才既实现抗浮又节省大量投资;另一些工程正是没有好的理论导向才浮起隆起还浪费投资。

答　复:

抗浮水位如何取值? 实际上是抗浮设计的荷载问题,应该与工程场地的水文条件有关,应该根据水文记录来推测水位可能的变化,从而取用一定置信概率的设计水位。

但遗憾的是,城市建设中的水文记录太少,许多工程项目的抗浮水位都没有水文资料的依据,都是拍脑袋拍出来的。就像 A 网友所说的:"抗浮计算中一般取抗浮水位为场地标高下 0.5m 处。"其实,场地的设计标高应该根据抗浮水位来确定,但现在反过来了,抗浮水位按照设计标高来定。这有点本末倒置了。

关键问题是确定城市的抗浮设防水位的基础数据太缺乏,新区的水文资料的严重不足,造成建筑物设计的水文资料依据不足。于是,就出现了下暴雨时,水位猛涨,地下车库进水,地下商场淹没等事故。当然,也存在工程勘察时对水文数据的不重视,对区域水文地质资料的不熟悉;也发生过开发商与设计单位对抗浮设防水位数据的讨价还价。

"抗浮水位如何取值?"是一个值得研究的问题,根据最近20多年的工程经验,希望在《岩土工程勘察规范》(GB 50021)修订时能够有更加可操作的规定。

6.22　钻孔灌注桩为什么会冒浆?

A 网友:

这种冒浆现象是如何产生的?如何来解决和防止?

地层情况:0~30m 为淤泥和淤泥质土,30~50m 为软硬相间的黏性土层,50m以下为中砂和卵石层。砂卵石层中有承压水,未实测承压水头。

设计情况:主体结构以卵石层为持力层,采用钻孔灌注桩,桩径1 000mm,桩长约60m。基坑围护结构桩长16m,桩径700mm。

施工情况:成孔过程一切正常,无塌孔、漏浆等现象。灌注时也很正常。灌注完成后约20min,桩的中心部位开始冒泡,约几分钟后,开始冒浆,最后冒上来的是清水,最长持续约4h,一般都持续2h 左右;待停止冒浆后,桩顶下沉约70cm。无论是60m 还是16m 的桩,大多数有此现象。施工单位曾经邀请过各路神仙商讨对策,换过混凝土不下4 种,也换过桩机设备,均未解决。到目前为止,完成的这些桩均为报废桩,估计不少于几十根了。

检测情况:小应变测试,一切正常,多数为一类桩,个别为二类桩;钻芯法检测,在10m 以上桩身情况很差,离析与空洞较多,最大时只能取上半圆形的芯样。

小应变的测试结果与抽芯的结果为何差别这么大?我还没有见到资料。

请大家讨论,这种现象是如何产生的,如何来解决和防止。

B 网友:

我也遇到过类似问题,估计是地下水成分问题,最终也没搞清楚。

答　复:

请问是用什么方法成孔的?

C 网友:

大直径桩,不宜用小应变检测,小应变检测方法已无能为力。一般用预埋声测管检测。

A 网友:

低应变仅仅反映约 8m 处,灌注停顿界面,两辆搅拌车灌注的间歇时间约为20min,而恰恰最差的是 13m 开始出现蜂窝,15.1m 开始松散,钻心法难以取上芯样,仅打捞出一些砂石。

小应变方法:失效。

D 网友:

这是多层地下水由于水位的差异引起的,要弄清楚场地地下水赋存规律,各层地下水位变化情况。我们曾遇到类似情况,在长江低漫滩地区,表面有 10m 左右的软土,为粉质黏土夹薄层砂性土,10m 以下为砂性土,基础采用搅拌桩,先用井点降水,开挖至 3m 左右打搅拌桩,桩端至 10m 以下的砂性土,搅拌桩全部报废,后钻探时,出现冒浆,搅拌桩施工时,也出现这种情况,是由于下部承压水位高于浅部地下水引起的。

答 复:

在情况介绍中,A 网友谈到了"砂卵石层中有承压水,未实测承压水头"这样的问题。这是非常关键的问题,实际上已经把事故的原因点出来了。

施工时把承压水层的顶板打穿了,承压水的水头把灌下去的混凝土全部给冲散了、稀释了,所以桩就无法成形了。

实际上,D 网友已经给了正确的解释,他自己也亲自经历过这种事故,而且得到了正确的认识。

6.23 这种工程的情况正常吗?

A 网友:

资料如图 6.23-1 所示,桥墩、桥台桩基长度分别为 19m 和 17m。1 号桥墩桩基实际施工长度 17m,施工单位求助设计单位:是否安全? 如果不安全,如何处理?

我也不懂,求助高老师、各位精英,如何解决。

公路或铁路桥桩的设计,设计院设计的是相当保守,按他们设计的,打一半桩长,就没有事的。

对于这种情况,19m 打了 17m,施工单位可以说是相当有良心的了!

最后说意见:设计单位的保险系数有多大,复算一下,如果差这两米可以满足规范要求,就这样了。

否则最多来个后压浆,或打几个辅助桩罢了。

答 复:

A 网友将这个问题提到论坛上来讨论是好的,有助于我们了解当下国内工程界的技术和诚信的"生态",可以促进我们认真思考,怎么会出现这样的现象?

设计的桩长,既然是 19m,就应该打 19m 长的桩,施工单位为什么敢于少打了

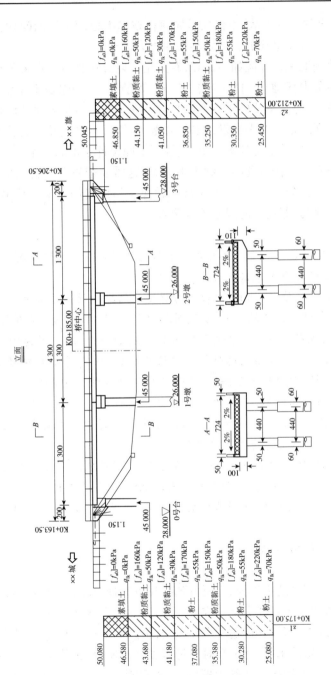

图 6.23-1 （尺寸单位：mm）

2m,这是一起严重的工程事故,不仅仅是如何在技术上处理加固的问题,而且首先在查清责任以后应该将这样的害群之马清除出去。

不能这样笼统地说设计院如何保守,有意见可以针对具体工程来分析,没有根据就不能这样不负责任地说"打一半桩长,就没有事的"。你是不是就是这样做的? 照这样的说法,施工单位偷工减料倒是有道理了? 岂不是颠倒了是非?

技术上的处理还是要原来的设计单位来做,其他人不清楚设计的总体考虑,无法对整个设计负责,这并不是学术讨论,代替不了原设计单位的工作。

很多网友对岩土工程市场的现状很不满意,这需要依靠我们自己的行动来树立起一个有诚信的社会,每个人应该从自己做起。如果我们岩土工程师都认为这样偷工减料是合理的,那我们的国家还有希望吗?

A 网友:

路桥勘察、施工、检测我全部参与过。不知道高老师直接做过没有? 如果你直接到过工地,就知道现在是什么情况了。

做勘察,不管什么地层、承载力、侧阻力肯定给的特别低。施工时,桩长有几个打够的? 我们参与过一段铁路桩基施工,铁路部门按理论工作量,只给理论值的混凝土的70%,钢筋也是。你如何去打够? 我们打过的一个工地,因为胆小,全部打够了,最后赔了20多万元(多用的材料量自己负担)。路基的搅拌桩,你以为是真的呀,施工一套图纸,向上报一套图纸,为什么? 估计不用说就知道了。所以,现在我们已经退出这种施工领域了,因为良心不安。检测更别说了,都是固定单位做,你50m的桩,打30m肯定出合格报告。这已经是潜规则了。也就是现在为什么钢筋混凝土的东西顶不过老一辈的土木建筑物。

所有理论上的,字面上的都是对的。不要忘了,现在中国人最大的能力就是当你出了规定,不是想如何去遵守,而是找里面的漏洞,如何去不遵守。

不知道高老师见过没有:花岗岩中打孔注浆,为什么? 有溶洞。这种情况,在中国很常见!

不知道高老师做何感想?

答 复:

我们面临的是同样这个世界,你所看到的我也看到,我所看到的也许在更深的层次,看到的具体情况不可能完全一样,但实质上并没有什么区别。

我相信不同的人,怎样看待这个世界,会有不同的结论,会有不同的态度。

是同意这种丑恶的东西,还是反对? 是谴责这种现象,还是赞美它? 存在的并不都是真、善、美的,不能将存在作为理由,尽管反对的声音是那么微弱,但如果没有反对的声音,还有改变它的希望吗?

我们都是搞技术的,也许我们没有能力去改变它,但也没有必要去肯定它,更要尽量避免去趟这摊浑水。能做到洁身自好也许并不容易,那不正是我们需要努力的吗?但我们应当相信世界上还是有真、善、美的,哪怕是那么的稀缺,我们不应该丧失信心,这是我们生活的基石。

6.24　关于杭州地铁湘湖车站事故的讨论

A 网友:

我是杭州地铁湘湖车站的当事人之一,事故原因错综复杂,但个人认为,其中最重要的一个因素是车辆动荷载对抗剪强度的影响颇大,因为基坑开挖深度范围内是全新统软土,具高灵敏度。你认为呢?

答　复:

你既是杭州地铁基坑事故的当事人之一,要很好地总结教训,正确地面对现实,事故是坏事,既然已经发生,要从这事故中学到一些东西。

由于目前事故还没有处理完,对这个项目的有些分析现在不大好讲,以后有机会可以一起来好好地分析,上升到理性的高度来认识。

现在就你所说的这个意见,发表一些看法。你说最重要的一个因素是车辆动荷载对抗剪强度的影响。说"最重要"显然是不合适的,为什么?沿海地区的软土,都有这个问题,灵敏度都比较高,上海也是如此。一般地铁车站都在重要的交通要道上,基坑的两侧通过大量的车辆是常态,动荷载是免不了的,那为什么不是地铁车站基坑的事故频繁呢?主要是车辆的动荷载影响的深度不会很深,通过路面和基层扩散了;大量的车站基坑施工的工程实践说明动荷载的影响并不是关键的因素,而是一个可以处理好的因素,问题是对软土中的深基坑施工要有充分的认识,不仅仅是高灵敏度这一点,还有其他许多更重要的因素都需要考虑并采取相应的措施。

B 网友:

车辆荷载设计应该有所考虑,但不应该算是最重要因素。

A 网友可否把设计方案说一下?

C 网友:

规范都是把动荷载按静荷载考虑,并没有考虑到循环荷载对土体强度的疲劳破坏。对于铁路工程,这样考虑是合理的,但对大流量的公路是不是合理? 2004年新加坡的地铁事故与湘湖车站有很多相似之处,尤其是交通流量和地质条件。

6.25 是什么原因导致地面的拱起?

A 网友:

在基坑支护时做了旋喷桩止水,设计参数是:水压 28~31MPa,气压 0.7MPa,浆压 1.5MPa,旋转速度 10~16r/min,提升速度 10~16cm/min,水灰比 1.0,要求桩径 700mm,搭接 200mm。

地质情况是 1.5m 后素填土,1.9m 厚的粉质黏土,2.5m 厚的淤泥质粉质黏土,4m 厚的粉质黏土,下面是粉砂土,基坑挖深是 6.5m,旋喷桩长 6.5m。

在施工了 4 只桩时,地面拱起 500mm,边上距离 6m 的围墙严重开裂,是什么原因导致的拱起呢?

如何避免? 或减小拱起?

B 网友:

所用的压力太大了,这么浅的地层处理加固,不必采用太高的压力。如上面所说的那样,能不鼓吗?

答　复:

估计是压力太大了,你减少压力再试试,可能会有所改善。

6.26 为什么桩侧摩阻力要除以 2?

A 网友:

请教高老师,在《公路桥涵地基与基础设计规范》(JTG D63—2007) 中,钻(挖)孔灌注桩的承载力容许值计算公式中,系数 1/2 是否有潜力可挖掘,我一直困惑,为什么桩侧摩阻力要除以 2?

B 网友:

A 网友的理解应该是有问题的,$[R_a]$ 是容许承载力,含有安全系数 2。而 q_{ik} 实际上是侧阻力极限值,所以应乘以 1/2,才能相应地算出桩容许承载力 $[R_a]$。

C 网友:

潜力肯定有,但有多少不敢说。

因为我们提供的各种值,基本上都是经验性的,也就是在老一辈地质工程者的经验之上得出来的。通常用给的值,不会出现大的事故。

包括承载力,以及其他参数,我经常和年轻朋友说:我们为了竞争,降低造价,尽量用大的值,就像拉橡皮筋一样,你拉一下,没有事,我拉一下,没有事,不知道谁倒霉,拉断了,就出事了!

何时断,没有人知道! 看你想怎么拉吧。

答 复:

其实,B网友对这个问题已经回答得非常清楚了。这个问题的实质就是需要区分地基承载力的极限值和容许值的关系。这个问题在土力学中、在地基基础中都应该讲得很清楚了。那为什么还会出现像A网友那样有时又有点"糊涂"了呢?

主要原因是我国有些规范所用的地基承载力术语和名称与土力学的通用术语对不上号,不能表达承载力的性质。在土力学中,地基承载力是强度的概念,有极限承载力和容许承载力之分。在设计中除了承载力验算外,还有变形的验算,两者结合起来形成地基基础设计的完整概念。但在我国的有些规范中,没有极限承载力的概念了,所用的实际上是容许承载力,但所用的术语却并不反映究竟是极限承载力还是容许承载力的性质。久而久之,使工程师不知承载力还有极限和容许之分,不知承载力还有安全度的问题。特别是有些教材,如果完全根据这样的规范来写的话,那教出来的学生就只知道"特征值"而不知还有"极限承载力""容许承载力"和"安全系数"了。

6.27 基坑开挖造成了一部分斜桩,如何处理?

A网友:

我负责的一个工程,原先预制方桩,可能是由于地下室基坑开挖,造成一部分斜桩。

由于工程进度要求,没办法补冲钻孔桩,就采用锚杆静压桩处理。

现在施工到5层了,开始施工锚杆静压桩,桩数施工了差不多一半了,发现锚杆桩桩端全部落在中砂层上。

现在该怎么处理??基础底部的土层情况是8m淤泥,2m中砂,4m残积土,下去是全风化和强风化,中砂层是轻微液化的。锚杆桩压桩力750kN,中砂的标贯只有10左右,按道理说是压得下去的啊。

还有,轻微液化按规范来说,还是可以做持力层的,但是觉得这样风险太大,而且上部全部是淤泥,基本没什么摩擦力。

B网友:

没看懂内容。

好像是预制桩斜了,想补钻孔桩,但由于工期问题改用了锚杆静压桩补桩。

预制桩斜了,也可能是由于在软土中由于孔隙水压力过高把桩给挤斜了(或者有可能断了),在没有确定是否断桩的情况下,上部结构就施工了很多层,然后担心存在问题就补静压桩。

如果是由于孔隙水压力造成预制桩斜了,那么新增的静压桩将进一步加大孔隙水压力,也可能造成更大的隐患。

答　复：

有几个问题不清楚,原来打的桩多长?打到哪个持力层?设计补桩时采用多长的桩?补了多少桩?布置原则设计是如何考虑的?经过打桩以后,这层中砂的密实度有没有变化?是否影响液化的评价?

打不到预定标高的桩能否用?主要取决于补桩设计的要求和补桩的方案,对压不到预定标高的桩,建议做试桩来验证其承载力。

关于液化问题,我认为没有影响,因为原打的桩都穿过中砂层了,对中砂有挤密的作用,同时也不是所有的桩都以中砂为持力层。

A 网友:

谢谢高教授,土层情况是这样的:地下室底板下差不多 6m 淤泥,1m 左右的粉质黏土,2m 多中砂(松散~稍密),5~6m 的残积土,接下去是 2~3m 的全风化,再往下是强风化,原先预制方桩的持力层是全风化或者强风化,桩长 15m 左右。

现在补的锚杆静压桩桩长只有 10m 左右,根据勘察报告,桩端是在中砂层。

锚杆静压桩施工完之后,有做静载,静载结果满足要求。

我的担心是桩端坐落在中砂层,中砂地质判断是可液化土层,静载的话,根本没办法反映液化情况。

还有,请教一下高教授,预制桩倾斜了,是否还有残余承载力可以使用?所有倾斜桩都有做低应变动测,没有出现三类桩。是不是可以根据预制桩倾斜了,上部结构的作用力就会对桩产生一个水平的分力。此时,是否可以根据地基土水平抗力系数计算桩所能承受的水平力,并规定此水平力不能大于桩的水平承载力。这样,是否可以采用降低承载力的方法来使用倾斜了的桩?

当时出现倾斜桩,对于倾斜度超过规范要求 1% 一点点的,现场采取纠偏措施,纠偏至 1% 以内,然后做低应变动测,不是三类桩的话,就继续使用。

对于倾斜度超过 1% 较多的(3%~6%),我们设计原则上是按废桩处理,然后加大承台,预留孔洞,过后补锚杆静压桩,但是施工的时候,倾斜的桩有按要求使用起来,毕竟还有残余的承载力。

还有,请问高教授,打桩后,中砂有没有被挤密,而影响液化评价?这应该如何知道?

锚杆桩是按照预制桩往外退 1.6m 补桩的。

答 复：

可以按《建筑抗震设计规范》(GB 50011—2010)第4.4.3条第3款提供的经验公式估算打桩后砂土的标贯击数,然后按第4.3节重新估算打桩后砂土是否还会液化。

6.28 钻孔灌注桩如何穿过炉渣、钢渣层?

A 网友：

目前,我们接到一项勘察任务:在某钢厂内拟建厂房,设计方提供的资料如下:

主厂房为全钢结构,结构的安全等级为二级,设计使用年限为50年,建筑抗震设防类别为丙类。地面堆载5t/m²、15t/m²。

结构形式为多跨框排架结构,共分三个区,各区行车配置见表6.28-1。

行车配置表　　　　　　　　　　表6.28-1

序号	区号	跨间名称	长度(m)	跨度(m)	吊车配置情况(吨位×台数)	轨面高程(m)	轨距(m)	工作制度
1	1	LM	189	36	(22.5t+22.5t)×3	9	34	A7
2		MN	189	36	(22.5t+22.5t)×3	15	34	A7
3	2	加热炉跨	72	30	20/5t×1	16.5	31	A5
4		CD	24	30	20/5t×1	16.5	28	A7
5		主电机室	36	15	100/20t×1	15	13.5	A5
6		DE	300	30	50/10t×1	16.5	28	A5
7					32/5t×1	16.5	28	A7
8		EF	300	27	50/10t×1	16.5	25	A5
9		轧辊加工间	252	15	50/10t×1	8	13.5	A5
10					10t×3	8	13.5	A5
11	3	CD	444	30	(12.5t+12.5t)×4	16.5	28	A7
12		DE	444	30	(12.5t+12.5t)×3	16.5	28	A7
13		EF	444	27	(12.5t+12.5t)×3	16.5	25	A7
14		FG	444	30	(12.5t+12.5t)×3	16.5	28	A7
15		GH	444	36	16/3.2t×4	9	34	A7

基础情况及桩型如下:

主厂房柱基础:柱基础采用独立桩基承台,桩选用 φ800mm 钻孔灌注桩,余桩持力层选为微风化灰岩⑤。

主厂房内设备基础:桩基,块式基础。

主厂房内地坪:主厂房内堆放区域为 $15t/m^2$,碎石软地坪。设备检修区域的地坪荷载均为 $5t/m^2$,按实际情况作浅层处理后作钢筋混凝土地坪。

主厂房内辅助用房:主厂房内辅助小房(操作室、管理室等)为单层钢筋混凝土框架结构,钢筋混凝土筏板基础或条形基础,天然地基。

主厂房附近公辅建筑物:电气室为四层框架结构,采用桩基础。试验检验中心一层框架结构,钢筋混凝土条形基础,天然地基。水处理设施为钢筋混凝土结构,桩基础。

目前碰到的问题是:

(1)该工程总占地面积约 20 万 m^2。在该场地北端约 2 万 m^2 区域,以前是炉、钢渣堆场,2007 年旁边建厂房,炸山后回填,底部的炉、钢渣未清除,现揭露的地质情况是:上部 0~8m 为杂填土,其中,0~4m 间回填有大块石(灰岩直径为 30~80cm 不等,且不均匀,夹杂有黏土),4~8m 间为碎石夹黏回填,回填时未做分层碾压。8m 以下为炉、钢渣,勘察钻孔遇钢渣无法钻进。据查老地形图得知,炉、钢渣厚度为 4~8m。穿过炉、钢渣层后依次为粉质黏土(层厚 4~6m)、黏土(层厚 6~15m)、灰岩。设计拟选用 φ800mm 钻孔灌注桩,但钻孔灌注桩遇到炉、钢渣层施工会有很大问题,若大面积开挖换填后再进行钻孔灌注桩,则成本大大增加,且工期会大大延长。请教高老师,针对该场地的地基处理有何更好的建议?我拜读了高老师的《岩土工程勘察与设计——岩土工程疑难问题答疑笔记整理之二》,其中讲到在太钢的一个钢渣场地的处理,但我遇到的问题要比它困难得多。拟建场地西侧是正在生产的高线厂,南侧是钢渣处理生产线,目前都在生产,与拟建场地相距约 20m,大开挖对已有厂房会带来安全隐患。

(2)该场地南端与厂区生产用水水库副坝相距约 110m,目前该场的地坪高程为 86m 左右,水库水位高程在 112~114m。该场地属灰岩地区,岩溶发育。目前业主担心,水库水位与拟建厂房地坪存在近 30m 高差。若在钻孔灌注桩施工时,库区内的水通过岩溶大量涌出,对施工和厂区生产会造成灾难性的后果。请教高老师,有何方法可以查清目前库区内的水与地下岩溶的联系情况?水库副坝在 2009 年做过除险加固防渗处理,采用的是旋喷桩防渗加固。目前已完工的钻孔显示,靠副坝区域的地下水位在孔口处。

答　复:

灌注桩施工遇到需要穿过含钢渣的或含大块岩石的地层,可以采用冲击成孔的方法施工,钻头的质量应采用3t以上的,上海基础公司有施工经验,他们在广东珠海等地有较多的工程经验。

关于冲击成孔灌注桩,可以参阅史佩栋主编的《桩基工程手册》(岩土工程丛书之8,人民交通出版社,2008),见第590~595页。

对第2个问题,在勘察工作中应查明水库与工程场地之间的水力联系,如果确认,则应采取工程措施以防止水库的水补给场地地下水,不然会对施工造成很大的困难,甚至会产生工程事故。

A网友:

感谢高老师百忙中抽空回复,但我还有疑问:目前勘察的阶段,采取什么勘察方式才能更好地查明库区内水与地下水的联系?

答　复:

可以在库区投放指示剂,然后对地下水取样检测以检查库区和地下水是否存在水力联系。

6.29　桩端阻力和地基承载力特征值是一回事吗?

A网友:

工作中遇到一个人工挖孔桩的问题,18层的酒店,采用人工挖孔桩,桩长大约是6m,持力层为卵石层,地基承载力特征值$f_{ak} = 600$kPa,桩端阻力特征值$q_{pa} = 2\,000$kPa,开始设计时按持力层为岩石地基,桩承载力特征值$R_a = q_{pa}A_p$。经审图单位审核,对大直径灌注桩($d > 800$mm),应乘以端阻效应系数。这样桩承载力特征值就小了很多,有部分桩已经不满足要求。比如有根桩的$R_a = 10\,120$kN,而荷载效应标准组合为$F_x = 14\,660$kN(桩身强度还是够的)。

我对此提出异议,可是结构主管的意见是桩端阻力还没有进行深度修正,而且地勘单位提的参数较保守,有富余,以他的经验没有问题。这个问题,我参考了高教授的《土力学与岩土工程师——岩土工程疑难问题答疑笔记整理之一》,桩端阻力是不能进行深度修正的。至于地勘单位提的$q_{pa} = 2\,000$kPa,是取湖北省地方标准桩基参数($q_{pa} = 2\,000 \sim 3\,200$kPa)的最低值。

我查看了工程桩施工前的试桩数据,他们验证的是地基承载力特征值f_{ak},加载最大数值是$1\,200$kPa,结论是地基承载力特征值是不小于600kPa。我认为这个数据不能说明问题,或者说没有做到位,试桩数据应该验证桩端阻力才对吧?

工程桩施工完后的静载试验,有3个桩,但是都是承载力比较小的。裙房基础的桩,验证是合格的,但是有问题的桩依然存在,也不能说明理论上承载力不足的桩是否安全。

有人建议对这些桩做沉降观测,如果有问题再加强,但是工程的上部结构也有不少问题,比如漏筋、少筋,还有一些没有考虑梁的裂缝等,做沉降观测是不是可行的方法呢?我把这些问题归总了给主管,但是他的意见是裂缝可以不考虑,如果要改,问题太多,对甲方不好交代,这样我对工程的设计质量实在是有点担心。

还有一个问题,这工程不是我做的,而是主管做的,但是用的是我的电子签名,我是图纸发出后半年才检查出问题的,现在有问题的桩所在的那一区域,承台已经施工,还有一个区域现在在做地下室防水。我对工程提出异议后,主管的态度很不好,现在只要我提到那个工程,就对我不理不睬。我想保证工程的设计质量,现在是困难重重,但是如果有问题,我觉得不该由我承担责任,但确实有我的电子签名,所以不放心。

我想问下高教授,这个工程的桩有没有问题,该如何做才好呢?再一个是,如果工程有问题,要我来承担责任吗?万分忧虑,希望高教授指点迷津。

答　复:

你这个帖子包含两个问题,一个是技术问题,一个是责任问题。

先说责任问题,本来应该是"谁做谁负责",而你这个案例是别人做的项目由你签名,问题是签名前你有没有看过文件?有没有提过自己的意见?如果没有看过文件而签名了,这个手续是存在问题的,你既然没有看过,怎么可以签你的名字呢?

如果是由别人用你的电子签名,你既没有看过文件,签名也没有通过你,你完全做了傀儡。我不知道你们单位是怎样规定这种手续的,给你们注册工程师带来的风险太大了,如果不改进制度,我建议你离开这样的单位。

如果将来真的有什么事故,追查责任。从手续上说,你是责任人,难脱干系。但你要将说明责任不在你的各种证明材料都需要准备好,宁愿备而不用,以防万一。

从技术上说,怎么"工程桩施工前的试桩数据,他们验证的是地基承载力特征值,加载最大数值是1 200kPa,结论是地基承载力特征值是不小于600kPa"?真是太荒唐了。单桩承载力与地基承载力是两个不同的问题,怎么老是混淆了。

已经到了这一步,判断桩基工程存在不存在质量问题的关键不在于原来取用的参数是多少,而在于试桩的结果是多少。但你又说"工程桩施工完后的静载试验,有3个桩,但是都是承载力比较小的",究竟单桩承载力够不够? 不够差了多少? 判断需要不需要补桩? 这些都是关键问题。

A网友:

非常感谢高教授的指点!

当时出图的时间很紧,我们都是熬通宵赶出来的,虽然对不是我做的图纸签我的电子签名有意见,但是怕耽误出图时间,也就没有过多争执,图纸没有时间仔细检查,所以后来才抽出时间看。我们单位的签名是很不规范的,就是一个工程所有的设计一栏都是一个人的名字,不管是不是他做的,而且肯定没有主管的名字,尽管他做了不少项目。因为此事与他起过争执,但是只靠我一个人的力量似乎不能改变这种现状。

我们单位没有审图的注册工程师,检测单位也不太专业,所以现在问题很多。

工　程　实　录

案例一　建筑物大面积断桩的原因分析与治理
——上海宝山区工程桩基治理研究报告

一、研究背景

在软土地区沉桩时,由于沉桩的挤土效应,会产生一系列的不利影响,如引起相邻建筑物或地下管线的变形与开裂、使相邻地下室上抬或底板的开裂、增大相邻基坑围护墙的位移、产生前期沉桩的倾斜和偏位、抬高沉桩施工场地的地面等不利的作用。其中,地面所发生的抬高,对已经沉入土层的桩,会产生一种上拔作用,从而将桩的接头拉断,形成断桩事故,这在软土地区是比较常见的。但是,一般断桩的比例并不是很高,处理并不太困难。

但这里讨论的这个案例是一个小区的多幢建筑物同时发生了断桩,而且断桩的数量比例特别高,造成了比较大的不利影响,事故的处理也比较困难,因此从这个案例中可以得到很多的教训。这个住宅建设地块商品房采用预制方桩基础,沉桩结束以后经检测发现,有7幢楼由于施工原因造成部分桩接桩处脱开,形成脱节桩,其中2号、10号和14号楼的比例较高,占总桩数比例达到47%~75%。

受建设单位的委托,对存在脱节桩的桩基及复打、检测的数据作统计分析,对事故原因进行分析并对可能产生不均匀沉降的问题进行评估,对存在脱节桩的建筑物桩基的整体性状进行论证,提出处理方案对桩基进行补强处理,并对补强效果进行检测和评价。

项目主要参与人员有钟海中、高大钊、朱顺寿、孔荣康、苏畅、马方勇、姚建阳、李韬、李家平、乐万强和陆敏。

二、工程概况及资料分析

工程位于上海市宝山区,商品房采用预制方桩基础,桩身截面400mm×400mm,桩长 22~27m,绝大部分桩尖进入第⑥层黏土层,混凝土预制方桩由上、下两节组成,接桩部位在地下室底板以下 10~11m,桩身混凝土强度等级 C30,沉桩方法采用静力压桩法。

1.地质条件

根据岩土工程勘察报告,工程场地的桩周及持力层土性如下:

(1)0~1m,粉质黏土夹粉性土,可塑~软塑,中等压缩性。

(2)1~4.5m,砂质粉土,松散,中等压缩性。

(3)4.5~5.7m,淤泥质粉质黏土,流塑,高压缩性。

(4)5.7~16.2m,淤泥质黏土,流塑,高压缩性。

(5)16.2~18.1m,黏土,软塑,高压缩性。

(6)18.1m~桩尖以下,暗绿色黏土,可塑~硬塑,中等压缩性。

2.脱节桩的分布情况

经检测发现,共有 1 号、2 号、5 号、8 号、10 号、11 号、14 号七幢楼部分桩接桩处脱开、不密实。各楼脱节桩情况见例表 6.1-1,其中:5 号楼脱节桩比例为12.9%,相对较小;1 号楼、8 号楼、11 号楼的脱节桩率基本上在 20%~30%;而2 号、10 号和 14 号楼的脱节桩比例较高,占总桩数比例达到 47%~75%。

脱节桩分布及桩数比例   例表 6.1-1

楼号	1 号楼	2 号楼	5 号楼	8 号楼	10 号楼	11 号楼	14 号楼
桩长(m)	23、27	22.5	23	23	22.5	22	22
单桩承载力(kN)	1 200	1 200	1 120	1 120	1 120	1 120	1 120
总桩数	303	217	194	194	124	256	124
脱节桩数	97	102	25	39	93	84	79
脱节桩数比例(%)	32.0	47.0	12.9	20.1	75.0	32.8	63.7

尽管 1 号楼、8 号楼、11 号楼的脱节桩的比例不是很高,但从平面分布来看:1 号楼脱节桩主要集中在 1-3 轴和 2-5 轴之间,8 号楼脱节桩主要集中在 1-4 轴和 2-3 轴之间,11 号楼脱节桩主要集中在 1-7 轴和 2-8 轴之间,在脱节桩集中部位的比例相对较高。

3.桩顶偏位的情况

委托方提供的七幢楼的桩位复测结果列于例表 6.1-2,说明存在一定数量的偏位桩。

根据《建筑桩基技术规范》(JGJ 94—1994)第 7.4.11 条规定:①最外边的桩,桩位偏差小于 1/3 边长;②中间桩,桩位偏差小于 1/2 边长。因此,该项目桩的桩位允许偏差应为:边桩 13.3cm,中间桩 20.0cm。

在例表 6.1-2 中,桩位偏差超过上述规范允许值的桩主要是向基础的外围偏位。表中给出了桩的偏位在各个方向的分量,可以按最大矢量方向合成计算其最大偏位值,其中:1 号楼有 9 根桩发生偏位,全部为北侧边桩,平均偏移值为 23.6cm,合成的最大值达 36.4cm;2 号楼有 11 根桩发生偏位,全部为南北两侧边桩,平均偏移值为 17.4cm,合成的最大值达 33.3cm;5 号、8 号楼偏桩数分别为 1 根和 2 根;10 号楼有 9 根桩发生偏位,主要是西侧边桩,平均偏移值为 15.3cm,而 34 号中间桩偏位达 20.9cm;11 号楼有 46 根桩发生偏位,主要是周围边桩,平均偏移值为 20.5cm,最大偏位达 38.6cm;14 号楼有 21 根桩发生偏位,除 110 号桩为中间桩外,其余全为边桩,而且绝大部分为北侧边桩,平均偏移值为 18.2cm,最大值达 28.0cm。例图 6.1-1 为桩位偏差统计结果。由于偏位引起桩的倾斜,无脱节桩以全桩的长度计算,一般在 1% 以内,符合沉桩施工倾斜的允许值,但有脱节桩在断裂位置以上桩的长度计算的倾斜就不满足倾斜允许值 1% 的要求。

桩位偏差表(单位:cm)　　　　　　　　　　　例表 6.1-2

楼号	序号	桩号	桩位	东	南	西	北
	1	1	边桩		13	7	
	2	16	边桩		20		
	3	79	边桩	10			10
1 号楼	4	132	边桩			10	22
	5	143	边桩			3	28
	6	152	边桩				30
	7	160	边桩			8	30

续上表

楼号	序号	桩号	桩位	东	南	西	北
1号楼	8	169	边桩			10	35
	9	211	边桩	5	13		
2号楼	1	16	边桩		18	6	
	2	27	边桩	15			
	3	28	边桩		8	12	
	4	38	边桩			12	7
	5	42	边桩			14	10
	6	61	边桩			5	13
	7	82	边桩	6	18		
	8	92	边桩	18	28		
	9	133	边桩			10	13
	10	140	边桩			13	6
	11	142	边桩			6	14
5号楼	1	98	中桩	2			20
8号楼	1	121	边桩	20	3		
	2	129	边桩	13			3
10号楼	1	1	边桩			13	5
	2	2	边桩			13	6
	3	3	边桩			13	10
	4	9	边桩			13	7
	5	34	中桩			6	20
	6	39	边桩			13	3
	7	40	边桩			13	3
	8	50	边桩			5	13
	9	85	边桩		13	10	
11号楼	1	1	边桩			16	4
	2	3	边桩			13	4
	3	4	边桩			16	6
	4	6	边桩			16	24
	5	7	边桩			4	26
	6	12	边桩			3	25
	7	19	边桩	4			18

续上表

楼号	序号	桩号	桩位	东	南	西	北
	8	20	边桩	3			22
	9	27	边桩			3	18
	10	28	边桩			2	25
	11	36	边桩			6	15
	12	37	边桩	5			13
	13	39	边桩			8	26
	14	49	边桩			7	38
	15	60	边桩			5	33
	16	68	边桩			9	33
	17	77	边桩	5			13
	18	79	边桩			11	33
	19	86	边桩	4			15
	20	87	边桩	4			15
	21	93	边桩			5	18
	22	94	边桩			6	13
	23	101	边桩			7	25
11号楼	24	109	边桩			7	20
	25	117	边桩			6	19
	26	124	边桩	4			16
	27	125	边桩			4	18
	28	133	边桩			5	18
	29	138	边桩			7	16
	30	146	边桩			2	15
	31	162	边桩			8	25
	32	163	边桩	7			30
	33	166	边桩			9	17
	34	180	边桩			6	13
	35	188	边桩			10	15
	36	189	边桩			5	16
	37	198	边桩			5	15
	38	200	边桩			7	15
	39	201	中桩			3	28
	40	210	边桩			5	13

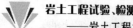
续上表

楼号	序号	桩号	桩位	东	南	西	北
11 号楼	41	219	边桩			4	20
	42	221	边桩			4	13
	43	230	边桩			15	16
	44	231	边桩			7	13
	45	241	边桩			5	18
	46	251	边桩			6	13
14 号楼	1	1	边桩			12	7
	2	3	边桩			10	11
	3	7	边桩			6	18
	4	15	边桩				28
	5	23	边桩	5			18
	6	50	边桩	5			18
	7	58	边桩			8	14
	8	65	边桩			5	21
	9	70	边桩			16	12
	10	85	边桩	9			13
	11	86	边桩	10			12
	12	94	边桩	9			16
	13	101	边桩	14			17
	14	109	边桩	9			20
	15	110	中桩	9			19
	16	116	边桩	4			15
	17	117	边桩	12			9
	18	118	边桩	14			10
	19	119	边桩	16			4
	20	120	边桩	16			6
	21	121	边桩	14			8

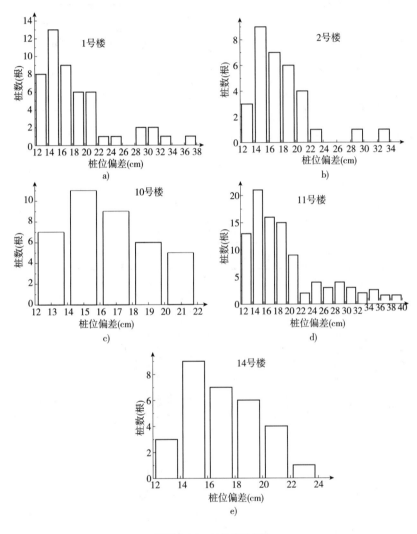

例图 6.1-1　桩位偏差统计

4.复打处理的效果分析

针对桩脱节问题,经有关专家会议分析讨论,决定对脱节桩进行复打处理,复打采用 2.5t 柴油锤锤击打入法。经过复打,脱节桩桩顶均有不同程度的沉降,桩顶沉降量统计结果见例表 6.1-3,例图 6.1-2 为复打前后桩顶沉降量统计分布。

脱节预制桩复打沉降量统计   例表 6.1-3

楼号	沉降量（cm）											平均沉降量（cm）
	0~2	2~4	4~6	6~8	8~10	10~12	12~14	14~16	16~18	18~20	>20	
1号	4	14	22	15	11	9	8	4	3	1	1	7.8
2号	17	13	13	15	5	9	10	7	5	2	6	8.3
5号	7	3	6	3	1	3	2					5.2
8号	9	13	6	3	3	3	1	0	1			4.7
10号	10	12	16	18	14	5	9	4	1	2	2	7.3
11号	6	13	10	16	5	10	5	4	3	8	4	9.2
14号	2	11	11	16	19	15	3	2				7.7
合计	55	79	84	76	58	54	38	21	13	13	13	

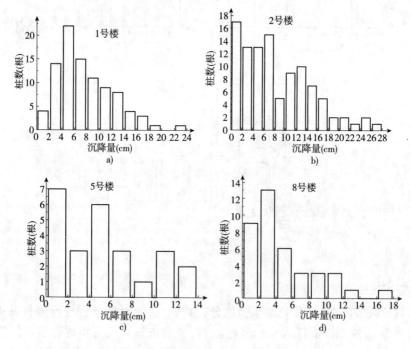

例图 6.1-2

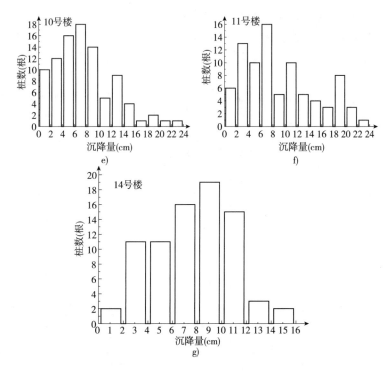

例图 6.1-2 复打前后桩顶沉降量统计分布

复打后经低应变动测试验和静荷载试验。低应变动测为 100% 普测,普测结果表明,所有复打桩均已符合 Ⅱ 类的要求,接桩部位略不密实,为轻度不利缺陷,但不影响或基本不影响原设计的桩身竖向抗压结构承载力。静荷载试验结果表明,单桩承载力都已满足设计要求。还应当说明的是,复打以后立即进行了荷载试验,没有足够的休止期恢复上节桩的桩侧摩阻力。因此,上述结论是偏于安全的,待达到休止期以后的单桩承载性状应优于试验的数据。

5.静荷载试验资料分析

例表 6.1-4 为静荷载试验结果统计(为便于比较分析,此处包括未复打桩和复打桩静荷载试验成果),例图 6.1-3 为相应的静荷载试验曲线,根据 6 根复打的有缺陷桩的静荷载试验,桩竖向抗压承载力可以满足设计要求。由例表 6.1-4 通过简单统计发现(忽略桩长不等,最大加载量不同等因素影响),3 根完整桩的最大沉降量平均值为 10.4mm,平均回弹率 44.0%;7 根未复打、接桩部位略不密实桩的最大沉降量平均值为 9.6mm,平均回弹率 49.4%;4 根复打后接桩部位略不密实桩的最大沉降量平均值为 20.8mm,平均回弹率 42.9%;2 根未复打脱节桩最大沉降量平均值为 17.8mm,平均回弹率 42.2%。复打桩的沉降相对较大,回弹率相对较小。

桩基静载荷试验结果统计   例表 6.1-4

楼号	桩号	桩性质	设计荷载（kN）	最大荷载（kN）	设计荷载沉降量（mm）	最大沉降量（mm）	最大回弹量（mm）	回弹率（%）
1	9	B	900	1 440	4.50	10.75	5.23	48.65
	53	B	900	1 440	5.20	11.46	5.37	46.86
	212	B	900	1 440	7.40	15.31	6.02	39.32
2	73	B	750	1 200	2.50	5.98	2.95	49.33
	124	A	750	1 200	1.50	3.81	1.87	49.08
	130	C	750	1 200	10.1	18.61	7.42	39.87
5	10	B	700	1 120	2.65	4.96	3.09	62.3
	109	B	700	1 120	2.72	5.90	3.08	52.2
8	70	D	700	1 120	9.7	17.38	7.17	41.25
	108	D	700	1 120	10.8	18.25	7.89	43.23
10	27	C	700	1 120	10.5	19.68	10.31	52.39
11	21	B	840	1 344	5.6	12.58	5.93	47.14
	83	A	840	1 344	4.3	10.8	4.53	41.94
	177	A	840	1 344	4.20	16.59	6.82	41.11
14	98	C	700	1 120	12.9	21.35	8.35	39.11
	114	C	700	1 120	14.45	23.56	9.49	40.28

注:A 代表完整桩;B 代表未复打、接桩部位略不密实;C 代表复打后接桩部位略不密实;D 代表未复、打接桩部位脱节。

从曲线形态上分析,复打以后的缺陷桩的荷载—位移曲线平顺光滑,无突变点和陡降段,具备承载的条件,不会发生突然的下沉。

1 号楼和 11 号楼的试验最大荷载为估计极限荷载的 1.2 倍。

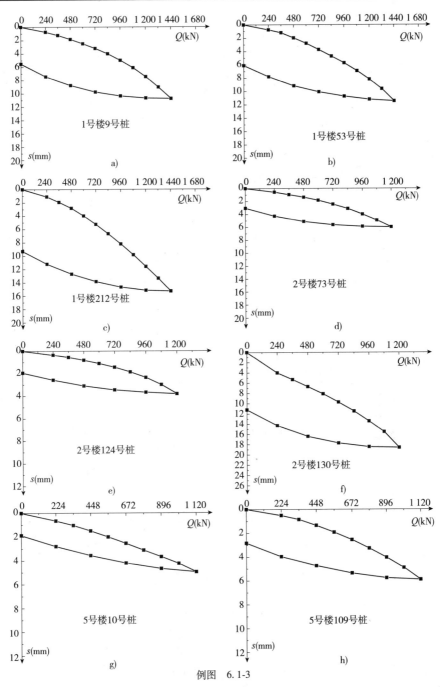

例图 6.1-3

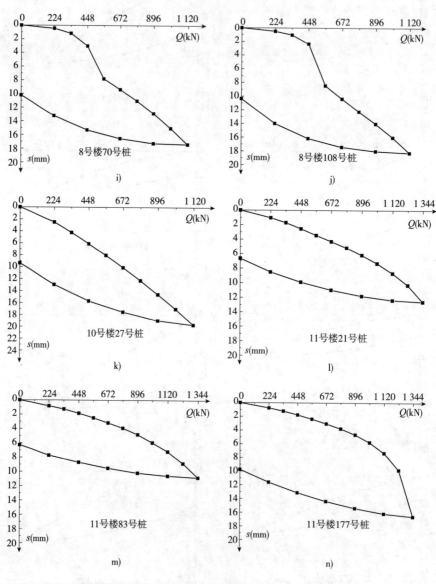

例图 6.1-3

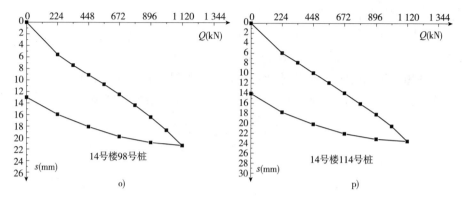

例图 6.1-3　静载荷试验 Q-s 曲线

三、脱节桩对桩基受力性状的影响分析

1.轴力重分布

由于脱节桩的单桩刚度低于平均刚度而使脱节桩轴力降低,将部分荷载传递给完整桩,脱节桩的存在使桩基中单桩的轴力发生重分布,完整桩的轴力增大。控制完整桩轴力增量是考虑是否需要处理的主要依据。

设总桩数 n,脱节桩数 n_1,完整桩数 n_2,脱节桩的刚度 k_1,完整桩的刚度 k_2,总荷载 N,脱节桩轴力 Q_1,完整桩轴力 Q_2。

在假定底板均匀下沉的条件下,按变形协调和静力平衡原则,完整桩的轴力因存在脱节桩而提高的比例系数与脱节桩数占总桩数比例之间的关系如下:

$$Q_2 = \frac{1}{n_1\dfrac{k_1}{k_2}+n_2}N = \frac{1}{\dfrac{n_1}{n}\cdot\dfrac{k_1}{k_2}+\dfrac{n_2}{n}}\cdot\frac{N}{n} = \zeta\frac{N}{n}$$

由于脱节桩的存在使完整桩承担了大于正常轴力的荷载,系数 ζ 表示脱节桩的影响,影响因素有两个:一个是脱节桩的比例,另一个是脱节桩与完整桩的刚度比,上述计算的条件是脱节桩的分布比较均匀、对称。

根据荷载试验的数据可以计算出刚度比 k_1/k_2,k 为荷载试验起始荷载和设计荷载之间的割线刚度,刚度比由下式计算:

$$\frac{k_1}{k_2} = \frac{P_1}{s_1}\times\frac{s_2}{P_2} = \frac{P_1}{P_2}\times\frac{s_2}{s_1}$$

再根据每幢建筑物的缺陷桩比例 n_1/n,就可以计算系数 ζ。

由静荷载试验(为减少误差,取最大荷载为 1 120kN 和 1 200kN 的试验结果),

完整桩和不需复打的略不密实桩在设计荷载下(荷载试验最大加载量除以 1.60)的单桩沉降量平均值为 2.34mm,复打桩在设计荷载下的单桩沉降量平均值为 11.98mm。取 $P_1 = P_2$,则得刚度比 $k_1/k_2 = s_2/s_1 = 2.34 \div 11.98 = 0.2$。

将各幢建筑物的脱节桩比例和由荷载试验资料得到的刚度比代入上式,求得各幢建筑物的完整桩因存在脱节桩而增大轴力的比例系数如例表 6.1-5 所示。

缺陷桩对完整桩轴力影响 例表 6.1-5

楼号	1 号楼	2 号楼	5 号楼	8 号楼	10 号楼	11 号楼	14 号楼
不密实桩率(%)	32.0	47.0	12.9	20.1	75.0	32.8	63.7
影响系数 ζ	1.34	1.60	1.12	1.19	2.5	1.36	2.04

需要说明的是,荷载试验是在复打以后马上进行的,桩侧土被复打扰动后没有充分时间恢复强度,因此反算得到的刚度偏小,用于分析轴力的转移是偏于安全的。

根据例表 6.1-5,5 号、8 号楼缺陷桩对完整桩轴力影响在 20% 以内。根据目前的设计规范,如果缺陷桩分布均匀,桩轴力增加 30% 一般不会因承载力不足产生破坏。应该说,在单桩承载力满足设计要求的前提下,脱节桩顶轴力向完整桩的转移不会引起群桩的稳定性问题。2 号、10 号、14 号楼脱节桩比例大,引起轴力增量在 50% 以上,必须采取措施以减少轴力的重分布。

从整体上讲,1 号、8 号、11 号楼脱节桩对完整桩轴力影响略微超过 30%,但由于脱节桩分布不均匀,局部范围内脱节桩对完整桩轴力影响已经超过 50%,因此,1 号、8 号、11 号脱节桩集中部位也必须采取措施以减少轴力的重分布。

2.沉降与不均匀沉降

由于脱节桩的存在,造成完整桩多承担了部分的荷载,一般会使单桩的沉降增大一些。根据单桩静荷载试验结果,在设计荷载水平下,桩顶荷载增大 30% 引起的单桩桩顶沉降一般在 30%~60%。在设计荷载下沉降小的桩,沉降增幅取高值;在设计荷载下沉降大的桩,沉降增幅取低值。

根据设计院所提供的完整桩时群桩沉降的计算资料,沉降的分布比较均匀,且群桩的沉降量远大于试验得到的脱节桩的单桩沉降量。在本工程条件下,单桩沉降量增大一点一般不会影响群桩不均匀沉降。但从建筑使用功能上考虑,由脱节桩引起的不均匀沉降增量不宜太大。同时也应考虑无脱节桩时桩基的不均匀沉降量级的大小,两者应当结合起来考虑。

设桩基总的不均匀沉降为无脱节桩的桩基不均匀沉降与脱节桩引起的桩基不

均匀沉降之和,即 $\Delta=\Delta_1+\Delta_2$。其中,无脱节桩的桩基不均匀沉降 Δ_1,由设计院的沉降计算给出,按最不利情况考虑的脱节桩引起的桩基不均匀沉降为 Δ_2。

如果无脱节桩时桩基的不均匀沉降已经超过或者接近规范规定的允许值,则所采取的措施必须能使脱节桩引起的不均匀沉降全部或大部分消除;否则,地基处理可以作为一种安全储备的措施来设计。

对于脱节桩所引起的不均匀沉降问题,是本工程的核心问题。虽然脱节桩的刚度小一点,试桩的单桩沉降大一些,但单桩刚度对不均匀沉降的影响只是在脱节桩全部集中于一侧时才有一定的影响。然而脱节桩的分布是随机的,轴力转移平衡只发生在承台和桩土体系内部,在桩端平面处的附加应力的分布没有影响,因此对群桩的沉降没有影响。

至于桩的长度范围内的桩土体系的压缩量受桩的刚度控制,如果作最不利的分布假定,考虑最易发生倾斜的横向不均匀沉降,即将脱节桩全部集中于建筑物的一侧,而将完整桩集中于建筑物的另一侧,假定不考虑基础调整不均匀沉降的作用,可以用下式计算其所产生的不均匀沉降:

$$\Delta_2=\frac{s_1-s_2}{L}$$

式中:s_1——脱节桩密布范围的平均沉降;

　　　s_2——完整桩区的平均沉降;

　　　L——两个平均沉降范围的形心平均间距。

以静荷载试验的单桩沉降量作为估算的基础,在设计荷载作用下,完整桩的平均沉降为 2.34mm,脱节桩的平均沉降为 11.98mm,代入上式计算,求得不均匀沉降 $\Delta_2=1.27‰$。因此,只要设计院计算的无脱节桩的不均匀沉降 $\Delta_1<1.73‰$,即使不作处理,从不均匀沉降的角度看,也不会超过规范对不均匀沉降允许值的规定。所以,根据静荷载试验,脱节桩引起的不均匀沉降并不是非常严重的。但作为安全储备,从提高上段桩群桩的整体性和增大桩侧摩阻力考虑,可以采取一定的补强措施。

根据设计院所提供的荷载重心与桩基形心重合的验算资料,南北向的偏心距仅为 0.1m;对无脱节桩的桩基沉降计算的结果表明,没有考虑基础和建筑物刚度的影响时沉降等值线的分布已经比较均匀、对称,表明在建筑物整体作用下桩基将均匀下沉。因此,以消除不均匀沉降为目的的地基处理,设计的原则是将地基处理的结果作为建筑物正常使用的安全储备。

四、对脱节桩的处理方案讨论

对于脱节桩比率 n_1/n 相对较小的 5 号楼,根据上海地区的经验:如果由于打桩速度过快造成接头拉断情况在 30% 以内时,通过复压或复打后,检测完全合格,不需作进一步处理,对整个工程质量没什么影响。结合前面讨论的脱节桩对完整桩轴力影响分析和现场检测完全合格,应该说这两栋楼的断桩经过复打后对工程质量影响较小,但业主和设计方建议适当采取措施进行缺陷桩补强,因此 5 号楼可以采取适当处理措施。

对于脱节桩比率 n_1/n(包括局部缺陷桩比率)过大的 1 号、2 号、8 号、10 号、11 号、14 号楼,为了限制完整桩增加的荷载不致太大,应该采取措施增强群桩的整体性,限制荷载的转移量不致太大。

对于偏位引起的桩身倾斜已经超过 1% 的桩,应根据其在群桩中的位置与承载的作用,不同情况分别采取处理措施或者不采取措施。

1.常用处理断桩方法

针对预制桩的断桩事故,根据上海地区的工程经验和有关文献资料的记载,目前经常采用的处理方法有以下几种。

1)接桩

开挖至断桩深度,清理桩断面,然后按设计要求浇筑桩到设计标高,周围回填土,分层压实。该方法适用面广,成功率高,可靠性强,但仅适用于断桩面较浅的桩。

2)复打

对于断桩的处理,主要的问题是如何将断桩的缝隙闭合。对于上节桩向上浮动的情况,采用复打的方法,使上节桩产生足够大的位移后与下节桩顶面相接触,从而消除断桩接头处的缝隙,以提高桩的竖向承载能力,达到满足设计要求的目的。根据经验,对于断桩率小于 30% 的情况,可采用复打方法,一般不需要采取其他措施。

3)注浆补强

利用钻机在断桩桩体内部或周围钻孔,孔深钻至断桩部位以下,然后将注浆管插入,在设计范围内边喷浆边旋转上升,从而使得断桩部位重新固结,保证群桩的完整性和桩土之间荷载的传递。根据施工方法,注浆可以分为高压喷射注浆和压力注浆两种。当桩身浇筑质量差或在打桩过程中造成桩身受损,为加强桩身强度,一般采用高压喷射注浆;当桩身混凝土质量较好,注浆仅为了强化桩侧土,提高桩侧摩阻力,则通常采用压力注浆。

4)补桩

当缺陷桩竖向承载力、水平向承载力不能满足设计要求,或桩发生较大倾斜时,采用其他处理方法很难满足设计要求,这时就需要采用补桩的方法。在断桩附近重新布桩,以新桩完全或部分取代缺陷桩。此法比较可靠,但补桩时需对称补桩,而且工作量和费用投入较大,如果采用预制桩补桩,则大量补桩的挤土作用又会产生新的事故。也可以采用不挤土桩以消除补桩对原有桩基的不利影响。

2.设计院对本工程处理的建议

(1)基于检测报告中有缺陷的桩通过复打对桩身竖向抗压承载力不影响或基本不影响;基于从有限的3根已复打的有缺陷的桩静压结果看,桩竖向抗压承载力基本满足设计要求,但对竖向变位有较大影响。所以,补桩的主要目的是为了减少不均匀沉降。

(2)对于有缺陷的桩的比例在30%以内的工号,按2004年7月3日"彭浦十期B块工程桩基问题专家会会议纪要"的意见处理;但在断桩较集中的地方,虽然断桩整体比例不是很高(过分集中,局部比例几乎达100%),应引起注意,请专业公司论证并作出方案后确定。

(3)对于有缺陷的桩的比例在30%以上的工号,应进行加强处理,处理原则建议如下:

①为了尽可能了解桩现场的实际位置,建议测量出桩位的现状图,以期加固设计方案与实际情况相符合。

②为了确保桩(已复打)竖向承载力的可靠性,建议选择地质情况较差、拉断距离较大的几根桩做静荷载试验。

③尽可能在该工号周边均匀、对称补桩;有缺陷的桩较集中的区域应适当补桩:补桩采用的桩型、沉桩的施工方法不应对原有桩(特别是有缺陷已复打的桩)再次造成损伤;应控制补桩的数量和位置,补桩后不要造成桩群中心对上部荷载重心新的偏心。

④适当加厚底板的厚度与配筋或增设部分混凝土墙肢,以增大基础的刚度,尽可能地协调不均匀沉降。

⑤对桩有缺陷的工号应加强地下室外侧回填土的质量要求,采用较好的回填材料。

⑥对检测到的桩顶以下2.0~2.5m的桩身裂纹进行加固处理。

3.方案比选

根据本工程断桩位置在基础底面以下 10m 处的情况,上述接桩方法显然无法实施,2 号楼的 143 号、155 号、205 号和 5 号楼的 136 号 4 根桩出现裂纹的部位尽管较浅,但由于目前底板已经浇筑完成,因此,这 4 根桩也无法采用接桩方案。

对于第二种方法,施工单位已经采用该方法对缺陷桩进行了初步处理,根据复打后检测结果,竖向抗压承载力基本满足要求,说明该处理方法对提高承载力效果明显,但复打后的试验表明,缺陷桩在使用荷载时仍有较大的单桩沉降。

补桩方法一般在桩基承载力(包括竖向和水平向)不能满足设计要求或出现桩倾斜时采用,可以说补桩方案是常用的、也是一种非常有效的处理措施。当然,补桩需要周边均匀、对称布置,保证不会造成桩群形心对上部荷载重心产生新的偏心。对于本工程,大量补桩将会对底板产生很大的削弱作用。

根据上海市建设工程检测中心杨浦分中心对该项目缺陷桩(复打前做 2 根,复打后做 4 根)所做的静荷载试验,桩竖向抗压承载力可以满足设计要求。另外,根据同济大学地下建筑与工程系咨询报告:对于 2 号、10 号、14 号楼的具体条件,在上、下节桩不连接的条件下,地震引起上、下桩水平错位最大的幅值应在 10cm 以下的量级。根据这个结论,应该说即使是缺陷桩比例最高的 2 号、10 号、14 号楼的桩基也满足水平承载力要求。

尽管施工中引起部分桩偏位,但偏位主要发生在边桩。对于中间桩,需要解决的主要问题是缺陷桩和其他桩之间的不均匀沉降,而目前布桩比较密集,桩距一般为 $3.5d$(d 为桩径)左右,补桩后的桩距过小,将影响桩侧摩阻力的发挥。同时,采取补桩方案目前最主要的困难是建筑底板已经浇好,采取中部补桩方案对底板破坏大,施工比较困难。对于偏位超过规范规定而又有缺陷的边桩,在作补桩方案时,可以采用树根桩方案。对于倾斜大于 1%,超过规范规定的边桩,可考虑采用树根桩补桩方案处理。计算桩倾斜时,脱节桩按上节桩长计算,未脱节的桩按桩总长计算。

根据工程处理的目的和现场实际条件,上述方法中对底板破坏较小的注浆补强方法相对比较适宜。由于目前桩身质量普遍较好,注浆的主要目的是提高桩侧摩阻力,减少不均匀沉降,因此可以选用补强方法中造价相对较低的压力注浆。

综合以上方案分析比较,建议主要采用压力注浆处理偏位不超过规范规定的缺陷桩,对少量偏位过大的缺陷桩则采用树根桩补桩处理方案。

4.压力注浆方案分析

根据全国和上海的地基处理技术规范,采用注浆处理地基的方法,注浆后地基的承载力和沉降在设计时都没有计算的方法,只能根据处理后的荷载试验或者检测方法测定地基承载力。特别是本工程存在缺陷桩的群桩不均匀沉降的计算,更加没有可用的公式和参数测定的方法。因此,采用压力注浆方案减小不均匀沉降的设计应该是建立在概念设计的基础上。

根据试桩曲线,有缺陷桩沉降大于无缺陷桩沉降,这只是反映缺陷桩的刚度相对较小,而建筑物的不均匀沉降是群桩的不均匀沉降,不是由单桩荷载试验的沉降曲线决定的,两者机理不同,桩筏基础的不均匀沉降要考虑地基—桩筏基础—上部结构三者的共同作用。

目前之所以顾虑产生不均匀沉降,主要原因是存在缺陷桩和完整桩的差别,就是缺陷桩接桩部位略不密实,只有发生相对较大位移后才能有效向下传递荷载,因此单桩的下沉可能较大。

根据荷载传递规律,在竖向荷载作用下,桩身受荷产生向下的位移,桩周摩擦力逐渐发挥出来,桩身轴力则随深度增加而减小。对于断桩,经过复打后上、下节桩基本上已经接在一起,但接桩部位仍可能有不密实情况,上节桩在将荷载传给下节桩时,需要在下节桩的桩顶发生一定沉降后才逐渐发挥作用,下节桩的侧阻力在施加荷载初期也未能有效发挥。这种情况下,要达到设计承载力,只能通过加大桩顶沉降使上、下节桩的侧摩阻力充分发挥。但是,根据在上海地区的量测研究成果,在桩土相对位移几个毫米级的时候,桩侧摩阻力就能充分发挥作用,所需要的沉降是不大的。此外,上、下节桩中间不密实段的压缩性大也是造成断桩和未断桩沉降差异的重要原因,但复打以后的间隙一般也是小于毫米级的。

压力注浆实质上是通过注浆管把浆液均匀地注入地层中,浆液以填充、渗透和挤密等方式,赶走土颗粒间的水分和空气后占据其位置,经人工控制一定时间后,浆液将原来松散的土粒胶结成一个整体,形成一个强度大、压缩性低、水稳定性好的"结石体"。

采用压力注浆,可以起到以下作用:

(1)使上、下桩之间的夹泥形成水泥土,减小上、下桩之间间隙夹泥的压缩性。

(2)4种注浆对断桩部位形成包裹,犹如在一根中间断裂的木棒折断处绑扎上夹板,起到传递轴力作用,从而使下桩在桩基沉降较小时就发挥作用。

(3)上桩周围注浆可以提高上节桩的桩侧摩阻力,降低传至上、下桩之间不密实部位的荷载,减少沉降量。

五、处理方案设计、施工与效果检验

1.总体方案

针对该桩基项目出现的断桩、偏位、复打不密实、桩身裂纹等桩的缺陷,应综合采用处理方法如下:

(1)缺陷桩比率大于30%且缺陷桩分布比较均匀的2号、10号、14号楼,对全部断桩采用注浆补强方案以提高群桩整体性。

(2)局部缺陷桩比率较大的1号、8号、11号楼,对缺陷桩比例较大部位的全部缺陷桩采用注浆加固措施,为了降低由于注浆引起的地基不均匀,在缺陷桩较少的部位适当注浆,该部位注浆补强的孔数控制在缺陷桩注浆孔数的1/3左右。

(3)桩身上部出现裂纹的4根桩采用注浆补强,补强深度为3~4m。

(4)对倾斜率超过1%(断桩按上节桩长计算)的不满足规范要求的偏位桩采用树根桩补桩处理,改善偏位桩及底板受力特性。这一处理的原则可概括为:偏位超过1/3桩宽的边桩,完整桩不补桩,缺陷桩需要补桩。补桩设置在偏位桩的正外侧,紧贴基础外挑板的外缘设置树根桩,然后植筋扩大基础板。

根据上述的总体设计思路,各楼房具体采用的处理方案见例表6.1-6。

各楼房处理方案一览　　　　　　　　　　　　　　　　　　例表6.1-6

| 楼号 | 注浆补强 | | | | 补桩 |
	说明	孔数	注浆深度(m)	静力触探孔(18m)	(23m树根桩)
1号楼	西端全部缺陷桩,东端桩数的1/3	424	17.5	检测孔3个,对比孔2个	7根
2号楼	全部缺陷桩	350	15.5	检测孔3个,对比孔2个	4根
	裂纹桩	4	3.0		
5号楼	适当布孔	81	17.5	检测孔3个,对比孔2个	
8号楼	适当布孔	77	16.0	检测孔3个,对比孔2个	
10号楼	全部缺陷桩	307	17.5	检测孔3个,对比孔2个	14根
11号楼	东端全部缺陷桩,西端桩数的1/3	305	17.5	检测孔3个,对比孔2个	14根

续上表

楼号	注浆补强				补桩
	说明	孔数	注浆深度(m)	静力触探孔(18m)	(23m 树根桩)
14 号楼	全部缺陷桩	249	17.5	检测孔 3 个, 对比孔 2 个	14 根
总计		1 797	25 389延米	35	53 根

2.注浆补强

1)方案设计的原则

一是保证缺陷桩被包裹于水泥土加固体之中,无遗漏;二是布置水泥土加固体以后,仍然要满足建筑物荷载的重心和加固后桩基形心的重合要求,即加固体的形心要与群桩的形心重合。

2)方案设计

在断桩的四边设置 4 个注浆孔,注浆孔位置见例图 6.1-4。用钻机钻至设计深度,然后插入注浆管注浆至底板底面,注浆深度以进入第 5 层 1m 进行控制,这样在断桩的断裂处及断裂处以上范围内形成如例图 6.1-5 所示的截面形状,对断桩形成包裹,传递轴向压力,增大桩侧摩阻力。

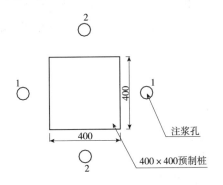

例图 6.1-4　注浆孔位置布置图(尺寸单位:mm)

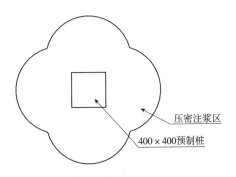

例图 6.1-5　注浆后截面形状(尺寸单位:mm)

对于两墙轴线交点处的桩,注浆孔的位置转动 45° 布置;对于位于墙轴线下的桩,只能在垂直于墙轴线两侧布置两个注浆孔;对于因底板隔墙障碍而使注浆孔的位置离桩中点的距离大于 50cm 的注浆孔,采用斜孔将浆液送到接桩处附近。

注浆材料采用强度等级 32.5MPa 的普通硅酸盐水泥浆,水灰比 0.5,掺入 2% 的水玻璃,使浆液具有早强性能。断桩断面上下各 2m 范围内,注浆压力取 0.3MPa,其余部位注浆压力取 0.2MPa,流量控制在 15L/min 左右。注浆时应对边同时以相同的压力、相同的提升速度对称注浆。为加速形成注浆结石体的强度,采用掺加水玻璃的措施,并通过试验确定其强度增长的龄期,作为控制上部建筑施工速度的依据之一。

3)施工流程

注浆施工流程见例图 6.1-6。

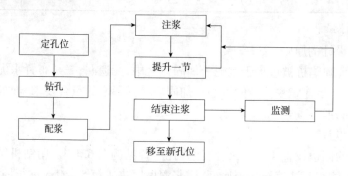

例图 6.1-6 注浆施工工艺流程

4)控制标准

注浆效果是否达到要求,主要以工作压力,同时参考水泥浆注入量为标准,当压力表缓慢升压到要求的工作压力并能保持其压力值时,认为已达到设计要求,可以停止注浆作业。

3.树根桩

1)方案设计的原则

根据前文分析,设计原则为:对于非断桩,偏位超过 30cm 的边桩在偏位桩的正外侧补 1 根树根桩;对于断桩,平均每根断桩外侧补 1.5~2 根树根桩。

2)树根桩设计

设计桩径 300mm,由于桩数不多,为方便施工,桩长统一取 23m,选第⑥层暗绿色黏土作为桩端持力层。水泥浆采用强度等级 32.5MPa 普通硅酸盐水泥,水灰比 1:0.75,注浆压力 2.0MPa,桩身混凝土强度等级取 C25,主筋 6 ϕ14,箍筋为 ϕ6@100,单桩承载力 400kN。主筋进入底板 450mm,保证每根桩的主筋与底板可靠连接。

3)施工流程(例图 6.1-7)

(1)成孔。钻进成孔过程中密切注意与成孔有关的泥浆比重、黏度、含砂率、胶体、失水量及钻机运转是否正常等情况,根据土层性质,调整沉钻速度,确保成孔的垂直度和桩身的完整性。

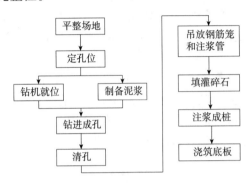

例图 6.1-7 树根桩施工工艺流程

(2)清孔。钻进到设计标高处,经确认后,将钻具固定在此标高处,低速转动钻具的同时稀释泥浆的浓度,直至孔内沉渣减少,泛出水清澈为止,孔底沉渣厚度小于 10cm。

(3)吊放钢筋笼和注浆管。将钢筋笼吊放入桩孔内,将主筋露出地表 150mm,确定居中后用铁丝将钢筋笼固定在桩机上。吊放注浆管于钢筋笼中心直至孔底。

(4)填灌碎石。在填灌碎石的同时通过注浆管不断注水清孔,并记录碎石的填入量,当填入的碎石进入到钢筋笼内约一半的深度后,每填高 1.0m,敲击钢筋笼数下,使其振动,密实碎石,直至碎石满到孔口。检验所填碎石量与设计填石量是否接近,确保碎石完全充填孔内。

(5)注浆成桩。按水灰比为 1:0.75 的比例用灰浆搅拌机调制纯水泥浆,采用工作压力为 2.0MPa 的砂浆泵,通过内径为 22mm 的导浆管,连续不间断地向孔内注浆,使浆液均匀地徐徐上冒,直至泛出孔口的水泥浆中无泥浆夹杂为止。拔出导浆管后,在地下水位以上的部分再用振动棒振实。每施工 3 根桩后随机取一组试块,作抗压试验,检查灌注情况,核实灌注量,并做好成孔灌注记录。

(6)浇筑底板。凿去桩头,凿毛接触面,清理干净后,先铺一层细石混凝土,然后浇筑混凝土承台。

4.施工措施

(1)加强地下室侧面填土质量控制。土料可采用粉质黏土,有机质含量不得超过 5%,不得夹有砖、瓦和石块,含水率控制在最优含水率附近;施工时采用分层回填、夯实,分层铺填厚度 200mm,压实系数不得低于 0.94。

（2）注浆时对桩周土体产生侧向挤土效应，孔隙水压力增大，严重时可能会危及工程安全。为了保证施工安全，同时为了便于指导施工，应设立监测点，对周边环境进行观测，及时了解沉降变化情况，合理控制注浆速率。观测期应包括施工期及施工结束后 2 年，观测应采用二级水准测量，水准点和观测点的设置与保护应严格按有关规定执行。

（3）施工过程中，注浆效应对桩周土以及上部结构的影响较为复杂。为了保证结构安全以及注浆量和布置桩数合理经济，应采用信息化施工技术。通过必要的信息收集手段，对获得的信息数据进行分析，合理确定下一步施工工艺，从而达到有效指导施工的目的。信息化施工程序如例图 6.1-8 所示。

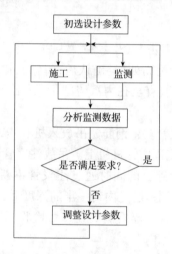

例图 6.1-8　信息化施工程序

注浆加固后，应对建筑物进行沉降观测，直至沉降稳定为止。

5.处理效果检验

由于目前底板已经浇筑，无法采用静荷载试验检验压力注浆处理效果的直接方法，只能选用切实可行的静力触探的间接方法。该方法要求注浆前后在指定部位分别进行静力触探，对比注浆前后桩间土特性，根据相关经验，估计压力注浆处理的效果。

根据上海市地基基础设计规范，用静力触探比贯入阻力可以估计单桩的桩侧摩阻力。对于黏性土，桩侧摩阻力由下式计算：

$$f_s = \frac{p_s}{20} \mathrm{kPa}$$

824

对于粉土和砂土,桩侧摩阻力由下式计算:

$$f_s = \frac{p_s}{50} kPa$$

这些公式说明,桩侧摩阻力与比贯入阻力是成正比的。前面已经充分地论证了本工程的单桩承载力是满足要求的,注浆增强缺陷桩的摩阻力完全是为了增加安全储备。根据上海地区的工程经验,注浆后比贯入阻力可以平均提高 50% 左右,由于在有效桩长的 60% 长度范围内桩侧摩阻力提高了 40%~60%,相当于整桩的摩阻力提高系数可由下式计算:

$$f_s = 1.0 \times 0.4 + 1.4 \times 0.6 = 1.24$$
$$f_s = 1.0 \times 0.4 + 1.6 \times 0.6 = 1.36$$

整桩的摩阻力提高的范围为 24%~36%,使群桩具有足够的安全储备,假定端阻比为 0.3,则考虑注浆的作用,桩基的安全度由下式计算:

$$K = 2 \times (0.3 + 0.7 \times 1.24) = 2.3$$
$$K = 2 \times (0.3 + 0.7 \times 1.36) = 2.5$$

注浆使桩基的安全度从原来的 2 提高到了 2.3~2.5。

在每幢建筑物中检测 3 个点的静力触探比贯入阻力值,检测的深度为地面下 16m,检测孔按图纸所标的位置在施工时开好孔,用木塞塞住。作为对比孔,在每幢建筑物的东西两端各作一个对比静力触探试验。

按注浆质量控制要求,在注浆达到 28d 龄期以后,以建筑物为统计单位,以检测处理深度范围内的平均值计算,处理后的比贯入阻力值与处理前的比贯入阻力值之比为 1.4~1.6。

关于注浆后何时可以继续施工上部结构,要根据注浆施工期间监测的情况确定,建造上部结构的进度应根据沉降观测的数据,视沉降发展速度进行调节控制。

案例二　综合型购物中心地下室结构裂缝原因分析及处理

一、工程概况

本咨询项目为 B1-2 地块大华综合型购物中心,项目位于上海市宝山区南端,地处宝山、普陀、闸北三区交汇处,规划用地范围北起地块用地红线,东至大华路,南至大华一路,西侧为 B1-1 地块巴黎春天商场。毗邻上海知名的生活、示范社区——大华万里生活社区,是整个大华虎城建筑群东侧的又一标志性建筑。

本工程由上海申新(集团)有限公司开发承建。总建筑面积75 448m²,建筑物地上12层,高59.0m,主要功能为商业娱乐和办公,建筑面积41 106m²。地下两层,其中地下一层为餐饮及零售,地下二层为车库及设备用房,共计地下建筑面积34 342m²。

上部结构:1-13轴~2-21轴为本工程两处独立的商场和电影院部分,地上3层,地下2层,高度20.4m,采用现浇钢筋混凝土框架结构;楼、屋面采用现浇钢筋混凝土梁板。1-1轴~1-13轴为本工程办公部分,地上12层,地下2层,高度59.0m,采用现浇钢筋混凝土框架-核心筒结构;楼、屋面采用现浇钢筋混凝土梁板。

本工程的地下部分,由大面积的地下二层组成,不具有人防功能。采用现浇钢筋混凝土框架结构。楼面采用现浇钢筋混凝土梁板。柱网8 400mm×8 400mm。地下室底板采用梁板结构,板厚500mm,板顶标高为-8.800mm,底板底标高为-9.300m。室内外高差为300mm。地下二层顶板采用180mm厚C30混凝土,双层双向配筋。办公部分地下一层顶楼面板厚180mm。商场部分在地下一层顶板开洞的相邻楼板加厚到200mm,其余部分楼板厚度为150mm,边梁加大到600mm×800mm。由于地下室面积较大,且与主体地下部分连在一起,为解决温度收缩产生裂缝以及沉降差异等问题,在结构纵横向设置多条0.8m宽的后浇带。

二、地下室结构性开裂的基本情况

2010年1月下旬发现地下室出现结构性裂缝。在地下二层的顶板处,局部框架梁柱的节点区域都出现了裂缝,在地下室的底板出现了连通的T字形裂缝。裂缝分布区域主要集中在18~22轴下沉广场处。在框架梁柱的节点附近,框架柱在接近梁底处出现了水平裂缝,框架梁在接近柱处出现了垂直或斜裂缝。以21轴上的一个圆柱(柱1)和22轴上的一个方柱(柱2)裂缝最为严重。

发现底板开裂的大致位置见例图6.2-1中的斜线区域,地下室底板出现的裂缝分布见例图6.2-2,地下室顶板出现的裂缝分布见例图6.2-3。

发现地下室出现开裂以后立即采取了如下的应急处理措施。

(1)安排变形及裂缝观测。

对相关区域地下二层底板及顶板标高测定,并观测其变化情况。

在地下二层相关区域内设置稳定的观测点(测点位置如例图6.2-1所示),进行二等水准测量,每24h应观测两次,并做好详细记录及对比数值,及时提供给各方单位。

每24h对已出现的裂缝进行一次观测,密切注意裂缝宽度及长度变化,并详细记录,如有突变应立即通知各有关单位。

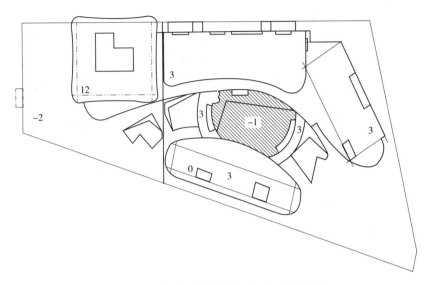

例图 6.2-1　发现底板开裂的大致位置(斜线区域)

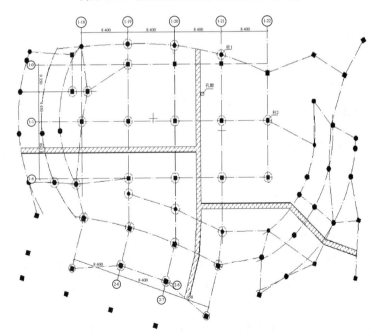

例图 6.2-2　地下室底板裂缝位置示意(尺寸单位:mm)

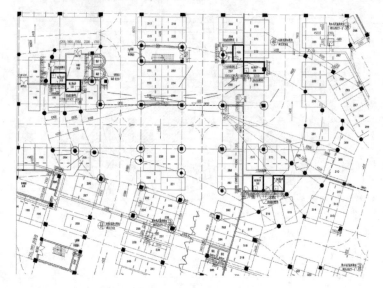

例图 6.2-3　地下室顶板裂缝位置示意

（2）采取底板开孔排水卸荷措施。

在底板相应位置开孔，并取得底板水压力数据。考虑实施条件，开凿 500mm×500mm 的孔坑，局部以小孔穿透底板，并设置滤网防止土体流失，测定水压，并记录涌水量，及时排出涌出的水。

（3）在此区域地下二层顶板上按设计的要求进行覆土加载。

①加载方法：初步确定采用袋装砂土堆载，加堆高度约为 1.6m。

②尽快安排底板 200mm 厚面层施工。

（4）各方对可能出现的情况进行分析预判，做好紧急处理预案。

三、基本资料摘录

根据委托方和设计单位提供的资料，与本项咨询有关的基本资料摘录如下。

1.场地工程地质条件

本工程场地地基土在 70.0m 深度范围内均为第四纪沉积物，属第四纪滨海平原地基土沉积层，主要由黏性土、粉性土以及砂性土组成，一般具有成层分布特点。各土层的分布如下：

1 杂填土，层厚 1.70~3.50m，土层底标高 3.25~1.15m。

2-1 粉质黏土夹黏质粉土，层厚 1.00~2.60m，土层底标高 1.14~0.02m。

2-3 砂质粉土，层厚 1.70~3.10m，土层底标高 −1.17~−2.58m。

4 淤泥质黏土,层厚 9.00~10.50m,土层底标高 -10.99~-11.98m。

5 黏土,层厚 3.80~7.00m,土层底标高 -15.37~-18.28m。

6 粉质黏土,层厚 3.80~5.80m,土层底标高 -19.85~-22.98m。

7t 粉质黏土,层厚 0.70~2.60m,土层底标高 -21.36~-24.61m。

7 粉砂夹薄层粉质黏土,层厚 1.40~7.10m,土层底标高 -25.20~-28.08m。

8-1 粉质黏土,层厚 0.60~19.90m,土层底标高 -40.97~-47.14m。

8-1t 粉砂夹薄层粉质黏土,层厚 0.70~3.60m,土层底标高 -42.89~-45.03m。

8-2 黏质粉土与粉质黏土互层,层厚未钻穿,土层底标高未钻穿。

2.场地水文地质条件

(1)枯水期地下水位。

室内外高差为 300 面。地下水位在室外地坪下 1 500mm。基础底板底标高 -9.3m。

水头:9.3-0.3-1.5=7.5m

水浮力设计值:$7.5 \times 10 \times 0.9 - (0.2 \times 20 + 0.5 \times 25) \times 1.2 - 2.5 \times 1.4 = 44.2 \text{kN/m}^2$

(2)丰水期地下水位。

室内外高差为 300 面。地下水位在室外地坪下 500mm。基础底板底标高 -9.3m。

水头:9.3-0.3-0.5=8.5m

水浮力设计值:$8.5 \times 10 \times 1.05 - (0.2 \times 20 + 0.5 \times 25) \times 1.0 = 72.75 \text{kN/m}^2$

3.采用的桩基工程有关资料

采用预应力钢筋混凝土管桩,柱下独立承台基础。局部地下室处以抗拔桩为主。

按上海市建筑标准设计图集《先张法预应力混凝土管桩》(DBJT 08-92—2000)(图集号:2000 沪 G502)选用预应力混凝土管桩,参数如下。

(1)桩外径为 400mm,管壁厚 80mm,桩身混凝土强度等级为 C80,型号为 AB 型。桩型为 PHC AB400 80 33,桩端持力层为第 8-1 层粉质黏土,工程桩数量共计 1 326 根。

(2)桩外径为 500mm,管壁厚 100mm,桩身混凝土强度等级为 C80,型号为 AB 型。桩型为 PHC AB500 100 43,桩端持力层为第 8-2 层黏质粉土与粉质黏土互层,工程桩数量共计 192 根。

(3)单桩计算:开裂的地下室所采用的抗浮桩的外径为 400mm,根据地质资料估算的单桩抗拔承载力见例表 6.2-1。

单桩承载力的估算

例表 6.2-1

C16号孔预制圆管桩单桩承载力估算表

桩端入土 d = 1.5　　桩径（mm）= 400

土层序号	岩土名称	侧阻力标准值 f_s（kPa）	桩顶绝对标高（m）	土层厚度（m）	抗压侧阻力提高系数	侧阻力（kN）	抗拔侧阻力降低系数	侧阻力（kN）
1	4 淤泥质黏土　土层底标高	25.00	-11.75	6.95	1.00	218.34	0.60	131.00
2	5 黏土　土层底标高	35.00	-17.55	5.80	1.00	255.10	0.60	153.06
3	6 粉质黏土　土层底标高	65.00	-21.75	4.20	1.00	343.06	0.60	205.84
4	7t 粉质黏土　土层底标高	55.00	-24.05	2.30	1.00	158.96	0.60	95.38
5	7 砂质粉土　土层底标高	60.00	-26.35	2.30	1.00	173.42	0.60	104.05
6	8-1 粉质黏土　土层底标高	55.00	-37.80	11.45	1.00	791.37	0.60	474.82

桩长（m）	33		桩抗压侧阻力（kN）	1 940.25	桩抗拔力（kN）	1 164.15
端阻力标准值 q_{pk}（kPa）	1 450					
端阻力提高系数	1.00		桩抗压端阻力（kN）	182.21	抗拔设计值（kN）	781.50

桩周长（m）	1.256 6	桩混凝土体积（m³）	4.146 9	侧阻分项系数	1.686 7	端阻分项系数	1.047 8	单桩设计值（kN）	1 324.22
桩底面积（m²）	0.125 7	端阻比	0.085 8						

根据单桩抗拔承载力的荷载试验结果,对桩径400mm、桩长33m的管桩,其抗拔极限承载力为1 120kN。

单桩抗拔承载力设计值由抗拔极限承载力除以分项系数1.6求得,其值为700kN;单桩抗拔承载力的容许值由抗拔极限承载力除以安全系数2.0求得,其值为560kN。

四、设计单位采用的处理方案

设计单位对地下室结构性裂缝的处理提出了4个备选的方案,经综合分析比较,考虑施工工艺要求、施工操作难易程度、工期、对环境的影响、经济指标等诸多因素,以方案三作为本工程加固补强的首选方案,经过讨论论证以后出施工图实施。

(1)采用方案:压重方案。

(2)荷载计算。

①丰水水头高度:$H = 9.3 - 0.3 - 0.5 = 8.5$m

②浮力作用设计值:$W_d = H \times 10 \times 1.05 = 8.5 \times 10 \times 1.05 = 89.25$kN/m^2

③结构自重加覆土自重:$G_d = G_{d1} + G_{d2} + G_{d3} = 17.5 + 2.915 + 24 = 44.415$kN/m^2

a.顶板+底板自重 $G_{d1} = (0.20 + 0.50) \times 25 = 17.5$kN/m^2

b.主、次梁、柱自重 G_{d2}

主梁:$[0.4 \times (0.8 - 0.20) \times (8.4 - 0.6) + 0.5 \times (0.8 - 0.20) \times (8.4 - 0.6)] \times 25$

$= (0.4 \times 0.6 \times 7.8 + 0.5 \times 0.6 \times 7.8) \times 25$

$= 4.212 \times 25$

$= 105.3$kN

次梁:$0.3 \times (0.5 - 0.20) \times [(8.4 - 0.4 - 0.3) + (8.4 - 0.5 - 0.3)] \times 2 \times 25$

$= 0.3 \times 0.3 \times (7.7 + 7.6) \times 2 \times 25$

$= 0.3 \times 0.3 \times 15.3 \times 2 \times 25$

$= 68.85$kN

柱:$0.6 \times 0.6 \times (8.8 - 5.10 - 0.20) \times 25$

$= 0.6 \times 0.6 \times 3.5 \times 25$

$= 31.5$kN

$G_{d2} = (105.3 + 68.85 + 31.5) \div 8.4 \div 8.4$

$= 205.65 \div 8.4 \div 8.4$

$= 2.915$kN/m^2

板顶覆土重 $G_{d3} = 1.2 \times 20 = 24$kN/m^2

④加固设计浮力作用荷载：$F = W_d - G_d = 89.25 - 44.415 = 44.835 \text{kN/m}^2$
加固设计全部采用钢筋混凝土压重。

⑤采用200mm钢筋混凝土面层，水浮力设计荷载：
$$F_1 = F - 0.2 \times 25 = 44.835 - 0.2 \times 25 = 39.835 \text{kN/m}^2$$

⑥8.4mm×8.4mm标准跨内须补偿荷载：
$$N_1 = F_1 \times 8.4 \times 8.4 = 39.835 \times 8.4 \times 8.4 = 2\,810.757\,6 \text{kN}$$

⑦框架梁底以下补偿荷载：
$$G_1 = 24 \times (8.8 - 5.1 - 0.8 - 0.2) \times (4.4 \times 8.4 - 0.6 \times 0.6)$$
$$= 24 \times 2.7 \times 36.6$$
$$= 2\,371.68 \text{kN}$$

⑧框架梁底以上板底以下补偿荷载：
$$G_2 = 22 \times (0.8 - 0.2) \times [(4.4 - 0.4) \times 8.4 - 0.6 \times 0.6]$$
$$= 438.768 \text{kN}$$

⑨合计补偿荷载：$G = G_1 + G_2 = 2\,371.68 + 438.768 = 2\,810.448 \text{kN}$

⑩补偿荷载折算混凝土高度：
$$h_1 = (2\,371.68 \div 24 + 438.768 \div 22) \div (4.4 \times 8.4 - 0.6 \times 0.6)$$
$$= 118.764 \div 36.6 = 3.245 \text{m}$$

⑪加固范围内须补偿混凝土体积：
$$V = (2\,371.68 \div 24 + 438.768 \div 22) \div 8.4 \div 8.4 \times 955 = 1\,608 \text{m}^3$$

⑫实际补偿混凝土体积计算。

局部加厚300mm钢筋混凝土体积：
$$V_1 = 430.364 \times 0.3 \div 24 \times 25 + 5.6 \times 3 \times 0.3 \div 2 \times 2 （坡道混凝土）$$
$$= 134.593 + 5.04$$
$$= 139.633 \text{m}^3$$

板内配筋：板厚$h = 200 + 300 = 500 \text{mm}$，配筋为二级钢16@200×200双层双向。
原基础底板植入一级钢8@600×600，钢筋末端弯钩拉住板顶钢筋。

⑬加高至板底混凝土体积：
$$V_2 = 264.234 + 215.871 - 21 \times 0.6 \times 0.6 （加高范围内21根框架柱面积）\times 3.245$$
$$= 472.545 \times 3.245$$
$$= 1\,533.41 \text{m}^3$$

框架柱四周外包纵筋为二级钢10@200，箍筋为一级钢8@200。

⑭楼梯间添加混凝土：$V_3 = 4.542 \times 1.2 = 5.45 \text{m}^3$

⑮合计混凝土体积:$139.633+1533.41+5.45=1678\text{m}^3>V$

(3)本方案结论。

抗浮计算公式:$W_d<G_d$

$$W_d=89.25\times955=85233\text{kN}$$

$$G_d=(44.415+0.2\times25)\times955+24\times1678=87463\text{kN}$$

$W_d<G_d$,满足抗浮计算要求。

(4)本方案特点。

优点:施工工艺要求简单,施工条件要求低,操作方便,工期短,对工程整体进度及周边环境影响小,施工质量容易控制和保障,有效的加固、补强了部分产生裂缝的结构构件(底板、柱、梁)。

缺点:占用建筑空间,限制了建筑空间的使用功能。

五、咨询意见

1.地下室结构性裂缝产生的原因分析

(1)设计单位对地下室结构性裂缝产生原因的分析意见如下。

根据现场观察裂缝分布特点及开展规律,经初步分析认为:

①本工程基坑深达9m,基坑开挖后土体回弹,产生向上变形。

②本工程各组成部分楼层数差异比较大,其中较高部分主体结构接近封顶,在上部荷载作用下桩基础产生沉降,产生向下变形。

③停止降水后,水位逐渐恢复,封闭后浇带后地下水无法排出,有水浮力作用,且局部地下二层顶板以上覆土尚未施工。

在以上三种作用的综合影响下引发了地基及基础的不均匀变形,导致本工程局部区域结构出现裂缝。

(2)咨询单位对设计单位上述分析意见的评估。

设计单位提出了上述三个原因,但其针对性不够充分。

其中,第1点原因是地下工程普遍存在的现象,而且回弹量一般不大,在建筑物荷载施加过程中又压回去了,只是增大了建筑物的沉降量而已,不会造成底板的上浮。

第2点是本工程的建筑体型所特有的,但也不是肯定会产生地下室上浮的原因,仅是在浮力作用下,地下室上浮时所受到的边界制约条件。

第3点讲了施工过程中发生的现象,问题的关键是设计与施工的协调不够。如果降水停止得比较早,则设计不能将顶板与覆土的重力计算在抗浮的抗力之内。

或者说,如果设计已经考虑了顶板与覆土自重的抗浮作用,那么施工单位就不应该那么早就停止降水。这些问题应该在技术交底时都讲清楚。所以,这个原因是管理上的原因,是设计与施工之间沟通与协调不够的问题,而并非技术性原因。

(3)咨询单位对本项目的地下室结构性裂缝产生原因的分析意见。

根据有关资料的数据,对地下室底板的变形作整体挠曲、测点间上浮变形平均斜率和底板上浮变形的等值线作如下分析。

地下室底板上浮时由于受到周围建筑物的制约,形成了不均匀的上浮变形,根据实测数据,计算的整体挠曲矢高比(上浮变形量与平均跨距之比)为6‰左右,已超过钢筋混凝土板所能承受的挠曲变形。

地下室底板各测点间的局部挠度如以平均斜率计算,计算结果见例表6.2-2。平均斜率从2.4‰到16.0‰,对比例图6.2-4的上抬量等值线,可以发现裂缝发展的方向与等值线密集的趋势是一致的。

测点间上抬变形平均斜率的计算 例表 6.2-2

测 点 A	测 点 B	平均斜率 $\Delta = \dfrac{s_A - s_B}{l}$(‰)
27	24	8.0
24	17	2.4
17	14	4.5
14	7	7.0
7	4	6.9
28	23	9.0
23	18	12.3
13	8	11.8
8	3	9.0
22	19	3.0
19	12	11.3
12	9	16.0
25	24	8.0
24	23	4.4
23	22	7.0
19	20	6.0

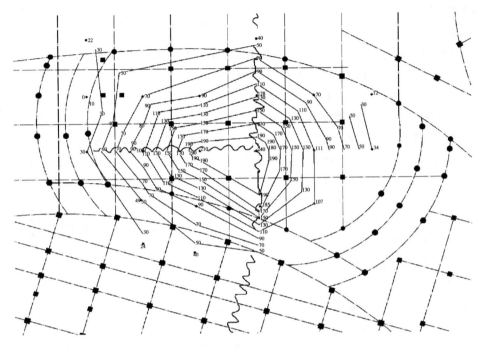

例图 6.2-4 地下室底板上抬量等值线

底板回沉与时间的关系如例图 6.2-5 所示。

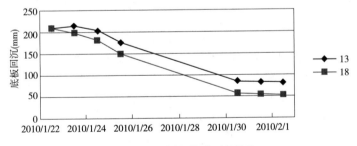

例图 6.2-5 底板回沉与时间关系

咨询单位认为,本工程在设计上存在先天的缺陷,再加上施工过程中过早停止降水,在设计表达式中作为抗浮作用的结构及覆土自重尚未完全施加时就停止了降水,致使地下水形成的上浮力超过了已建结构的重力,产生地下室底板上浮。但由于下沉式广场四周建筑物的结构制约,形成了地下室底板中部拱起,底板顶部钢筋出现塑性变形,混凝土开裂,地下室的一些梁柱也同时出现由过大的剪应力所造成的竖直裂缝、水平裂缝与斜裂缝。

设计的先天缺陷主要是指计算公式中所选用的系数之间不匹配,不符合有关设计规范的规定,包括桩型和桩长的选用也没有充分考虑抗拔桩的要求。

设计计算书的抗浮验算公式中所采用的浮力系数取值为 1.05 和桩的抗拔承载力系数取值为 1.6 之间不匹配,导致设计所用的抗浮安全度偏低。

采用抗拔性能比较差的管桩作为抗浮桩,选用 33m 的桩长又过长,致使接头过多,在浮力作用下发生接头被拉断的可能性增大,容易使抗浮桩失效。

关于抗浮的验算,上海市工程建设规范《地基基础设计规范》(DGJ 08-11—2010)的有关规定如下。

①第 5.7.9 条规定:箱形基础在施工、使用阶段均应验算抗浮稳定性。在抗浮稳定验算中,基础及上覆土的自重分项系数取 1.0;地下水对箱形基础的浮力作用分项系数取 1.2。

②第 6.2.7 条规定:单桩抗拔承载力应符合下式要求:

$$N \leqslant R'_d$$

式中:N——作用于单桩的竖向上拔力设计值,kN;

R'_d——单桩竖向抗拔承载力设计值,kN。对于由抗拔静荷载试验求得极限抗拔承载力或者根据规范的极限抗拔侧摩阻力计算得到的极限抗拔承载力,抗拔承载力设计值等于极限抗拔承载力除以 1.6 的抗力分项系数。

③第 11.9.4 条规定:采用垂直土层锚杆抵抗建筑物浮力产生的上拔力时,应按下式验算建筑物的整体抗浮稳定性:

$$W_d \leqslant nR'_d + G_d$$

式中:W_d——浮力作用设计值,kN,浮力作用分项系数取 1.05;

n——土层锚杆总数;

R'_d——单锚抗拔承载力设计值,kN,计算公式为

$$R'_d = \frac{R'_k}{\gamma_R} = \frac{R'_k}{2.0 \sim 2.5}$$

G_d——地下建筑结构自重设计值,kN,自重分项系数取 1.0。

从上述规范的规定可知,抗浮验算的系数匹配可以分别按不同设计状况取用:

当浮力完全由结构自重平衡时,结构自重的系数取 1.0,则浮力的系数应取 1.2。

当结构自重不足以克服浮力的作用,需要采用抗浮桩时,在上述所采用系数匹配的基础上,桩的抗浮极限承载力应除以 1.6 的系数。

如果采用抗浮锚杆,与锚杆的抗拔极限承载力除以 2~2.5 的系数相匹配的浮

力设计值才可以乘以 1.05 的系数。

经复查,本工程作抗浮验算时,浮力乘以 1.05 的系数,而对单桩抗拔极限承载力则除以 1.6 的系数。

按规范规定,当单桩抗拔极限承载力除以 1.6 的系数时,浮力应乘以 1.2 的系数,但设计计算时只乘以 1.05 的系数,浮力的设计值偏低。

可见,设计选用的这两个系数不符合上海市工程建设规范《地基基础设计规范》(DGJ 08-11—2010)的上述匹配要求。

根据设计单位所提供的抗浮力计算资料,进行比较计算如下。

设计采用的浮力5 425.0kN(乘以 1.05 系数)和结构及覆土自重2 487.7kN(乘以 1.0),单桩承载力采用700kN(分项系数取用 1.6),则计算的桩数由下式求得:

$$n = \frac{5\ 425.0 - 2\ 487.7}{700} = \frac{2\ 937.3}{700} = 4.2 \ \text{根}$$

如果按上海市工程建设规范《上海地基基础设计规范》(DGJ 08-11—2010)规定,浮力应为 6 210.0kN(乘以 1.20 系数),相应的单桩承载力也采用 700kN,则计算的桩数由下式求得:

$$n = \frac{6\ 200.0 - 2\ 487.7}{700} = \frac{3\ 712.3}{700} = 5.3 \ \text{根}$$

如果浮力值用5 425.0kN,相应的单桩承载力采用560kN(安全系数取 2.0),则计算的桩数由下式求得:

$$n = \frac{5\ 425.0 - 2\ 487.7}{560} = \frac{2\ 937.3}{560} = 5.3 \ \text{根}$$

例表 6.2-3 比较上述三种方法计算的结果,第 2 种和第 3 种方法的系数是按照上海市工程建设规范《地基基础设计规范》(DGJ 08-11—2010)的规定匹配取值,其计算的结果是一致的,而第 1 种方法由于系数不匹配,计算的结果比按规范方法的结果少了一根桩。也就是说,由于系数的不匹配,使有些承台下的桩数少了,使每根抗浮桩超载了 10%~15%。

抗浮桩桩数的计算   例表 6.2-3

方　法	浮力 (kN)	结构自重 (kN)	单桩承载力 (kN)	桩数 (根)
1	5 425.0	2 377.2	700	4.2
2	6 210.0	2 377.2	700	5.3
3	5 425.0	2 377.2	560	5.3

因此,地下室出现结构性裂缝的原因建议表述为:设计时预留的安全度偏小,在地下室结构的自重与覆土自重没有达到设计控制的要求时施工单位就停止了降水,当地下水位上升并形成浮力时,抗浮重力明显不足,致使抗浮的安全度进一步降低,上浮变形增大,使管桩局部薄弱的接头开始爆裂,荷载转移到其他的桩上,同时产生了更大的上浮量。在超载和大变形的双重作用下,这些桩相继拉断,抗浮能力不断削弱的同时,地下室底板不断上浮,当底板的挠度和梁柱的变形超过钢筋混凝土的极限变形量时,底板和梁柱就产生了裂缝。

2.对设计单位提供的处理方案进行论证

设计单位提出了锚杆、锚杆加压重、全部压重和静力释放 4 个方案。经过分析比较以后,采用全部压重的方案。

咨询单位认为,设计单位提出的这 4 种处理方案符合本项目的实际工程情况,都能有效地克服地下水所形成的浮力,在技术上都是可行的,也都有成功的先例。

在比较了上述 4 种方案的优缺点之后,从本项目的实际情况出发,从保护底板免受过多的伤害和缩短处理工期出发,选择了压重的方案,而且经过合理的布置,地下车库停车位的数量也没有受到很大的影响,因此可以认为设计单位所选用的方案是最佳的一种选择,具有技术、经济上的合理性,施工也是比较方便可行的。

3.对设计单位提供的施工方案进行数据复核

设计单位验算的最终结果如下。

抗浮计算公式:$W_d < G_d$

$$W_d = 89.25 \times 55 = 85\ 233 \text{kN}$$

$$G_d = (44.415 + 0.2 \times 25) \times 955 + 24 \times 1\ 678 = 87\ 463 \text{kN}$$

因此,$W_d < G_d$,结论为"满足抗浮计算要求"。

咨询单位认为,上述结论是在分项系数取值 1.05 的基础上得到的。但是对浮力分项系数取用 1.05 的方法,值得商榷。

上述浮力计算公式中的 89.25kN/m² 是单位面积底板下作用的浮力作用设计值,根据其计算公式可知 $W_d = H \times 10 \times 1.05 = 8.5 \times 10 \times 1.05 = 89.25 \text{kN/m}^2$,设计单位仍采取了 1.05 的系数。

在上述计算中,设计单位采用 1.05 的分项系数,咨询单位认为,这种取值的匹配不符合上海市工程建设规范《地基基础设计规范》(DGJ 08-11—2010)的有关规定。

此次压重处理方案的验算应按照上海市工程建设规范《地基基础设计规范》(DGJ 08-11—2010)第 5.7.9 条的规定进行,与结构自重的系数取 1.00 相匹配,浮力分项系数应取用 1.20。因此,单位面积底板下作用的浮力设计值应为 8.5×10×

1. 20 = 1 020kN/m²。

按此值计算,作用在 955m² 面积底板下的总浮力值应为 1 020 × 955 = 974 100kN,则压重的总重力 87 463kN 不足以克服所计算的总浮力。设计单位的结论也值得商榷。

六、结论

(1)设计单位提出的处理方案在原则上是合适的、可行的。

(2)在作加固处理的方案验算时,应吸取出现底板开裂的教训,不宜再采用 1.05 的浮力分项系数,应按浮力分项系数 1.20 验算压重方案。

第7章　土的工程性质与工程利用

试验、检测与监测的目的是为了掌握土的工程性质和在工程实践中能正确地加以利用。因此,在本书的最后一章就是讨论有关土的工程性质和在工程实践中如何加以正确地利用的问题。这个问题实际上包括了土力学和地基基础的很多内容,这里只能讨论一些网友提出的有关问题,其实,过去网友提出来的问题不止这些,有许多问题已经在前面的三本书中分析、讨论过,所以这里就不再重复了。

网 络 答 疑

7.1　勘察报告怎么提基床系数?

A 网友:

高老师您好,我是一名结构设计师。做筏基设计的时候,一般用弹性地基梁法计算内力和配筋,计算的时候需要用到基床反力系数,可是做的这么多的工程,在岩土工程勘察报告这却都不提供。对于简单点的工程,我们按照程序使用说明提供的基床反力系数的推荐值,根据不同的土质有个取值范围。但是取值的范围很大,也很笼统,人为调整的余地很大,总是感觉不够严谨,心里也没底。

对于比较重要的工程,我们一般是根据算出来的沉降值 s 和基底压力 p,反算一个基床系数 $K=p/s$,然后用此系数带入弹性地基梁法中计算配筋。

请问高老师,上述两种做法有何问题? 以后类似的工程,可否要求勘察根据《高层建筑岩土工程勘察规程》(JGJ/T 72) 附录 H,在勘察报告中给出基底基床反力系数的取值? 这个附录我看了,要求在基底处做载荷板试验,可是高层建筑的基底一般埋深都有几米甚至十几米,这种情况作基床系数试验不知是否可行? 我要求勘察报告中给出基床系数是否过分?

B 网友:

这不是很简单的问题嘛,勘察前就将要求给勘察单位,要求他们提供基床系数,如果要做载荷试验确定,你要写清就好了,业主知道你这个要求,勘察单位也从业主那拿到这部分费用就可以了,或者叫他们根据物理力学性质查表提供经验值也可以。

答　复:

先说基床系数本身的概念,基床系数并不是土的性质指标,而是一个计算参数。根据文克勒的假定,用一个个弹簧来模拟,基床系数就是这个弹簧的弹性常数,假定弹簧之间是没有联系的,也就是假定土不能传递剪力。但实际的情况当然不是这样,这仅是一个计算用的参数。

在文克勒提出假定以后的很多年,太沙基提出了用 1 平方英尺的压板做载荷试验求基床系数的标准试验,对于实际的基础提出按面积换算的经验方法。

太沙基同时提出,基床系数的取值误差对计算结果的影响是比较小的,这为采用经验取值的方法提供了前提,也就是说,基床系数数值的变化对弹性地基梁板计算结果的影响是不太敏感的。

因此过去的几十年间,勘察报告一般不需要提供基床系数,设计计算时可以按经验的数值取用,在一些讨论弹性地基梁、板的专著中都提供了各种土类的基床系数建议值,在有些规范中也提供了这种经验参数。

《高层建筑岩土工程勘察规程》(JGJ 72)附录 H 中关于用圆形压板的规定是有问题的,既然所建议的修正公式都是建立在太沙基方法的基础上,而太沙基用的 1 平方英尺的方形板,30cm 边长的方板面积为 1 平方英尺,而直径为 30cm 的圆板面积远小于 1 平方英尺,怎么可以用圆板呢?

你们根据算出来的沉降值 s 和基底压力 p,反算求基床系数 $K=p/s$,这个沉降是用弹性理论的应力解计算的,此时假定土是能够传递剪力的,这与文克勒的假定是不同的。将两种不同的概念混合在一起了,变成什么也不是了。

现在是糊里糊涂地提要求,糊里糊涂地试验,糊里糊涂地用,反正也没有实测验证过。据说,有时对试验结果没有把握,就在勘察报告中按照经验数值提一个数据。

7.2　中风化泥质砂岩的基床系数该取多少?

A 网友:

黄河南岸河漫滩某 47 层高层建筑,层高 193.55mm,主楼面积 47m×47m;拟采用中风化泥质砂岩为持力层的筏形基础形式,基础底标高约-18.0m,基底压力 1 100kPa。现基坑已开挖接近坑底设计标高,在进行载荷试验过程中,设计方要求提供持力层基床系数。

该场地砂岩物理力学性质较好,饱和单轴抗压强度7~15MPa,机械开挖困难,采用浅层爆破开挖;按照岩基载荷试验结果,圆形承压板直径0.3m;地基承载力特征值介于2 000~2 400kPa之间,最大加荷至9 200kPa地基土未产生破坏。按照4组载荷试验结果 p/s 计算的基准基床系数介于760~810MPa/m之间,考虑到受爆破影响和砂岩的裂隙,试验报告提供了基准基床系数为760MPa/m。

提交试验报告后,设计方按照砂土对基准基床系数进行修正,修正后的基础系数约200kPa;建设方认为修正后的基准系数太保守,造成筏板厚度过大,要试验单位提供修正后的基床系数。

请教高老师及各位同行,这种问题该怎么处理?

(1)试验报告要提供修正后的基床系数吗,还是只提供基准基床系数?

(2)规范只有黏性土和砂土的基床系数修正公式,采用砂土的修正公式来修正该场地的中风化泥质砂岩是否合适?

(3)设计方需要基床系数来确定筏板厚度,是不是采用弹性地基梁来计算基础反力;软岩地基上的筏形基础采用弹性地基梁是否合适?

答　复:

你们是需要用基床系数来确定筏板厚度,过去一般不需要做试验来测定基床系数,其原因是基床系数的数值对计算结果的影响比较小,在宰金珉教授的《高层建筑基础分析与设计》一书的第54页上给出基床系数的经验数据,认为是可以参考采用的。

现在做试验来测定当然也可以,但不知道为什么对试验结果做如此大的折减,那还要做试验干什么? 不是拍脑袋了吗?

软岩地基上的筏形基础采用弹性地基梁计算当然是可以的,软岩的基床系数是比土要大,但比硬岩要小,你们试验得到的介于760~810MPa/m之间应该是比较合适的。

在弹性地基梁计算中,基床系数的取值对计算的结果应该是不敏感的,所以一般可以采用经验的数值来计算。

怎么修正以后的数值减少得那么多? 是根据什么方法修正的?

A网友:

首先感谢高老师详细的解惑。这次做载荷试验初衷是获取软岩地基承载力特征值,试验过程中建设单位提出要提供基床系数。按照建设单位的说法,如果基床系数能达到500MPa/m左右,相对于220MPa/m的基床系数筏板厚度能减小1m

左右。

按照《高层建筑岩土工程勘察规程》(JGJ 72)附录 H 及《工程地质手册》关于"基床系数载荷试验方法"规定,载荷试验获取的是基准基床系数 $K_v = p/s$;同时规范给出了根据实际基础形状,计算修正后的基床系数 K_s。规范给出黏性土和砂土的修正公式。其中,砂土的修正公式为 $K_s = [(b+0.3)/2b]^2 \times K_v$;式中 b 为基础宽度。由于宽度较大,修正后的基床系数约为基准基床系数的1/4。

由于规范只有黏性土和砂土的基床系数修正计算公式,对于软岩是否需要根据基础形状修正基准基床系数,若需修正,按砂土修正是否合适?

B 网友:

我觉得不能用土体的修正公式,因为土与岩的破坏模型不一样。

C 网友:

《铁路桥涵地基和基础设计规范》(TB 10002.5—2005)给的值和设计方的值比较接近。

7.3 怎样描述和评价"软弱夹层"对地基基础的影响?

A 网友:

我们勘察的一项目,主体为450m 高与350m 高两塔楼,6 层整体裙房,5 层地下室。设计大底盘片筏基础(埋深 32~36m,面积约 6.5 万 m^2)。地层到 15~22m以下为白垩系泥质粉砂岩,中风化为主,完整性好,产状近水平。本地区原地基承载力特征值一般建议为在 1 000~1 200kPa,本项目出于挖掘地基潜力考虑,经大量的原位测试(载荷试验、旁压试验)、室内试验以及专家论证后,大大突破,建议的特征值为 2 500kPa,但该层中夹"软弱夹层"——相当于强风化,地基承载力特征值约500kPa。设计两塔楼基底压力为 1 900kPa、1 150kPa,裙房220kPa,软弱夹层分布规律不强。向高老师求教:

(1)如何评价"软弱夹层"对地基基础影响?

(2)设计院说50m 以内软弱夹层均有影响,是何依据? 什么样的影响可以在上部结构与地基基础共同作用下忽略?

(3)在这样大埋深,大面积基础下,地基的破坏可能会是什么样的模式?

也希望各方高手热烈讨论,赐教!

下卧层小于持力层地基承载力1/3 时,是相对的软弱下卧层。

通常来说,地基压塑层我们只考虑到基岩顶面,但由于该超高层荷载巨大,持力层岩石又是极软岩,压塑沉降恐怕不考虑不行。如果这个下卧层出现在0.5m、2m、4m、6m……这样的深度位置,会如何?

个人觉得设计院说的50m以内均考虑,是按地基压缩层计算深度 N 倍基础宽度的概略说法,没有针对本工程实际。

在这种虽是极软岩,但毕竟是岩层情况下,有那么深吗?

在某个深度内,影响当然有,但厚达数米的基础底板+地下室与上部结构这样大刚度的结构,对什么样的影响可以消化在结构内部,即不考虑地基这一块?

可能会有人要求我将"软弱下卧层"的分布用图表示,但据现场勘察(钻探),揭露的该层层位不稳,看不出规律,也表示不出其分布。我想极端的假设,该下卧层为水平成层情况,多少深度后,可以不考虑呢?

中风化泥质粉砂岩的变形指标与"软弱下卧层"的变形指标,我这里没有说(实际上中风化指标勘察没有给出,强风化"软弱夹层"也没给出。说明一下,这个勘察不是我做的,这件事是他们向我咨询的),因此考虑时,暂时只能按与承载力基本匹配的变形指标经验概算。

B 网友:

基底最大压力1 900kPa,其实附加应力也就1 300kPa左右,地基承载力是完全满足要求的,主要是沉降的问题,不知道夹层的厚度,沉降不好估算啊,根据夹层的分布深度和厚度可以估算一下沉降,中风化岩石的扩散角可以按照45°考虑。

答　复:

当时没有看到这个帖子,没有及时答复,非常抱歉!

如果软弱夹层的分布规律还没有搞清楚,那任何的评价和判断都缺乏依据。

该层中夹"软弱夹层"的评价是根据什么资料得到的,是钻探岩芯显示,还是波速变化异常?有没有比较定量一点的资料?如果平面和剖面上都没有确切的描述,怎么形成判断的概念呢?

由于工程比较重要,荷载也比较大,需要非常慎重地对待。现在不是讲可能性怎样,而是需要把地质条件探明以后才能讨论如何评价。

A 网友:

软弱夹层是部分钻探揭露,T1 号楼在基底标高以下有 3 个钻孔见到,分别位于基底以下 0.75~10.75m(即厚达 10m)、5.70~6.2m(即厚度 0.5m)、3.90~4.8m(即厚度 0.9m),因为均为钻孔点揭露,且钻孔分布在不同位置(即非相邻钻孔),无法判断其空间分布与规模。我曾提出设想,采用探地雷达物探探一下其分布,但说心里话,不敢确认物探效果会怎样。另外探地雷达,探测的有效深度有一定局限,故此,我觉得要探,最好设计先粗略地估算一下,在什么深度内的软弱夹层更有必要探查。设计说70m以内,我不知道这个70m有何依据。

载荷试验时,中风化泥质粉砂岩试验最大荷载7 500kPa,共6个载荷点中的最大沉降只有9mm多,去掉卸荷回弹量,只有4mm多,这样的岩基影响深度会那么深吗?

此外,想请教高老师,有什么好办法可以探明软弱夹层分布吗?

B网友:

本地亦是这种红砂岩区,会有一些泥质夹层。

(1)本地是近乎水平层理,这些夹层是成层出现的。砂岩相对完整性好,强度好,层间泥质的夹层,不厚,一般是几十厘米,取芯完整,强度低。

(2)本地的一般对该层的影响忽略不计。当然房屋没有这么高。

(3)本人的建议是:查清楚这个夹层是什么夹层(本人认为应该是层间成层出现的泥质夹层,原因是岩石成分);如果是层间夹层,那么相对容易查清楚;采用精确的钻探,查清楚50m范围的夹层,连成剖面,看是不是与层面一致;然后通过载荷板试验得到该夹层的承载力和变形特性。

(4)所以,无非是把该夹层作为一个岩土层,查清楚而已。

C网友:

重要的是查清了怎么办?

D网友:

已是两年前的事,不知如何解决了。对相对软岩做一下强度试验,如果强度可控制在安全度内,差异变形不会存在大的影响。因为还是岩石。

E网友:

是湖南长沙国金中心场地吗?

A网友:

岩层内的软弱岩层和土层内的软弱土层计算模式应该不同,但真难以找到相关的资料,在地方规范里可以找到的也只是经验验算,如在《贵州建筑岩土工程技术规范》里有这个,也基本是按土层的软弱下卧层模型进行验算,结果是对持力层的承载力进行折减后使用,但总感觉是理论依据不足。

F网友:

其实大家想一下,承载力是什么?建筑破坏形式是什么?岩石里面含软弱层很正常,如果地基承载力大小是从宏观上说,该地基承载力是满足要求的,建筑物主要是考虑是不均匀沉降问题,高层建筑变形比承载力更重要!

答　复：

从所介绍的基本资料来看，这 3 个钻孔中能见到的这个"软弱夹层"的厚度比较厚，而且厚度的变化也比较大，最厚的数据厚度达 10m，这就不是一般的夹层了。有的网友建议把它查清楚，这个意见很对，如果连厚度和平面分布都没有弄清楚，那就很难估计其对工程的影响。

从网友的讨论可以看出，这个项目很可能是"湖南长沙国金中心"，是一个没有继续做下去的项目。从当时的讨论的情况来看，勘探工作似乎也还没有深入到详细勘察的阶段，可能还是在初勘中发现的问题。

7.4　泥岩的承载力能不能作深度修正？

A 网友：

最近一个勘察工程，地层比较复杂，以泥岩为主，但局部有石灰岩，石灰岩连不成层，东一块西一堆的，大致分层如下：

(1) 杂填土：厚度 5.0m 左右，是新近挖山的碎石，肯定是不能用的。

(2) 泥岩：厚度 15.0m 左右，强风化，较破碎，标准贯入和动力触探打不动，击数相当高。天然抗压强度 0.05~0.81MPa，平均 0.34MPa（也有极个别大于 5.0MPa 的），划为极软岩，基本质量等级为 V 类。刚开始参考抗压强度、承载力表，取承载力特征值为 180kPa。后来做了四组浅层平板载荷试验，Q-S 曲线无明显拐点，按变形取了 192kPa、320kPa、247kPa 和 212kPa。局部的石灰岩强度相当高，抗压强度平均 90MPa。

(3) 泥岩：厚度 15.0m 左右，中风化，较破碎，天然抗压强度 0.42~1.00MPa，平均 0.72MPa（也有极个别大于 5.0MPa 的），划为极软岩，基本质量等级为 V 类。参考抗压强度、承载力表，取承载力特征值为 200kPa。

(4) 泥岩：厚度 15.0m 左右，中风化，较完整，参考承载力表，取承载力特征值为 240kPa。

拟建建筑高 32 层，基底压力 430kPa，二层地下室基础埋深 11.0m。

问题是，目前和设计人员还没有达成统一。

第一，深度修正问题：如果采用天然地基，设计人员认为：按《建筑地基基础设计规范》(GB 50007—2002) 附录 H，第 H.0.10-3 条岩石地基承载力不进行深度修正。如果要修正，必须把第 2 层泥岩从较破碎改为破碎或极破碎。但这种泥岩强度是很低，并不是很破碎啊。

第二，还是深度修正问题：不管是采用复合地基还是桩基，都存在软弱下卧层验算问题,这又涉及第 3 层泥岩,还是深度修正问题。又得把第 3 层泥岩改为强风化、破碎或极破碎。可是第 3 层明显比第 2 层要好一些啊,很是纠结。而且规范也说泥岩是可以不划分风化带的。虽然说凤化带划分、完整程度划分人为因素占主导地位,但初次第一印象应该是最准确的吧。

第三:按照设计的说法,天然地基不修正不行,复合地基还是桩基不修正也不行,反正是设计进行不下去了,我应该把第 2 层和第 3 层修改为强风化、破碎或极破碎。

答 复:

这个项目是有代表性的,这位网友提出两个如何执行规范和如何看待规范的一些规定的问题,第一个问题是岩石地基的承载力能不能作深度修正的问题;另一个问题是泥岩需要不需要和能不能测定压缩模量的问题。讨论这两个问题都有些麻烦,一时还真不是那么容易明确的。

岩石地基的承载力为什么不作深宽修正? 在 20 世纪 70 年代编制我国第一本《建筑地基基础设计规范》中作了这样的规定。

但这是一个在历史上形成的一种误解。当时认为如果是完整性的岩石,内摩擦角等于零,深度修正所得到的承载力增量是由滑动面上的摩擦力产生的,既然没有内摩擦角,当然就不能作深度修正。但关键是这个未经修正的量反映了岩石具有很大的内聚力。但如果内聚力不大,那是否也需要考虑内摩擦角的作用。

用岩石的单轴抗压强度确定承载力的时候,打了很大的折扣,对完整岩体规范给的折减系数为 0.5。单轴抗压强度的一半为内聚力,极限承载力为 $5.14c$,则 0.5 的折减系数,相当于安全系数取 5。对较破碎的岩石,折减系数仅为 0.1~0.2 是因为较破碎的岩石内聚力没有那么大,但不能说较破碎的岩石内摩擦角也等于零,而因此不能考虑深度修正。较破碎的岩石,两头都落空了。在 20 世纪 70 年代初编制 74 版规范时,没有对岩石地基的承载力给以更多的关注,是因为那个年代的建筑物不高,对地基承载力的要求不高,足够用了。现在要造 30 层的高层建筑,问题就突显出来了。

设计要计算沉降,一定要用压缩模量,勘察做了载荷试验,只能提供变形模量,怎么办? 岩石不能做压缩试验,为什么? 很简单的道理,谁有本领用环刀切岩样! 所以要求提供泥岩的压缩模量是一个笑话,读土力学时做的压缩试验都已经忘记了。那么工程问题如何解决呢? 在《高层建筑岩土工程勘察规程》(JGJ 72)的第 53 页附录 B"用变形模量 E_0 估算天然地基平均沉降量"中就有现成的方法可供使用。关于这个方法的原理在以后有机会时再深入讨论。

其实,在泥岩上造 30 层楼,沉降会有多大? 心里没有底,可以计算一下,但希望能积累沉降观测的数据,为以后反算模量或者确定是否需要计算沉降提供资料。

7.5 人工堆土形成的坡地勘察如何评价?

A 网友:

有一个工程,地层如下:0~7m 为淤质土,7~25m 为软可塑、稍密的黏性土及粉土,25~35m 为软塑的粉质黏土,35~45m 为可硬塑的黏性土,45m 以下为碎石土及基岩。业主拟在地表最高堆土 9m 形成人工坡地,再在人工坡地上建别墅及高层建筑,拟采用桩基础,作为勘察来说怎么评价?

B 网友:

场地存在厚层饱和软土,勘察评价宜包括以下方面:

(1)现状条件下,堆土形成土坡的稳定性;如不稳,提出处理措施建议(刚好可以用预压,不宜采用加增强体的方法,因为以后建筑物要用桩基础)。

(2)基础形式建议,不能仅考虑现状,要结合处理后形成土坡的条件进行评价,要结合设计地坪标高。

(3)应建议甲方在堆土完成后进行建筑地基勘察,别墅不一定用桩基础。

一己之见,仅供参考。

答　复:

在这样的地质条件下堆高 9m,人工造山的代价是非常大的。如果甲方不惜代价地要建造,勘察时需要评价堆山的地基稳定性问题,地基变形的范围及沉降的持续时间,后续变形对建筑物地基及桩基所产生的影响。

因此,一般勘察可能解决不了这些特殊的问题,因为上述这些评价的依据很难非常充分,需要做一些特殊的研究工作。

在上海,曾经为类似工程做过现场大的型堆高试验,堆山对桩基影响的原型试验,根据研究结果将原来的 4.5m 堆高,建议减少到 3.5m,不然不仅沉降量大,而且影响范围很大,沉降长期不能稳定。堆山引起建筑物桩基的负摩擦力影响与距离的关系十分明显。现在这个项目正在建造之中,建筑物的观测仍在进行之中(这个项目现在已经结束,技术总结见本书第 3 章案例—软土地基上大面积堆载试验)。

7.6 明德林应力系数能否这样应用?

《建筑桩基技术规范》(JGJ 94)明德林应力系数表多达 36 页,但将其函数化用来编程无非是多花点时间的简单事情。我有以下问题供讨论。

(1)公式(5.5.14-1)至公式(5.5.14-5)疏桩的沉降计算能否用于常规桩距的情况。我认为比基于布氏应力解的等效作用分层总和法更好些,可以算那些桩有长有短,同时考虑承台底地基土分担荷载的复杂情况。另外,可以真正考虑类似相邻荷载影响的情况。

(2)规范给出的下卧层承载力验算总是让人争议,有拍脑袋之嫌,是否可以用明德林应力解求下卧层顶面的附加应力,当然荷载用标准组合值,桩侧桩端应力分担参照沉降公式的注解,承台底地基土承担荷载时,用布氏应力解求,再和桩的应力叠加一下。这样从理论上不是更能说清吗?

(3)条文说明解释明德林应力解的缺点主要是不能手算,可这年头谁还会用手算?

以上问题请高老师及同行予以关注!

答　复:

这位网友提的问题很有意义,其意义是不能将人的思想框死在规范的框框中,这位网友突破了规范的束缚,其实明德林的应力解是现成的,至于怎么实现计算,规范没有必要给出长达40页的系数表;如果编程计算,一切都很简单了,规范只要提出计算的模式就可以了。

常规桩距的群桩沉降计算采用简化为实体基础的方法,是为了手算方便,如果用程序计算,当然可以考虑桩、土、承台的相互作用。

下卧层的验算应力扩散是一个问题,但更离谱的是下卧层的承载力如何确定,能用浅基础的公式计算吗?

A网友:

非常感谢高老师第一时间回复。我问题的出发点是这样的:

(1)这几年高层建筑很多,想收集一点变形观测资料,发现在小城市太难了,我所知道的100%竣工后就不测了,也不知自己平时算的是否有道理,想用理论上应力更明确的方法。但规范的表述似乎没开这个口,某种条件下用某种方法,固定化了,花时间编的软件只能自我欣赏,很是遗憾。

(2)单位结构人员有时对桩端下有软土层很担心,而且他们审图是要附计算书的,岩土方面的问题找我们商量,那个下卧层承载力验算也让他们糊涂,常$\sigma_z <0$,取0,但准永久组合下桩端又有附加应力了,把本应紧密联系的承载力和变形割裂开了,我当然知道桩端下卧层承载力一般不是问题,但我们岩土工程师应该对结构工程师提出合理的解释。

答　复：

你能注意收集沉降观测的资料,很可贵。在岩土工程中,原型观测的数据特别宝贵,这些资料是我们认识客观世界的源泉,是积累经验的基础。希望你能坚持不懈地积累资料,以验证和修正计算方法,规范中的许多修正系数、经验系数就是这样一点点积累起来的,开始是有点自我欣赏,但只要是金子总会发光的。

你所说的桩基的软弱下卧层验算与沉降计算之间,由于荷载与应力传递的考虑不同,确实能发现一些矛盾,这仅是反映在规范中的某些经验,但并不代表客观世界就是这样的。桩基的承载力验算用的是荷载的标准组合,而计算沉降用的是准永久组合,数值不同,验算的不是同一个状况,不能比较。下卧层验算是采用荷载扩散的简化计算方法,扣除了摩阻力后传到桩端处;而桩基的沉降计算时,将承台底面的压力直接作为桩端标高处的压力,这两者的假定是有差别的,这也是验算不同的设计状况。

7.7　高填方下的负摩阻力如何计算?

A 网友：

最近有个项目,因为我们这边是丘陵地区,场地平场存在大面积的半挖半填,填方最大约 50~60m,回填过程中设计要求压实系数 0.90,当然,在施工后进行检测的话,都达到要求的(其实哪个检测随便怎么样都能达到,实际回填很厚一层,而检测只是每层的表面),现在回填时间约两年了,最大沉降可能有 4.5m,我的问题是：

(1)负摩阻力要等回填多久才不算,如果算的话回填土中的负摩阻力系数怎么取,如果按照规范我们这边经验是 0.30,那做桩的话,由于桩存在负摩阻力,减去桩的正摩阻力,桩基本上没有承载力了,如果先进行处理,如强夯后,强夯影响深度最多 10 来米,那么强夯影响深度范围内及强夯影响深度范围下取多少呢,这个一直都没经验(规范有没明确,深度小的时候,体现不出来,深度大了,这个问题就很明显,我做的勘察一般取它强夯后整体取的 0.25 或者 0.20,这种合理吗? 按这种取出来,桩的承载力还是很小,而且对于特别是现在回填已经 2 年了,现在看来填土的沉降量已经越来越小了)。

(2)回填土的自重固结沉降与时间的关系,有比较合理的计算方法吗?

答　复：

你们这个工程还是挺典型的,那么厚的回填土,而且能分层碾压并检测质量,确实是难能可贵的。

不知道建筑物多高,规模有多大,准备采用多长的桩,桩端支承在什么样的土层上,因为负摩阻力与桩端支承条件有着密切的关系。

对于你们这个工程,不能采用桩基规范的公式来计算负摩阻力。因为你们是压实填土,不是一般的未压密的填土,土层的性质不同,对工程的影响程度就不同,所以不能照搬桩基规范的公式,不然你们的分层压实不是白做了吗?

只有填土作用下尚未完成的沉降才可能造成负摩阻力,不知这个项目的地基土的条件如何,也不清楚填土作用下天然土层的沉降会有多大,会延续多少时间。

如果你们测量了填土面的沉降,有沉降与时间关系曲线的话,就有办法估计还有多少沉降将在桩基施工以后发生,也可以再研究建筑物下桩基的沉降,才可以估计能产生多大的负摩阻力。

A网友:

是冶金建筑场地,重的单桩载荷很大,长的桩会有40~50m长,实际钻探过程中,发现并不是和哪个试验资料完全一致,有很多跨孔的地方,当然现在要好点了,因为毕竟有两年时间了,但是如果不采用桩基规范的公式计算负摩阻力,我们又用什么方法来确定这个负摩阻力呢?因为毕竟作为我们工程技术人员来说是搞应用科学的,很难通过什么简单研究就能得出负摩阻力是多少。

答 复:

有没有填土的沉降观测资料?如果有,就能估计还有多少变形可能产生负摩阻力。

7.8 CFG 桩检测承载力不够,换填桩间土是否可行?

A网友:

采用 CFG 桩地基处理后复合地基承载力要求为 280kPa,现单桩承载力为 1 600kPa,桩间土天然承载力为 140kPa,没有达到设计的预期。现准备对桩间土进行加固。桩间距为 1.80m,处理方案是将桩间土下挖 1.50m,采用砂石垫层换填,换填后能否达到设计要求?

答 复:

你说的这种方法需要在桩之间挖土施工并进行换填,要达到规定的密实度要求并非易事,而且容易在施工过程中造成对 CFG 桩的破损,因此采用桩间土的换填施工并不是一个好的方案。

建议最好不用换填,可以采用素混凝土短桩,水泥土短桩等方法来实现在不挖除桩间土的条件下进行加固。

7.9 怎么在现场快速鉴别土？

A 网友：

现在经常遇到基坑验槽，在验槽过程中，由于勘察手段和钻孔间距先天不足，导致需要熟悉工程地基土性质的岩土工程师，在野外快速鉴别土的状态或密实度，为设计人员提供相对准确的地基土承载力值，这就需要大家共同来完善这些野外鉴别土的状态方法。

对于黏性土和碎石土在鉴别上，《岩土工程勘察规范》(GB 50021—2001)附录表 A.0.6 对碎石土已经做了表述，黏性土状态也有些规范做了界定，就是没有看到"砂层的密实度怎么在野外进行鉴别"。希望知道的发帖上来，大家共享！

另外，发此帖目的还有，希望大家在野外鉴别地基土密实度或状态，以及快速确定承载力的方法，最好是"独门绝技"让大家分享，或者借助微型小工具来辅助鉴别更有说服力！大家能不能说一下，一个人体重 60kg，脚穿 39 码鞋，站在黏土层，人脚掌每平方米的荷载是多少？是不是 $25cm \times 9cm = 0.022\ 5m^2$，那么双脚面积为 $2 \times 0.022\ 5 = 0.045m^2$，那么计算得到脚掌底面荷载值为 $0.6 \times 0.045 = 13.3kPa$。那么单脚立地，荷载值也只有 26.6kPa。是不是可以这么说，人可以站立在淤泥上而不下陷？因为一般认为，上海的淤泥承载力有 $80kN/m^2$，一般淤泥也有 $40 \sim 60kN/m^2$。但是跟现实生活上感觉存在差异，人站在淤泥上一般要下陷，下陷量能不能来作为界定淤泥承载力高低？好像大家都没有经验。问题到底出在哪里？

答　复：

A 网友的想法很有意思，使我想起了俞调梅先生给我们讲过的故事，在太沙基以前，还没有取土试验和现场试验的勘探方法时，土层承载能力的大小，全凭工长用皮靴跟去踩土，根据陷入的深度来判断。太沙基感到这样的方法不标准，各人的力气不一样，深度就会不同。于是，他就提出标准贯入试验的方法，进一步发展了土工试验的方法，发展了太沙基土力学，成为今天勘察规范的理论基础。

80 多年过去了，太沙基从工程实践中总结出来的方法已被供奉在技术的殿堂里，冠上许多强制性的光环，使其脱离了产生太沙基土力学的生活基础。今天的岩土工程师为什么在困惑之余，所追求的理想途径又回到了太沙基时代最原始的方法。值得令人深思，说明我们的技术体系(包括技术教育体系)中出了什么毛病。

A 网友希望在现场快速鉴别土的方法，实际上各个地区都是有的，带有很大的地区性。但任何工具都要靠人去运用，靠人的经验去判断。在今天，计算技术飞速发展,人们似乎离开了数值计算、离开了软件就无法生活和工作了。但对最直接、最简单的方法似乎都不值得一顾,读书时,没有机会到现场;工作了,也没有机会到现场,没有机会到试验室。鉴别土的简单工具、简单方法都没有用过,没有学过。因此,A网友的呼吁和希望,是很有意义的,希望网友们介绍和交流自己的经验和体会,也希望大家向你们单位里的老工程师请教学习,将各个地方结合当地特点的简易鉴别方法掌握起来,传下去。

7.10　怎样考虑基础形式?

A网友:

现有一国外电厂工程,海相沉积地层,地震大于8度,地下水位高,约地面下1m左右;地层主要为软土,厚度大于50m,0~40m段,标准贯入击数2~6击,40m以下,5~7击(未修正),土工试验暂未出结果,静探数据还未统计出来,针对这种地层,请问一般采用什么基础形式最为妥当?

岳建勇答:

上海是比较典型的滨海平原地貌,地面下30m左右范围内为软弱土层,估计你这里的工程地质条件比上海地区还要软弱。

基础形式:首先要明确你上部结构对基础设计要求,如荷载特点、大小、沉降控制标准,以及工期要求、相关的地方施工经验;其次,收集相关类似工程资料作为参考和相关的设计依据,如执行的规范,等等。

没有上述资料,讨论基础形式比较困难。从工程经验来讲,估计需要采用桩基础,至于何种桩基础,需要结合相关资料,考虑技术、经济、施工条件和环境要求,再确定。

B网友:

有人提出采用振冲碎石桩,不知可行否?

C网友:

我记得高老师说过,这种地层不宜用振冲碎石桩和CFG桩。

岳建勇答:

不建议采用振冲碎石桩和CFG桩等质量不易控制的桩型,建议采用预制桩或者灌注桩,需要结合上部结构荷载特点和要求确定。

A网友:

岳教授,软土层如此厚,可以采用灌注桩吗? 成孔能达到要求吗? 像2~6击的软土都快成淤泥了呀? 预制桩可行性高些吧!

岳建勇答:

灌注桩应该可以做,类似温州地区也有 30~40m 厚的淤泥,但泥浆护壁成本高,技术难度也大;需要结合地方的施工经验,在国内是可以的,有这个条件。

如果能用预制桩当然首选预制桩,质量有保证,而且成本也低,但要看环境影响条件如何,能不能允许用。

看来需要综合考虑确定桩型,慎重选择。

7.11　外国同行不知道什么叫特征值该怎么办?

A 网友:

请教由填土承载力推广到软弱下卧层计算的问题。

我们一般的软弱下卧层计算都是采用的《建筑地基基础设计规范》(GB 50007)中的算法。其中关于承载力,采用的是承载力特征值的概念,软弱下卧层的承载力特征值是经深度修正以后的特征值。

我的问题是,如果是一个国外项目(外国同行根本不知道什么叫特征值,只知道太沙基的极限承载力和容许承载力),或者大面积填土项目(承载力计算采用的是太沙基极限承载力公式),那么,我们在验算软弱下卧层时,软弱下卧层的承载力该如何计算? 如果采用承载力特征值的概念,没得说,依据规范即可。但是,如果采用太沙基的极限承载力计算,持力层的承载力可以根据基础的宽度、埋深等计算,但下卧层的承载力如何计算呢?

答　复:

这位网友所提出的问题也有一定的代表性,当年,我是这样来回答他的:

(1)你所发现的问题是由于不同的标准化体制所造成的。

(2)世界上存在两个不同的标准化体制,一个是基于太沙基的理论形成的标准化的体系,一个是基于苏联的技术规范的标准化体系。

(3)我国在 20 世纪 50 年代初,从苏联引进了他们的标准化体系,用了 20 年的时间后开始编制我国自己的规范,在 70 年代初期那样的历史条件下,当然不可能引入基于太沙基理论形成的标准化体系。

(4)在 80 年代改革开放初期,我国讨论过我国的标准化体系该怎么发展,意见有分歧,各个行业都照自己的理解在发展,但基于太沙基的理论形成的标准化的体系并没有在我国得到很多的使用和发展。

(5)在做国内工程时并没有什么矛盾,但一旦到市场经济国家,矛盾就出来了,加上我国的工程教育内容只是以我国的技术标准为依据,缺乏必要的包容性,使得培养出来的学生,也就是我国的工程技术人员,知识面太窄,看国外的资料也看不懂,更不要说用国外的技术标准了。这就是你所遇到的问题的历史和现实背景。

(6)怎么办呢? 如果你做国外的工程,你就要根据不同国家的规定,采用不同的规范,你应该看得懂国外的规范,也能用。关键是你不能老是用我国的习惯去看国外的规范。《建筑地基基础设计规范》的特征值,人家是不懂的,也是无法翻译的,你如果翻译为容许承载力,人家也就懂了。《建筑地基基础设计规范》的那个承载力计算公式来自苏联,人家也是不用的。如果在载荷试验的曲线上取容许承载力和极限承载力,人家就懂了,极限承载力除以安全系数也能得到容许承载力。至于验算软弱下卧层,国外也不用这套方法,需要时按双层土的承载力概念进行分析。

在编辑成书时看到了这个回答,时间又过去了若干年,不知道这位网友在后来的涉外工程中还会碰到什么样的困难。我总感到我们作为学校老师的,很对不起我们的学生,他们学习了土力学而不知道太沙基,学习了基础工程却不会用极限承载力公式,把学生教成了"半瓶的醋"实在是很不应该的。

近年来,随着我国"一带一路"的发展,做国外工程并不是个别的了。我们的工程师可不要像20世纪50年代初到我国来指导工作的那些苏联专家那样把自己国家的一些经验当作普遍真理推行到受援国去。

7.12 在静载荷试验时如何考虑桩的负摩阻力?

A网友:

请教高老师及各位,我现在工作中遇到的"存在负摩阻力管桩检测时如何取值"的问题。

某工程地质大致情况为上部为十几米的松散填土,其下为几米的黏土,再下面就是花岗岩强风化。设计采用400mm直径管桩,以强风化为持力层,正摩阻力加端承力取值为1 700kN,考虑十几米的松散填土,负摩阻力取值为300kN,考虑负摩阻力产生的下拉荷载后的桩承载力特征值取为1 700-300=1 400kN。现在做桩基检测时,设计单位要求按1 700kN的特征值做检测,这样试验时的极限值就要达到3 400kN。他们的理由是:十几米的松散填土在后期会产生较大沉降从而产生负摩阻力,而在桩基检测的时间点,负摩阻力还未产生,所以在检测时的正摩阻力加端承力要达到1 700kN才能满足后期产生的负摩阻力的不利影响。现在甲方和施工单位对400mm直径桩,按1 700N的特征值去做检测很是担心,觉得有较大风险。

B 网友：

对于这种存在负摩阻力的管桩,检测时真的要按这种扣除负摩阻力之前的大值来检测吗?

C 网友：

由于静载试验阶段,无法检测负摩阻力,故设计考虑是有道理的。

D 网友：

这个问题在工程中碰到的比较多,争论也比较大,也没有相关规范规定应该怎么做。

E 网友：

规范不一定规定得这么细,自认为设计对桩基检测的分析还是有道理的。

F 网友：

我的理解是：

(1)依据《建筑桩基技术规范》(JGJ 94—2008)第5.4.3条,负摩阻力是作为外加荷载作用在桩上考虑的,这个工程的单柱荷载+桩基的负摩阻力=总荷载,总荷载除以单桩承载力=桩数;

(2)单桩承载力是与地基土性质和桩身材料等有关的,在这些条件确定时桩基承载力是确定的,桩基检测也是确定的、明确的,A 网友所讲的这种情况是对概念的逻辑关系的误解。

以上仅是个人意见,不正确之处还请大家指正!

G 网友：

需要明确业主和施工方担心的事情:单桩承载力主要由两部分桩身结构强度和地基土极限支承力确定。

H 网友：

是担心桩身结构无法满足要求,还是地基土极限支承力有问题?

建议可以在大规模工程桩施工以前,先进行一定数量的试桩,直接为桩基设计提供依据,同时也可以控制工程风险;根据试桩结果再进行桩基设计。

答　复：

这个帖子讨论了在静载荷试验时如何考虑桩的负摩阻力问题。第一个问题是要不要考虑? 如果需要考虑,那么第二个问题就是如何考虑负摩阻力,是加还是减?

看来,在工程师中存在着不同的见解,需要通过讨论来求得统一的看法。

我们来看这位网友所介绍的工程的情况:"上部为十几米的松散填土,其下为几米的黏土,再下面就是花岗岩强风化。设计采用 400mm 直径管桩,以强风化为持力层。"很显然,这个十几米厚的松散填土如果不在设置桩以前压密的话,在设置了端承桩以后,填土的继续压密就会施加负摩阻力给桩。需要请大家注意的是,这个负摩阻力的性质是什么? 究竟是荷载还是抗力?

大家不要被"负摩阻力"中的"摩阻力"三个字所迷惑了。认为既然是"摩阻力",那就是抗力了。其实,这是大错特错了。"负摩阻力"是荷载而不是抗力,因此,"负摩阻力"的存在,将会抵消掉桩的一部分承载力。因此,"单位要求按1 700kN的特征值做检测"的要求是正确的。

7.13　如何处理回填土地基?

A 网友:

深厚新填土,常规的做法是不提供承载力,理由是说,新填土自重固结沉降没有完成,不具备承载力。规范的填土查表数据,也是针对回填年限比较久远,例如10 年以上的。填土地基的设计承载力,多是预估一个地基处理承载力进行初步设计,然后根据检测承载力使用。

我的问题是:如果不提供"原始填土"(未经处理)承载力,但是地基处理的深度比较浅,比如基础埋深 2.0m、换填 2m,4.0m 以下的"原始填土",就是下卧层。下卧层承载力就无法验算。有的同学就说,处理深度应该加大,但是有的新填方厚度达30m,强夯影响不到。深部填土没有承载力,地基设计的下卧层承载力总是一个空白。

所以,我觉得,无论新填方还是什么,都应该提供承载力和变形参数,但是这个需要经验积累。特向高老师,岳博士,诸同行请教!

岳建勇答:

这确实是个比较困难的问题,一般直接采用深厚填土作为建筑地基还应慎重,主要是工程经验太少,填土的变异性和不确定性因素太多,如果可能进行现场试验工作,积累资料,特别是长期沉降变形资料,供类似工程参考。深层土体承载力原则上也可以进行深层平板静载试验,进行评价参考。

B 网友:

我有一个想法,就是基础附加应力消散范围,也就是沉降计算范围内的,必须得夯实到位,处理到位,使之具备承载力,提供变形模量。

计算深度以下的,就不管承载力这些了,只管后续的自重固结沉降。

C 网友:

我现在也遇到这样一个问题,填土填龄刚好 10 年,填土厚 10m,上部要修建一个公共厕所,设计非要承载力,说不提供就不能设计。严格按规范基础比修主体费用要高很多。

D网友：

填土上还是应该极其慎重，不能因为在应力影响范围之外就可以不考虑。如有的采空区深度可达80~200m深，其上修建荷载较大的建筑物仍会发生沉降或不均匀沉降的可能。

E网友：

新近填土当然有承载力，这个数值也很容易通过试验得到。但是，新近填土是欠固结土，基础沉降计算中需要把欠固结土的自重应力引起的沉降量也计算进去，由此一来，基础沉降总量大多数情况下可能超过限值了。在此情况下，即使填土的承载力足够，也无用。

F网友：

我觉得对于填土作为持力层，沉降计算是控制项。其他的基底承载力、下卧层承载力验算应该不是控制项。

G网友：

对于假设厚30m的欠固结填土来说，若基础的附加应力导致的沉降计算深度是20m，若只计算附加应力影响的20m厚变形是不可以的，因为漏掉了下部10m厚欠固结土在上层土及自身土的自重应力下还会发生的固结沉降，这个沉降量可能还会很大的。

H网友：

若是80m厚的填土，那沉降量更大。

I网友：

(1)新近填土并不是说没有承载能力，应有一定的承载力。习惯做法是因为不能作为持力层，不给出其值。

(2)承载力是否与变形相对应的，填土自重固结未完成且不均匀性等，后期的沉降很大，不能满足设计要求。如果对沉降有一个较准确的估算且满足设计要求，次要建筑物选择填土作为天然地基也未尝不可。

J网友：

I网友啊，你自己修的房子，你愿意放在刚堆起来几个月的烂泥巴上吗?!

K网友：

诚然回填土是一种物质，不可能消失，但其变形不可控! 所以变形问题在填土上都可能发生!

L网友：

A网友的问题，本人就有一实例(10m厚，换填)，结果根据所填物质成分、回填

858

方法、回填时间提了个较安全的值,并建议设计加强上部结构刚度(1层厂房),施工时应作变形观测。

答　复:

对深厚新填土,不加处理就直接作为建筑物的地基是不可以的,讨论这个问题有两个前提必须明确,不能没有前提条件的讨论行与不行。

第一个问题是,对填土的情况必须勘探清楚,包括填土的厚度、粒度成分、密实度,需要调查填土的年代和填筑的方式(是堆填还是吹填);

第二个问题是,建筑物的特点,包括高度、结构类型、荷载的大小、立面体形和平面形状,也就是荷载的大小和结构的复杂程度,对不均匀变形的承受能力。

A网友提出这个问题来讨论是很好的,但是他没有提出的准备建造什么样的建筑物,如果是多层建筑,基底压力不大、平面也不复杂,对地基的要求不高,那么可以采用强夯方案进行处理后就能满足要求,过去曾经有过这样的成功案例。但如果基底压力比较高,建筑物的平面形状复杂,对变形控制的要求比较高,那就需要做专门的试验研究。

无论如何,首先是必须对填土的情况进行勘察,如果连填土的成分和厚度分布都没有勘探清楚,那就很难能深入地讨论能否利用和如何利用这个填土地基了。

7.14　有地表水的条件下,不透水土层的附加应力怎么计算?

A网友:

此题是于海峰主编的《注册岩土工程师专业考试模拟训练题集》(2013年)第246页40题,我认为他的答案有误(见后),他答案给出的附加应力为:$p_0 = 8\,000/(4×8) - 18.9×1.5 = 221.7\text{kPa}$;为什么要用饱和重度18.9呢?《建筑地基基础设计规范》(GB 50007)规定地下水位以下用有效重度8.9的啊? 是不是也应该再减去水的压力即$1.5×10$? 即$p_0 = 8\,000/(4×8) - 18.9×1.5 - 2×10 = 201.7\text{kPa}$;另外,于老师的答案中,基底不透水顶面自重应力是否也有误,应该加上水的压力? 从而求e,乃至整个沉降计算都有误?

请各位指点迷津。

答　复:

这个问题值得探讨,你认为应该怎么计算? 是否将最关键的几步传到网络上来,以便于大家讨论。

A网友:

对于此问题,我是这么理解的。

（1）对于天然地基自重应力（不透水层顶面）

$$\gamma d = 1.5 \times 8.9 + (1.5 + 0.5) \times 10 = 33.35\text{kPa}$$

（2）基础底面附加应力

$$p_0 = N/A - \gamma d = 8\,000/32 - 33.35 = 216.65\text{kPa}$$

对于上式，按题目现状给的数据只能这么计算了。但我觉得有问题：基底在不透水层，假设基础与不透水层接触良好的话，基础是不受浮力的，反而应该承受基础两侧扣除桥墩外剩余净面积的水压力，但因题目没给出基础和桥墩的具体数据，只能按上式为计算而计算了。

（3）求沉降

以黏土层底面为例。

自重应力 $= 33.35 + 2.6 \times 19.1 = 83.01\text{kPa}$

附加应力 $= 4 \times \alpha(l/b = 2, z/b = 2.6/2 = 1.3) \times p_0 = 4 \times 0.173 \times 216.65 = 149.92\text{kPa}$

按自重应力，及自重应力+附加应力之和分别求相应的 e_i，然后再按分层总和法求 s。

以上是我的理解，不知道对不对，请高老师指正。

答　复：

这道题目有一定的代表性，不同的解法涉及了一些基本概念的差异，究竟哪一个正确，值得我们进一步讨论。

为了讨论的方便，将于老师书中的解答简称为于解，而这位网友的解答称为网解。同时，我们分几个问题来讨论，希望其他的网友也参与进来，一起讨论。

先说基底附加压力的计算，根据题干，8 000kN 是已包括基础重力及水的浮力，包括 3 个部分，即上部结构传下来的 N_s，基础的重力 N_j 和浮力 N_f，即

$$N = N_s + N_j - N_f = 8\,000\text{kN}$$

再说基底总压力

$$p = (N_s + N_j - N_f)/A = N_s/A + N_j/A - N_f/A = 8\,000\text{kN/m}^2$$

基底附加压力

$$p_0 = p - \gamma d$$

按于海峰解：

$$p_0 = 8\,000/A - 18.9 \times 1.5 = 8\,000/A - 8.9 \times 1.5 - 10 \times 1.5$$
$$= N_s/A + N_j/A - N_f/A - 8.9 \times 1.5 - 10 \times 1.5$$

这里对基础在泥面以下的部分减了两次浮力，对不对？

按网友解：

孤立来看,对不透水层,自重压力不仅需要按天然重度计算,而且还需要加上0.5m 的水重,这没有错。但如果考虑到题干里的条件,基础自重里已经扣了浮力,你这里附加应力不扣,两边就不一致了,对不对?

如果荷载里没有扣浮力,自重应力按天然重度计算;如果荷载里已经扣了浮力,那么自重应力按浮重度计算,所得到的附加应力应该是一样的。

再说沉降计算时的自重应力计算,这个应力应该是有效自重压力,对于这个硬塑的土层怎么看,试验资料已经说明是存在压缩的,就按压缩前后的有效应力在压缩曲线上截取数据计算。

A 网友:

感谢高老师。看到您的指点我似乎明白了,但还有疑惑。

(1)关于这个浮力的存在问题。如果基底是在不透水层也就是这个硬塑土层里,假设基底与土层是严丝合缝的,那么基础不应当受到浮力作用的;即便题目给出基础是承受浮力的,那么这个浮力 N_f 也应按自由水面至基底的这个深度(即 1.5 +0.5 = 2.0m)计算的,而按照您的分析,这个附加应力需要扣除的浮力,是从基础在泥面以下的深度(1.5m)计算的,导致基底压力与附加压力在对浮力的计算深度不一致,那么这个附加应力计算是否有问题?总感觉自由水没被包括,这里一直在纠结。

(2)关于沉降计算问题。自重应力应该是土架承受的力,但是这个力怎么计算呢?仅按照亚砂土的饱和重度、硬塑土的天然重度,按于解计算就可以了?是否应加上作用在不透水层上的这个水压力呢,它在硬塑土中也不是由土骨架承担的吗?

B 网友:

土层都按照有效应力计算就好了,因为最终固结完成后就只有有效应力了!外荷载要减去浮力的作用,可以这么假想一下,同样一个基础放到水里面与放在陆地上哪一个产生的基底压力大呢?

C 网友:

于海峰的解法有待商榷,基底的附加应力应该用基底压力减去土体自重的有效应力,就是用浮重度,不是饱和重度!

D 网友:

另外,题中并没有说基底下为不透水土层!反倒给出了 e-p 曲线,既然有 e,当然就能透水!不能按照不透水层考虑!

7.15 按什么思路计算沉降?

A 网友:

我们最近在搞一个项目的初勘,项目在葫芦岛的北港工业区,业主要求计算与预估回填后的沉降值,上部回填的是山皮土,没有经过处理,厚度 4~5m,下部为海滩,请问高老师这个思路是什么样,计算应采用什么方法,需要采取哪些试验指标。

答 复:

(1)这是最简单的计算情况,可以用分层总和法计算。

(2)荷载由回填土自重产生,可按 5m 厚度考虑,平均重度按 $20kN/m^3$ 计算,则附加应力为 100kPa。

(3)关键是需要了解海滩的地质剖面,有几层土,厚度各是多少,压缩模量分别是多少,基岩在什么标高。

(4)每层土的压缩变形为 100kPa 乘以土层厚度(m)再除以压缩模量(MPa)得到的变形以 mm 计。

A 网友:

经过钻探,淤泥质粉质黏土厚度 3.5m,下部为全风化花岗岩以及强风化花岗岩,请问下高老师,上部回填土的沉降考虑吗,以及回填土会有刺入淤泥质土的破坏沉降吗?

答 复:

(1)只有 3.5m 厚的淤泥质黏土,如果压缩模量是 2MPa,沉降大概是 170mm。

(2)5m 填土的自重压缩,假定是新填的土,如果估计其模量是 6MPa,压缩变形大概是 40mm。

(3)两者之和为 210mm 左右,不知业主要这个沉降做什么用途? 如为地坪平整标高之用,可以抛高 20cm。

(4)回填土与淤泥土会有局部掺和,不可能有破坏沉降。

(5)上面仅是估计,要有了指标才能比较正确计算。

7.16 超固结土都成了欠固结土怎么办?

A 网友:

高规要求查明地基主要受力层的固结应力历史,但现在野外取样质量太差,所采取的大都是扰动样,结果造成室内试验求得的先期固结压力太小,OCR 偏小,超固结土层都成了欠固结土,还得考虑桩基负摩阻力。单位有个高层项目审图意见要求报告中提供 OCR,按照土试成果,各土层 OCR 在 0.6~1.1,平均 0.8 左右,实际情况本地区没有欠固结土,怎么回复都很纠结。请教各位老师不吝赐教。

答　复:

　　测定前期固结压力的高压固结试验对土试样质量的要求特别高,要求用 I 级试样试验,如果"取样质量太差",那就不要做前期固结压力试验了。正如这个案例的这种情况,还不如不做这种试验。做了反而添乱。

　　如果试样已经受到扰动,试验曲线的转折点不明显,得到的前期固结压力偏小,扰动越厉害,前期固结压力就越小,甚至求不出前期固结压力来。

　　用不合格的土试样试验的结果,得到的超固结度不符合实际情况,将会导致对工程条件的错误判断。

　　取土技术和取样质量的控制,一直是我国工程勘察的薄弱环节,特别在劳务外包以后,这个问题更为严重。

　　曾经有个国外的工程,浅海由我国自己钻探,深海由国外钻探,试验结果出来后,没有办法写成一份勘察报告了,什么原因呢? 是因为对同一土层,国外钻探的结论是超固结土,而国内钻探的结论是欠固结土。

　　既然试验结果不可信,就不要提供 OCR 了,提供了反而误事,还是根据地质条件来判断固结特性,还比试验数据可靠。

7.17　如何测定土的回弹模量?

A 网友:

　　《高层建筑岩土工程勘察规程》(JGJ 72—2004)第 6.0.3 条:"当采用考虑应力历史的固结沉降计算时,……以求得……和回弹再压缩指数 C_r,回弹压力宜模拟现场卸荷条件。"意思是根据基础埋置深度(开挖深度减少的自重压力)确定回弹试验时在某一级压力下开始退压,退压的压力不同对回弹再压缩指数 C_r 试验结果有影响,但用考虑应力历史的固结沉降计算时,当有效自重压力+有效附加压力小于先期固结压力时,采用回弹再压缩指数 C_r 计算沉降量;当有效自重压力+有效附加压力大于先期固结压力时,以先期固结压力为界分段采用 C_r、C_c 计算沉量时采用回弹再压缩指数 C_r 计算沉降量,计算过程和公式原理似乎与现场卸荷条件关系不大啊,是否是"回弹退压压力宜选择在先期固结压力附近"?

　　另外,是不是当基础宽度大、埋置深时,估算土层回弹量或再压缩量时,回弹压力宜模拟现场卸荷条件,那也是在有效自重压力附近退压才合理?

另外,采用回弹再压缩指数 C_r 和采用回弹模量估算的基坑回弹量有差别吗?

答　复:

许多研究资料表明,在 e-$\lg p$ 曲线直线段的不同压力处卸荷回弹并再压缩时,滞回环的轴线都是平行的,也就是说,回弹再压缩指数 C_r 与卸载压力的关系并不大。

如果是从 e-p 曲线上求回弹模量,那回弹压力必须模拟现场卸荷条件,而且回弹模量的数值与卸载压力密切相关。

从实际工作来考虑,给试验一个卸载的条件也是可以的,因为只需要卸一次荷载,总得有个要求,所以《高层建筑岩土工程勘察规程》(JGJ 72—2004)的这个规定没有什么错。

采用回弹再压缩指数 C_r 和采用回弹模量计算基坑回弹量的公式是完全不同的。

7.18　如何处理覆盖有块石层的土层?

A 网友:

现有一个面积为 70 万 m^2 的地块,为吹填淤泥形成,上覆盖有厚薄不均的块石层,主要土层分布如下:

(1)块石。主要有中风化-微风化砂岩回填而成,粒径在 $0.2 \sim 0.8m$,含量约 $50\% \sim 70\%$,厚度 $1.0 \sim 14m$ 不等。

(2)淤泥。饱和流塑状态,含水率 58.7%,液性指数 1.51,孔隙比 1.61,渗透系数 4×10^{-7},前期固结压力 62.76kPa,压缩系数 1.36MPa^{-1},十字板原状抗剪强度 13.42kPa,重塑 5.67kPa,灵敏度 2.37,承载力 $50 \sim 60$kPa,压缩模量 $1.5 \sim 2.0$MPa。

(3)黏土。饱和的可塑状态,含水率 28.1%,孔隙比 0.78,压缩模量 $5.5 \sim 6$MPa。

(4)下面为风化岩。

场地现基本分为三大块:

(1)块石厚度大于 5m 区,下面淤泥深度约 10m,共约 25 万 m^2,为填土形成的道路部分。

(2)块石厚度 $1 \sim 2m$ 区,淤泥深度为 18m,约 18 万 m^2。

(3)基本无覆盖区,淤泥深度 20m,约 27 万 m^2。

请教高教授:

(1)由于后期为化工用地,基本为桩基础,对于块石厚度大于 5m 区域,能否不采用强夯处理,让其自然沉降?

（2）块石厚度 1~2m 区域该如何处理？堆载预压或真空预压时,排水板怎么穿透块石区？

（3）无覆盖区采用堆载预压处理时,填土高度若为 3.5m,能否影响 20m 深的淤泥？

（4）若堆载影响深度小于 15m,是否可以将排水板不穿透淤泥层,长度大于 15m 就行？

答　复：

由于 5m 厚的块石对 10m 的淤泥客观上具有堆载预压的作用,因此让其自然沉降是可行的,可能需要的时间比较长一些,这取决于工程进度的要求。自然沉降不等于任其自然地发展,你们应该提出如何监测和估计淤泥的固结进程的方案,对淤泥的固结状态的变化,做出实时的判断。

对块石厚度 1~2m 的区块,由于淤泥层比较厚,应设置竖向排水体以加速固结,当然,穿越块石层是比较困难的,可以用间距适当大一点的排水砂井,减少穿越块石的工作量。好在块石层不太厚,穿越填石层可以用套管法。套管应有一定刚度（壁厚 16mm 以上）。施工时套管的下沉宜用振动锤（机械具有下压的装置）;如套管下沉有困难,可用 3t 以上的落锤（带有楔形头）,借下落的重力将块石挤开（部分石块被击碎）;也可用短螺旋头边旋转边将块石挤向四周,使套管顺利下沉。

对于无覆盖区,预压影响的深度不在于荷载的大小,至于预压的面积要足够的大,排水板的设置深度要达到淤泥的底部。

如果排水板没有达到底部,还留有比较厚的淤泥,那么后期的沉降量还是比较大的,我不知道你所说的影响深度 15m 是什么概念。

A 网友：

对于大于 5m 的填石区,采用强夯加固的话,是不是可以减少不均匀沉降？有无消除底部淤泥沉降的办法呢？

答　复：

对于大于 5m 的填石区,如果采用强夯加固是可以减少不均匀沉降的。对于底部的淤泥,是想办法让它快点固结,以消除其不利的影响。主要看它的厚度,如果是厚层的淤泥,那固结的时间非常长,可以设置砂井或塑料排水板来加速它的固结速度。

7.19 正常固结土是不是没必要采用压缩指数?

A 网友:

高老师,看了《岩土工程勘察与设计——岩土工程疑难问题答疑笔记整理之二》,其中关于考虑地基土的应力历史,采用压缩指数进行沉降计算的章节,有以下一些困惑,望高老师抽空给解答一下。

(1)正常固结土在低压阶段,e-lg$p$曲线并非直线,压缩指数也非常数,实际工作中怎么取值计算,是不是也按压力阶段取,类似于压缩系数,分别按 50~100kPa、100~200kPa、200~300kPa 压力段分段提供,以利于计算采用。

(2)e-lg$p$曲线一般多大压力以后,线性较好。

(3)正常固结土是不是没必要采用压缩指数,用压缩系数,从 e-p 综合曲线上取值比较好用。

(4)欠固结土现有实际有效应力应该如何确定,是否要在压缩试验中测孔隙水压力,然后再计算?

(5)超固结土的回弹过程已在漫长的地质时期内完成,e-lg$p$曲线的前段实际为再压缩曲线,那么再压缩指数怎么做出来,是否可以直接取 0~P_c 压力段的割线斜率。

(6)欠固结土和正常固结土的回弹再压缩试验是否可以只考虑基坑开挖卸荷深度,回弹压力从基底上覆土自重压力卸到 12.5kPa;超固结土如果回弹指数可以取 0~P_c 压力段的割线斜率的话,是否可以不做回弹,或者回弹压力仅考虑基坑开挖卸荷深度,回弹压力从基底上覆土自重压力卸到 12.5kPa。

答　复:

对于正常压密土,自重压力等于前期固结压力,因此压缩指数肯定是常数,即直线段的斜率。

用压缩指数计算沉降时,不必按压力段在压缩曲线上取值,肯定比采用压缩模量的方法方便得多。

e-lg$p$曲线的直线段是试验做出来的,试验最大压力起码要 1.6~3.2MPa,才能拉出直线来,试验压力太小了,或者试样扰动了,直线段就做不出来了。

欠压密土的前期固结压力就是它的实际有效应力,不需要测孔隙水压力。

再压缩指数是采用卸荷再压缩试验做出来的,用起始段的问题主要是在半对数坐标上,找不到压力为 0 的点,因此 0~P_c 段的斜率不好确定。

我不明白你这个 12.5kPa 是什么意思,为什么要卸荷到这个压力值?

A 网友：

高老师，你前五条答复是不是可以这样理解：

(1) 正常固结土的 e-$\lg p$ 曲线从自重应力到 3 200kPa，都可以近似看成直线。可直接用 C_c 计算。

(2) 欠固结土因其自重固结未完成，因此试验中所加的应力为总应力，数值上等于土体内有效应力与孔隙水压力之和。当固结完成后总应力才近似等于有效应力。而沉降计算公式中采用的是有效应力，是不是要测孔隙水压力，才能得到有效应力呢？

(3) 我的第六个问题是想请教高老师，怎样根据土的应力历史来设计回弹再压缩试验，从而确定回弹模量。从哪个深度开始做？回弹压力段如何确定？要把握哪些原则？压力段不同，回弹模量相差大不大？

答　复：

严格来说是从前期固结压力到 3.2MPa，可以作为直线，但如果土样扰动比较严重，则直线段不明显。

由于压缩试验时，每级荷载作用下都测读到变形稳定，因此 e-$\lg p$ 曲线的横坐标是有效压力，不是总应力，不需要测定孔隙水压力。

如果是用高压固结试验，在 e-$\lg p$ 曲线上，不同压力段的卸载再压缩滞回环是平行的，因此，再压缩指数是相同的。

但在一般的 e-p 曲线上，回弹模量就与所取卸荷大小及位置有关，取值就非常复杂。

所以一般都用高压固结试验研究回弹计算的指标，用回弹指数计算回弹量，而不用回弹模量。

7.20　如何考虑地下水对车库的浮力影响？

A 网友：

工程概况：现有一位于山前坡地上的住宅小区，拟建住宅楼高 11 层，各住宅楼间设纯地下车库。

地形地貌：场地东高西低，北高南低，坡降约 2%～3%；东侧约 600m 之外为石灰岩残丘，高出本场地地表数十米；西侧紧邻城市主干道，路面高出本场地地面 2～2.5m。

地层分布：自北而南，自东而西，从基岩出露至覆土层厚度逐渐变厚，本场地内覆土层厚度在 5～12m，覆土层岩性均为黏性土。

水文情况:石灰岩内有闪长岩脉侵入脉体,岩溶裂隙水较丰富,但丰水季、枯水季水位变化大;枯水季上覆水层土没有地下水,但暴雨时场地内会有地表积水。

建成后情况:小区建成后室外地面要高于西侧城市主干道 0.5m,即场地要整体抬高 3m 左右,回填土成分为山前的含碎石黏土;场地南侧为正在建设中的住宅小区,建成后两小区室外地面大致相当;即住宅小区的建设对以后地下水、地表水的排泄有较大影响。

有关抗浮水位取值,现有两种意见:建设单位及设计单位认为勘察期间及基坑开挖后未发现地下水,不用考虑地下水对车库的浮力影响;我们作为勘察单位,认为雨季上覆土层中会有地下水存在,需要考虑地下水的影响,抗浮水位应按建成后的室外地面标高下 0.5~1.0m 取值。

现在大家各持己见,谁也说服不了对方。想听听高教授及各位同行的意见,这种情况下,抗浮水位如何取值才合理。

答　复:

你这个工程场地的水文地质条件是比较复杂的,需要慎重对待,不可大意。

这个场地的原地面标高比较低,又有比较厚的覆土,如果排水系统没有做好,在覆土内很可能积水,因此不能以勘察时没有发现地下水就认为没有问题了。场地平整以后的变化比较大,需要重新分析覆土以后,从东、北两个方向的地面径流与西南两个方向的排水条件,分析在覆土中地下水滞留的可能性。

或者在平整场地前在原地面做好排水系统,让上游来的水可以很快排走,不让覆土中积水,用工程措施来保证不致形成覆土中的积水。

A 网友:

黏土中有地下水时,按规范要求,也是按静水条件考虑的,不宜折减。

实际上这个小区规模比较大,我们勘察的这部分位于小区的西南角,也就是小区内地势最低、土层最厚的地方;暴雨时东、北两侧的大面积地面径流(包括东侧山体的)最终积聚在我们勘察这块场地是毫无疑问的;虽然向南、向西原始地形有一定坡度,可受西侧城市主干道、南侧住宅小区的建设影响,排水条件受很大限制,地面积水在场地内肯定会有一定的迟滞时间。

至于排水条件,我们也进行了调查:两个小区内的排水管网各自独立,目前沿西侧主干道有一排水管,在路面下 1m 左右,尚高于目前场地地面 1.0~1.5m。以后本小区内的雨水只能靠这个外排,雨量大时,排泄肯定不会很通畅;况且场地内要大面积回填 3m 厚的覆土,这种情况下,回填土中肯定会有地下水存在。

综合考虑,我们最终将抗浮水位定在整平后的室外地面标高下 1m,我们认为是合适的,用增加自重就能解决抗浮问题,造价增加不是很大。

可是建设单位不说我们建议的抗浮水位错误,只问我们能按他们的要求修改不?不修改的话,就换一家能按他要求提供抗浮水位的单位重新勘察。现在是重新勘察工作正在进行中……

7.21 未压实的填土,在雨季时会发生较大沉降的机理是什么?

A 网友:

我们都有这样的工程经验:未压实的填土,在雨季时会发生较大的沉降。大家讨论一下,这种现象的机理是什么呢?

答 复:

未压实的填土是欠压密土,雨季泡水后,强度软化,自重增大,就产生了沉陷变形,这种变形不能称为沉降。沉降是指压缩引起的土体竖向变形,而沉陷还可能包含剪切变形以及强度的局部破坏,沉陷是非常不均匀的。

B 网友:

高老师你好,我们有这样的工程,在一个山沟里填土建三个多层的办公楼,沿沟方向原坡度不太,填高后也比较缓,加上原状地质条件比较好,不用考虑有地质灾害(不知对否),填土用山上挖来的天然碎石土,最深处10m,未经人工压密处理,已填完一年,现想做挖孔桩,桩端是强风化,现在想问高老师,沉陷会不会产生?产生了对我们的桩水平向、竖向有多大的影响,像这样的情况要怎么处理?

C 网友:

个人意见:假如交通条件许可,可考虑采用强夯法对整个场地满夯1~2遍,处理后多层的办公楼可考虑采用天然地基(根据荷载情况)。

D 网友:

按照所述情况,并不能排除沉陷产生的可能。某工程跟你所说情况类似,用风化岩块进行回填,回填时感觉很好,强度貌似挺高,但经过一场大雨,风化岩块受浸泡软化,岩块间的颗粒被水流带走,混凝土地坪产生较大沉降,处理起来非常困难。如果你这个工程采用的碎石土没有经过严格的碾压,并且没有疏通或阻隔水流的措施,无法避免细颗粒被冲走的话,很有可能会产生沉陷,除非运气好。

A 网友:

谢谢各位指点,在工程地质勘察报告中,岩土工程分析时,说到场地地表起伏较大,冲沟较多,建议在整平场地时,注意不要堵塞原有的排水通道,应在整平城地前做好排水设施,以利于地表径流的排泄。

由于场地拟建建筑物的整平标高不同，将造成大量的挖、填方工作量，填方时应严格控制填土的密实度。

场地地形起伏大，岩石风化厚度变化也不一致，当场地经整平后将存在较陡峭的边坡与岩土地基问题，边坡的处理方式应根据边坡的高度、安全等级来确定，必要时可补做施工勘察，为边坡设计提供依据。

在这份报告中还提到填土压密，但施工时没有做，现在已经填到了场院地的设计标高了，再压密怎么能做？对于基础形式的选择我们考虑一个是桩型一个是负摩擦问题，还有桩会不会受水平方向的力而产生整体失稳的问题，请继续指教。

A网友：

"沿沟方向原坡度不太，填高后也比较缓，加上原状地质条件比较好，不用考虑有地质灾害"，不知对否。

如果仅考虑沿沟方向地质灾害是不对的。沟两侧有人工破坏挖方，对边坡造成严重扰动，可能造成人为滑坡、崩塌。从提供的资料来看应该是详勘，勘察时应该对边坡的稳定性进行评估、计算与预测。

填土虽然是风化岩石，但易浸水造成继续风化、崩解、软化等，使地基发生湿陷（可能有湿陷性），也就是高老师所说的沉陷。

地基处理可以用桩基础、固结注浆处理。

报告中提到"场地地表起伏较大冲沟较多，在整平场地时，不要堵塞原有的排水通道，应在整平场地前做好排水设施，以利于地表径流的排泄。"原有的排水通道是指原冲沟沟底（沟床）吗？填土后形成了堰塞湖么？地表水经过填土后的原有通道是不是变成了地下水？

大气降水落到地面后，一部分蒸发变成水蒸气返回大气，一部分下渗到土壤成为地下水，其余的水沿着斜坡形成漫流，通过冲沟，溪涧，注入河流，汇入海洋。这种水流称为地表径流。

陆地上的淡水资源，主要来自大气降水。降落在地面的水，一部分沿地面流动，形成地表径流通过河流注入大海；一部分渗入地下，形成地下径流，形成浅水层。与河流相互补给。

你这里是地表径流的说法？如果是地下水，其补给、径流、排泄是其三个分区，勘察报告中是径流还是排泄？是否混淆了概念？

以上仅为个人观点，仅供参考。欢迎高老师斧正！

各位网友所说的我们也在考虑，地勘部分提供的岩土工程分析没有地下水渗流对填土部分的影响，造成我们对地基基础部分的稳定有所顾虑，我们对此向甲方反应。我们向他们建议填土做分层压实,没有做到,现已填到设计标高,这种情况下再次建议他们夯击的方法压实,也没有回应,而且还催出基础图,搞得我们是无可奈何。如果这样下去,我们就只能考虑负摩擦,把桩承载力提高,这样出图了。

我们向甲方提供了建筑场地的一个纵向、两个横向剖面及地形图,是 CAD 图,能看出基底的填土厚度分布及沟原状,如有需要我可以传上来。

答　复:

在这些帖子中,许多网友都参加了讨论,发表了各种意见,主要讨论未压实的填土或者填土是用山上挖来的天然碎石土,最深处有 10m,这些未经人工压密处理在填土在自重作用下的沉陷问题。这种沉陷对建筑物基础下设置的桩会产生负摩擦力,也会造成地坪的开裂和建筑物上、下水管道的损坏。

A 网友问:"未经压实的填土在雨季时会发生较大的沉降,这种现象的机理是什么呢?"未经压实的填土为什么会产生这种沉陷? 这种沉陷是在自重作用下产生的,为什么在自重作用下未经压实的填土不能保持其体积的稳定性? 这涉及土的压实理论,是土力学中一个非常重要的部分,在我国却得不到人们的足够重视和工程应用。

压实理论告诉我们,在不同含水率的条件下,压实的效果是不同的,如果用压实土的干密度来表示压实的效果,那么当采用不同含水率的土进行压实时,我们能够发现,含水率太大或太小时的压实效果都不太好,只有当含水率接近于"最佳含水率"时才能得到最大的干密度。而且,也只有在接近于最佳含水率的条件下压实时,才能得到最稳定的密实度。因此,在回填土压实施工时,应当控制回填土的含水率和检查压实以后的干密度。

但是,在我国的回填土施工时,很少按照这种要求进行施工质量的控制。不论是场地的回填,还是路堤的填筑都是不讲究质量控制的。结果是后遗症一大堆,病害一大堆。

7.22　对位于不透水层的结构,浮力的水头如何取值?

A 网友:

请教高老师关于位于不透水层的结构的浮力水头取值问题。

最近接触一个位于上海市的高层住宅项目,地下室三层,桩筏基础。地勘报告提供的最低地下水位为 -1.5m,业主考虑省钱,认为在布置抗压桩的时候,可以考虑水浮力的有利作用,少布置些抗压桩。地勘报告显示:承压水位于 7 层,7 层以上为5-4 层(粉质黏土)及 5-1 层(黏土),5-4 层(粉质黏土)及 5-1 层(黏土)应为不透水层,而我们的桩筏基础中的大筏板正好位于 5-1 层内 4m(图 7.22-1),我们认为底板位于不透水层,实际上承受的水浮力应该没有那么大,实在要考虑水浮力的有利作用,应该考虑相应的折减。

如图 7.22-2 中 ABC 三个箱体,都位于水中。A 箱体受水浮力,B 箱体受水压力,C 箱体不受水作用力。我的想法是否正确?

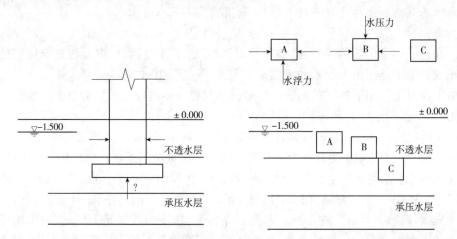

图 7.22-1　位于不透水层中的基础是否承受浮力　　图 7.22-2　位于不同位置的箱体的受力分析

Aiguosun 答:

如果 B 和 C 位于完全不透水层里,按照物理学原理是不受浮力作用的。但粉质黏土不是物理学上的完全意义的不透水层,实际上可能存在一定的浮力作用。

按业主要求因为浮力存在而减少抗压桩数量是不安全的,但事实上是可行的。原因就是箱形基础本身可承受很大一部分的竖向荷载。基桩要发挥承载力,箱基就必须存在一定的下沉,箱基底的地基土相应产生一定的承载力。事实上任何桩基都存在桩与基础的共同作用,都是复合地基,只是桩底土承载力发挥程度会由于基桩受力特性的不同而存在较大差异。

至于桩的数量减少多少,则是个概念,没有合理的理论依据和实际经验,审图可能不是那么容易通过的。

岳建勇答:

(1)上海的黏土或者粉质黏土是渗透系数比较低的,相对砂土而言,其渗透系数比较低,但不是理论意义上的不透水层,在较长的时间内,水是可以流动的,只是速度相当慢,只要时间足够长,仍会有水浮力作用。这也是上海众多地下室工程都要考虑抗浮问题。

(2)按照上海地区的实际工程经验,抗压按照低水位考虑浮力,抗拔按照高水位考虑,是可以的,不需要折减。

（3）由于基础底面没有的承压含水层,在5-1黏土层内,是不需要考虑承压水的作用。如果基础底面位于承压含水层则需要另行考虑。

（4）基坑工程需要验算承压水稳定,三层地下室,开挖深度15m或者16m,承压水稳定一般也没有问题。

答　复:

这个帖子也是到整理书稿时才看到,Aiguosun版主和岳博士的答复都很好,回答了这位网友对工程问题的一些困惑。

下面,我想就对工程中的浮力,如何考虑和如何处理的问题,谈一点意见:

（1）岩土工程中浮力问题的重要性

岩土工程中的浮力是一种荷载,在验算抗浮稳定性的时候,对浮力是一种荷载的概念还容易理解。但在验算基础结构时,对浮力这个荷载很容易被忽略,需要特别注意了。

在实际工程中也有过浮力将地下室地板拱裂了的事故,还发生过由于浮力的作用与重力不在同一作用线上而造成建筑物倾侧的事故。

（2）岩土工程中浮力问题的不确定性

浮力是一种与地质条件、水文条件密切相关的荷载,也与气候条件及降雨强度相关。但这种气候条件与水文条件预报无法从地区的气象站或水文站得到,也没有实际观测的数据,通常是拍脑袋的结果,其不确定性可想而知。

计算浮力的前提是需要明确设计水位,但由于没有科学的观测数据,使得有关浮力的设计计算都成为拍脑袋的事。应当建立房屋建筑设计的水文资料的收集和处理系统,以科学的方法处理浮力的计算与工程的抗浮设计。

（3）岩土工程设计中对浮力问题的处理原则

一般建筑物设计的使用周期是50年,与浮力有关的水文资料也应当按与此相应的要求收集和统计。

由于在施工过程中会采取降水的措施,因此考虑浮力问题时必须严格区分是在降水期间还是降水结束以后,分别验算这两种不同工况下浮力的作用;不仅考虑在浮力作用下地下结构的稳定性,还应包括验算地下结构构件内力所产生的变化。

7.23　强夯处理以后,还需要作什么处理?

A网友:

我单位在新疆的一个设计项目,6层砖混住宅,钢筋混凝土条基,用的是强夯地基。由于我们江南城镇没用过，结构设计人员还有点担心，他的问题是强夯处理一年半后实施上部结构，地基承载力还能保证吗？还需要什么处理？

土层是这样的，约1m填土层下是松散～中密的粉土粉砂，轻微液化，地下水位地下2.6m，要求处理深度是7m，承载力180kPa，处理后一周已做过静载荷试验。

B网友：

这是一个值得思考的问题，A网友把工程概况讲得很清楚了，希望大家发表观点。我也没遇到过，下面"空想"一把，欢迎"拍砖"。

(1)问题的关键是强夯后砂土的密实性会不会随时间而变化，夯实后的砂土会不会随雨水的冲刷及地下水位的升降而再次"变松"。

(2)可以测量一下处理后的地面标高是否有变化，如果标高没有变化，则说明处理后的粉土粉砂没有"变松"。

(3)保险起见，可以再做一些原位测试，比如标准贯入、动力触探等。

C网友：

(1)水位太浅，不宜采用强夯。如果一定要用强夯，应做降水或碎石排水井。

(2)这种地层，采用挤密碎石桩或注浆加固处理比较合适，或采用预制桩。

答　复：

这种地质条件，这样的处理深度要求，适宜于采用强夯处理，只要采用适合的强夯能量，估计可以满足要求，不知静载荷试验的结果如何？

为什么说是可以呢？粉土、粉砂的透水性好，强夯时所产生的孔隙水压力可以较快消散，能有效提高地基承载力。

一般强夯的有效处理深度6~8m，随强夯能量及夯点间距而异，这个工程是6层砖混住宅，加固层的厚度足够了，没有问题。

地下水位2.6m，不算太浅，而且一般为了补充夯沉量，还要预铺超高层，那更没有问题，不会夯成橡皮土。

砂土夯后性质稳定，不会变坏，没有高差，就不会发生流动。

希望A网友把试验结果(包括强夯前后的原位测试)告诉大家，让大家了解一个强夯的案例。

7.24　采用天然地基是否可行？

A网友：

上次提及"在太钢渣山公园拟建钢渣处理线工程，我是勘察单位，因现场均为钢渣厚约6~7m(新中国成立前堆积)，钻探、物探均无法进行，应如何处理？是否有更好的钻探设备,或勘察手段? 钢渣硬度大且具有膨胀性,挖孔、钻孔桩无法穿越,应如何进行地基基础设计",因现场条件限制,强夯无法进行,地下水流速较快,勘察报告建议挖除换填或注浆。之后建设单位组织会议讨论,两种方案造价均较高,且地下水流速较快,注浆不易进行。某设计院总工建议采用载荷试验验证地基承载力和均匀性,载荷试验结果差异不明显(试验数目较少,建设单位只同意进行了 3 组),承载力很高,沉降很小,但开挖过程中可见钢渣颗粒粒径差异较大,拟建建筑物对沉降要求较敏感。最终经几方讨论,拟采用天然地基,是否可行? 是否有更好的方法验证其均匀性。

答　复:

钢渣具有水硬性,这个场地已经堆积了 60 多年的钢渣,作为地基用于堆场,应该是问题不大了。

既然做了载荷试验,不知得到的承载力如何? 模量有多大? 基底压力多大? 设计时将安全系数取得大一些就可以了。

变形问题不应该是主要问题。

A 网友:

建筑物为框架结构,最大柱荷载 1 600kN,基础尺寸 2.5m×2.5m。最大加载量 1 000kPa(承压板 1m×1m),三个点最终确定承载力特征值 500kPa、490kPa、500kPa,变形模量 51.6MPa、50.1MPa、55.5MPa。

答　复:

根据载荷试验的结果,应该可以得到结论了。首先,均匀性还是可以的,承载力和模量的变异性都不大,就试验结果而言,均匀性是好的,承载力特征值可以取为 500kPa。根据最大柱荷载得到的基底平均压力是 256kPa,远小于地基承载力。承载力验算满足要求。变形模量很大,说明变形很小,不会有问题。

7.25 如何利用煤仓荷载的作用,使地基固结而提高其强度?

高老师:

感谢您的回复! 本工程情况是您说的第二种情况,即环形基础只支承煤仓的外壁,堆煤的荷载直接传给地基。由于本人是第一次接触煤仓,对堆煤速度不大了解,麻烦您详细叙述一下,如何利用砂层(地下水位在-1m 左右,可以判断砂层是饱和砂层吗? 如果是饱和砂层还可以利用它来排水吗?),如何利用荷载作用,使其固结而提高强度,如何控制堆煤速度,堆煤速度大致是多少?

以下是您 5 月 1 号的回复:

（1）不清楚煤仓的结构情况，如果煤仓的底板是支持在环形基础上，荷载由环形基础传给地基，那么就按环形基础的宽度验算。

（2）但如果环形基础只支承煤仓的外壁，堆煤的荷载直接传给地基，那么是一个大面积的荷载，应力传得比较深。

（3）第1层是砂层，使软土具有比较好的排水条件，可以利用荷载作用，使其固结而提高强度，控制堆煤速度，不宜迅速加载，在有控制加载的条件下，估计这层软弱层不会造成很大工程问题。

（4）但如果加载过快，那么表现出来的问题是不均匀沉降或土体的侧向位移比较大，可能导致环形基础开裂。

答　复：

你的这个项目的地质条件还是不错的，浅层是砂层，软土层比较薄，软土的下面是强度比较高的黏土层。但如果加煤不控制速度，软土顶面的压力增长太快，就是所谓下卧层强度不满足要求了，但这种情况是不能用一般的方法验算的。

在大面积荷载作用下，传到软土顶面的压力不能考虑扩散，地面加多少荷载，软土顶面就是多少压力，因此如果软土的强度不提高，荷载全部快速加上是不行的，那怎么办？

利用分级加载，在前面一级荷载作用下，让软土固结，提高强度以后再加下一级荷载，如此分级加载，就比较安全了。

需要软土的不固结不排水指标，乘以5.14为软土层的极限承载力 f_u，设堆煤的一级荷载为 p，则安全系数等于 f_u/p，控制安全系数等于2，即可求得第一级荷载的控制值。

需要软土的固结系数 C_v，按3m渗径，单面排水条件计算加载后不同时刻的固结度。

需要软土的固结不排水剪强度指标 c_u，按《建筑地基处理技术规范》（JGJ 79）的公式（5.2.11）计算抗剪强度的增长。

控制安全系数不低于某个控制值，以确定加载的时刻及每一级荷载的量。做出整个加载的控制计划，以保证在满足软土强度验算要求的安全前提下，有控制地完成堆煤的过程。

由于软土土层比较薄，估计所需要的时间不会太长，但没有参数就不可能有定量的预期。

7.26　大型储罐工程的地基如何处理？

A 网友：

沙特某大型储罐工程，位于西海岸海边，大罐为 20 万 m³ 储罐，直径125m，高

度 16m;地层情况是:

①层、0～5m 是松散的饱和粉土、粉细砂,标贯击数 $N<10$。

②层、5～15m 是中密～很密的砂及粉砂,标贯击数 N 为 11～50。

③层、15～34m 是中密～很密的砾石,分选较差,标贯击数 N 为 20～50。

④层、34～50m 为中密～很密的粉砂及砂层,标贯击数 N 为 32～50。

该场区地下水位 0.5～1.5m,地震峰值加速度 0.2g,相当地震基本烈度 7.5,液化分析第①层液化,恳请赐教地基处理方案。

答　复:

这个工程场地应该是具有很好的地基条件,不知道储罐的基底压力是多少?处理方案要考虑荷载的要求。

用强夯加固可能是比较合适的方案,但不知道工程环境条件如何?

A 网友:

关于岩土勘察的报告是初勘,估计基底压力是 150kPa,本区地下水位很浅,强夯地下水位是否对强夯效果影响较大,报告(英文报告)中提到用碎石桩,还有一种桩型是 drilled shaft,我不知道是什么?

答　复:

我认为只要工程环境允许用强夯,强夯法处理有可能将地基承载力比较均匀地提高到 150kPa。

只要能将中密的粉砂加固到密实状态,形成 8m 左右的均匀持力层应该是没有问题的,工程上也能满足要求了,当然需要进行计算和设计,并进行试夯,取得效果的检测资料和强夯的工艺参数。

桩也可称为 shaft,drilled 是旋转成孔的工艺,具体是用什么工艺成桩,要进一步看其资料。

A 网友:

第①、②层中有较多的黏土、黏质砂土层是否对强夯效果有较大的影响?

答　复:

主要都是粗粒土,夹有黏土也没有问题。

B 网友:

按照黄河泛区类似的工程经验,建议做碎石桩。因为高度 16m,就是说基底压力就是 160kPa。无论桩端深度和强度,碎石桩恰好能满足要求(165kPa)。碎石桩价格才几十万元,较合理。

C 网友：

我不建议用强夯,该土层还要做砂井、排水板,太麻烦。我看了剖面图,觉得不大可靠:按道理说滨海相沉积层的土层变化幅度不会太大的。

答　复：

这些土层都是粗粒料的,排水性能非常好,根本不需要设置砂井一类的排水系统。需要夯实的仅是浅层的部分,深层的砂比较密实,不需要加固,而这个深度也正是强夯的有效深度。

7.27　大面积高填土的地基怎么验算地基承载力?

A 网友：

在一个大面积填土的场地,需要考虑基底应力是否满足要求吗? 假设一个场地填土高 20m,按重度 18kN/m³ 计,原地面不是有 360kPa 了吗,假如原地面承载力为 180kPa,那地基会破坏吗?

B 网友：

个人认为中部不会破坏,考虑变形是不满足,而边侧上考虑滑动破坏,就像一个 100m 高土坝,其基底应力可高达 2 000kPa,但通常修建土坝时并不论证地基承载力是否满足要求,而是论证抗剪强度是否满足要求,同样的道理是否同样适合于大面积填方区的稳定性评价呢?

C 网友：

请各位同行发表意见,这是目前本人和某大面积填方基础设计师的争论:一个山坡地修建排水管道,管道本身要求承载力不足 100kPa,建好管道后填土高约 15m,还有载重车行,一算基底应力达 350kPa,原地基 180kPa 不满足要求,要打桩,本人用上述方法说不服人家,只好保留意见。

D 网友：

个人认为不用打桩,直接用天然地基即可,管道两侧均匀填土而且是大面积填土不会存在承载力不满足要求问题,且抗滑也不存在,因为没有临空面,仅需求验算变形就可以了,但设计坚持要打桩,本人只好保留意见。

答　复：

大面积填土,当然有地基稳定性问题,也发生过填土引起的垮塌事件,你说在只有 180kPa 承载力的地基上,堆载 360kPa 可以不垮吗?

但实际情况可能不是简单地一句话能够说清楚的,你说 20m 高的填土,100m 高的大坝是可以一下子放上去的吗? 当然没有这种理想的情况,因此也没有什么侧边发生滑动破坏,中部不会破坏的情况。实际情况是填到一定高度以后,就填不上去了,填了就塌,发生滑动,这种滑动就是失稳,因此高填土有一个极限高度的问题,极限高度就是极限荷载,也就是地基承载力问题,怎么能说高填土没有承载力问题呢?

造成歧义和误解的原因,主要是被临界荷载的承载力公式把概念搞糊涂了,我国对极限承载力很不重视,规范也好,教科书也好都只讲 $p_{1/4}$,只讲什么特征值。对于高填土,变形倒没有像建筑物那样要求高,主要是强度和稳定性的问题。如果填土速度足够慢,地基在一定荷载作用下发生固结,强度有了提高,承载力也相应提高了些,慢慢加荷是可以填得比较高一些的。由于填土是柔性结构,只要不是工后变形,施工期间的变形大一些也没有关系,多填一些土就可以了,所以填土本身没有严格的变形控制的问题。

在强度和稳定性问题中,土压力、地基承载力和边坡稳定性分析的思路和方法其实是相通的,在地基极限承载力的分析中就有主动区和被动区;对软黏土,用极限承载力公式计算和用圆弧滑动分析计算的结果是一样的,填土达到极限高度以后,在填土和地基中形成滑动面,试验中就可以看到这样的现象。建议你看一下《软土地基与地下工程》(第二版,中国建筑工业出版社,2005)第154~162页。还有一本《软土地基试验研究文集》(中国地质大学出版社,2001),在这本文集中有好几个堆堤试验的研究报告,对于解决你的困惑应该是有一定帮助的。

你那管道上面有15m的填土,管道怎么吃得消呢?管道对变形的要求倒是比较高的,不打桩是不行的,不仅有失稳的危险,而且变形大了,也要损坏管道。

7.28　究竟是桩端阻力还是地基承载力?

A网友:

《建筑地基处理技术规范》(JGJ 79—2012)中第43页,增强体单桩竖向承载力特值估算公式(7.1.5-3)中,q_p为桩端端阻力特征值,对于水泥搅拌桩、旋喷桩应取未经修正的桩端地基土承载力特征值。

《复合地基技术规范》(GB/T 50783—2012)第12页,柔性桩、刚性桩单桩竖向抗压承载力特征值估算公式(5.2.2-1)中,q_p为桩端土地基承载力特征值。

这两本规范的规定不一致,地基处理规范中仅水泥搅拌桩、旋喷桩应取未经修正的桩端地基土承载力特征值,而复合地基技术规范所有的桩均取桩端土地基承载力特征值;桩端地基土承载力特征值就是我们勘察报告中常分层提供的地基承载力特征值f_{ak}吗？

未完全固结的深厚填土,采用搅拌桩、CFG桩进行处理时,需要考虑填土的负摩阻力吗？即填土层桩侧阻力特征值如何取值？

答　复：

你所看到的这个问题确实是存在的,而且可能不仅是这样一个问题,看起来是确实使人感觉到不那么严格,不那么统一。

其实,这类问题,你认真找一找,是可以发现不少的。那么,为什么会出现这样的问题呢？

不同的规范是由不同的群体来编写的,技术经历不同,技术素养不同,编出来的规范会有不同的水平与不同的习惯,因而会出现不同的写法。

不仅在这种规范体例和符号的写法方面存在差异,而且会在设计的原则和基本概念上也存在比较大的差异。有些差别是允许的,但也存在原则上的差别。不仅在不同的规范之间存在差异,而且在一本规范中也存在。你如果感兴趣,真可以做做比较研究,系统地找一找,将会发现不少的矛盾与问题。

其实,地基承载力和桩端阻力是两个有差别的概念,地基承载力是浅基础条件下地基土的抗力,而桩端阻力是在深基础条件下地基土的抗力。两者的差别在什么地方？大家可以想一想。这个差别重要不重要？有什么工程意义？

你问的第二个问题涉及几个基本概念。你问的是"采用搅拌桩、CFG桩进行处理时,需要考虑填土的负摩阻力吗？填土层桩侧阻力特征值如何取值？"首先,要明确负摩阻力是荷载,而侧阻力是抗力,两者的性质不同,出现的条件不同,不要混在一起。其次,这种搅拌桩、CFG桩并不是端承桩,其设计原则是考虑对桩周土的挤密作用,这两个因素加在一起,负摩阻力问题就不那么突出了,也就是说搅拌桩与混凝土桩的承载机理不同,负摩阻力的工程问题也是不同的。因此,对地基处理问题,不能套用《建筑桩基技术规范》(JGJ 94—2008)中对负摩阻力的那种处理方法。

7.29　在支护结构规范中,为什么对腰梁等辅助构件没有规定如何计算？

A网友：

基坑支护的相关规范中更多重视土体压力和锚杆轴力的计算,对腰梁等辅助构件的计算一般未说明,或者说明很少。在日常设计时经常靠经验来取值,对整个基坑支护体系来说是不全面的,保守了就有浪费的嫌疑,冒进了可能会造成一些隐患。

经查,无论是国家标准,还是北京的地方标准,均未对这部分进行阐述。而

《岩土锚杆和喷射混凝土支护工程技术规范》(GB 50086—2015)中也只是在附录 G 中要求:型钢组合腰梁与锚杆锚头的构造应具有承受杆体最大张拉荷载的强度。

也许对结构设计师很简单,但是对岩土设计师会有些含糊,请问该部分是否有一些简单的计算公式?

答 复:

土压力是荷载,而锚杆轴力是主要传力结构构件的内力,这些都需要进行力学的计算和作强度验算的。

而腰梁等辅助构件是没有办法计算的,是一种构造措施,目的是为了在纵向比较均匀地传递荷载,是按经验配置的,就沿用下来了。

作为岩土工程师,这些最基本的结构知识是必需的,在学校的课程体系中,应该有最基本的结构力学和钢筋混凝土课程。如果在学校里没有学过或者忘记了,那最好自学或者复习一下。

7.30 填土的高度受地基土的承载力控制吗?

A 网友:

假设一个工程原地面标高下的第一层土的 $f_a = 60kPa$,而完工后的场地标高很高,需要回填很厚的回填土,那按公式岂不是最多回填 3m?因为我想 $3m \times 18 = 54m$,这几乎就达到这层土的最大承载力了,这还没算上部要新建的建筑基础压力。可能问题比较外行,还望前辈不吝解答。

答 复:

对于高填方的填土高度,确实是应该由地基承载力控制的。

但由于填土的允许变形大于建筑物,所以不能简单地按照所谓地基承载力特征值 f_a 的数值进行控制。而是按照填土的允许变形所控制的地基承载力,即采用极限承载力,根据变形的要求,采取不同的安全系数进行控制。

如果填土的高度超过了按照填土的允许变形所控制的地基承载力,还可以采取分期堆载的方法,利用地基土固结以后承载力能够提高的规律,充分利用这个提高量。

如果填土的设计高度还是太高,那就采取在两侧放出一定宽度的马道,利用侧向超载的方法来提高堆载的高度。

因此,人们总是有办法根据客观的规律性来解决工程问题。

7.31　取样数量等于室内试验的样本数量吗?

A 网友:

(1)取样数量等于室内试验的样本数量吗? 规范有具体规定吗?

(2)勘察规范只是规定了最少取样数,具体样本中有多少用来做室内试验,规范有规定吗?

(3)物理性指标试验的最小样本,规范怎么规定的?

答　复:

这是一个很具体的问题,但从中我们可以感悟到一个非常原则的问题。

纵观整个岩土工程规范,除了那个"6 个样"的规定之外,没有这位网友希望看到的规定,这是为什么?

"取样数量等于室内试验的样本数量吗?"这是土工试验的数量要求与安排的问题,应该由岩土工程师来确定,规范不应该规定。

"样本中有多少用来做室内试验?"也应该由岩土工程师来确定,规范同样不应该规定。

"物理性指标试验的最小样本,规范中是怎么规定的?"也应该由岩土工程师来确定,规范同样不应该规定。

为什么不应该由规范来规定? 从可能性来说,这是因为这些数量的确定都与许多因素有关,包括工程规模的大小、勘察范围的大小、土层的厚薄、指标的离散性、工程的要求、计算问题的复杂性,等等。规范怎么可能控制得了? 谁也没有这个本领来规定。从必要性来说,如果规范都能规定了,那还要岩土工程师干什么?

也许有的工程师认为,规范既然规定了"每个场地的每一主要土层的原状土试样或原位测试数据不应少于 6 件(组)",那为什么不能规定上面所说的这些数量呢? 当初,在编规范的时候,订了这一条是为了兜底用的,即最少是多少。当时,确实也没有预料到,对于这个取样数量的问题,后来会产生那么多的误解和歧义。

7.32　对粉土,抗剪强度该取什么指标?

A 网友:

介于黏性土和砂土之间的粉土,如果用太沙基极限承载力的方法进行承载力计算,如何取用抗剪强度指标? 在地下水位以上和以下两种情况时,粉土的抗剪强度有什么特点?

答　复：

对粉土的地基极限承载力的计算,应该采用排水剪指标。

对地下水位以下的粉土,是处于饱和状态,但在取土的过程中会发生水分的流失,饱和度下降了,因此剪切试验时应予以饱和,以使符合实际情况。

对地下水位以上的粉土,可以直接在天然含水率状态下试验。

7.33　粉土有黏聚力吗？强度指标的经验值是多少？

A网友:

(1)我们做国外项目,在提承载力时候都是用太沙基的极限承载力。对于黏性土,我们一般做 UU 试验,对于地下水位以上部分,得到的内摩擦角,但是我们在计算承载力的时候都是直接考虑内摩擦角为0。学生的理解是:第一,这么做保守,偏于安全;第二,目前,一般的三轴试验是无法进行非饱和土的三轴剪切试验的,这样得到的黏聚力和内摩擦角未必是土的真实抗剪强度。不知道我的理解和做法是否恰当?

(2)对于粉土的承载力的问题。您说"应该采用排水剪指标",是指的 CU 或 CD 试验指标吗?为什么不能做 UU 试验?是因为粉土排水性能好吗?粉土的结构性差,是否可以做直剪和三轴试验?另外,查阅了很多土力学教材(包括国外的),一般只介绍黏性土和砂土的强度特性,对于粉土的强度特性的介绍很少。这是为什么?

(3)粉土有黏聚力吗?强度指标的经验值是多少?另外,国外一般对砂土还有基于标准贯入的承载力计算,即考虑沉降在 25mm 的容许承载力。这个做法是否适用于粉土?

答　复：

对第(1)个问题,地下水位以上的土是非饱和土,但目前对非饱和土的三轴试验技术还没有成熟到工程上应用的阶段,主要是测定孔隙气压力的技术比较复杂,一般的工程单位没有配备非饱和土的三轴仪,不考虑内摩擦角也是无奈之举,你的理解是对的。

对第(2)个问题,对粉土不做 UU 试验是因为粉土的渗透性好,不可能不发生排水。对粉土的强度问题是研究得比较少的,而且对粉土的定名方法,国内外也有一些不同,在借鉴国外经验时需要特别注意。

对第(3)个问题,由于粉土的物理指标变化范围也相当大,很难提经验数值,又由于取样的扰动比较大,应该可以采用原位测试的方法,就是你说的基于标准贯入的方法估计承载力。但在引用国外方法时要注意的是,要区分是极限承载力还是已经除了安全系数的。

7.34 如何结合工程条件,选择抗剪强度试验方法?

A 网友:

三轴试验分为不固结不排水剪、固结不排水剪、固结排水剪。曾在您的书中看到,上述三种试验中的"固结"是指试验施加围压时打开排水阀,使土固结,模拟的是一般正常土在自重下已完成固结。正常固结的土样从地下取出来后,会发生卸荷和少量膨胀,其所受应力发生了变化,如果为了模拟其真实天然应力状态,应该是重新加载到其相应埋深时的自重应力,但试验是统一分级加载,如 100kPa、200kPa、300kPa,并没有按土样实际埋深处应力加载,这样的模拟有用吗?

另外,在有些土力学教科书中,"固结"好像是指土层在附加的建筑荷载作用下发生固结,如果施工速度快,则用不固结不排水剪,如果慢则用固结不排水剪、固结排水剪。请问该如何理解?

答 复:

试验的结果是要得到符合原生条件的土的强度变化规律性,但并不是求天然强度,因此需要按统一分级加载,得到规律性以后,可以适用于不同的原生应力的条件和工程应力的条件,这才有工程实用的意义。

根据土的原生应力状态,在抗剪强度线上找到起始点。如果工程中是允许排水固结的,则建筑物的荷载所引起的强度增加就沿着这条包线(固结不排水剪)发展;如果是不允许排水的,则强度就沿通过该点的水平线(即不固结不排水剪)发展。

因此,你所举的这两种说法是一致的,不过强调的侧重点不同而已。

但这种总应力法的概念,并不能完全反映土体中实际产生的应力状态,只是一种近似的说法。比较确切的定量计算可以用有效应力法来描述,但由于在实际建筑工程的地基中,还难以确定剪切面上的孔隙水压力的变化规律,因而还无法采用有效应力法的强度指标进行计算。

7.35 三十多层的高层建筑地基不处理行不行?

A 网友:

项目位于河南省平顶山市,地震设防烈度 6 度(0.05g),第一组,Ⅱ类场地。建筑物为33层高层住宅,持力层为第5层,黏土,承载力特征值450kPa,地下水位在地表下1m;3层地下室,基础埋深10m,周边3层车库,车库采用筏板基础;主楼基底压力520kPa,修正后可采用天然地基。

由于照片太大没法上传,我大概描述一下地质勘察报告:第五层,黏土,褐红色,含钙质结核,局部含量较多,具裂隙,裂隙中填充灰绿、灰白色黏土团块,可见铁锰质斑点及锈黄色斑点。有光泽,干强度高,韧性低,无摇震反应。硬塑~坚硬。

以下指标均为平均值,含水率20%,重度20kN/m³,干重度16.7kN/m³,饱和度90%,孔隙比0.611,液限42.3,塑限21.9,塑性指数20.4,液性指数-0.10,标准贯入击数实测值27.7,修正值21.9。

压缩系数0.13MPa⁻¹,黏聚力43.1kPa,内摩擦角18.1°。

建议承载力特征值取450kPa,压缩模量12.7MPa。

第4、5、6层黏土为膨胀土,中等膨胀潜势,因膨胀土均处于地下水位以下,对建筑物不会造成影响(中间几个表格的数据不方便打出来,希望热心的网友可以留个邮箱,我把报告的图片发过去)。

心里没谱啊,三十多层的楼,地基不用处理,请各位大师看看这份勘察报告有没有问题?

地下水位很浅,但是基础有很深的(还有大底盘车库),地下部分有哪些需要注意的呢?

B网友:

可要求业主做载荷试验,再验算强度和变形是否均满足规范要求。

C网友:

主楼基础与地下车库基础是否为整体筏板?基础之间是否断开?周边3层地下车库宽度尺寸是多少?主楼基础宽度尺寸是多少?地层分布条件如何?把报告资料发给我,帮你分析一下。

D网友:

承载力应根据当地经验确定为好。因不熟悉当地情况,不宜说什么。个人觉得从标贯、压缩模量、孔隙比、c和φ值等方面综合考虑,第五层承载力特征值似乎偏高了点。但不一定正确,还是以当地经验为准。

岳建勇答:

承载力特征值450kPa,这个数字是如何得到的?如果主楼周边没有地下室,完全是覆土,承载力考虑埋深是可以的;但这个工程主楼周边是地下车库,大部分土体已经被挖除,有三层地下室结构,建议按照低水位和高水位,根据实际情况考虑承载力计算中的超载项,重新复核承载力计算。

建议复核沉降,估计沉降还是有相当的数量。

地下室抗浮如何考虑? 三层地下室埋深仅为 10m,埋深似乎偏小,建议与建筑师确认!

E 网友:

从模量、液限指数及标贯来看,土层确实很好,老黏土达到 450kPa 没问题,关键是沉降是否能满足要求。

你可与勘察方进行沟通或要求建设方将此勘察报告送审,设计时采用审查合格的勘察报告。

C 网友:

看过你发来的资料,现分析如下:

勘察报告在此不便评价,"承载力特征值 $f_{ak}=450$kPa",先认可地方经验。

地基承载力修正问题,主楼周边地下车库要考虑抗浮,实际边载压力不大或很小。更何况先施工主楼,等主楼沉降稳定后再施工地下车库与后浇带,对于这种情况,承载力深度修正应取 0。

按《建筑地基基础设计规范》(GB 50007) 式 (5.2.4) 承载力修正 f_a 远小于 520kPa。按《建筑地基基础设计规范》(GB 50007) 式 (5.2.5) 抗剪强度计算 f_a 大于 520kPa。按《高层建筑岩土工程勘察规程》(JGJ 72) 式 (A.0.1) 计算 f_a 小于 520kPa。此工程如采用天然地基要慎重。按天然地基初步估算地基沉降量约为 170mm。

以上分析请斟酌,不妥之处还请岳建勇老师或其他同行指正与补充。

A 网友:

地勘报告上给出的计算,是将周边车库换算成超载,但是没有按浮重度。正如各位所说,周边车库的自重能压得住水浮力就很不错了,几乎没有超载。

我用的是 PKPM 软件,把上部模型建好之后,将地质资料输入 JCCAD 模块,算出的沉降量为 116mm,地勘报告上给出的是 70mm,咨询地勘部门,他们说可以乘以系数。

F 网友:

你描述的文字,最大问题是没有地质年代,若是第三纪承载力问题不大,第三纪黏土有些定为黏土岩或泥岩,是半成岩,介于黏土与黏土岩之间的一种特殊土,研究程度不高。我做过一个项目,基坑开挖后,承载力试验要大于 500kPa,极限加到 1 000 还处于直线段。再和勘察单位沟通吧!

G网友：

我在山西见到过这层红色的黏土或粉质黏土，位于黄土层下，承载力的确高，但我的取值一般在300kPa左右，没有经过载荷试验验证，自我感觉还是偏于保守。时代Q_1或老于Q_1，状态坚硬，取样是不好取的，除非用双管或三管取土器方可，所以抗剪强度指标的准确度、可信度是一个问题。我的工作没做那么细，但对于我所勘察的建筑物够用了。这个报告提供的承载力450kPa感觉可以达到，如果载荷试验验证后，省下更多的钱，这才是好的方案。至于承载力修正问题，的确需要考虑周边的车库超补偿问题，还有地下水，重度会按浮重度验算，估计修正不多。

岳建勇答：

地基承载力问题：建议分别按照低水位和高水位进行计算，这两种情况下作用在土体上基底压力不同（考虑基底水浮力作用），同时由于超载项的差异，地基承载力也有差别；450kPa的来源值得探讨，10m埋深，且地下水位很高，平板静载试验也比较困难，可以与勘察单位探讨一下承载力的来源。

沉降问题：按照你给出的压缩模量数值，十几厘米的计算沉降还是可能的，沉降计算关键还是要结合地区性工程经验，取合理的沉降计算经验系数，最好有临近类似工程的沉降观测资料。

F网友：

根据湖北地标，Q_2地层膨胀土的含水率、孔隙比和液限的值，计算查表最大地基承载力$f_{ak}=350kPa$。

G网友：

尊重地方经验值。

你再看看其他相似工地，是怎么取的值。

标准贯入击数不算高。

验算下卧层及对变形进行验算。

地层估计是Q_3及以前的。

H网友：

在陕北Q_2黄土承载力荷载能做到1 500kPa，都是直线段，最后专家取值400kPa。

I网友：

（1）地层时代应为Q_3的老黏土。

（2）承载力450kPa是否合适与地区经验核实；若采用天然地基，建议进行载荷试验复核。

（3）平顶山地下水应该为上层滞水，上部黏性土中无水，地下室抗浮是一个值得进一步分析的问题。

(4)承载力修正时边载按地下车库的基底压力折算是合适的。

工 程 实 录

案例一 填海造地建造电厂的工程问题
——某火电厂桩基试验咨询

一、咨询背景

受设计院委托,对某火电厂桩基试验的可行性论证、试验的技术要求和试验的实施方法进行技术咨询。

该火电厂位于我国东南沿海某海湾附近滩涂,处于经济开发区内。电厂的桩基试验是在填海造陆形成的陆域上进行的,按设计要求,在拟建厂区内的滩涂淤泥上采用开山石料回填造陆,同时利用抛石回填作为堆载对淤泥地基进行预压加固。但在抛石回填的施工过程中,厚层淤泥不仅没有按照设计要求得到有效的加固,而且由于堆石加荷速率过快,使淤泥层产生了比较大的水平位移和挤出变形,扰动了土的结构,致使填海造成的陆域成了目前尚未稳定的建设场地,与电厂建设的技术要求和计划进度产生了比较大的矛盾。

本咨询报告是根据设计院提供的电厂桩基试验技术条件书和对填海陆域场地的勘察、测试资料编制而成的。

报告由高大钊、桂业昆(时任上海基础公司总工程师)执笔完成。

二、桩基试验场地的稳定性分析

电厂的桩基试验是在填海造陆形成的陆域上进行的,由于抛石回填的施工速率过快,厚层淤泥不仅没有达到地基处理设计要求得到有效的加固,而且产生了比较大的水平位移和挤出变形,扰动了土的结构,致使填海造成的陆域成为目前尚未达到稳定的建设场地,不符合电厂建设的技术要求,也制约了电厂的建设进度。

1.淤泥的极限堆石高度

根据电厂岩土工程勘察资料,在抛石回填以前淤泥土的十字板强度的平均值为 11.4kPa,则淤泥层的极限承载力仅为 58.6kPa,根据监测单位提供抛石重度取 $22kN/m^3$,其极限堆石高度只有 2.7m;如取施工期间的安全系数为 1.5,则安全的抛石厚度仅为1.8m;超过这个厚度的抛石必将造成淤泥的挤出变形,而填海抛石的厚度大多远大于这个极限堆石高度,淤泥的滑动破坏是显而易见的;同时由于淤泥的天然强度呈现随深度而增长的规律,浅层的强度比平均强度低得多,因此实际的浅层滑动比平均的滑动趋势还要明显。

2.淤泥层水平位移的特点

从试验区及Ⅰ区(包括升压站、化水、附属建筑等建筑物)实测的水平位移资料表明,在本报告图集中的附图1所示在场地中间部位实测的水平位移最大值出现在10m深度范围以内,而附图2显示场地前缘部位的最大水平位移出现在淤泥层顶部。这种现象表明在边缘部位淤泥的塑性区在浅部,而在中间部位的塑性区向深部发展,在10m左右范围内的土体中产生了比较大的滑动;同时,从目前的资料说明这个滑动的趋势尚未趋于缓和,水平位移在短期内不可能停止。

从附图3所示的实测水平位移曲线中还可以看到一个明显的现象,即部分孔的水平位移方向发生了从正到负的变化,这反映了抛石填海的无序性,淤泥土承受了来自不同方向的挤压力,产生来回摆动的水平位移,在往复的位移下,土体的结构必然受到极大的扰动。

3.淤泥层竖向位移的特点

根据竖向位移(沉降)观测的数据显示,到10月底为止的半年时间内一直保持着15mm/d左右的平均竖向位移(沉降)速率。从附图4所示的位移随时间呈线性增长的关系,说明变形中的体积压缩部分仍处于固结度很小的阶段,位移稳定的时间将会很长。

根据35-F089C-G及35-F089S-G钻孔资料,与淤泥层顶面的沉降观测结果进行分析对比,沉降仅为淤泥层厚度变化的23%~35%,说明有相当大的一部分淤泥被挤出。所以竖向位移(变形)中由侧向挤出所形成的比例比较大。因此,不能用一般的预压固结的概念来分析这个场地的竖向大变位问题。

上述分析说明,目前本场地的淤泥层尚处于结构扰动后不稳定的状态,大量的竖向变位和水平位移还在继续发展。

4.利用填海造陆场地建设的主要技术问题

一般认为,在填海造陆的场地没有稳定以前是不宜进行工程建设的,也有认为填海造陆场地的不稳定性将会影响桩基试验的结果。

如果必须在这个处于尚不稳定状态的场地上进行建设,那必须考虑对工程可能存在重要影响的主要技术问题。

根据电厂填海造陆场地的特点,桩基础设计时必须充分考虑负摩阻力和绕流力对桩的不利影响。这种不利因素需要通过特殊的试验测定数据,以进行分析评估。因此,特殊的桩基试验是利用这个场地进行工程建设的必要前提。

1)负摩阻力与下拉荷载

由于本工程采用的是嵌岩桩(桩径 $\phi = 1\,000$mm),桩端的位移量非常小,为负摩阻力的发挥提供了足够的位移条件,而且中性点的位置又比较低,可能接近于淤泥的层底。因此在这个尚不稳定的场地上采用桩基,负摩阻力的现象将是十分严重的,桩基设计时必须考虑负摩阻力产生的下拉荷载。

负摩阻力的大小与相对位移的数值有关,由于本场地的淤泥层的固结将会延续相当长的时间,在淤泥的体积变形稳定以前,施加于桩侧的负摩阻力将会不断地增加,直至它的最大值。

根据负摩阻力的形成机理,可以根据沉桩时尚未消散的孔隙水压力来估计负摩阻力。当沉桩时尚未消散的这部分孔隙水压力全部转化为有效应力时,就产生最大的负摩阻力。对于软黏土,最大负摩阻力大约为平均有效应力的 $1/7 \sim 1/4$。

根据试验区观测点 B02 的孔隙水压力资料进行初步分析,在 2004 年 9 月 4 日测得剩余孔隙水压力的平均值为 114.5kPa,估算其负摩阻力可达 16.4～28.6kPa,则 10m 厚的淤泥对 1m 直径桩的下拉荷载估计可达 514～898kN。

上述是估算值,究竟取多大数值作为控制设计,必须通过试验来验证。至于回填的抛石层对桩的负摩阻力,过去很少经验,更需要通过试验获得,为设计提供合理的参数。

2)绕流力

如果沉桩以后,淤泥继续产生水平位移,桩的存在对淤泥的滑动有阻挡的作用,滑动的土层可能沿桩周产生绕流,并产生作用于桩身的绕流力。

本场地淤泥层的水平位移对桩将产生绕流力,在桩基设计中必须考虑绕流力对桩所产生的变形和附加的内力。

这种附加的变形和内力大小,需通过试验来测定。如果测得的数值非常小,则排除了绕流力的影响。

为了对试验结果的预期,采用沈珠江院士推导的公式来计算。对于内摩擦角为零的软土,作用在单位长度、直径为 D 的圆形截面桩上的绕流力可由下式计算:

$$q_c = 4\sqrt{2}\,c_u D = 5.66 c_u$$

根据勘测成果,淤泥土的不固结不排水强度为 11.4kPa,则单位桩长的绕流力为 64.5kN/m;对于 10m 厚的淤泥,绕流力将达 645kN。

抛石层对于桩的绕流力:由于抛石层的强度指标难以准确地估计,抛石层对桩产生多大的绕流力,需要通过试验来获得。

建议通过试验测定抛石层和淤泥层对桩产生的绕流力影响。

三、桩基试验的目的

由于填海陆域场地的特殊性,拟建在填海陆域场地的建(构)筑物(包括升压站、化水、附属建筑等建筑物)桩基试验的目的,除了按试桩技术条件书中提出的常规试验要求外,更重要的是为了评估场地的不稳定性对桩基工程的影响,为桩基设计提供设计参数和工程措施的建议。

结合工程场地稳定性的现状和桩基试验技术条件书的要求,桩基试验的目的如下:

(1)通过试验确定在竖向荷载作用下,桩端阻力和各土层中的桩侧摩阻力的分布及其随荷载变化情况和单桩承载力标准值。

(2)通过试验测定负摩阻力与竖向变位的关系,为计算作用于桩侧的负摩阻力提供实测的依据。

(3)通过试验测定在抛石和淤泥的共同作用下桩的横向变位和轴力的偏心程度,为评价桩的水平承载性状提供实测依据。

(4)通过试验,检验所选用的施工方法的成孔可行性,检验保证成孔质量措施的有效性,检验在这种复杂地层条件下浇筑水下混凝土质量的可靠性。

四、桩基试验总体方案

1.试验区的选择

根据填海造陆场地的地质条件和工程项目的类型,分别选择在升压站、化水区和附属建筑区三个区域进行桩基试验。根据这三个区域的代表性钻孔,主要土层的厚度及基岩的埋深比较见例表 7.1-1。

从例表 7.1-1 可知,在化水区存在两种地质条件,如桩端都进入中风化岩层,则桩的长度不同;在附属建筑区,建筑物的荷载比较小,但这个区域的淤泥比较厚,岩层的埋藏深度比较深,选用长度过长的桩显然是不经济的。但由于这个区域虽然经过 180d 的预压,但沉降量却很小,现场拍摄的照片显示隆起非常严重,淤泥的反复扰动又最典型,具有进行负摩阻力和绕流力试验的典型条件。

剖面的主要参数　　　　　　　　　　　　　例表 7.1-1

位置	升压站	化水区		附属建筑区
堆石的厚度(m)	10.20~12.64	9.91~11.00	10.62~11.14	10.14
淤泥层厚度(m)	19.50~21.90	9.50~13.50	15.50~18.60	22.7
其他土层厚度(m)	14.60~16.15	3.40~7.20	4.70~11.50	20.30
中风化花岗岩埋深(m)	54.44~57.20	26.70~33.10	40.12~48.00	
花岗岩残积土埋深(m)				44.24
全风化层厚度(m)	2.95~6.45			1.30
强风化层厚度(m)	5.60~7.80	0.90~2.60	5.40~8.40	2.10
中风化层厚度(m)	2.10~3.90	2.60~4.60	2.70~7.40	3.30

2.桩型与截面的选择

　　根据场地的地质条件及工程的要求,选用钢筋混凝土灌注桩,桩的直径均采用1m。桩型有两种类型,即嵌岩桩和端承摩擦桩,进行四种不同长度的桩基试验,试验桩的数量、位置(参考钻孔)、桩底标高及桩长等设计参数见例表 7.1-2,试验桩总长 459.6 延米。

试桩数量、位置及内容表　　　　　　　　　　例表 7.1-2

试桩号	参考钻孔	地面标高(m)	桩底标高(m)(桩长)	试桩坐标(X、Y)	试验与测试内容
SY-1	728	7.5	-47.94(55.44)		A,B,C,D,F,H,I
SY-2	729	7.5	-50.69(58.19)		A,B,C,F,G,H,I
SY-3	731	7.5	-48.55(56.05)		A,E
HY-1	868	7.5	-21.72(29.22)		A,B,C,D,F,H,I
HY-2	869	7.5	-24.78(32.28)		A,E
HY-3	877	7.5	-27.61(33.30)		A,B,C,F,G,H,I
HY-4	878	7.5	-33.62(41.12)		A,E
HY-5	887	7.5	-39.90(47.40)		A,E,
HY-6	888	7.5	-41.54(49.04)		A,B,C,F,H,I
FSY-I	886	7.5	-50.04(57.54)		A,B,C,E,H,I

3.试验与测试内容

试验与测试内容详见例表 7.1-2,对表中符号的含义注释如下:

A——桩的竖向静力荷载(承载力)试验;

B——负摩阻力时间效应;

C——间歇期桩的横向变形与轴力分布;

D——混凝土取芯测混凝土强度及弹性模量;

E——低应变动测;

F——超声波测桩的完整性(密实度);

G——不平衡堆载下的桩身横向变形与轴力分布测定;

H——桩的横向变形(与试验 A 同时进行);

I——分层摩阻力(与试验 A 同时进行)。

上述 9 种试验和测试的内容和技术要求分别见有关各章。

4.加载方法的论证

根据上述桩基试验的目的,能同时测定单桩承载力和负摩阻力的加载方法只能选用 Osterberg 试桩法,国内称为自平衡试桩法的加载方法。这种通过荷载箱从桩的下部施加荷载的试桩方法,可以同时测定嵌岩桩的桩端阻力、嵌岩段阻力和覆盖层土的摩阻力;用 Osterberg 方法加载,由于土层与桩的相对位移方向和产生负摩阻力的位移方向一致,故根据试验结果可直接求得桩侧负摩阻力的分布及其与相对位移的关系,为估计负摩阻力提供了比较完整的实测依据。

Osterberg 试桩法是大吨位及困难条件下进行桩的静载荷试验的一项新技术,在国外已得到广泛的应用,近几年来在我国已经推广应用于许多重大工程,如山东东营黄河公路大桥的超长桩,桩长 78~121m;南京地铁新街口站的大直径桩,桩径 1.5m;润杨公路长江大桥,桩径 1.5m,桩长 89m;苏通大桥超长桩,桩长 100m;上海东海大桥,桩长 110m 等工程中都用 Osterberg 法试桩,解决了大吨位及困难条件下的工程试桩问题。

根据桩基试验技术条件书的要求,试桩需加荷载至 12 000kN。常规法试桩用堆载法加载已不可能实施,必须采用锚桩加载。

常规的桩基试验加载方法是在桩顶施加荷载,不论是锚桩法还是堆载法,都只能满足常规的试桩要求,不满足测定负摩阻力的特殊加载技术要求,因此不符合该工程桩基试验的目的。

从经济上比较,选用 Osterberg 法试桩就可省掉锚桩的费用,经济上是合算的。

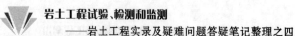
5.试验桩的设计

考虑到在试验桩中埋设了许多量测设备和管道,为了构造上的统一安排,建议试验桩由试桩单位根据结构设计和试桩的技术要求设计并出施工图。

五、试验桩的施工及质量保证的建议

1.施工方法

结合现场的地质条件,桩型宜选用嵌岩钻孔灌注桩,在这样的地层中施工嵌岩灌注桩,最大难点是成孔。

首先,要在厚度最大达到 10 多米的填石层中成孔,填石的尺寸大小不一,大者可达 1m 左右,冲击成孔极为困难,进尺极其缓慢,如置入泥浆,浆液必然从石头缝隙中流失;如用套管,则难以使套管穿越填石层。

其次,最大厚度达 20m 的淤泥层(在升压站区、综合办公楼、附属建筑物),其标贯击数仅 1~2 击。同时,该层土由于抛石填筑过程中曾经发生浅层挤出,且目前淤泥固结尚处于不稳定状态,成孔时孔壁的稳定也是值得关注的问题。

再次,要穿越 10m 多的全、强风化层,进入中风化花岗岩 1m。全风化层上的黏性土,其标贯值已达 80~90 击,下部中风化岩层的单轴饱和抗压强度大于 50MPa 左右(见钻孔 35-F089S-G01),属较硬岩或坚硬岩,钻进比较困难。

由于上述三大难点,因此,本工程的灌注桩施工在方法上应充分考虑成孔的成败。

对穿越填石层首推套管法。套管应有一定刚度(壁厚 16mm 以上)。施工时套管的下沉宜用振动锤(机械具有下压的装置);如套管下沉有困难,可用 3t 以上的落锤(带有楔形头),借助下落的重力将块石挤开(部分石块被击碎);也可用短螺旋头边旋转边将块石挤向四周,使套管顺利下沉。

若先采用人工挖清除表层块石后,设置护筒,然后在较厚的黏土质泥浆中,用重的落锤将块石挤开,在冲击的同时,厚泥浆由于挤压而被压入块石的缝隙中,形成一个较封闭的钻孔。这种施工工艺应采用周密的降水措施及可靠的安全措施。

对淤泥及淤泥质黏土,最好的措施是将套管延伸,直至较好的第④土层黏土,这就要求施工设备能有足够的能力将套管下到这一层。

穿越较厚的全、强风化岩层,嵌入中风化岩花岗岩层,关键在于设备的功率及钻机、钻头的选择,其次是操作工艺。

2.施工的技术要求

(1)场地应保持平整,确保钻杆的垂直度在 1% 以内。

（2）护筒要安放垂直,对 1m 直径的桩,护筒的内径不应大于 1 200mm,护筒深度不宜少于 1 500mm。

（3）如用套管,壁厚不宜少于 16mm,必须具备一定的刚度。

（4）泥浆的指标应考虑块石层及淤泥层,建议在块石层成孔时,比重为 1.3~1.4,在淤泥层中为 1.2~1.25,但灌混凝土时需调整至正常值。

（5）在嵌入中风化花岗岩中钻进,宜在钻头上加配重,钻压随时调整,以确保正常进尺。

（6）推荐反循环法成孔。

（7）钢筋笼制作前应与测试单位配合,测试单位负责仪器的安装。钢筋笼接长及吊放不准损伤已安置好的仪器及导线。

（8）钢筋笼安置结束后,应进行第二次清孔,达到要求后方可浇灌混凝土。

（9）混凝土坍落度控制在 160~180mm。

（10）浇灌过程中必须保持导管插入混凝土中 2m 以上,速度不宜过快,随时检查钢筋笼不发生上抬,一旦出现上抬,应即时处置。每根桩留置两组试件。

（11）决不允许二次开灌,如发生堵管,应将导管全部拨出,将已灌混凝土全部清出后,方可重新浇灌。

3.成孔质量检测（包括成桩质量）

成孔质量检测内容与要求见例表 7.1-3。

灌注桩质量检测内容与要求　　　　　　　　　　例表 7.1-3

序号	检 查 项 目	允 许 偏 差		检 查 方 法
		单位	数值	
1	桩体质量检验	需钻至桩尖下 50cm		用低应变或超声波
2	混凝土强度	满足设计要求		需钻芯的桩按例表 7.1-5,其余按试件结果
3	成孔垂直度	1%		测径仪或超声波
4	桩径	±50mm		测径仪或超声波
5	泥浆比重	1.15~1.20		灌混凝土之前用比重计,取样在桩的下部
6	沉渣厚度	mm	50	用重锤
7	钢筋笼标高	mm	±100	水准仪
8	混凝土充盈系数	>1.0		检查每根桩的实际灌注量
9	桩顶标高	mm	−50	水准仪,需扣除桩顶浮浆

4.桩身完整性、材料强度检测及弹性模量测定

1)桩身完整性检测

为了达到检测的可靠与费用经济的目的,桩身完整性检测,可采用两种互相校核的方法,即埋管超声波检测和低应变检测。

超声波测管用量见例表 7.1-4,平面布置见例图 7.1-1,测管直径(内)为60mm,宜用金属管。管子接头应牢靠,在混凝土浇筑过程中不应有水泥浆进入,应紧密安装在钢筋笼上,并保持垂直。无论是低应变检测,还是超声波检测,必须委托给有资质的单位进行。

超声测管工程量表   例表 7.1-4

试 桩 号	检测管长(m)	根 数	总长(m)
SY-1	54.9	3	164.7
SY-2	57.6	3	172.8
HY-1	28.7	3	86.1
HY-3	34.6	3	103.8
HY-6	48.5	3	145.5
合计			672.9

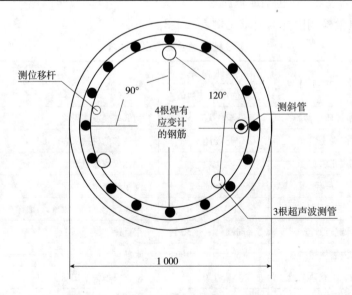

例图 7.1-1 超声波测管平面布置图(尺寸单位:mm)

2)混凝土取芯试验的检测要求

混凝土取芯作单轴抗压强度试验的目的是检验水下混凝土浇灌的质量,取芯工作量见例表 7.1-5。取芯位置在桩中心 10~15cm 处,钻孔垂直度偏差小于 0.5%,考虑到长桩的钻进难度及费用,SY-1 只需钻至桩长的一半处,但 HY-1 需钻至桩尖下 50cm,以确证岩层及桩尖处的混凝土质量。芯样应全长摄像记录,并保留芯样;每隔 5m 取一组试样(三个试样)进行单轴抗压强度试验,芯样的单轴抗压强度试验可参照《建筑地基基础设计规范》(GB 50007—2002)附录 J 执行,但应全程记录轴力和变形,直至试样破坏。取芯过程中严禁损坏测试仪器,HY-1 需钻入桩底时,应精心操作,防止损坏荷载箱。

混凝土取芯工作量　　　　　　　　　　　　　　　　　　例表 7.1-5

试 桩 号	桩长(m)	取芯长度(m)
SY-1	55.4	28
HY-1	29.2	29.7
合计总长		57.7

3)低应变动测试验的检测要求

需做低应变动测试验的桩共 5 根,即 SY-3、HY-2、HY-4、HY-5、FSY-1。测试前桩顶面应做到平整、密实,并与桩轴线基本垂直,选用仪器的主要技术性能、操作方法、判断方法应按照《建筑基桩检测技术规范》(JGJ 106—2003)要求执行。

4)混凝土弹性模量测定的要求

混凝土弹性模量测定可利用钻芯取样的试件,在进行混凝土强度检验时同时进行。

六、试桩工程监理

该工程试桩的成败,关系桩基设计的安全,同时也是今后工程桩的施工质量的保证,因此要求监理单位明确试桩过程中有三个工种介入:桩的施工单位、桩的试验(含监测)单位、桩的检测单位(取芯、测桩身垂直度、桩身质量、桩的水平位移等)。在工程开展前应由监理单位负责组织这些单位的实施方案与施工组织措施。

监理的主要工作:对施工单位、测试单位及试桩单位的资质审核;桩施工与测试(包括试桩)全过程的监理。

资质审核应重点审核该单位的实绩(施工单位有无嵌岩桩及泵吸反循环桩的施工实践、处理过抛石填层的经验,测试单位,尤其是试桩单位更应有相应的业绩),所用的机具或仪器(施工单位自有的岩石中钻进的机具与设备,试桩及其他测试所用的测试元件、仪器的先进性与可靠性,数据收集的及时性、同步性,各种仪表的标定资料等)及施工或测试人员的资历等。

在施工过程中监理单位应抓住各道关键工序的监督,主要有穿越抛石层;套管的打入(如用套管);泥浆的配比(成孔与浇筑混凝土不同阶段有不同要求);泥浆的循环与处理;成孔检查与孔底的清渣(为确保桩底的承载力及试桩成功,该工序必须强调并严格控制);钢筋笼的安放(应在安放前组织试桩单位与施工单位共同验收设置在钢筋笼上的预埋元件,放置时试桩单位必须有人在场);浇筑混凝土用的导管插放(在此前,宜进行第二次清孔及导管的水密性检查,导管插入不应碰撞各类测试元件);混凝土的浇筑(掌握配合比、开灌一次成功、施工过程中不堵管及随深度变化的混凝土用量情况)等。

在试桩阶段,监理要抓住以下要点:各种测试元件的标定资料、设计所提出的试桩及其他测试内容和要求的执行、原始记录的正确性及完整性。

七、桩基试验项目建议

根据场地地质条件和桩基工程的要求,建议进行下列四种类型的桩基试验项目。

1.慢速维持荷载法单桩承载力试验

在按慢速维持荷载法进行单桩承载力试验时,应同步进行下列试验和测定:

(1)钢筋应力量测

量测钢筋应力以测定桩身轴力的变化,从而计算分层摩阻力。

(2)桩端和桩顶的竖向位移与桩顶水平位移

通过应变杆测定桩端位移;用水准测量测定在各级荷载作用下的桩顶竖向位移;用坐标测量测定桩顶的水平位移。

(3)桩身横向变形量测

用测斜仪测定桩身的变形曲线。

单桩承载力试验应根据 Osterberg 试桩法的特点,按中华人民共和国行业标准《建筑基桩检测技术规范》(JGJ 106—2003)的加卸载等级及沉降稳定标准。

由于 Osterberg 试桩法的特点,参照以往做法,对终止施加荷载条件规定如下:

(1)某级荷载作用下,桩的沉降量或上拔量达前一级荷载作用下的沉降量或上拔量的 5 倍。

(2)桩的上拔量达 100mm 或沉降量达 80mm。

(3)荷载箱达极限压力或极限行程。

(4)对需做时间效应的桩,每次试桩的终止加载条件,视上一次结果再商定。

2.负摩阻力时间效应试验

负摩阻力时间效应试验是在不同的时间重复测定分层摩阻力,时间间隔的长短可视土层孔隙水压力消散的速度和场地的条件,根据第一次慢速维持荷载法单桩承载力试验的结果而定。

一般可在第一次试验后休止4个星期,作时间效应试验。

负摩阻力时间效应试验的目的是为了测定负摩阻力随时间的变化规律。在慢速维持荷载法单桩承载力试验时可以测得负摩阻力与桩土相对位移的关系曲线,按位移值可以估计负摩阻力的大小;随着时间的推移,土体的有效应力增大,在相同的位移条件下发挥的负摩阻力也随之增大。

因此,在不同时间重复上述慢速维持荷载法单桩承载力试验就可测得不同时间的负摩阻力与桩土相对位移的关系曲线,用于推测负摩阻力的变化规律。

3.间隙期的桩身横向变形与轴力分布测定

在桩的静载荷试验之后的间隙期间,按不同时间间隔测定桩身横向变形与轴力分布。

在慢速维持荷载法单桩承载力试验之间的休止期间,如果存在抛石层和淤泥层对桩的绕流力,桩身会发生变形,桩身内力的分布也会发生变化,在不同的时间,用测斜仪测定桩的横向变形,同时通过钢筋应力计测读不同位置的钢筋应力,根据横向变形值和轴力的不均匀分布,就可以分析绕流力的影响。

采用等时间间隔测定的方法,如果变化明显可取两个星期测定一次,如果变化比较小,可以延长时间间隔,直至终止测定。

4.不平衡堆载下的桩身变形与轴力分布测定

在完成时间效应试验后进行不平衡堆载下的桩身变形与轴力分布测定。

如果由于抛石层的厚度相差不大,桩身变形与轴力分布测定的数据比较小,为了验证抛石层的厚度相差比较大的情况下的横向变形与轴力的分布是否明显,可以人为地造成不均匀的堆载或卸载,测定在不均匀堆载条件下桩身的横向变形与轴力的不均匀分布。

堆载的高度或卸载的深度可取为淤泥的极限高度,横向的堆载宽度和长短可取为堆载高度的3~4倍。在堆载过程中进行短时间间隔的测定,每天测定两次,堆至稳定高度以后,每两天测定一次,直至变形稳定。

八、试验加载装置与量测设备

在这一节中,为完成上述各种桩基试验,提出必须采用的加载装置和量测设备的规格、量程等技术要求和必要的数量,同时对这些设备的埋设位置和埋设技术要点提出建议。

对分析试验资料需要的辅助测量——孔隙水压力量测和桩顶的竖向位移和水平位移量测,也在这章中提出建议。

1.最大试验荷载与加载设备条件

(1)最大试验荷载

根据结构设计的使用要求,桩端位于中风化岩的试验桩,最大试验荷载取12 000kN。

(2)荷载箱位置的设定和对荷载箱出力的要求

荷载箱位置都设在桩端以上300mm处,在荷载箱的底部设置一段混凝土是为了更均衡地分布桩底的压力。由于要考虑荷载箱上下力的大体平衡,防止上端过早达到极限,荷载箱的出力应与上述最大试验荷载相匹配,并留有一定余地。

由于需要设置荷载箱,对施工孔底的清渣提出更高的要求。

(3)对荷载箱的行程要求

荷载箱的行程一般为150mm,但考虑要做时间效应的试桩,其行程宜适当加大至200mm。

(4)荷载箱的规格和数量

荷载箱的规格和数量见例表7.1-6。

试验所需荷载箱的规格、数量　　　　　　　　　　　例表 7.1-6

试桩号	荷载箱需加的最大荷载 (kN)	行程 (mm)	设置标高(m) (指箱底标高)	数　量
SY-1	12 000	200	−47.64	1
SY-2	12 000	200	−50.39	1
SY-3	12 000	150	−48.25	1
HY-1	12 000	150	−21.42	1
HY-2	12 000	150	−24.48	1
HY-3	12 000	150	−27.31	1
HY-4	12 000	150	−33.32	1
HY-5	12 000	150	−39.60	1
HY-6	12 000	200	−41.24	1
FSY-1	12 000	150	−49.74	1
总计				10

2.桩身轴力和桩侧摩阻力的量测

(1)根据各试验桩位置的柱状图,钢筋应力计沿深度的布置见例图 7.1-2～例图 7.1-4;例图 7.1-2 为升压站区的试桩(SY 型),例图 7.1-3 为化水区的试桩(HY

型），例图 7.1-4 为附属建筑区的试桩。

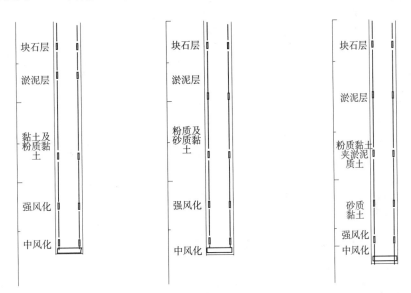

例图 7.1-2　升压站区的试桩　　例图 7.1-3　化水区的试桩　　例图 7.1-4　附属建筑区的试桩

（2）在每个深度位置上，按 0°、90°、180° 和 270° 四个方向布置钢筋应力计，平面布置的示意图见例图 7.1-2~例图 7.1-4。

（3）振弦式钢筋应力计的规格、精度要求。

在桩身不同深度埋设点焊式振弦应变计以测量不同深度处的钢筋应力，进而可求得桩的分段摩阻力。对应变计的质量要求较高，以往经常发生失效或灵敏度不高现象。建议选用 Spot-Weldable Strain Gauge 型应变计，该应变计采用独特的预应力钢弦设计，便于安装，低断面设计能有效降低由于弯曲引起的误差，振弦式应变感应器固定在应变计上，可用振弦式读数仪或 CR10X 数字自动记录仪读取数据。振弦式钢筋应力计的规格、精度要求详见例图 7.1-5。

应变计数量见例表 7.1-7。

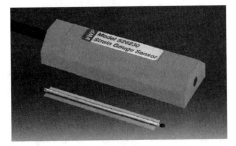

例图 7.1-5　振弦式钢筋应力计

仪器参数：①传感器类型：振弦式；②量程：2 500με；③分辨率：1με；④精度：±0.1%FS

应变计数量 例表 7.1-7

试桩号	第一层标高	第二层标高	第三层标高	第四层标高	第五层标高	应变计数量
SY-1	1.18	-13.69	-30.32	-42.69	-47.44	20
SY-2	2.41	-12.44	-25.04	-43.79	-50.19	20
HY-1	2.04	-8.17	-14.62	-17.77	-20.42	20
HY-3	2.10	-10.06	-19.91	-25.66	-26.61	20
HY-6	1.93	-12.39	-27.79	-37.49	-41.04	20
FSY-1	2.43	-13.99	-31.04	-41.19	-45.04	20
合计						120

3. 桩的横向变形和竖向变形的量测装置

（1）测斜管

在试验桩的外侧布置测斜管，测斜管直径为 70mm（内径）。测斜管的规格、长度及数量见例表 7.1-8。

测斜管数量 例表 7.1-8

试 桩 号	测斜管长（m）	数 量
SY-1	54.9	1
SY-2	57.6	1
HY-1	28.9	1
HY-3	34.6	1
HY-6	48.5	1
FSY-1	57.0	1
合计	281.5	6

（2）测斜仪

对测斜仪的技术要求为：0~53，分辨率 0.02mm/500mm，系统精度 4mm/15m。

（3）测量桩的竖向变形的应变杆

变杆的规格为厚度 6mm 的钢管，内置直径 30mm 的应变杆，长度为每根桩的荷载箱上部至桩顶的距离，数量为每根桩放一根，总长约 500m。

对超过 40m 的桩，为减少应变杆由于长度过长而引起测试误差，建议用两节。

4. 试验区的孔隙水压力观测

在每个试验区布置一组孔隙水压力的观测，观测孔距试桩 5m，淤泥层中每间隔 3m 左右布置一个孔隙水压力计，每孔只布置两个点，上下两个孔隙水应力计之间应由高度不小于 1m 的隔水填料分隔。

观测孔隙水压力的时间应从试桩施工前一星期开始,以后基本每两个星期测一次,到试桩结束以后再观测两个星期,即可停止观测。

孔隙水压力计的布设和孔隙水压力的观测应按《孔隙水压力测试规程》(CECS 55—1993)的有关规定执行。

5.桩顶竖向位移和水平位移的观测

试验桩设置以后立即测量桩顶中心的坐标和标高的起始值。

在试桩加载时,按试验要求测读桩顶的变形,以换算桩身的压缩量;在桩身变形量测时,同时量测测斜管顶的水平位移,以换算桩身各部分的绝对位移值。观测时的基准点应选址于稳定可靠处,在整个过程中不会被破坏或发生任何移动。

桩顶竖向位移和水平位移的观测应按《建筑变形测量规程》(JGJ/T 8)的规定执行。

在所有试验结束以后,隔两个星期作最后的桩顶竖向位移和水平位移的观测。

九、试验成果要求

试桩单位应根据本纲要的要求编写桩基试验的成果报告,提供给业主和设计单位,作为施工图设计和整个桩基施工的基础性技术文件。

桩基试验报告应包括对场地条件和试桩任务的叙述、试验量测设备的性能和率定报告、试验和量测方法的说明、试验量测的原始数据、试验过程中需要说明的问题、试验成果的显示图表、试验结果的分析与结论。

在试验成果中必须包括下列内容:

(1)根据 Osterberg 法试验结果,绘制桩顶荷载与上段、下段桩的位移曲线,桩顶加荷量与桩顶沉降的关系曲线(Q_t-S_t 曲线),桩端阻力与桩端沉降的关系曲线(Q_b-S_b 曲线),各级荷载作用下沉降与时间关系曲线(S-$\lg t$ 曲线)。

(2)各级荷载作用下桩端阻力和各土层中的侧面摩阻力分布、不同休止时间的桩侧摩阻力—相对位移的曲线。

(3)不同休止时间各量测断面的轴向合力作用点位置、主弯矩方向及大小随深度变化的曲线。

(4)桩身横向主变位方位角及横向主变位随深度变化曲线。

(5)提供单桩极限承载力、各有关土层的桩侧极限摩阻力和桩端极限阻力的标准值。

附图

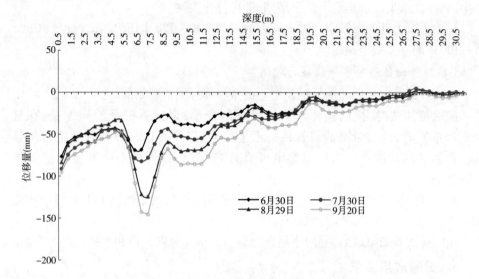

附图 1　最大水平位移发生在深度 10m 范围以内

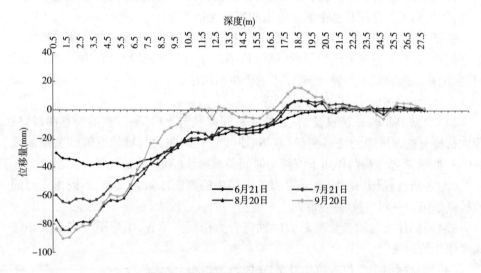

附图 2　最大水平位移发生在淤泥层的顶部

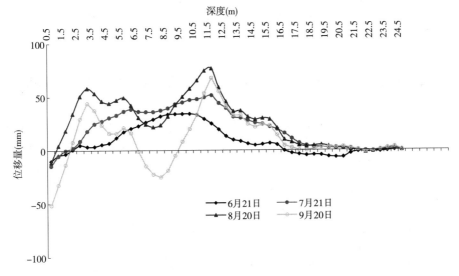

附图3 水平位移发生正负方向的变化

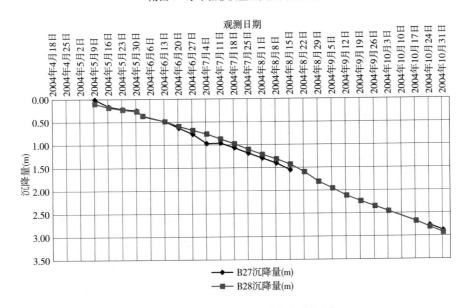

附图4 升压站沉降与时间呈线性关系的变化

案例二　填海造地软基处理试验区资料分析

一、咨询背景

本案例是受设计院的委托,对某火电厂软基处理试验区的资料进行分析研究的报告,资料由委托方提供。

某火电厂位于我国东南沿海某海湾附近滩涂,处于经济开发区内。电厂的桩基试验是在填海造陆形成的陆域上进行的,按设计要求,在拟建厂区内的滩涂淤泥上采用开山石料回填造陆,同时利用抛石回填作为堆载对淤泥地基进行预压加固。但在抛石回填的施工过程中,厚层淤泥不仅没有按照设计要求得到有效的加固,而且由于堆石加荷速率过快,使淤泥层产生了比较大的水平位移和挤出变形,扰动了土的结构,致使填海造成的陆域成了目前尚未稳定的建设场地,与电厂建设的技术要求和计划进度产生了比较大的矛盾。

本咨询报告是根据设计院提供的电厂桩基试验技术条件书和对填海陆域场地的勘察、测试资料编制而成。

报告由高大钊、桂业昆(时任上海基础公司总工程师)执笔完成。

二、工程概况

Ⅰ、Ⅱ区(B、C标段)位于蛇山场地南侧(含试验Ⅰ区和试验Ⅱ区,试验区面积各为2 000m²)。根据设计院提供的地基处理图纸(35-F098S-G02)的要求,地基处理采用插板排水堆载预压的方法:

淤泥的顶面铺设一层土工织布,在土工织布的面上铺设1.5m的砂垫层(材料为中砂)。插设计板选用C型塑料排水板。插板间距分别为Ⅰ区1.0m;Ⅱ区1.2m,按正方形布置。最大插板深度25m,插板顶端埋入厚1.5m的排水砂垫层中,并在砂垫层中设置排水盲沟与集水井。堆填料采用开山石,填料的粒径最大不得大于300mm。在堆填过程中要求分层碾压,每层铺厚度为0.5~1.0m碾压一次。

加载设计共分4~5级进行,并确定每级的加载速率分别为5d、6d、6d、6d、7d,每级稳载时间为8d,第5级加载后,恒载时间为150d。并要求设置检测设备(孔隙水压力计、水平位移计、淤泥顶面的沉降观测,分层沉降仪)。

在实际施工中除完成塑料排水板插板、砂垫层外,在试验区并要求设置检测设备(孔隙水压力计、水平位移计、淤泥层顶面的沉降观测水准点、分层沉降仪)。其他的设置(施)均未实施。设计要求在整个B、C标段区域内实际上只设置淤泥顶面的沉降观测点与水平位移计、分层沉降仪,未埋设孔隙水压力计。

现根据监(检)测的中间报告成果资料、堆填海区的淤泥地基的目前状况作如下的分析。

三、对淤泥层目前状态的判断

1.淤泥的天然强度

根据检测监测中间报告的数据,即试验区Ⅰ的十字板剪切试验处理前后抗剪强度对比(例表 7.2-1),Ⅰ、Ⅱ片场区沉降观测点相对应的数据十字板剪切试验处理前后抗剪强度对比(例表 7.2-2),可知淤泥的天然强度。

试验区Ⅰ十字板剪切试验处理前后抗剪强度对照表　　　　　　　例表 7.2-1

处理前淤泥面以下深度(m)	处理前抗剪强度(kPa)	处理后淤泥面以下深度(m)	处理后抗剪强度(kPa)	处理后/处理前
2	5.6	2	18.07	3.23
4	6.8	4	20.97	3.08
6	6.9	6	22.97	3.33
8	7.2	8	26.43	3.67
10	9.6	10	24.40	2.54
12	8.8	12	23.10	2.63
14	10.7	14	24.57	2.30
16	13.2	16	27.03	2.05
18	14.9	18	24.53	1.65
20	19.2	20	25.10	1.31
22	22.6	22	26.20	1.16

化水区原位十字板强度试验　　　　　　　例表 7.2-2

B01				B02				B05			
深度(m)	c_u(kPa)	c'_u(kPa)	c_u/c'_u	深度(m)	c_u(kPa)	c'_u(kPa)	c_u/c'_u	深度(m)	c_u(kPa)	c'_u(kPa)	c_u/c'_u
10	33.0	13.3	2.9	13	7.6	2.0	3.8	12	15.6	4.6	3.4
12	11.3	2.2	5.1	15	22.7	3.9	5.8	14	22.9	6.2	3.7
14	15.7	4.9	3.4	17	26.8	7.6	3.1	16	26.4	6.1	4.3
16	21.9	5.9	3.7	19	32.6	8.2	4.0	18	24.2	6.0	4.0

续上表

B01				B02				B05			
深度（m）	c_u（kPa）	c_u'（kPa）	c_u/c_u'	深度（m）	c_u（kPa）	c_u'（kPa）	c_u/c_u'	深度（m）	c_u（kPa）	c_u'（kPa）	c_u/c_u'
18	20.6	3.3	2.8	21	27.7	7.4	3.6	20	24.9	6.0	4.2
20	16.2	5.0	3.2	23	27.9	6.1	4.5	22	26.2	6.0	4.4
22	20.6	6.0	3.4	25	32.2	6.3	5.1	24	20.9	4.0	5.2
24	20.6	7.3	2.8	27	20.3	5.2	5.6	26	31.0	4.1	7.6
26	2.6	6.6	4.1	29	25.3	4.0	6.3	28	26.6	4.4	6.0
28	20.1	6.4	3.6	31	29.3	4.9	5.9	30	27.0	5.2	5.2
30	23.0	6.0	3.8					31.5	29.4	5.6	5.3

注：B01、B02、B05分别为沉降观测点编号，其原位试验即在此位置处进行。

例表7.2-1为淤泥的天然强度，即处理前淤泥的抗剪强度，例表7.2-2的数据为抛石以后测定的淤泥的天然强度。用这两组数据作为判断淤泥层状态的依据。

2.淤泥层在抛石荷载作用下的安全度分析

根据例表7.2-1的数据，取处理前的十字板强度平均值为11.4kPa，则淤泥层的极限承载力仅为58.6kPa。根据监测单位提供的抛石重度为22kN/m³，则极限堆石高度只有2.7m；如取施工期间的安全系数为1.5，则安全的抛石厚度为1.8m；超过这个厚度的抛石将造成淤泥层的挤出（例图7.2-1、例图7.2-2）。

例图7.2-1　场地填海初期淤泥层的挤出

例图7.2-2　土工布铺设完毕地基发生
多层剪切挤出破坏

同时由于淤泥的天然强度随深度的增长规律比较明显,浅层的强度比平均强度低得多,因此实际的浅层滑动比平均的滑动趋势还要明显。

如例表 7.2-3 所示,试验区Ⅰ处于一期工程的场地中间部位(规划停车场),实测的水平位移最大值出现在 10m 深度范围以内,而与场地前缘部位的最大水平位移出现在淤泥层顶部的现象是吻合的。这种现象表明在 10m 左右范围内的土体中发生了比较大的滑动(例图 7.2-3、例图 7.2-4)。

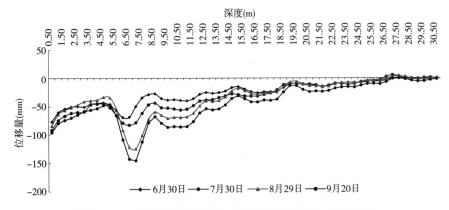

例图 7.2-3 试验区Ⅰ监测点 B13 水平位移观测成果(化水区的南侧)

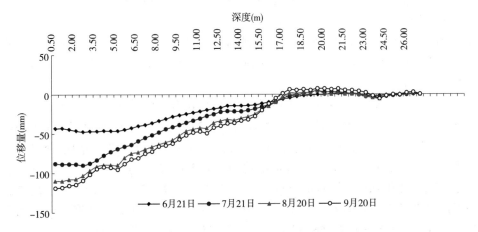

例图 7.2-4 试验区Ⅰ监测点 B39 水平位移观测成果(升压站的南侧)

从实测的水平位移曲线中还可以看到一个明显的现象,即部分孔的水平位移方向发生了从正到负的变化(例图 7.2-5)。

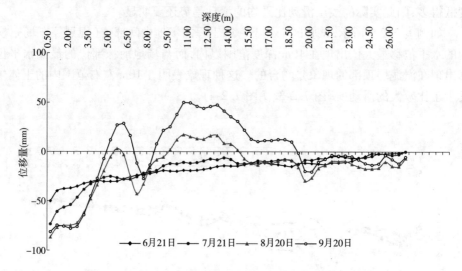

例图 7.2-5　试验区 Ⅰ 监测点 B36 水平位移观测成果(升压站的南侧)

这反映了抛石填海的无序性,淤泥土承受了来自不同方向的挤压力,产生来回摆动的水平位移,在往复的位移下,土体的结构必然受到极大的扰动。

3. 淤泥层顶标高的变化与淤泥层的压缩变形

例表 7.2-3 的数据显示,在 6 月 20 日至 9 月 19 日期间的沉降量是非常大的,最大的平均沉降速率在 15mm/d 左右。

例图 7.2-6、例图 7.2-7 所示的沉降曲线也反映了到 10 月底仍保持着如此大的沉降速率。(升压站现有地面标高:10.50m;化水区现有地面标高:9.50m。场地设计标高 7.5m)。

进一步分析显示,在 B 标段的淤泥层顶面的沉降观测结果与层顶标高的变化出现了非常大的不一致。例如 B01 测点从 6 月 20 日到 10 月 31 日沉降了 1 784mm(总沉降 2 388mm),而 861 号钻孔/310 号钻孔和 864 号钻孔/52 号钻孔,两组对比孔内的淤泥厚度分别减少了 5~4m,平均值为 4.5m;B18 测点从 6 月 20 日到 9 月 19 日沉降了 1 071mm(总沉降 2 093mm),而 719 号钻孔/323 号钻孔对比,孔内的淤泥厚度减少了 3.9m;B19 测点从 6 月 20 日到 9 月 19 日沉降了 1 386mm(总沉降 2 435mm),而 725 号钻孔/56 号钻孔,孔内的淤泥厚度减少了 4.0m。

上述的数据反映出有相当大的一部分淤泥被挤出。因此,不能用一般的预压固结的概念来分析这个场地的工程问题。

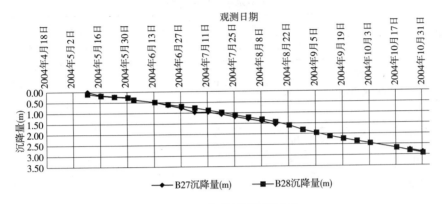

例图 7.2-6　升压站沉降观测曲线

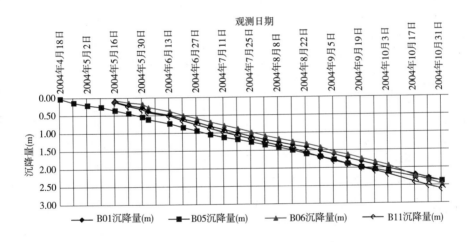

例图 7.2-7　化水区沉降观测曲线

检测报告采用孔隙水压力、沉降量反算固结度,是正常的状况下计算的结果,而场地实际的沉降量应包括两方面的数据:一方面是固结沉降的沉降量;另一方面是淤泥产生蠕变挤出的量。尤其是目前堆石层中的地下水位较高,在计算固结度时没有考虑预压应力浮重的影响,所以检测报告所提出的固结度可信度较低。

目前沉降与时间呈线性的关系,说明变形中的体积压缩部分仍处于固结度比较小的阶段,形状变化引起的竖向位移所占的比例比较大。

沉降与水平位移的计算   例表 7.2-3

| 检测点 | | 淤泥层分布 | 最大水平位移 | | 平均速率
（mm/d） | 沉降速率
（mm/d） | 沉降量
（mm） |
			数值（mm）	深度（m）			
试验区 I B01	纵	钻孔 863 淤泥厚度 20.3m	80	11.0			
	横		−80	6.0		13.6	1 829
试验区 I B03	纵		100	13			
	横		55	10			
试验区 I B04						14.7	2007
试验区 I B05	纵	钻孔 869	150	8			
	横		180	9	3.8	12.7	1988
B 标段 B07		钻孔 874 淤泥厚度 25.2m				10.6	1 181
B 标段 B08		钻孔 875 淤泥厚度 24.8m				6.3	799
B 标段 B09						14.1	1 481
B 标段 B11		钻孔 881				14.9	1 998
B 标段 B13		钻孔 891	−150	7	1.11	4.1	406
B 标段 B14						10.9	1 573
B 标段 B15						12.0	1 711m
B 标段 B16						13.6	1 882
B 标段 B17						12.7	2 225
B 标段 B18						9.90	1 915
B 标段 B19		钻孔 726 淤泥厚度 17.5m				15.4	2 435
B 标段 B20						15.3	1 768
B22						9.6	1 057
B23						4.6	513
B25						14.1	1 767

续上表

检测点	淤泥层分布	最大水平位移		平均速率（mm/d）	沉降速率（mm/d）	沉降量（mm）
		数值（mm）	深度（m）			
B28					18.3	2 240
B29					9.2	907
B31		-90	1	0.67		
B33					6.6	784
B34					11.4	1 080
B 标段 B35					11.2	1 162
B 标段 B36		−100	0	0.62	6.4	594
B 标段 B37						
B 标段 B38					11.8	1 114
B 标段 B39		−120	0	0.87	11.8	1 119
B 标段 B41					5.0	436
B 标段 B42					10.4	1 025
B 标段 B43					3.5	278
B 标段 B44					−0.23	−589
B 标段 B45					−3.2	−89

观测结果显示，场区地表沉降曲线均近似于直线，未呈收敛之势，沉降速率超过 10mm/d 的控制标准，从分层沉降观测资料（例图 7.2-8、例图 7.2-9）可以看出，沉降大部分发生在 15m 以上的淤泥层内，累计沉降量除Ⅰ、Ⅱ区的南侧边缘与东侧边缘外，大多超过 2m，最大沉降量达 2.926m（升压站，截至 2004 年 10 月 31 日）。

在布置主要建（构）筑物的Ⅰ区，淤泥（含淤泥质土）厚度大多在 16～26m。根据软基处理设计，此区域按五级堆载，预压总荷载为 289～300kPa。在堆载符合加载速率、稳载时间和日沉降控制标准的要求，且淤泥层排水状况良好的条件下，估算孔压系数 K_u=0.4～0.6，作用于淤泥层的有效荷载为 220～240kPa，估算总沉降量约为 3～5m。

据此分析，目前场区的加载量（堆填厚度 9.2～13.7m）尚未达到设计要求。由于土体排水速度缓慢，实测 K_u 值均大于 0.6（例图 7.2-9），孔隙水压力至今尚未消散。

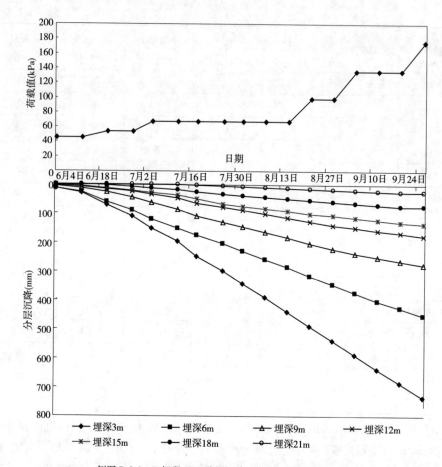

例图 7.2-8　B 标段 B33 分层沉降—荷载—时间关系曲线

由监测资料数据推算,有效荷载约为 $127 \sim 177 kPa$,加上堆填速度过快,稳载时间较短,淤泥层仍处于主固结前期,沉降速率偏大,属于正常。它反映在主固结沉降一直不收敛,且距离收敛尚需一段时间。

四、关于负摩阻力

负摩阻力是由于土相对于桩产生向下的位移所引起的。对于嵌岩桩,桩端的位移非常小,为负摩阻力的发挥提供了足够的位移条件,而且中性点的位置接近于层底。因此在这个不稳定的场地上采用桩基,负摩阻力的现象将是十分严重的,是桩基设计必须考虑的一个重要问题。

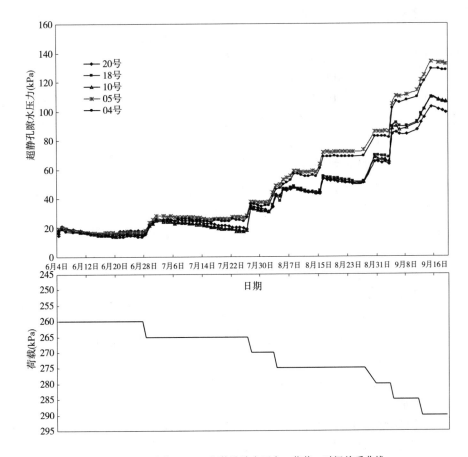

例图 7.2-9 试验区 I B05 超静孔隙水压力—荷载—时间关系曲线

负摩阻力的大小与相对位移的数值有关,由于本场地的淤泥层的固结将会延续相当长的时间(例如,10 年至 20 年),在淤泥的变形稳定以前,施加于桩侧的负摩阻力会不断地增加,直至达到它的最大值。但在桩的试验期间,由于试验的时间相对较短,估计负摩阻力的变化不会太大,对试验结果的影响可以忽略不计。

负摩阻力只会抵消桩的一部分有效承载力,降低了桩基的经济性,只要对负摩阻力有充分估计,在设计中考虑可能由负摩阻力产生的下拉荷载,采取合适的措施,一般不会造成安全问题。

最大负摩阻力的大小与外荷载引起的孔隙水压力转化成的有效应力大小有

关。对于量测孔隙水压力的场地,可以根据沉桩时尚未消散的孔隙水压力来计算负摩阻力,当这部分孔隙水压力全部转化为有效应力时,就产生最大的负摩阻力,对于软黏土,最大负摩阻力约为平均有效应力的 $1/7\sim1/4$。

根据试验区ⅠB02孔的资料,在9月4日测得孔隙水压力的平均值114.5kPa,估计的负摩阻力可能为 $16.4\sim28.6$ kPa,则10m厚的淤泥对1m直径桩的下拉荷载估计为 $514\sim898$ kN。究竟取多大,可以通过试验来验证。

至于抛石层对桩的负摩阻力,过去很少经验,更需要通过试验来估计。

五、关于淤泥层和抛石层水平位移产生的绕流影响

根据监测成果资料分析,目前的淤泥层水平位移还在发展的过程中,桩对于土层的移动产生阻碍的作用,淤泥对桩产生绕流力,这个绕流力很难计算准确。我们关心的是这个绕流力对桩产生一定的影响,会产生一定的变形和附加的内力,而不是绕流力的大小。

对于内摩擦角为零的软土,作用在单位长度、直径为 D 的圆形截面桩上的绕流力由下式计算:

$$q_c = 4\sqrt{2}\,c_u D = 5.66c_u$$

如果不固结不排水强度为 11.4kPa,绕流力则为 64.5kN/m(理论计算),对于10m厚的淤泥,绕流力为645kN(理论计算)。

抛石层对于桩所产生的绕流力应当比淤泥层更大,但由于对抛石层的强度指标难以准确估计。

从上述分析至少可以得出,不应忽视抛石层和淤泥层对于桩的绕流力,应当通过试验测定绕流力的桩的影响,然后在设计时考虑这种影响。

六、淤泥强度增长情况

经过将近5个多月的预压处理后的淤泥土物理力学指标均有不同程度的增长,主要指标间具有良好的关联性。虽然十字板剪切试验的抗剪强度指标有明显增长,但增量随淤泥厚度增加而减小,反映出预压荷载对深部淤泥产生一定的作用,见例图 7.2-10。

根据十字板剪试验的指标进行推算,在达到设计要求的固结度和总荷载条件下,相同厚度的淤泥(16~22m)抗剪强度值应比处理前的抗剪强度提高 4.5~2.6倍。从例图 7.2-10 反映强度的增长尚未达到预期的目的,说明处理效果有待进一步提高。

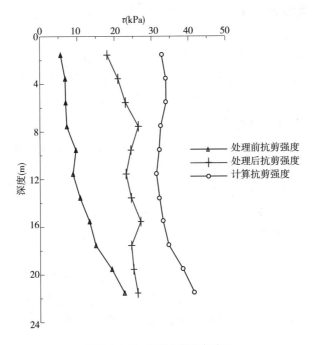

例图 7.2-10 淤泥抗剪强度对比

七、关于场地稳定性

水平位移监测显示,场地在加载后各测点均发生淤泥的侧向位移。最大侧向位移发生在淤泥层上部 1~3m 和 6~10m 处。随着深度的增加,侧向位移减小,但在淤泥深度 16~18m 左右处,侧向位移的绝对值偏大(约超过 20mm)。

特别指出,从 2004 年 10 月 31 日提供的 B 标段的沉降观测资料表明:在沉降标 B44 上升 708mm(2004 年 6 月 20 日上升 12mm),B45 上升 437mm(2004 年 6 月 20 日沉降 61mm),说明场地的南侧发生挤出隆起。

在机修车间、材料库、职工食堂建筑群一带,沉降标 B08 于 2004 年 6 月 20 日沉降量为 57mm,而 2004 年 9 月 5 日沉降量为 397mm(该点以被破坏)。沉降标 B23 在 2004 年 6 月 13 日沉降 36mm,而 2004 年 10 月 31 日沉降量为 690mm。沉降标 B13 在 2004 年 6 月 13 日沉降 45mm,而 2004 年 10 月 3 日沉降量为 464mm。这地段淤泥厚度均 15m 以上,堆载高度达 10m,历经将近 120~150d 沉降量大小,与其他处相比较相差太大,属于不正常的现象,说明此处挤出隆起很严重。

经稳定性分析验算,目前场地抗滑稳定系数 K 只有 0.61~0.68,小于 1.1~1.3

的要求,计算的危险滑移面正处于淤泥层上部 7~11m 处,它与位移监测情况比较吻合。

相对于目前的场坪标高 7.50m,危险滑移面埋深在 14~18m。由于淤泥固结程度低,淤泥的抗剪强度尚不能提供足够的抗滑移能力,位移绝对值较大,初步分析淤泥层可能产生初期剪切破坏,必须引起高度重视。

八、对桩基设计施工的影响

Ⅰ区场地主要有:化水车间、500kV 构架、500kV 升压站及辅助设施等建(构)筑场地,计划采用桩基础。

从监(检)测资料表明,目前场地淤泥地基处理尚未达到设计预想的指标要求,仍处于排水固结沉降阶段。如前分析,淤泥土的固结强度低,沉降也未收敛,场地侧向位移明显,场地稳定性较低,在此状态下,如要进行桩基设计施工,将会遇到一系列问题。

(1)最主要的问题是淤泥滑移对桩基将产生较大的侧向荷载。根据初步估算,外排桩承受的最大侧向荷载达到 577.26kN。如此大的侧向荷载,对桩产生相当大的附加弯矩,使得桩基设计中,对桩身强度、刚度、承台及布桩等设计计算确定变得非常复杂困难。

(2)由于淤泥的固结沉降尚未完成,此时施工桩基础虽然采用嵌岩桩,但上部桩身将承受因桩周淤泥土沉降所引起的较大的负摩阻力,这种负摩阻力对桩身产生的拉应力是不容忽视的,而拉应力过大对桩身混凝土可能产生破坏性影响。

(3)随着沉降趋于收敛并逐渐达到最终沉降,低桩承台将产生脱离土层面,成为高桩承台。整个桩基础的受力状况将因此发生变化。

(4)建筑场地目前还处于较大的沉降期间就进行桩基施工,对最终确定厂区桩基标高将产生影响。

(5)因淤泥固结度低和受侧向位移的影响,无论采用何种施工工艺,桩孔孔壁都会面临不稳定及坍孔的危险,施工作业难度很大,甚至有可能出现因坍孔而导致桩孔报废的后果。

(6)目前场地尚不具备进行桩施工的条件,不适宜马上进行桩基施工。可选择合适的地方先进行单桩静载试验,这个试桩不同于正常状况下的试桩,除常规的静载试桩外,尚要考虑测试桩的负摩擦力、淤泥尚在固结沉降阶段对桩产生的水平推力的测试。通过试验取得相关的设计资料和参数,同时检测桩基施工工艺和成桩可能性。

九、结论与建议

根据以上分析,结论如下:

(1)Ⅰ、Ⅱ区场地软基处理目前仍处于排水固结沉降阶段,且沉降尚未收敛。

(2)淤泥土强度虽有明显增长,但强度值仍偏低。随着固结度增长,强度将继续增长。

(3)超静孔隙水压力消散缓慢,淤泥固结程度低,淤泥地基处理效果尚未达到设计要求。

(4)场地抗滑稳定性系数偏低,场地稳定性不足。在淤泥深度 15m 以上发生的侧向位移明显,10m 以上位移值较大。按照目前的场坪标高,位移较大处的深度范围,由目前地表向下约 15~20m 的范围。对此应给予高度重视,以避免出现深部淤泥滑移,使场地失稳。

基于上述结论,对下一步软基处理工作建议如下:

(1)继续认真做好淤泥地基处理的监(检)测工作,及时反馈监(检)测信息,注意观测是否有异常情况出现。

(2)目前所施加的预压荷载尚未达到设计要求,应让目前的加载恒压一段时间,不得再施加荷载(堆载)。对一些重要建筑物场地,拟根据监(检)测数据,在适当时机,可考虑进一步加大预压荷载,加速固结沉降。